气象海洋环境保障计划项目
国家自然科学基金面上项目　资助

南海-西太平洋海洋中尺度系统特征与机理研究

张　韧　李佳讯　王辉赞　金宝刚　安玉柱　等 著

海洋出版社

2024 年·北京

图书在版编目（CIP）数据

南海 – 西太平洋海洋中尺度系统特征与机理研究 /
张韧等著 . -- 北京 : 海洋出版社 , 2024. 9. -- ISBN
978-7-5210-1306-1

Ⅰ . P445

中国国家版本馆 CIP 数据核字第 202400F206 号

审图号：GS 京（2024）1311 号

责任编辑：程净净
助理编辑：黄新雨
责任印制：安　森

海洋出版社　出版发行

http：//www.oceanpress.com.cn

北京市海淀区大慧寺路 8 号　邮编：100081
侨友印刷（河北）有限公司印刷　新华书店经销
2024 年 9 月第 1 版　2024 年 9 月第 1 次印刷
开本：787mm×1092mm　1/16　印张：22.75
字数：520 千字　定价：298.00 元
发行部：010–62100090　总编室：010–62100034

海洋版图书印、装错误可随时退换

编 委 会

序

　　海洋中尺度现象一般泛指海洋锋、内波、中尺度涡等空间尺度从几十千米到几百千米、时间尺度从几小时到几十天乃至更长生命史的海洋现象。中尺度现象是海洋中最具活力也是最为复杂的现象之一，是海洋动量、热量交换和海洋要素混合的重要途径和机制，也是影响制约海洋数值预报和海–气耦合模式发展的关键环节和难点问题。海洋内波、中尺度涡、海洋锋还是影响水下声传播和声呐探测效能的重要环境因素，具有重要军事应用意义。目前，针对各类海洋中尺度现象的研究工作已有不少，但是将海洋内波、中尺度涡、海洋锋等中尺度现象作为一个有机体开展的体系化研究尚不多见。

　　海洋锋附近存在强烈的水平辐合、辐散和垂直运动，包括逐渐变性的过程和各种尺度的弯曲，以及不同尺度涡旋的存在。海洋锋成因及其效应的科学研究、工程应用和海洋环境保障得到了广泛关注和重视。海洋内波是层化海水内部的波动现象，其最大振幅可达百米量级。内波在传播过程中会因强剪切不稳定效应而发生失稳破碎从而提高海洋有效势能，成为海洋能量级串中的重要环节。内波可导致等密度面波动，使水中声速大小和方向发生改变，因而显著影响声呐探测效能和潜艇航行安全及战术机动运用。中尺度涡在世界大洋中广泛存在，携带上层海洋的绝大部分动能，对海洋动力学和热力学、海洋生物地球化学以及海洋声学的发展都有深刻的影响。中尺度涡的发现和研究颠覆了人们对海洋环流的传统认知，是过去半个世纪海洋领域最重要的突破之一。

　　近年来，国防科技大学张韧教授研究团队在国家自然科学基金、湖南省杰出青年基金以及业务部门事业经费的支持下，围绕上述中尺度现象，系统开展了数据资料分析、动力统计诊断、数值模拟试验和智能检测技术等方面的研究，探索了南海–西太平洋海区海洋中尺度现象的时空特征、演变规律和发展机理，率先发现了北部湾、泰国湾冬季的局地暖池现象，提出了吕宋海峡海洋锋的海–气耦合机制，揭示了黑潮海区中尺度涡的偶极子结构，发展了海洋内波特征诊断和中尺度涡旋的检测识别方法，并通过旋转水池物理实验模拟了海洋中尺度涡的结构和生消过程。这些工作值得仔细地梳理和总结。

　　作者以海洋中尺度现象特征诊断与机理研究为主线，归纳、总结、提炼团队的相关研究成果，形成南海–西太平洋海洋中尺度现象的全方位理解和体系化认知，以专著形式呈现给读者。这本书是对海洋中尺度现象系统、深入研究和创新探索的结晶，也是作者团队跟踪学科前沿、聚焦科学问题、致力实践应用的重要成果。希望这本书的出版能为深化和拓展海洋中尺度现象的科学认知、提升南海—西太平洋区域的海洋环境保障能力，提供参考和帮助。

中国科学院院士　陈大可

前　言

　　海洋中尺度系统/现象目前尚无明确、统一的定义，一般泛指海洋锋、海洋内波、海洋中尺度涡等空间尺度从几十千米到几百千米、时间尺度从几小时到几十天乃至更长生命史的海洋现象。中尺度系统是海洋中最具活力也是最为复杂的现象之一，在海洋科学的基础层面，中尺度系统是海洋动量、热量交换和海洋要素混合的重要途径和机制，也是影响制约海洋数值预报和海－气耦合模式发展的关键环节和难点问题，是当前海洋科学基础理论研究的前沿热点课题。此外，海洋内波、中尺度涡、海洋锋还是影响水下声传播和声呐探测效能的重要环境因素，是海洋环境保障的难点问题和薄弱环节。海洋中尺度系统空间尺度小、影响因素多、探测难度大，对其时空分布特征、季节变化规律和生消演变机理还缺乏系统、深入的研究和认知。目前，学术界高度关注和聚焦海洋中尺度现象，但大多数研究只是针对某些具体的中尺度现象，将海洋内波、中尺度涡、海洋锋作为中尺度系统的有机整体开展的体系化研究不多，鲜见相应的研究专著。

　　海洋锋是一个广义的概念，一般以某种海洋环境参数的"急剧变化"梯度来定义。海洋锋附近存在强烈的水平辐合、辐散和垂直运动，水体通常是不稳定的，包括逐渐变性的过程和各种尺度的弯曲以及不同尺度涡的存在。海洋锋成因及效应的科学研究始于19世纪中期，并逐渐引起海洋学界的关注。随着海洋资源开发和军事应用需求增加，海洋锋研究得到迅速的发展，并逐渐形成了海洋科学中的一个分支方向——海洋锋学，即对海洋锋带附近的物理、化学、生物和光学等方面性质进行研究的学科领域。

　　海洋内波是一种发生在密度稳定层化的海水内部的波动现象，认为是由强天文潮流经过突变地形时由于潮－地相互作用而产生，其在等密度面产生剧烈的扰动，这些扰动信号以内波的形式向远处传播。海洋内波在海表面的垂向起伏小到可以忽略，其最大等密度面起伏即振幅出现在海洋内部，可达百米量级。内波在传播过程中会因强剪切不稳定效应而发生失稳破碎从而提高海洋的有效势能，导致海洋混合，使能量从大尺度向小尺度转移，因而成为海洋能量串级输运中的重要环节。同时，内波能够将海洋上层的能量传至深层，又将深层较冷海水连同营养物带到较暖的浅层，促进生物生息繁衍。内波可导致等密度面波动，使水中的声速大小和方向均发生改变，因而显著影响声呐的探测效能，有利于潜艇

1

在水下的隐蔽，但是内波对潜艇航行安全和海上设施也有较大危害。

中尺度涡是海洋中的一种涡旋流，根据准地转理论框架描述，"海洋中尺度"通常是指水平尺度近似或者略大于第一斜压变形半径的运动。中尺度涡以长期封闭水平旋转水体为主要特征，通常典型的空间尺度为 $50 \sim 500$ km，时间尺度为几天到上百天。中尺度涡的旋转速度一般较大，一边旋转一边移动，其移动方式类似于热带气旋。中高纬海区中尺度涡的最大旋转速度往往大于其平移速度，即中尺度涡一般具有强非线性，而强非线性决定了中尺度涡在其移动的过程中能够携带水体随之前进，这一点是中尺度涡有别于不能携带水体质量的线性罗斯贝波的原因，也是它与热带气旋的相似之处。但是，海洋中尺度涡与热带气旋的区别是，无论南、北半球，中尺度涡都能以气旋式和反气旋式旋转，而热带气旋都是气旋性的。据估计，大洋中尺度涡的动能占据了整个海洋的大、中尺度海流动能的 90% 以上。中尺度涡不仅直接影响海洋中的温盐结构以及流速分布，而且能影响动量、热量输运及其他示踪物的分布，它对海洋动力学、海洋热力学、海洋化学、海洋声学和海洋生物学的发展都有深刻的影响，使人类对大洋环流的认识有了一个突破性的进展，改变了人们对海流的传统看法。

中尺度涡在世界海洋中几乎无处不在，特别是在副热带逆流海区中更加频繁。涡旋轨迹统计分析显示，涡旋经常侵入黑潮的两个纬度带为吕宋海峡和台湾东部海区。卫星和现场观测及模拟结果表明，涡旋与黑潮存在相互作用，包括黑潮如何影响涡旋以及涡旋如何导致黑潮的变化。作为主要的西边界流之一，黑潮从热带地区向北给中纬度地区带来动量和热量，在海洋环流中起着至关重要的作用，影响着东北亚沿海地区的气候和渔业。近年来，国内外学者围绕中尺度涡与中国近海西边界流的相互作用开展了许多研究，揭示了一些新的现象特征并提出了一些研究见解，但是仍有很多问题有待进一步深入研究。

近年来，随着海洋探测技术进步和海洋调查资料的逐步充实，对海洋中尺度现象的事实揭示、特征诊断和机理研究取得了重要进展。研究团队在"Argo 资料与卫星遥感资料同化误差协方差问题及动态背景场融合技术研究"（41976188）和"Argo 资料客观分析与三维温盐场重构技术研究"（41276088）等国家自然科学基金面上项目和湖南省杰出青年基金项目（2023JJ10053）及气象海洋环境保障计划项目的支持下，基于再分析资料、实时探测数据、数值模式产品和卫星遥感资料，围绕上述中尺度现象，系统地开展了数据资料分析、动力统计诊断、数值模拟试验和智能检测技术研究，探索了南海－西太平洋海区海洋中尺度现象的时空特征、演变规律和发展机理，率先发现了北部湾、泰国湾冬季的局地暖池现象，提出了吕宋海峡海洋锋的海－气耦合机制，揭示了黑潮海区中尺度涡的偶极子结构，发展了海洋内波特征诊断和中尺度涡检测识别方法；开展了海洋涡旋的智能识别、数值模拟研究和海洋中尺度涡的旋转水池物理实验。

鉴于上述研究成果多为发表于各种期刊的研究论文和技术报告，体系比较零散、缺乏有机的关联。以海洋中尺度现象／系统为主线，将相关的成果梳理串联起来，编写出版一部研究专著，形成南海－西太平洋海区海洋中尺度现象的全方位了解和体系化认知，是我们的心愿。期盼本书的出版能为深化和拓展南海－西太平洋海区海洋中尺度现象的科学认知和海洋环境保障视野，提供科学参考和有益帮助。

本书第 1 章由张韧、王辉赞撰写；第 2～6 章由李佳讯、张韧撰写；第 7 章由李佳讯、金宝刚、王辉赞撰写；第 8 章由李佳讯、张韧撰写；第 9 章和第 10 章由金宝刚、张韧撰写；第 11 章由安玉柱、张韧撰写；第 12 章由王辉赞、张小将撰写；第 13 章由金宝刚、张韧撰写；第 14 章由王辉赞、张小将撰写；第 15 章由张韧、李佳讯、王辉赞撰写；第 16 章由徐广珺、季巾淋撰写，第 17 章由王森、季巾淋撰写，第 18 章由韩国庆、季巾淋撰写。

感谢国防科技大学气象海洋学院领导和同事的关心与支持；感谢南京信息工程大学董昌明教授团队和复旦大学王桂华教授团队的大力支持和精诚合作；感谢团队研究生付出的辛勤工作。书中参考引用了国内外相关论著和文献，在此向作者表示感谢。

感谢气象海洋环境保障计划项目和国家自然科学基金面上项目对本书出版的资助，感谢海洋出版社编辑的辛勤工作和努力。鉴于作者的知识水平和学识能力有限，书中有不当和谬误之处，恳请读者批评与指正。

张韧

2023 年 5 月

目　录

中篇 海洋中尺度涡与海洋内波

下篇　海洋涡旋的智能识别、数值模拟与物理实验

第1章 海洋中尺度系统概述

海洋中尺度系统是一个较为笼统的概念，目前尚无明确、统一的定义，一般泛指空间尺度介于数十千米至数百千米（$10^1\,\text{km} < L < 10^3\,\text{km}$）、生命历程从数小时到数十天的海洋温盐结构和环流系统。目前，科学界最为关注也最常见的海洋中尺度现象一般包括海洋跃层、海洋锋、海洋内波、海洋中尺度涡以及局地的季节性海温结构。

本章简要阐述上述海洋中尺度现象的基本定义、结构特征和演变规律，旨在为后续的章节论述和概念引入作基本的铺垫。

1.1 海洋跃层

1.1.1 海洋跃层概述

在海水层结相对稳定的海洋中，海水温度、盐度等状态参数的垂直分布通常不是渐变的，而是在近海面很薄、近乎均匀的混合层之下，呈阶跃状变化（图1.1）。在海洋科学中，将海水温度、盐度、密度随深度出现急剧变化或不连续剧变的阶跃状变化水层称为海洋跃层（ocean cline）。海洋跃层通常包括海水温度跃层（thermocline，或称温跃层）、盐度跃层（halocline）和密度跃层（pycnocline），有些还包括声速跃层。海洋跃层的形成与海区的地理位置、环境和天气气候条件等有关。在洋流经过的海域，有时会在不同的深度上出现两个跃层，通常称为"双跃层"（李福林，2010）。

海洋跃层的形成与存在，阻碍其上下水层之间的热交换和盐度交换，因而对温盐等性质的垂向分布产生极大的影响。随着海上经济活动的增加以及气候变化和海洋科学研究的发展，人们越来越关注海洋跃层对全球气候变化的影响；跃层形成的机理直接与海洋的洋流、水团、海洋内波、海气交换等各种物理过程密切相关。在经济上，海洋跃层的存在和变化直接影响海水养殖和捕捞；在军事上，温、盐跃层影响水中声速传播，形成海洋环境中各类"声道"和"声影"效应，直接影响声呐探测性能和潜艇的隐蔽与通信以及潜艇战和反潜战效能发挥。海洋跃层区域也是内波的多发地带，是影响潜艇航行安全的重要水下环境特性。因此，在海洋科学研究和军事海洋环境保障中，海洋跃层的探测、诊断和预测一直是核心问题之一。

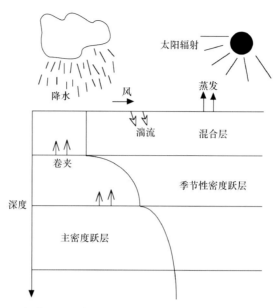

图 1.1 海洋上层垂直结构示意图（Sprintall et al.，2009）

基于海洋观测资料（浮标、船舶报和遥感信息）和数值模拟结果，分析诊断海洋中的温度、盐度和密度跃层，是跃层研究的重要手段和途径之一。目前，我国在温跃层的分布状态和形成机制等方面已有较为深入的理论研究，但是主要集中在我国沿岸的陆架海域以及东海、南海等局部海域，对大洋和全球海域温跃层的研究相对缺乏。此外，相比于温跃层而言，对盐度跃层和密度跃层的研究较少。

1.1.2 温跃层

由于在大洋或开阔海域，盐度的变化通常很小或基本稳定，压力对密度也只有轻微的影响，因此，温度就成为影响海水密度最重要的因素。由海水温度的垂向跃变差异形成的温跃层在海洋中更为频繁和常见。海水温度和密度在温跃层附近会发生迅速变化，使温跃层成为海水密度、海洋生物与海洋环流的重要分界面。温跃层一般位于海面以下 100～200 m，是上层薄的暖水层与下层厚的冷水层间海水温度和密度急剧变化的一个薄层，不同海域该层深度有差异。温跃层的形成原因可归结为热力 – 动力原因和水团配置原因两种。热力 – 动力原因：太阳辐射通过海面进入海洋后，主要使上层海洋增温，由于海水涡动混合作用使上层海温趋于均匀。随着热量的不断输入，上层继续增温，且与下层的温度差越来越大，于是在上均匀层的下界附近便形成了很大的温度梯度，即温跃层。在浅海区域，潮流与海底的摩擦混合作用，可在一定程度上促进和加强温跃层。水团配置原因：因热力性质不同的水团叠置，使界面处形成较大的温度梯度，当铅直方向温度梯度足够大时便可形成温跃层（李福林，2010）。根据海水的垂直结构特点，海水垂向大致可分为 3 层：由海面向下数十米至数百米的表层称为混合层；混合层以下温度剧烈变化的水层为温跃层；跃层以下即为深层海水（图 1.2）。

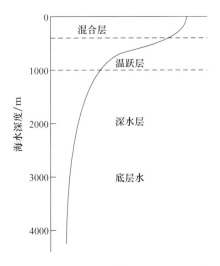

图 1.2 海洋温度垂直分布及跃层示意图

1.1.3 温跃层结构

温跃层的内部结构有相当明显的地域差异。一般来说，赤道海域的温跃层特征表现为，北赤道流与赤道逆流的边界附近，跃层不仅最浅，且层内水温垂直梯度也最大。在赤道附近的赤道潜流中，可把跃层分为 3 个部分：在赤道上，上部跃层为峰，下部跃层为谷，中间（潜流的中心）是水温较为均匀的水层。跃层内的水温梯度，从赤道逆流往北（或从日本以南往东）有变小的趋势，但在黑潮流域内则再度增大。在赤道海域以外，一般在海面附近出现另一类温跃层，它直接反映着海面的热量收支情况：夏季旺盛，冬季消失，故称为季节性温跃层。如在北海道东南方的亲潮（千岛寒流）海域，在冬季对流期，会形成 0℃ 左右的深厚上混合层，但在春季和夏季，海面所吸收的热量积蓄于表层，并使海面附近的水温显著上升。加之由融冰形成的低盐水使表层的垂直稳定度进一步增大，因而妨碍了热量向下层扩散，导致季节性跃层特别发达。

1.1.4 温跃层类型

温跃层通常包括 3 种类型：主温跃层（永久性温跃层）、季节性温跃层、昼夜温跃层（日温跃层）。前者由大洋热盐环流所维持，后两者则主要是由海面太阳辐射和海－气相互作用直接形成的。主温跃层一般位于 100～800 m 深度。由于它远离海面并且不受季节变化中的强迫力的直接影响，故也称为永久性温跃层。季节性温跃层一般位于海洋 100 m 以浅，与上层海洋的季节变化密切关联。昼夜温跃层位于海洋的顶层，一般可达 10～20 m，它与水温的日变化密切关联，又称为日温跃层。值得一提的是，还有一类为深渊温跃层，位于大洋深层。

1.1.4.1 主温跃层（永久性温跃层）

在大洋低纬度和中纬度海域中约 200～1000 m 水层之间的温跃层，由于它不随季节而变，故称之为"主温跃层"或"永久性温跃层"（图1.3）。主温跃层是大洋热力结构的重要组成部分，其强度在经向和纬向都有变化。在经向上，赤道附近的主温跃层较强、较薄，其上界的深度也较浅；随着纬度增高，主温跃层在中纬度逐渐变弱，上界的深度亦加深，厚度也略为增加；在较高纬度，主温跃层重新变浅，厚度减小、强度加大；极地海域由于表层水通常比深层水更冷，不出现永久性温跃层，但会出现盐度跃层或密度跃层。在纬向上，沿赤道一带的主温跃层具有自西向东逐渐变浅的趋势。大洋主温跃层的这种水平变化，主要取决于大洋环流和局地年平均的海－气热量交换强度；大洋表面的风场和风生环流对主温跃层也有重大影响。

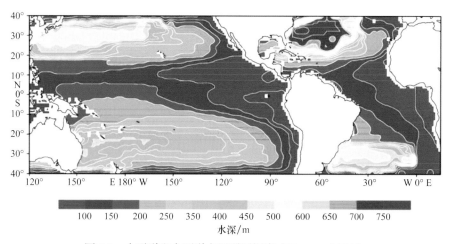

图 1.3　太平洋和大西洋主温跃层深度（Huang，2010）

1.1.4.2 季节性温跃层

季节性温跃层是太阳辐射、海－气热量交换、海面风应力、风浪、潮流、海流等因素综合作用的结果。季节性温跃层在中纬度海区最显著，一般在春、夏季节形成并发展，深度为 50～100 m，其深度和强度具有明显的季节性变化特征（图1.4）。在秋、冬季节，由于海洋表层受冷却和强风的搅拌混合作用，上层混合较为均匀，使原来在春、夏季节发展起来的季节性温跃层的位置加深，直到深度约 200～300 m 的主温跃层上界为止。在低纬度海区，季节性的温度差异不足以形成明显的季节性温跃层，因此主温跃层较接近于海洋表层，其上界深度大致在 100～150 m 深处并直接成为混合层的下界。高纬度海区由于强烈的冬季冷却，主温跃层更深；纬度高于 60° 的海域，主温跃层消失，而季节性温跃层仍可形成，特别是在表层盐度较低的水层中，往往可以形成密度垂向梯度较大的温跃层。

1.1.4.3 昼夜温跃层（日温跃层）

昼夜温跃层是海洋上混合层中温度日变化导致的一种跃层。进入海面的太阳辐射能大

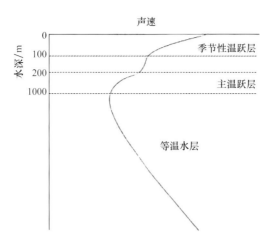

图 1.4　季节性温跃层和主温跃层示意图

约有 90% 在海面厚度约 10 m 的水层中被吸收，因此，只要海洋表面在白昼有足够的热量输入，昼夜温跃层便可在任何纬度的海域中形成。白昼形成的跃层，在午后增强并加深，其温度阶跃一般可达 1 ~ 4℃，而厚度则在很大程度上取决于海面风力搅拌混合作用的强弱，一般可达 10 ~ 20 m。夜间，由于海面向上辐射、释放热量，海表温度下降、密度增大，白昼形成的跃层随即被破坏而消失（图 1.5）。特别是在晴朗而平静的夜间，海面由于辐射冷却，往往会形成一个厚度仅 1 cm 左右的"逆温层"。这时，海表温度可能比其下 1 cm 处的海水温度还要略低。昼夜温跃层的深度阶跃正比于海面在一天内收入的总热量，反比于昼夜温跃层的厚度（深度）。一般来说，在春季海面得到的热量多于失去的热量。因此，昼夜温跃层对整个上混合层的加热和季节跃层的形成有贡献；秋季，海面的净通量是向上的，海面冷却导致的海水垂向运动往往能贯穿于整个上混合层，从而对上混合层及季节跃层的加深有着重要作用。

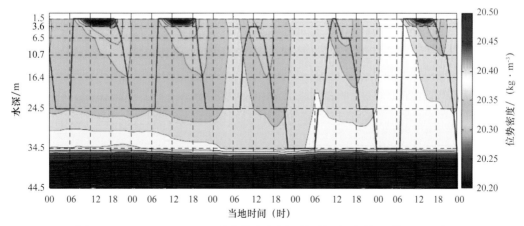

图 1.5　11.67° N，113.63°E 处位势密度剖面的时间序列（闫运伟，2015）

粗红线为混合层深度

1.2　海洋锋

1.2.1　海洋锋概述

海洋锋（ocean front）借鉴了气象学上锋面（front）的概念。海上偶尔会看到"流隔"或"水隔"等奇特的海洋现象，它们一般对应于海洋锋，实际上就是海洋要素水平分布的高梯度带（图1.6）。《中国大百科全书》（海洋科学卷）对海洋锋的定义是："海洋锋是指特性明显不同的两种或几种水体之间的狭窄过渡带，可用温度、盐度、密度、速度、颜色和叶绿素等要素的水平梯度或它们的更高阶微商来描述。"即一个锋带的位置可以用一个或几个上述要素的特征量的强度来刻画。

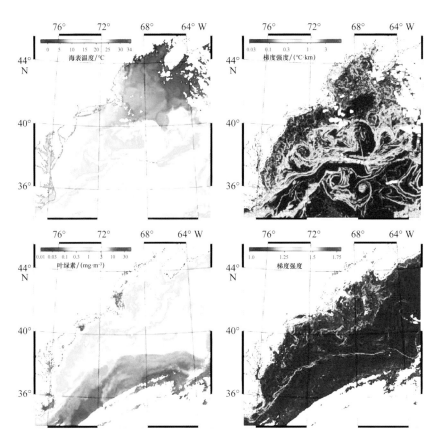

图1.6　卫星遥感海表温度（上；2001年5月3日）和叶绿素（下；2000年10月14日）的要素图（左）及要素梯度（右）（Belkin and Cornillon，2003）

海洋锋是一个广义的概念，一般以某种海洋环境参数的"急剧变化"梯度来定义。海洋锋带附近存在强烈的水平辐合、辐散和垂直运动，水体通常是不稳定的，包括逐渐变性的过程和各种尺度的弯曲以及不同尺度涡的存在。

对海洋锋成因及效应的科学研究，始于19世纪中期。1858年，美国海洋学家

M. F. 莫里曾把海洋锋描述为一种奇异的海洋现象。1938 年，在不同流系的交汇处，即亲潮和黑潮交汇海区，用水听器清楚地听到了水下噪声。1959 年，日本海洋学家宇田道隆对锋的概况和物理学特征进行系统总结，并描述了在日本沿海观测到的锋面附近的生物现象。此后，海洋锋现象引起了人们的广泛关注。随着海洋资源开发和军事需求，海洋锋的研究得到迅速发展，并逐渐形成海洋科学中的一个分支方向：海洋锋学，即对海洋锋带附近的物理、化学、生物和光学等方面的性质进行研究的学科领域。

由于海洋锋代表水平毗连但性质不同的水体之间的边界，其所在的区域动量、热量和水汽等交换异常活跃，对天气和气候也有重要影响。另外，海洋锋区的温盐等要素的急剧变化，势必对海水的声学性质造成重要的影响。水声学家们通过理论和实验都证实了海洋锋有着声学透镜的作用，锋带的海洋环境噪声异常强烈，因而海洋锋对水声通信、潜艇活动、声呐探测、水雷布设乃至水下武器操控等的影响都至关重要（笪良龙，2012）。海洋锋的单侧或双侧海面是辐合的，因此，海洋锋区是海上漂浮物的聚集区，这可能对海上搜救具有引导意义。由于海洋锋还是高生产力的海区，制定渔业捕捞计划时也需要了解海洋锋的位置。

1.2.2　海洋锋的类型

海洋锋有较广的空间尺度谱：小到 1 m 以下，大到上百米乃至数千千米，广泛存在于海洋表层、中层和近底层。由于海洋锋的空间尺度、生成机制和地理环境等差异，其生命周期也不同，长可达数月甚至更长，短的仅几日甚至数小时（李凤岐和苏育嵩，2000）。海洋锋的分类标准有许多，根据不同的判别标准可分为不同的海洋锋。

（1）根据海洋环境要素的不同，可分为温度锋、盐度锋、密度锋、声速锋和水色锋等。

（2）根据锋区所处的不同水层，可分为海面锋、浅层锋、深层锋和底层锋等。

（3）根据锋的空间尺度，可分为行星尺度锋（如南极锋、北极锋、马尾藻海锋）、中尺度锋（中尺度涡的锋、陆架坡折锋）和小尺度锋（在局部海域出现的锋）。

（4）根据锋所处海域的特征和差异，可分为强西边界流边缘锋（如湾流锋、黑潮锋）、浅海锋、河口锋、岬口锋和沿岸锋等。

（5）根据锋产生的原因，可分为海流锋、上升流锋、辐合或辐散带锋、河口羽状锋、陆架坡折锋（在高温陆架水和低温陆坡水的边界处形成）等。

以下是几类主要的海洋锋的特性描述。

1）行星尺度锋

通常与大洋表层埃克曼输运的辐合区有关，它们与全球气候带的划分和海洋环流有密切的关系。如大西洋亚热带辐合锋、南极锋和南极辐合锋；太平洋赤道无风带盐度锋、亚热带锋和亚北极锋等。此外，有证据表明，南极锋的分布与南大洋的海底地形有一定的联系。

2）强西边界流边缘锋

由于热带高温、高盐水向高纬海区侵入而形成一个斜压性很强的锋面（如黑潮、湾流），随着流轴的弯曲及其季节变化，经常导致锋面层次变化和位置的南北摆动。

3）陆架坡折锋

位于大陆架沿岸水和高密度的陆坡水之间的过渡带，这种锋的延伸方向与陆架边缘平行。在中大西洋湾内和新斯科舍近海发现过此类锋。

4）上升流锋

基本上属于倾斜的密度跃层，并出现于海面的现象，通常在沿岸上升流区形成。它们是与沿岸风应力有关的表层埃克曼离岸输运的结果。在美国、秘鲁、西北非的西海岸等海区，均存在这种类型的海洋锋。

5）羽状锋

出现于江河径流，如亚马孙河、哥伦比亚河、哈得孙河、长江、黄河等入海水域的边界处。锋生的驱动机制为，较轻的水体在海面堆积并产生倾斜的界面从而产生压强梯度，羽状下部水体在反方向上发生界面倾斜也产生水平压强梯度，两个被分隔水体的压强梯度的共同效应引起锋生。只有这两种水体的辐合，才使这种锋能够长久维持。

6）浅海锋

出现在浅海、河口、岛屿周围以及海角和浅滩处，常见于海流与潮流混合的近岸浅水域与层化较深的外海水域的交界处，或与岬角、海滩附近的潮流有关。岬角附近锋面的时间尺度小，可以在一个潮汐周期内完成其发生和消失的全过程，其长度尺度一般也不超过一个潮程。

1.2.3　海洋锋的机理

海洋锋生成的诱因有许多，包括大气环流、海洋环流、海－气相互作用，动量、质量、热量的大尺度垂直输送和季节变化，河流的淡水流入、潮流混合、海底地形，因海底地形与粗糙度引起的摩擦导致的湍流混合，内波与内潮切变引起的混合等。大尺度海洋锋，通常与全球气候带的分布及大洋环流关系密切，如大西洋亚热带辐合锋、太平洋赤道无风带盐度锋以及南极锋和南极辐合锋等。南极锋的位置与海底地形也有一定的关系；在浅海区海洋锋的形成中潮汐混合也起着重要作用，如黄海冷水团边界锋等；在近岸较强上升流中，也可能形成沿岸锋面。

平行于锋的流分量，在垂直于锋的方向上常有强烈的水平切变。对大尺度锋来说，这种切变可能处于地转平衡状态。但是，浅海小尺度锋附近的流，受局地加速度应力和边界摩擦力的影响，则要比科里奥利力强得多。海洋锋重要的物理驱动力主要包括与海－气交换有关的力，如行星尺度与局地风应力、热量（海面增热与冷却）、水（蒸发与降水）的季节性和行星式的垂直输送。其他一些过程，包括河流的淡水输入，潮流与表层地转流的汇合与切变以及因海底地形与粗糙度引起的湍流混合、因内波与内潮切变引起的混合和因弯曲引起的离心效应等，也是海洋锋生成的驱动力。地球的旋转效应，可显著影响大锋带的运动过程，而小尺度锋则似乎只受到非线性惯性效应和摩擦效应的制约。

1.2.4　海洋锋的影响

锋面是海水的辐聚区，因此，海洋锋研究在海洋渔业、环境保护、海洋倾废、海难救助、水声技术以及军事应用等方面均具有重要的意义。大气环流、气候带、大洋水团、大洋环流和大尺度海洋锋之间存在着密切的联系；中、小尺度海洋锋与区域水团、水系和环流之间也存在一种相互影响和制约的关系。由于中、小尺度海洋锋附近的水温等要素变化剧烈，导致海 – 气之间的热量通量、动量通量和淡水通量的交换异常活跃，因此，海上风暴和强对流系统也易在海洋锋附近形成。

海洋锋区附近的特定水团中常伴随不同水体携运的营养盐类，促进了浮游植物大量繁殖，为浮游动物和鱼类提供了充足、丰富的饵料，是海洋中的高生产力区。因此，在渔业生产中，为了制定最大渔获量的捕捞计划，通常需要获取海洋锋位置的详细资料。海洋锋的时空变化对渔场、渔期和渔获量的影响很大；大陆架海区的鱼类活动规律，也与海洋锋的时空尺度有关，生物学家常常需要考虑以锋带作为主要特征的生态模式。

海洋锋的另一个重要特性是其单侧或双侧存在海面辐合，能十分有效地聚集浮游碎屑及其他颗粒物质。这种特性，导致观测到的辐合带中重金属的浓度比沿岸污染水域中的本底浓度还要大 2 ~ 3 个量级。此外，油膜也常排列在海面辐合带上。持久的锋带位置，对承担海上搜寻和救援的部门和机构也有重要的标示意义，因为失事船舶、飞机的碎片和遗体很容易被卷带到辐合带中；但是海洋锋区的海雾，在一定条件下对航海则可能是有害的。

海洋锋区附近的海洋环境参数变化剧烈，致使海水的声传播特性在锋区附近也更加复杂，进而对海洋锋附近的水声通信、潜艇隐蔽和探潜、反潜产生显著影响。由于海洋锋是海洋中声传播模式和声传播损失显著改变的突变面，因此，可用声道深度的急剧变化和声层深度的差异来间接判断海洋锋的存在。

1.2.5　海洋锋的探测

水声学家通过实地观测和理论研究，证实了海洋锋确实可起到声学透镜的作用，故由调查船得到的声散射资料，有可能成为海洋调查研究海洋锋的有力工具之一。

由于海洋锋的瞬时变化和多种尺度特性，海洋锋的探测调查不能依赖单一的实验手段，必须动用包括调查船、拖曳系统、飞机、锚泊系统和潜艇的联合调查以及不断改进的观测仪器和探测技术，并且要求物理学家与生物学家密切配合。G. J. 罗登 1976 年指出，近代海洋锋的研究进展，在很大程度上是辐射传输理论和卫星遥感应用的结果。卫星遥感手段包括用分辨率极高的红外辐射仪（空间分辨率与温度分辨率分别为 0.5 km 和 0.5℃）探测海面温度差，以及运用光学仪器探测锋带海况不连续性现象。因此，卫星遥感和常规手段的联合运用是探测海洋锋，特别是对以海洋锋为普遍特征的河口区域开展研究的重要手段。

1.2.6　海洋锋的分布

海洋锋在世界大洋广泛存在，但分布很不均匀，其平均位置和范围受大洋环流季节性变化等因素影响。数量上，北半球的海洋锋比南半球多；从各大洋来看，从多到少依次为大西洋、太平洋、印度洋和北冰洋；大洋西部边界区的海洋锋明显多于东部边界海区，且海洋锋的强度也要大得多，这主要与大洋强西边界流有关。太平洋的南、北无风带区域的弱盐度锋非常长，中等强度的南亚热带辐聚带锋也很长，南极锋甚至可环绕南大洋一周（图 1.7）。

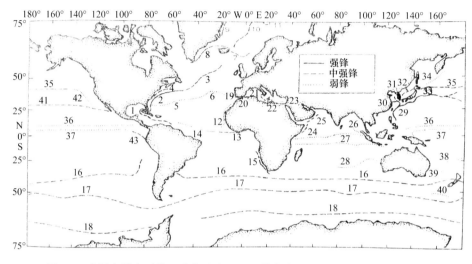

图 1.7　世界大洋主要锋面分布（李凤岐和苏育嵩，2000；孙文心等，2011）

世界大洋的主要海洋锋包括：鲁普（墨西哥湾环流）流锋、湾流锋、北大西洋流锋（北极锋）、（北美）陆坡锋、马尾藻海锋、北亚热带辐聚带锋、冰岛－法罗群岛锋、丹麦海峡锋、东格陵兰极地锋、格陵兰－挪威海锋、熊岛锋、西北非上升流锋、几内亚湾锋、圭亚那流锋、本格拉上升流锋、南亚热带辐聚带锋、南极辐聚带锋（南极锋）、南极辐散带锋、韦尔瓦锋、奥伯兰海锋、马尔提斯锋、爱奥尼亚海锋、勒万廷海盆锋、索马里上升流锋、阿拉伯上升流锋、印度洋盐度锋、（印度洋）赤道逆流锋、西澳大利亚锋、黑潮锋、黄海暖流锋、朝鲜（高丽）沿岸锋、对马暖流锋、亲潮锋、千岛锋、亚北极锋、北无风带盐度锋、南无风带盐度锋、热带辐聚带锋、中塔斯曼辐聚带锋、澳大利亚亚极锋、北太平洋亚热带锋、加利福尼亚锋、东太平洋赤道锋等。

中国近海也是海洋锋的多发区，这与沿岸的河流径流、外海的黑潮高温高盐强流，以及浅海潮流在此交汇有关（图 1.8）。因此，按生成区域和形成机制进行分类，中国近海海洋锋大体可划分为两类：一类是外海锋系，它是由黑潮流系与近岸流系交汇形成的，多位于陆坡附近，如黑潮锋；第二类是近岸锋系，它是由近岸潮汐混合、江河入海、沿岸流、上升流和涡旋等形成的，多位于河口、海滩和沿岸附近，如长江入海口冲淡水盐度锋、北部湾潮汐混合锋和黄海沿岸温度锋等（Hickox et al.，2000；曾呈奎等，2003）。

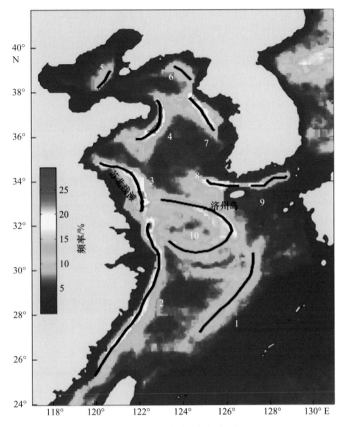

图 1.8　卫星遥感海表温度得到的黄、东海海洋锋气候态频率（Hickox et al., 2000；刘泽，2012）

编号对应海洋锋名称：1. 黑潮锋；2. 浙闽锋；3. 江苏锋；4. 山东半岛锋；5. 渤海锋；6. 西韩湾锋；7. 京畿道锋；8. 西济州岛锋；

9. 东济州岛锋；10. 长江环形浅滩锋

1.3　海洋内波

1.3.1　海洋内波概述

与海洋表面发生的海浪不同，海洋内波（ocean internal waves）是一种发生在密度稳定层化的海水内部的波动现象，不能被人们轻易观察到，但却是海洋中非常重要的动力过程。随着人类对海洋内部的不断探索，海洋内波被广泛认为是由强天文潮流经过突变的地形时由于潮地相互作用而产生的，其在等密度面上产生剧烈的扰动，这些扰动信号以内波的形式向远处传播。海洋内波在海表面的垂向起伏小到可以忽略，其最大等密度面起伏即振幅出现在海洋内部，可达百米量级。海洋内波的波动频率大于惯性频率而小于浮性频率，高频率海洋内波的恢复力主要是约化重力，即重力与浮力的合力，在惯性频率附近时海洋内波的恢复力主要是地转科氏力。在海洋内部约化重力比重力要小得多，这是因为海水密度的垂向变化相对很小，因而海洋内部即便受到较小扰动也会产生较大振幅内波。其传播过程中会由于强剪切不稳定效应发生失稳破碎从而提高海洋的有效势能，导致海洋混合，使得能量从大尺度向小尺度转移（Helfrich，1992；Lamb，2014），因而成为海洋能量级串中的重要环节。同时，内波能够将海洋上层的能量传至深层，又把深层较冷的海水连同营养物带到较暖的浅层，促进生物的生息繁衍。内波可导致等密度面波动，使水声传播速度和方向均发生改变，因而对声呐的影响极大，有利于潜艇在水下的隐蔽，同时，内波对潜艇航行安全和海上设施也有较大的破坏作用。内波的产生应具备两个条件，一是流体密度稳定分层，二是要有扰动源，两者缺一不可。

内波与表面波（海浪）虽然都是流体波动，但它们又各不相同。空气与海水的密度相差近千倍，海面形成的波浪，它的波动振幅最大值在海面，随深度增加而减小，到达一定深度后就逐渐消失了；而内波的最大振幅通常发生在海面以下，其波长和周期范围比表面波要大得多，内波的振幅可从几米至几十米甚至上百米；波长从数十米至上百千米（图1.9 和图1.10）。内波的传播较为缓慢，相速通常不足 1 m/s；内波频率介于惯性频率 f 与浮力频率 N 之间，其生命周期可从几分钟至几十小时。

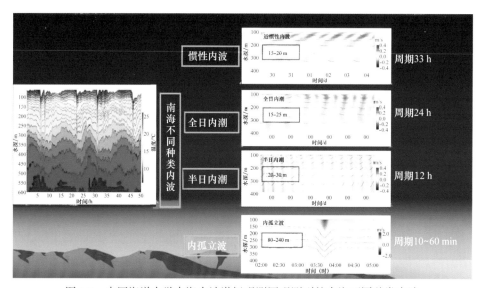

图1.9　中国海洋大学南海内波潜标观测网观测到的南海不同种类内波

海洋内波主要通过两种途径获取能量（图1.11）：①海洋上混合层从海表面风获得的能量。海洋表面经过的瞬时风会首先在海洋上混合层产生扰动，当风持续一段时间后，由于地转调整的作用，会在海洋混合层内激发出接近惯性频率的内波，这些近惯性波动可能在混合层附近局地耗散，也可能继续向海洋深层传播，促进深海混合。②天文潮流与变化地形发生相互作用后天文潮流向海洋内波输入的能量，这些能量以斜压信号传播。经海洋学家估算发现，全球海洋中 3.7 TW 的正压潮总能量的 30% 会在经过海底变化地形时，通过产生垂直方向上的扰动流进而使等密度面上下起伏而转变为斜压能量（Egbert and Ray，2000，2001），这些斜压波动被称为内潮。尽管大部分的海洋内波能量来源于上层海洋，但是海洋内波能够经由垂向传播使其能量传入深海大洋并最终耗散，进而起到将能量传送到海洋深层的传递作用。

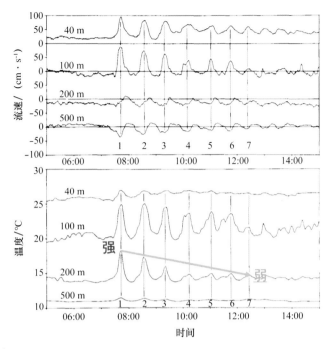

图 1.10　苏禄海观测到的内波引起的流速、温度震荡

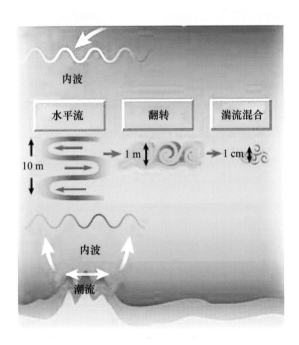

图 1.11　海洋内波的生成消亡示意图（Garrett，2003）

1.3.2 海洋内波的研究历程

早期，船只在海上航行时，有时会发生难以前进的现象。挪威海洋学家 F. 南森在其1893—1896 年的北极探险过程中，同样发现船只有时行驶速度异常减慢，像被一只无形的手黏滞住了一样。后来研究得知，当船只航行在很浅的密度跃层上方时，航行动力扰动在跃层处产生内波，船只的动能被消耗，因而显著减速。这种现象被称为"死水"现象（图 1.12）。

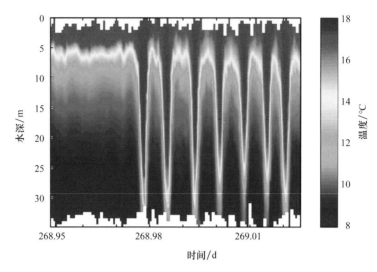

图 1.12　陆架浅水区观测到的内波（Stanton and Ostrovsky，1998）

对内波的理论研究，可以回溯到半个世纪以前。美国物理学家 G. G. 斯托克斯于1847 年就研究过两个均匀流体层界面处的界面波（内波的一种特殊情况），随后英国科学家 J. W. S. 瑞利研究了连续层结的情况。对于实际的内波研究，由于精细化观测十分困难，在很长一段时期内进展缓慢。自 20 世纪 40 年代起，随着温深仪的发明以及各种快速密集取样调查仪器与方法的出现，对内波的探测调查才真正开展起来。由于资料随机处理方法，尤其是谱分析技术的运用，内波研究进入了一个新的阶段。60 年代后期至 70 年代前期，为大洋内波研究的迅猛发展时期，G. 加勒特和 W. 蒙克提出了大洋内波谱模型（GM模型）。此模型与远离边界、表面和海底，且流速梯度不大的区域的实测资料非常吻合。但 GM 模型只是对现象的统计描述，未能揭示内波的物理机制。尽管如此，它仍是内波资料分析的准绳，也是进一步理论研究的出发点，因而被誉为内波研究的里程碑。现在内波研究的重点已从状况较为简单的大洋主温跃层的内波向情况更为复杂的上层、底层及大陆坡等处的内波转移，并从单纯对现象的描述，转入从海洋的整体运动过程角度来研究内波能量的产生、传递和耗散机制，以及内波与其他海洋运动的相互作用。

1.3.3 海洋内波的分类

根据不同的分类标准，内波可被划分为不同的种类。

（1）从频率、周期及波长尺度来划分，海洋内波大致可分为 3 类：①第一类是短周期及短波长的高频内波，周期大约在几分钟到几十分钟，通常空间尺度也较小，为几十米到几百米，这类内波一般表现出很强的随机性。②第二类是具有准潮周期的内潮波以及与内潮密切相关的潮成内孤立波。内潮波的波长范围为几十千米到几百千米，由天文潮与地形相互作用产生，而非线性很强的内孤立波，其周期通常为几十分钟到几个小时，空间尺度为几百米到几千米，此类内孤立波的随机性相对较弱，一般是内潮非线性变陡产生。③第三类是频率接近当地惯性频率的近惯性内波，周期在 12 h 以上，空间范围为几十千米以上，这类内波的随机性也较强，通常由风吹拂海面或者海流碰撞地形产生。

（2）按所发生地理位置的不同分类，海洋内波可分为大洋内波、近海内波、极地内波及赤道内波。

（3）以扰源不同进行分类也是常用的一种内波分类方法。如由正压潮与地形相互作用所产生的内波，称为潮成内波；由风的惯性振荡引起的内波称为惯性内波；由水下运动物体或局部扰动源所引起的内波称为源致内波等。

1.3.4　海洋内波产生的条件

海洋内波的产生应具备两个基本条件：一是海水密度的稳定分层，二是要有扰动能源，两者缺一不可。海水密度随海温、盐度及压力的不同，通常自上而下密度逐渐增大，形成稳定连续的密度层结，密度梯度一般在 O（0.001 kg/m^3）量级。当海水因温度、盐度的变化，出现密度分层后，在大气压力变化、海底地震、海洋内部扰动以及船舶运动等外力触发下，可在海水内部激发内波。当海水密度上下分布不均匀时，尤其是海水出现跃层情况下，即两层海水的相对密度值大于 0.1% 时，在外力扰动下，易在两层海水界面产生界面内波。由于海水的密度分布经常处于不均匀状态，因此，出现海洋内波是一种比较普遍的现象。

频率较高的内波，其恢复力主要是重力与浮力之差；频率较低时主要是地转偏向力（科里奥利力）。因此，内波主要是一种重力波或内惯性重力波。实际的海水密度的层间变化很小（跃层上下的相对密度差也仅约 0.1%），因此，即使很小的扰动也可能会在海洋内部稳定层结激发出大振幅波动。内波的振幅、波长和周期分布在很宽的范围内，分别为几米至几十米、近百米至几十千米和几分钟至几十个小时。只要海水密度处于稳定层结状态，或通俗地说为上轻下重的分布，一般均能观测到海水内部的脉动现象。虽然它们并非全是内波所致，但其频率介于 f 和 N 之间的脉动，则有可能主要是内波的表现。

1.3.5　海洋内波的影响

内波作为一种重要的海水运动形式，能将大、中尺度运动过程的能量传递给中、小尺度过程，是摩擦混合向海洋深处发展的机制之一。内波不像海面波浪那样易于观测，它隐匿于水中，其危险性和破坏性更令人难以提防，故有"水下魔鬼"之称。海洋内波的波幅可达数十米甚至上百米，比表面波的波幅要大得多；在产生内波的跃层附近，会形成两支流向相反的波致剪切流，该波致流可高达 1.5 m/s，其剪切破坏力极大。20 世纪 90 年代初，海上石油公司在广东陆丰外海进行石油勘探时，发现有时石油钻机突然无法操作，锚定的油箱罐在 5 min 内摆动 110°（Ebbesmeyer et al.，1991）。经过对该海域强流进行现场观测，最终在南海东北部海域现场观测确认了内波的存在。加拿大戴维斯海峡深水区的一座石油钻探平台，曾遭内波袭击而不得不中断作业。为此，美国英特俄辛公司安装了内波预警系统以保障其安全作业。海洋内波对潜艇运动的稳定性、水下武器发射和水声的传播均产生很大影响。潜艇在水下航行时遭遇内波会非常危险，内波可使潜艇摇摆起伏，造成人员疲劳、增大潜艇阻力，还可使其突然失速或使升降舵难以操纵，严重时还有可能将潜艇突然猛烈地抛出水面或将其压入极限深度以下，造成极大的破坏甚至艇毁人亡（图 1.13）。1963 年 4 月 10 日，美国海军"长尾鲨"号核潜艇在大西洋距波士顿港口 350 km 外海进行超 300 m 潜航深度试验时突然沉没，被压入 2700 m 深的海底，艇上 129 名船员无一生还。事后经过对沉入海底，变成碎片的残骸分析判断，下沉的原因是核潜艇在水中航渡时，遭遇了强烈的内波，将其压入深海，因承受不了超极限的压力而破碎。2014 年 2 月，中国 372 潜艇在执行巡航任务中遭遇内波，在密度负梯度和内波下沉流共同作用下造成潜艇失控掉深，10 min 内掉深近百米，险些酿成重大事故。

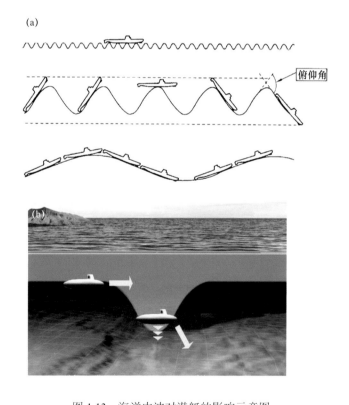

图 1.13　海洋内波对潜艇的影响示意图

（a）不同波长的海洋内波对潜艇的影响，（b）潜艇水下航行受强非线性内波的影响

东海海域密度跃层上界一般位于 20～30 m 处，跃层厚度 10～50 m；南海强密度跃层

一般位于 75 m 上下处，跃层厚度约 75 m。上述深度正是潜艇频繁活动的范围，潜艇通常在该深度层进行战术机动和对敌攻击。内波的存在，无疑会对潜艇航行的安全性、操纵性、隐蔽性及武器发射精度产生不利的影响。

此外，海洋内波的波致流场对水中兵器和潜艇也会产生极大的影响。在内孤立波强盛海区，由于内孤立波传播而产生的流场变化是在背景流场（主要是潮流场）基础上形成的阵发性空间分布不均匀的强流场，其最大流速可达 2.5 m/s 以上。该阵发性强流场会对潜艇和水中兵器（如鱼雷、水雷、潜射导弹等）的稳定性和操控性产生严重的影响。一般水中兵器设计的命中目标的环境参量为流速最大不超过 1.0 m/s 的背景干扰流场。显然，在存在海洋内孤立波阵发性强流场的情况下，水下兵器发射后一般难以命中目标。此外，当内波传到近岸及海面时会变成强大的三角浪和涡流，严重冲击海岸工程和破坏港口设施。由潜艇运动生成的内波、尾涡和气泡混合表面特征和纹理，近年来已成为卫星或航空探测识别潜艇目标的重要依据之一（图 1.14）。

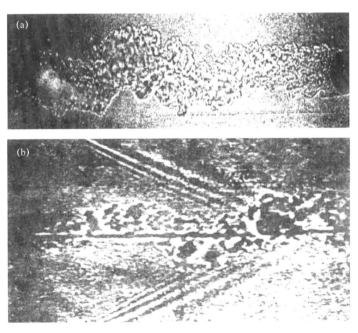

图 1.14　实验室分层水槽得到的潜体激发的内波纹理结构

（a）波场侧视图，（b）波场顶视图

海洋内波的强非线性使其具有极强的水体和物质输运能力，会造成海洋中营养盐和叶绿素 a 的浓度在垂向上的再分配，从而影响了海洋生态系统的生产力。内波的水体输运能力在水平方向可达几千米，能够将营养盐和叶绿素 a 随着水体输运传播到较远的位置。南海的观测实验显示海洋中的营养盐和叶绿素 a 浓度剖面在强非线性内波经过后会出现显著变化（图 1.15）（Dong et al.，2015），引起营养盐和叶绿素 a 浓度变化的主要原因是非线性内波所具有的非对称性特征。基于卫星图像反演结果，发现叶绿素 a 能够被内波从近海岸富集区输运到远海。

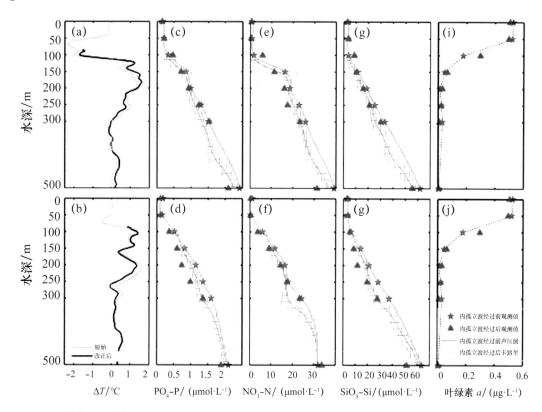

图 1.15　船载 CTD 剖面观测的内孤立波经过前后营养盐和叶绿素 *a* 浓度的变化（Dong et al., 2015）

此外，有观测证据显示在南海北部鲸会在内孤立波尾缘的海表面附近捕食。这可能与内孤立波尾缘的上升流有关，其会将深层的浮游植物和营养盐输送到表层，从而使鱿鱼和其他鱼类集群尾随在内孤立波尾缘活动，引来鲸猎食。因此，内孤立波对海洋生态环境也具有重要的影响。

1.3.6　内波的波谱、传播和能量学特性

内波的频率和波数必须满足一定的约束关系，即频散关系。内波波数为一向量，其方向与相速一致，量值等于沿此方向 2π 间隔内所含的波的个数。由内波引起的质点运动的水平速度、垂向速度和垂向位移之间，也存在一定的关系。密度的垂向分布对内波的特性有很大的影响。最简单的内波为界面波，它沿界面传播，群速与相速方向一致，最大振幅出现在界面处。不同深度的内波的振幅，随该处至界面距离的增大而按指数规律减小。界面上质点运动的水平速度和界面下的方向相反，紧贴界面上下的质点，当其处于波峰或波谷时，有最大的水平速度。此处质点的水平速度随深度的变化极快，即存在很强的速度剪切。界面处的质点恰好通过界面平衡位置时，具有最大的垂向速度，峰前向上、峰后向下。这样，浅跃层处的界面波可能会在表面形成交错的辐聚带和辐散带。海况良好时，海面会呈现出明暗相间的清晰条纹图案，成为卫星监测内波的重要图像信息。

密度连续层结流体中的内波，比界面波要复杂得多。水质点的运动速度与波的相速

垂直，传输波能的群速与相速方向垂直。频率不同的内波，不但相速的大小不同，而且方向各异。近似于惯性频率的内波，相速方向近于铅直，质点运动轨迹近于水平圆周，群速的方向也近于水平。随着频率的增大，相速与水平之交角变小，质点运动轨迹的椭圆度增大；群速与轨迹椭圆的长轴方向一致，与水平方向的交角增大。接近稳定性频率的内波，相速近似于水平传播、群速近似于铅直传播，而质点则近似于铅直往复运动。由于内波的群速与相速方向垂直，因而会出现令人较为费解的现象：波形向斜上方传播时，波能则向斜下方输送；反之，亦然。

内波在稳定性频率（N）变化的介质中传播时会发生折射。在表面和底部或在内波频率 $\omega = N$ 的深度（转折深度）处会发生反射。内波在运动介质中传播时会发生多普勒效应，从而改变其传播速度。在介质运动速度等于相速（临界层）处，内波有可能会消失。由于表面与底部（或转折深度处）的反射，可能会在铅直方向形成驻波，这种驻波有几个波腹，就称此内波处于第几模态，模态越高，运动越复杂。

由于内波的随机性，一般很难从不同地点、不同时间、不同手段获取的观测资料中得出统一的结果。Garrett 和 Munk（1971）应用随机过程理论，并引入一些理想化的假设（如假设实际的海洋内波是由许多不同频率、不同波数，具有随机振幅和随机相位的正弦波线性叠加而成），基于大量的调查资料，提炼出一个普适性模型，即 GM 模型。

该模型谱的特点是：在远离边界的大洋中，内波的能量波数频率谱具有普适性，即除了一些特殊地区外，不论何时、何地所得到的调查资料，都与该模型的结果近乎一致。它在近似惯性频率处有一峰值，在近似稳定性频率处也有一小峰值或平缓区。调查资料普遍反映在半日潮频率处有一个大小不一的谱峰，但在 GM 模型中没有表达出来。此外，GM 模型也未能包括在上层海洋、陆架和陆坡处及平均流强盛处的复杂情况。各种内波谱之间存在的关系，可用来检验观测所得的脉动量是否属于内波。

上述特性主要是运动学的。内波动力学主要研究内波能量的获取和耗散以及在不同频率、不同波数的内波之间的能量传递机制。气压变化、风应力、表面波、大中尺度平均流、表面混合层湍流、潮流经过变化的海底地形等，都可能产生内波。虽然 GM 模型引入了线性假设，但实际上内波是非线性的，不同频率、不同波数的内波之间通过非线性相互作用而进行能量交换，将具有低垂向波数的内波能量传给具有高垂向波数的内波；具有高垂向波数的内波易破碎而发生混合，形成细微结构，而它引起的严重的速度不均匀性又易产生湍流。因此，内波能量将转移给更小尺度的湍流和细微结构。另外，内波的波能在临界层处会被较大尺度的平均流吸收（临界层吸收）。因此，内波是各种大、中、小尺度海洋整体运动过程中的一个活跃的环节。

1.3.7　海洋内波的观测

由于海洋内波随时间和空间而随机变化，且频率范围很宽，故需在较长时间内快速密集地取样。近年来，许多新近发展的通用海洋调查仪器，都能满足这种要求。最常用的是能同时观测温度、电导率和深度等要素的锚系自容式温盐深仪，或能同时观测流速和深度的声学多普勒流速剖面仪。也可将多个锚系装置和多架仪器布置成立体的仪器阵列。内波观测的时间周期可连续多日甚至数月，它可得到各种锚系频率谱，例如，温度频率谱和水平流速分量的频率谱等；从平均温深剖面和温度频率谱，可得到等温面垂向位移频率谱；从各种频率谱可分析得到方向谱。2000—2001 年，多个国家在南海系统开展了大规模现场观测——亚洲海国际声学实验（Asia Seas International Acoustic Experiment, ASIAEX），目的是理解多变环境下水体与声音的相互作用，而海洋内波是该实验的主要观测对象之一。基于潜标观测，ASIAEX 获得了大量南海北部陆架陆坡区内波观测数据，初步认知了南海北部浅水区内波的特征及其演变过程和机制（图 1.16）。

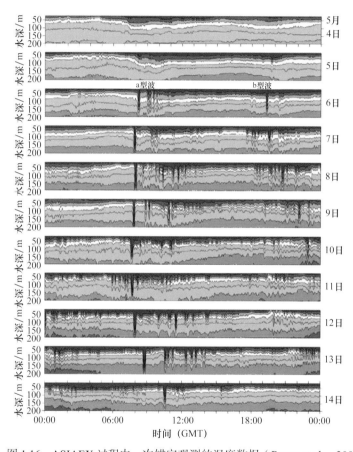

图 1.16　ASIAEX 过程中一次锚定观测的温度数据（Ramp et al., 2004）

从这 11 d 的观测数据（2001 年 5 月 4—14 日）可以清晰地看到经过观测站的 a 型波与 b 型波。a 型波几乎在每天的同一时段到达，而 b 型波则每天比前一天晚 1 h 到达

从船上或平台上连续收放温盐深仪（CTD）、抛弃式和非抛弃式温深仪（XBT 和 UBT）及电磁速度剖面仪等，可得到投抛谱，即垂向位移（或水平流速）的垂向波数谱。利用走航观测仪器，如称为"拖鱼"（towfish）和"蝙蝠鱼"（batfish）的温盐深仪，可得到拖曳谱，如垂向位移（或温度）的水平波数谱。若拖曳适当配置的测温链等阵列，还可

得到种类更多的频率谱。

选定在等密度面上作中性漂浮或上下运动的温盐深仪是观测内波的理想专用仪器，它能记录下典型的内波运动。此外，用声学方法（如多普勒声呐）也可观测内波，近年来，卫星遥感和航空摄影技术的运用为大范围监测内波提供了新的视野和思路，尤其是基于星载合成孔径雷达（Synthetic Aperture Radar, SAR）对内波表面纹理的监测、识别和解析，已成为海洋内波信息获取和特征结构反演的重要手段和途径（图 1.17）。

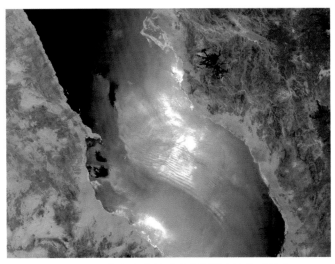

图 1.17　星载合成孔径雷达监测的内波纹理结构

此外，在进行上述观测的同时，还应开展相应海域的环境调查，如水深、潮汐、平均温盐深剖面、平均流、气压、风等，以供卫星定标以及综合分析和信息融合。

1.4　海洋中尺度涡

1.4.1　海洋中尺度涡概述

海洋中尺度涡（oceanic mesoscale eddy）是海洋中的一种涡旋，在世界各大洋中均有这种涡旋的存在。根据准地转理论框架描述，"海洋中尺度"通常是指水平尺度近似或者略大于第一斜压变形半径的运动。中尺度涡以长期封闭水平旋转水体为主要特征，通常典型的空间尺度为 50 ~ 500 km，时间尺度（生命周期）为几天到上百天。中尺度涡的旋转速度一般较快，而且边旋转边向前移动，其移动方式类似于热带气旋（图 1.18）。中高纬海区中尺度涡的最大旋转速度往往大于其平移速度（一般常用最大旋转速度与平移速度的比值是否大于 1 作为判断涡旋非线性的指标），即该海区中尺度涡一般具有强非线性，而强非线性决定了中尺度涡在其移动的过程中能够携带水体随之前进，这一点是中尺度涡有别于不能携带质量的线性罗斯贝波的原因，也是它与热带气旋的相似之处。但是，海洋中尺度涡与热带气旋的区别之一是，无论南、北半球，中尺度涡都可以气旋式和反气旋式旋转，而热带气旋只有气旋式。据估计，大洋中尺度涡的动能，占据了整个海洋的大、中尺度海流动能的 90% 以上。海洋中尺度涡形形色色、各式各样，涡旋直径从几十千米到数百千米，生命周期从短的十几天到长的半年以上，影响深度各异。

图 1.18　海洋中尺度涡旋结构示意图

摘自 http://www.ouc.edu.cn/6d/88/c10639a93576/pagem.psp.

中尺度涡不仅直接影响着海洋中的温盐结构以及流速分布，而且能输送动量、热量及影响其他示踪物的分布，对海流动力学、海洋热力学、海洋化学、海洋声学和海洋生物学的发展都有深刻的影响，使人类对大洋环流的认识有了一个突破性的进展，改变了人们对海流的传统认识。

1.4.2　中尺度涡的发现历程

20 世纪 30 年代，美国伍兹霍尔海洋研究所海洋学家 Iselin 及其团队首先在西北大西洋湾流海域观测到大型涡旋，10 余年后，他们对同一海域同一个气旋式冷涡进行了测量与研究，确认其为中尺度涡。20 世纪 60 年代以前，人们的关注点以大尺度环流为主，主要发现了大洋中的表层环流，并建立了风生海流理论。1958 年在 41°N，14°W 处，相邻船只首次观测到了斯瓦洛中性浮标显示的涡旋运动。1959 年和 1960 年在百慕大附近海域进一步观测又发现了延伸到整个水柱的中尺度涡，其旋转速率达 10 cm/s 以上，直径约为 200 km，生存期大约 100 d，并以 2 cm/s 速度向西移动。1979 年，苏联海洋科学家在大西洋海域进行调查获得的海流资料表明，实测的海流流速达 10 cm/s，且多是涡状结构的海流，其直径可达 100 km，生命周期持续好几个月。后来，又陆续在其他海域，证实了这种大洋中尺度涡的存在。这种现象一度使海洋科学界为之震惊，目前海流的速度是人们预期的 10 倍多，用传统的风生海流理论根本无法解释。海洋中尺度涡的现场观测比较困难，必须在较长的时间里直接观测海流的流速，才能清晰地发现中尺度涡。于是，人们开始借助新的探测手段去深入研究和认识大洋环流。

气象海洋卫星遥感技术的发展极大地延拓了传统的海洋探测手段，通过卫星遥感，使人们改变了对海流的传统认知，加深了对海洋中尺度涡的了解。1973 年，美国耗资数十亿美元发射了"天空实验室"，该航天器拍到了大西洋西部热带海域水流中的大涡旋。该涡旋纵横 60 ~ 80 km，冷的海水从 100 m 以深处向上涌升，将海底许多营养物质带到海面。于是，在这个大涡旋的海域形成一个很好的渔场。"天空实验室"在其他海域也发现了类似涡旋。例如，在南美洲的西海岸、澳大利亚东部及新西兰一带、非洲东岸和太平洋中部的夏威夷群岛等地的附近海域，以及在印度洋西北地区、南海海域，也都能观测到这种涡流（图 1.19）。

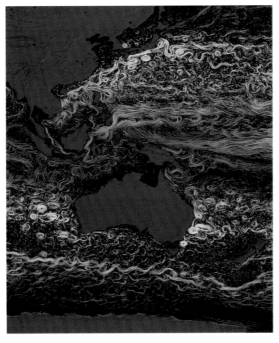

图 1.19　卫星监测到的海洋中尺度涡

综上分析，人们有理由相信：在世界各大洋中，中尺度涡是普遍存在的，完全没有这种涡流的海域反倒是少见。同时，人们还发现，这些涡流的厚薄、大小不一，旋转方向有左有右，涡流中心区的海水温度有冷有热。

1.4.3　中尺度涡的生成机理

中尺度涡这种奇特的海洋现象的发生、发展、消失等问题使众多海洋科学家困惑不解，但是，大洋中表层海流弯弯曲曲的运动方式，似乎都与此有着密切的关系。中尺度涡多起源于大洋西边界的西向强化流中。在大西洋湾流和太平洋黑潮中经常会出现海流弯曲（或蛇行）现象，当海流弯曲到一定程度时，冷涡和暖涡便脱离母体，形成直径 100 ～ 300 km 的流环。

近期有学者研究表明，表层强化的类 Charney 表面型不稳定可以发展形成表层涡旋，而次表层强化的类 Phillips 型不稳定则可以发展形成次表层涡旋；背景场的层结和垂向剪切的变异引起不稳定类型的变异，进而引起中尺度涡结构类型的变化；同时，并非所有的不稳定都能形成涡旋，当背景场的斜压不稳定性较弱时，不稳定可仅以斜压不稳定波的形式存在（Feng et al.，2021）。

海洋中尺度涡的影响因素众多、影响机理复杂，看问题角度不同结论也会不一样，根据对不同海区中尺度涡开展的研究工作进行分析，中尺度涡的主要产生机制大致可以归纳为（林鹏飞，2005）：

（1）斜压不稳定性，即由平均流的垂直切变引起的不稳定；

（2）正压不稳定，如大洋中流涡边界的迅速流动产生的强烈不稳定，有的甚至可以分离成流环；

（3）地形影响，包括海底地形起伏、不规则的岸线变化等；

（4）大气强迫，包括风应力、大气压力、由于蒸发和降水过程产生的通过海 – 气界面的浮力通量、各种形式的辐射的吸收和释放以及由于海平面的变化而引起的与大气的水汽交换等。

决定中尺度涡持续存在和旋转的主导机制则是地转平衡（Robinson，2010）：中尺度涡的水平半径大于局地罗斯贝变形半径时，中尺度涡海表起伏所维持的水平方向压强梯度力与中尺度涡水平旋转运动而产生的科氏力相平衡，这种准平衡态和中尺度涡的非线性效应维持了中尺度涡较长的生命周期。

中尺度涡的发现使传统的大洋海流理论受到了挑战。人们不禁会问：传统的埃克曼漂流学说还能继续成立吗？过去的大洋海流图向人们显示，大洋中的环流是由几条大海流组成的。在环流中部，是平均流速仅有 1 cm/s 甚至更小的弱流区。而大量"中尺度涡"的发现，使人们认识到，大洋中绝不仅包含几条简单的环流，所谓弱流区也并非想象的那样平静。大洋环流的结构可能更加复杂。而且，人们还发现，充斥于海洋中的众多中尺度涡与大尺度环流之间存在强烈的相互作用，因此不能忽视不同尺度之间相互作用及能量串级。假如这些涡流也像大气中那样是由斜压不稳定所引起的，则大洋环流有可能是由中尺度涡所维持，这就从根本上修正了风生环流的观点。

1.4.4　中尺度涡的结构类型

根据旋转方向和温盐结构的不同，中尺度涡通常可以分为两种：气旋涡和反气旋涡。气旋式涡旋（在北半球为逆时针旋转），其中心海水自下而上运动为主，使海面抬升，将下层冷水带到上层较暖的水层，使涡旋内部的水温比周围海水低，又称冷涡旋或冷涡；另一种是反气旋式涡旋（在北半球为顺时针旋转），中心海水自上而下运动为主，使海面下降，携带上层的暖水进入下层冷水中，涡旋内部水温比周围水温高，又称暖涡旋或暖涡（图 1.20）。值得一提的是，在海洋表面，气旋涡并非一定表现为冷，反气旋涡并非一定表现为暖，这是由于海表温度除了受垂向对流影响，还受水平流、海表热通量等影响。有些气旋涡海表温度为正异常，反气旋涡海表温度为负异常，这一类涡旋称为异常涡旋（Liu et al.，2021）。中尺度涡旋的运动方式可分为自转、平移和垂直 3 种。涡旋动能的最大值不在中心，而是在水体旋转线速度最大的区域。涡旋中心势能最大，越远离中心，势能越小。根据涡旋强化深度，可以分为表层中尺度涡（surface–intensified eddy）和次表层中尺度涡（subsurface–intensified eddy）。所谓表层涡，并非只出现在表层，而是其旋转速度最大核心出现在表层或上混合层，且随深度递减。

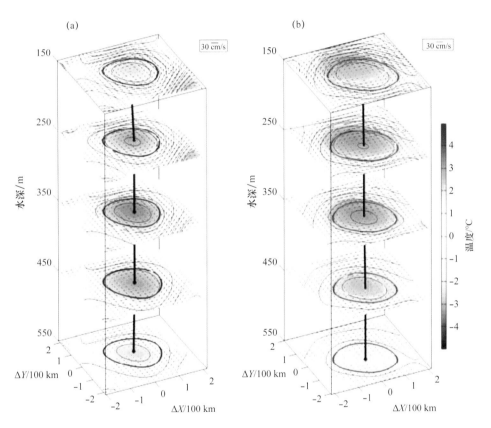

图 1.20　两种典型中尺度涡的结构示意图

（a）气旋涡，（b）反气旋涡

1.4.5　南海的中尺度涡旋

海洋现场观测资料和卫星遥感资料都显示，南海中尺度涡异常丰富并且十分活跃，其时空演变是南海环流季节变化的重要内涵，对南海温盐场、叶绿素以及化学分布与输运都有重要的影响。据卫星高度计数据显示，平均每年约有 10 个中尺度涡在南海生成，各月皆可生成，南海中尺度涡的发生具有明显的区域性和季节性，各区域中尺度涡的运动规律也有很大差别（Wang et al.，2003）。目前认为南海中尺度涡的生成主要集中在两个区域，一个是南海西部越南外海，另一个是南海东部。通常认为前者与非线性相关（Wang et al.，2006），后者与山脉导致的风应力旋度相关（Wang et al.，2008）。

在南海众多涡旋中，有两大非常强的季节性涡旋：夏季的越南冷涡和冬季的吕宋冷涡。其中吕宋冷涡是冬季出现在吕宋岛西北的一个相对稳定的涡旋，历史水文调查观测已经多次证实它的存在（Shaw et al.，1996）。吕宋冷涡大致位于以 18°N，118°E 的中心，半径 300 km 范围内（Qu，2000）。吕宋冷涡是冬季的季节性涡旋，10—11 月为其发展期，12 月至翌年 1 月为其强盛期，2 月以后开始逐渐消亡（刘金芳等，2006）。吕宋冷涡对应着负的海面高度异常，并伴随着很强的上升流，在次表层引起海温的负异常。它的强冷中心出现在 75～150 m 深度范围内。由于吕宋冷涡所处的地理位置较为特殊，局地风场和黑潮都可能会对吕宋冷涡产生影响。数值模式的结果显示，吕宋冷涡的形成和消亡主要是由局地风场控制的，而黑潮的贡献较小（杨海军，2000；孙成学，2009）。Wang 等（2008）利用卫星遥感资料结合约化重力模式也证实了吕宋冷涡确实是由风应力旋度驱动出来的。越南冷涡是夏秋季出现于越南东岸 12°—14°N 的涡旋，越南冷涡夏季比秋季强，冬季和春季消失，由于中尺度现象的存在，使相应海域的升降流场的强度大大增加。Song 等（2019）利用 Argo、CTD、XBT 等现场观测，发现了位于越南沿岸附近 300 m 以深处的一个次表层中尺度暖涡，涡旋中心大致位于 12.5°N，111°E，该涡旋具有较强的季节性变化，春季最强，冬季和夏季较弱，秋季消失。

1.5 西边界流 – 中尺度涡相互作用

作为主要的西边界流之一，黑潮从热带地区向北给中纬度地区带来动力和热量。它在海洋环流中起着至关重要的作用，影响着东北亚沿海地区的气候和渔业。台湾东部的黑潮有着明显的变化，总平均运输量可达 21.5 Sv[①]（Johns et al.，2001）。中尺度涡旋在世界海洋中几乎无处不在，特别是在副热带逆流（Subtropical Counter Current，STCC）地区（Hwang et al.，2004）。涡旋轨迹统计表明，涡旋经常侵入黑潮的两个纬度带，即吕宋海峡和台湾东部（Lee et al.，2013）。卫星和现场观测（Yang et al.，1999；Hwang et al.，2004）及模拟结果（Geng et al.，2016，2017；Kuo et al.，2017）表明涡旋与黑潮存在相互作用，包括黑潮如何影响涡旋（该种影响在西边界附近衰减消失），以及涡旋如何导致黑潮的变化（Tsai et al.，2015）。

1.5.1 吕宋海峡黑潮 – 中尺度涡相互作用

黑潮流经吕宋海峡时失去了大陆坡折带，并受到吕宋海峡复杂地形的影响，导致黑潮结构复杂。由于缺乏观测数据，吕宋海峡黑潮入侵南海的形式仍存在较大的争论。在吕宋海峡以东，黑潮通常跨过吕宋海峡向北流至台湾以东（Su，2004）。黑潮有时则以反气旋

---

① Sv，海洋学使用的流量计量单位，1 Sv = 10⁶ m³/s。

流套（大弯曲）形式入侵南海，尤其是冬季风期间。现有的水文观测和一些模式结果也显示，由于锋面不稳定，黑潮可能会向南海脱离出反气旋涡和气旋涡（Jia et al.，2004）。黑潮有时则会产生南海分支（Hu，2001）。然而，上述几种流态究竟哪些存在，其变化规律如何，不同的研究经常得出不同的结论。

吕宋海峡以西，南海北部有一个受季风驱动的大尺度气旋式环流（Liu et al.，2001）。水文观测和高度计数据表明，伴随在该大尺度环流中，有很多中尺度的涡旋。这些中尺度涡中有很多是由局地的强风应力旋度所激发出来（Wang et al.，2008）。一些研究还表明，黑潮与巴布延群岛之间相互作用会产生中尺度涡（Metzger and Hurlburt，2001）。前人的研究，尤其是卫星高度计的应用，极大地增强了对吕宋海峡中尺度涡的了解。受资料限制，以往研究多数仅关注直径大于 100 km 的涡旋（Wang et al.，2003；Chelton et al.，2007）。根据热盐平衡估算，苏纪兰（2005）认为，目前尚不清楚太平洋水是如何进入南海的，他提出假设，认为太平洋水可以以次级中尺度涡的形式入侵南海。已有一些研究开始关注半径较小的次级中尺度涡（Zheng et al.，2008a），但个例分析偏多，难以全面给出吕宋海峡次级中尺度涡的规律。

在吕宋海峡以东，西北太平洋传播过来的中尺度涡在与黑潮碰撞后，会对黑潮产生一定的影响。在观测方面，Hu 等（2001）通过卫星高度计资料分析认为中尺度涡可以直接穿越吕宋海峡进入南海，但同样用高度计资料，Yuan 等（2006）分析卫星高度计资料显示，菲律宾海的中尺度涡有时会引起黑潮的形变，但是不清楚究竟什么形式和多大强度的涡旋才能引起黑潮的形变，而 Li 等（2007）认为，中尺度涡是难以穿越黑潮进入南海的。在实验室实验和数值模式方面，Sheremet（2001）、Sheremet 和 Kuehl（2007）研究类似吕宋海峡附近黑潮的流动情况发现：西边界流流量较大时，惯性决定了其跨缺口流动，流量较小时，地转 β 效应迫使西边界流侵入边界缺口，形成反气旋入侵；西边界流"茶壶效应"是一种"迟滞过程"，给出了"迟滞过程"产生条件：西边界缺口半宽与 Munk 边界层厚度之比大于 4.55。袁东亮和李锐祥（2008）在 Sheremet（2001）、Sheremet 和 Kuehl（2007）的研究基础上，使用 1 层半约化重力准地转模式研究认为，西边界流在缺口处当处于迟滞过程的临界状态时，气旋涡和反气旋涡都可能使西边界流产生由入侵流态到跨隙流态的转变，而只有气旋涡才能诱发西边界流由跨隙流态向入侵流态的转变；当西边界流远离其临界状态时，其路径不易受到中尺度涡旋的影响，此时跨隙的西边界流对中尺度涡的向西传播起到了阻挡和向北平流的作用。

尽管太平洋中尺度涡对吕宋海峡黑潮影响较大，但吕宋海峡以东中尺度涡到达西边界后运动特征复杂，其规律目前还没有被完全揭示。

1.5.2　台湾以东黑潮 – 中尺度涡相互作用

台湾以东中尺度涡主要来源于太平洋，这些中尺度涡对台湾以东黑潮流量和路径产生影响。Yang 等（1999）利用水文调查、表面漂流浮标、卫星高度计和验潮站等资料进行研究认为，反气旋涡的撞击会导致台湾黑潮流量的增大，气旋涡的撞击会导致台湾黑潮流量的减小。Zhang 等（2001）利用 PCM–1 断面锚系资料和卫星高度计等资料进行研究并提出了不同的看法，他们认为大洋向西传播的反气旋涡可以导致黑潮"弯曲"离岸，沿琉球群岛东侧向北流动，进而台湾以东黑潮流量减小。针对 Yang 等（1999）和 Zhang 等（2001）研究结论的不一致性，Liu 等（2004a）和刘伟（2005）利用比 Yang 等（1999）和 Zhang 等（2001）更长时间序列的验潮站资料和卫星高度计等资料进行的研究认为：正的海面高度异常往往对应黑潮的高流量，负的海面高度异常往往对应黑潮的低流量，这部分支持了 Yang 等（1999）的结论，而 Zhang 等（2001）的说法欠妥。Liu 等（2004a）和刘伟（2005）进一步的研究认为，确实有个别强反气旋通过分流，使黑潮产生离岸弯曲，减小黑潮流量；但大多数反气旋增大海平面高度差，从而增大黑潮流量，而对黑潮流轴影响不大。他们还认为，大多数气旋使黑潮产生向岸弯曲，减小黑潮流量；个别强气旋西北向传播到台湾，整个卷入黑潮，使黑潮产生强烈的离岸弯曲，显著减小黑潮流量。台湾东部的中尺度涡旋可以引起东海的黑潮变化（Ichikawa et al., 2008；Hsin et al., 2011），半径大于 150 km 的涡旋强度足以显著影响黑潮（Zheng et al., 2011）。长期以来，人们已经认识到涡旋对黑潮体积输运的影响：STCC 涡旋在影响年际和季节性时间尺度的黑潮输运方面起着重要作用，靠近黑潮的反气旋（气旋）中尺度涡导致黑潮运输的增加（减少）（Yang et al., 1999；Zhang et al., 2001；Lee et al., 2013）。西传的涡旋还可以导致黑潮弯曲或入侵（Yin et al., 2017）。反气旋涡还会加剧黑潮的海面和等密度面的倾斜，而气旋涡会削弱倾斜，台湾东部尤其如此（Tsai et al., 2015）。此外，中尺度涡旋可以从黑潮环流中脱落（Zhang et al., 2017；Liu et al., 2004a）。这些结果大多得出的结论是，反气旋性涡旋对应于运输的增加，而气旋性涡旋与运输减少有关。然而，也有相反的结果（Zhang et al., 2001）。Yang 等（2013）发现反气旋和气旋性涡旋都可能增强或减弱黑潮的体积运输。太平洋中尺度涡对黑潮流量的低频变化也产生影响。Yang 等（1999）利用水文调查、表面漂流浮标、卫星高度计和验潮站等资料进行研究认为：台湾以东黑潮受到气旋涡和反气旋涡的间隔约 100 d 一次的汇聚，黑潮流量与向西传播的中尺度涡（海面高度异常）在 100 d 的波长上高度相关。Zhang 等（2001）利用 WOCE–PCM–1 试验中锚定浮标资料和 T/P 卫星高度计资料进行研究也认为：台湾以东黑潮流量有大约 100 d 周期的季节内变化。Wang 等（2019a）根据 1993—2015 年的 AVISO 高度计海面高度异常和海表流场资料，分析了台湾以东的海表黑潮输运及其邻近的涡旋场（海面高度异常），得到了台湾以东海表黑潮输运和涡旋场的 4 个主要周期，黑潮表面输运周期为 0.5 a、1 a、2.35 a、6.8 a，涡旋场主要周期为 200 d（0.55 a）、374 d（1 a）、889 d（2.43 a）、2374 d（6.5 a），并初步揭示了台湾以东黑潮和中尺度涡相互作用规律。

目前，尚无关于太平洋涡旋穿越台湾以东进入东海的发现。但观测数据表明，台湾东北海区经常有中尺度涡出现（管秉贤和袁耀初，2006，2007）。台湾东北部中尺度涡的产生机制及其与台湾以东中尺度涡的内在关联有待进一步研究。由于海洋观测数据的稀缺和非线性现象，中尺度涡旋场与黑潮之间的关系显得极为复杂甚至十分矛盾（Zheng et al., 2011）。

1.5.3　琉球海流 / 东海黑潮 – 中尺度涡相互作用

琉球海流的流量和流向受到太平洋中尺度涡的影响。尽管琉球海流经常被观测到，但东北向流变化较大，主要是由于它受到从太平洋传来的中尺度涡的强烈影响。Zhu 等（2003）在冲绳岛附近进行了较大规模的锚系观测，得到了从 2000 年 11 月到 2001 年 8 月共 9 个月的琉球海流流速和流量。结果显示，在观测期间冲绳岛以东的琉球海流受中尺度涡的影响非常强烈。比如，当一对逆时针和顺时针的中尺度涡先后到来时，琉球海流的流速可以从 –20 cm/s（西南向）变化到 60 cm/s（东北向），其流量从 -9.8×10^6 m³/s（西南向）变化到 25×10^6 m³/s（东北向）。Konda 等（2005）通过观测表明：反气旋涡接近冲绳岛东南时，其东北向海流流速可达 50 cm/s；气旋涡接近时，琉球海流为西南向，流速可达 –15 cm/s。

琉球海流的低频变化同样受太平洋中尺度涡的影响。Konda 等（2005）和 Zhu 等（2003）观测发现，冲绳岛附近琉球海流的流量受中尺度涡入侵的控制，存在约 100 d 的变化；Ichikawa 等（2004）观测发现，奄美大岛附近琉球海流受中尺度涡的影响，有 64 d、80 d、100 d、160 d 的变化。郑小童等（2008）利用再分析资料认为同一纬度大洋中西传的罗斯贝波对琉球群岛以东的西边界流有较大影响，因此琉球群岛以东西边界流在各段的流量均有大约 100 d 的显著变化周期。

庆良间水道是琉球群岛岛链中的唯一深水通道，在太平洋和东海水交换中具有重要的作用。庆良间水道两侧的东海黑潮和琉球海流之间的关系对于东海和太平洋之间的水交换研究具有重要意义。黑潮和琉球海流之间的水交换研究始于 20 世纪 70 年代，Nitani（1972）指出太平洋海水可能从庆良间水道流入东海。Yu 等（1993）发现，冲绳岛西北方的黑潮 PN（Pollution Nagasaki）断面上黑潮的低盐水核心与琉球海流的入侵有关。流速计数据也显示有净流量通过庆良间水道到达东海（Morinaga et al.，1998）。用验潮站资料、数值模式结果、断面调查资料和浮标资料研究认为，琉球海流通过庆良间水道调节东海黑潮上下游的流量变化：琉球海流一侧通过庆良间水道的入流对东海黑潮上游流量季节内信号起调节作用，虽然从庆良间水道传播进入东海的入流也有 100 d 的变化，但是该入流 100 d 的变化与台湾以东黑潮流量 100 d 的变化具有反向相关性，使在东海黑潮上游非常显著的季节内信号在东海黑潮下游大大削弱，因而造成了东海黑潮上游和下游流量变化规律的不同。郑小童等（2008）发现，琉球海流系统从庆良间水道进入东海的入流使得东海黑潮下游的流量增大，庆良间水道以南东海黑潮上游流量受中尺度涡影响具有大约 100 d 的振荡周期，庆良间水道以北的东海黑潮则没有该特征。一些研究还表明，中尺度涡在到达琉球群岛以东海区后，涡旋效应通过庆良间水道进入东海，与黑潮相汇合（Ichikawa，2001；朱小华，2008；Andres et al.，2008），对东海黑潮下游的流量和流路产生了重要影响。Andres 等（2008）发现，琉球海流流量变化领先于东海黑潮 60 d 左右，其原因是中尺度涡先影响琉球海流，而后通过庆良间水道影响东海黑潮。东海黑潮下游吐噶喇海峡流量和琉球海流有很好的相关（Ichikawa，2001）。数值试验（Johnson et al.，2004）和实验室实验研究（Cenedese et al.，2005）表明，中尺度涡与缺口相互作用时会挤压出小的涡旋穿越缺口。由于高度计的分辨率受其轨道所限，使利用该资料无法准确判断中尺度涡通过庆良间水道影响东海黑潮的具体过程，上述研究中的中尺度涡效应穿越庆良间水道的具体方式仍有待研究。黑潮的变化也可以通过庆良间水道对琉球海流产生影响，东海黑潮与琉球海流之间的相互作用机制仍有待进一步揭示。

综上所述，近年来国内外学者围绕中尺度涡与中国近海西边界流的相互作用做了许多研究，揭示了一些新的现象特征，得到了一些有价值的见解，但仍有很多问题有待进一步深入研究：

（1）黑潮与南海之间的水交换有可能是以次级中尺度涡的形式进行的。但是目前吕宋海峡次级中尺度涡的相关研究还不够深入。

（2）吕宋海峡以东和台湾岛以东的中尺度涡与黑潮关系密切，但吕宋海峡、台湾岛以东中尺度涡特有特征及其与黑潮相互作用规律尚未被清楚揭示。

（3）目前还没有收集到中尺度涡穿越台湾以东进入东海的证据，台湾东北部中尺度涡及其与台湾以东中尺度涡的关系有待深入研究。

（4）中尺度涡影响琉球海流以及琉球海流影响东海黑潮等方面的工作已有一些进展，但东海黑潮对琉球海流有何影响还不清楚，两者之间的相互作用机制有待研究。

为此，本书将在后面的相关章节中，围绕上述方面阐述作者近年来开展的西边界流－中尺度涡相互作用研究成果。

1.6　本书内容与结构

本书较为系统、全面地研究了南海－西太平洋海区的海洋中尺度现象的时空特征和生消演变机理，研究内容涵盖目前业已观测和认知的海洋锋、海洋中尺度涡和海洋内波等主要中尺度现象。全书结构包括海洋中尺度系统概述（第1章）和上、中、下三篇。其中，上篇主要针对南海冬季的局地暖池和海洋锋等中尺度现象开展时空特征和变化机理研究，包括：南海上层海温的时空特征及影响机理（第2章）、北部湾冬季暖池的时空特征与形成机理（第3章）、泰国湾冬季暖池的时空特征与生消机理（第4章）、西吕宋海洋锋的时空特征与海－气反馈机制（第5章），以及吕宋黑潮锋的时空变化特征及上层海洋响应（第6章）。中篇主要阐述和讨论海洋中尺度涡和海洋内波等中尺度现象的特征诊断和机理分析的研究方法和技术途径，包括：海洋中尺度涡的诊断识别（第7章）、南海中尺度涡的时空变化特征（第8章）、吕宋海峡及以东海区的涡度场特征（第9章）、吕宋海峡次级中尺度涡特征与统计规律（第10章）、黑潮延伸体海区中尺度涡三维温盐结构特征（第11章）、反气旋涡热盐、溶解氧三维结构及输运时空特征（第12章）、东海黑潮与琉球海流相互作用（第13章）、台湾以东海区中尺度涡与西边界流相互作用（第14章），以及海洋内波特征诊断与模糊推理判别（第15章）。下篇主要阐述海洋涡旋的智能识别、数值模拟和旋转水池物理实验研究，包括：海洋涡旋的智能识别（第16章）、海洋涡旋的数值模拟（第17章）和海洋中尺度涡的旋转水池物理实验（第18章）。

上 篇

南海冬季的局地暖池与海洋锋

　　南海海区大体呈菱形分布，冬、夏两季分别盛行东北季风和西南季风，盛行风向与菱形长轴方向基本一致。由于南海海区内岛屿、陆架、暗礁复杂，岸线曲折，周边山脉众多，使南海的热力和动力结构非常复杂。在太阳辐射、季风、海洋环流和复杂的地形条件等外强迫作用下，南海海温在时间上表现出年际、季节、季节内和日变化等多种尺度变化，在空间上则可分为大尺度和中小尺度变化。从大气－海洋相互作用的角度来讲，大气通过风应力驱动南海上层海盆尺度环流，向南海输送动量，而南海上混合层储存的能量则通过长波辐射、感热交换和蒸发耗散等形式向大气输送能量，进而影响大气的运动。在南海海－气相互作用的研究中，海温作为描述海洋热状况的一个重要指标和影响大气环流和区域气候变化的一个重要因子，一直以来都是人们观测、研究和预测的重点。

　　前人对南海海温与海洋锋的时空变换特征和影响机理开展了很多研究，取得了许多重要的成果，但仍有一些重要的科学问题尚未被揭示和厘清。

　　（1）对于南海的两大浅海湾——北部湾和泰国湾，前人对这两大海湾冬季温度特征总的认识：由于不同深度水体的热含量不同，导致湾内海表温度（Sea Surface Temperature，SST）的分布呈中间高、两边低的趋势，从而形成从南海伸入湾内的暖舌，这是前人基于以前低分辨率资料的认识。随着近年来一系列高分辨率卫星资料和水文调查资料的涌现，有必要利用这些最新的高分辨率资料对这两大浅海湾冬季温度的分布特征进行再研究。

　　（2）在南海冬季温度锋分布图上，位于吕宋西北，强度几乎与北部陆架锋相当的西吕宋海洋锋是如何形成的，它与同位置的吕宋冷涡有何关系？

　　（3）西吕宋海洋锋对大气是否存在反馈作用，大气又是通过何种途径影响西吕宋海洋锋的？它们之间的相互作用过程如何？

　　（4）冬季吕宋黑潮海洋锋的时空特征及其变化的影响机制是什么？上层海洋又是对其如何响应的？

　　因此，针对上述问题，本篇从以下几个方面开展了研究：

　　（1）基于南海海温基本气候特征分析，利用一系列高分辨率资料并结合历史水文调查资料，对南海两个浅海湾——北部湾和泰国湾的冬季温度时空分布特征及其局地小暖池现象和季节变化规律进行现象揭示和特征研究，利用数值模式探讨其形成机理。

　　（2）研究南海海区的海洋锋现象及其成因，探讨与之相关的海洋－大气相互作用；利用一个温度平流理想模型探讨冬季西吕宋海洋锋的形成机制，研究西吕宋海洋锋与吕宋冷涡的动力关联，探讨南海中尺度涡对海温分布和变化的影响。

　　（3）利用最新的卫星遥感资料，研究西吕宋海洋锋对大气的反馈作用，揭示南海中尺度海－气相互作用的动力机制。进一步揭示南海冬季风、海洋涡旋和SST三者之间的动力关联。

　　（4）利用最新的卫星遥感资料研究冬季吕宋黑潮海洋锋的时空变化特征和形成机制，探讨上层海洋对其产生的响应。

第2章　南海上层海温的时空特征及影响机理

2.1　南海地理概况和气候特征

南海（South China Sea）是位于中国大陆南部与菲律宾群岛、加里曼丹岛、苏门答腊岛、马来半岛和中南半岛之间的太平洋边缘海（图2.1）。南海大致位于0°—24.5°N，98.5°—122.5°E 之间，面积 $350 \times 10^4 \, km^2$，为中国近海中面积最大、水最深的海区，平均水深 1212 m，最深处达到 5559 m。南海的总面积相当于渤海、黄海和东海面积之和的 2.8 倍，是仅次于珊瑚海和阿拉伯海的世界第三大边缘海。

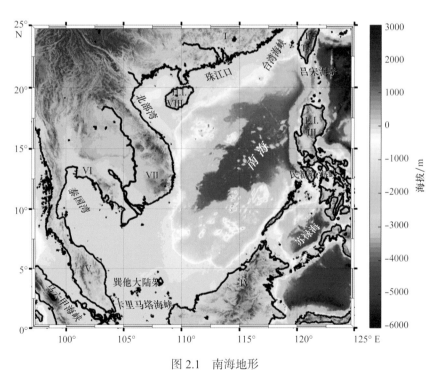

图 2.1　南海地形

H.I.：海南岛，T.I.：台湾岛，L.I.：吕宋岛；南海周边的主要山脉有 I：武夷山脉，II：中央山脉，III：菲律宾山脉，IV：伊兰山脉，V：大汉山脉，VI：豆蔻山脉，VII：长山山脉，VIII：五指山脉

南海四周多是半岛和岛屿，是一个半封闭的深水海盆。南海通过周围众多海峡与

外大洋或邻近海相连。其中，东面，通过吕宋海峡（巴士海峡、巴林塘海峡和巴布延海峡的总称）与太平洋相连，其海槛深度约 2400 m，吕宋海峡是南海与外界水交换的最主要通道；西面，通过马六甲海峡等其他复杂水道与印度洋和安达曼海相通；北面，则通过台湾海峡与东海相连；而南面是连通苏禄海的民都洛海峡（较狭窄，海槛深度约为 400 m）和连通爪哇海的卡里马塔海峡。南海有两大海湾：北部湾和泰国湾。北部湾位于南海西北部，呈扇形。泰国湾位于南海西南部的中南半岛和马来半岛之间，是南海最大的海湾。南海不但具有热带深海的某些水文特征，同时还具有自身独特的水文现象。

南海周边陆地和岛屿上山脉众多，从北至南、从东到西主要代表性的山脉依次有位于中国大陆上的横跨江西和福建两省的武夷山脉，纵贯中国台湾岛的中央山脉，菲律宾群岛上呈"V"字形的菲律宾山脉，加里曼丹岛上的伊兰山脉，泰国湾南侧马来半岛上的大汉山脉，泰国湾北侧柬埔寨境内的豆蔻山脉，以及中南半岛上纵贯越南全境的长山山脉和北部湾东侧中国海南岛上的五指山脉等。南海周边这些山脉高度大多小于 1.5 km，宽度大多小于 500 km，与青藏高原这种大尺度地形相比要小 1~2 个量级，其水平范围和中尺度天气系统范围相当。

南海位于北回归线以南，接近赤道，属于热带海洋性季风气候。由于位于热带接近赤道，南海终年高温，长夏无冬，年均气温 25~28℃，同时南海的 SST 也较高，北部 23~25℃，中部 26~27℃，南部 27~28℃。南海处于季风气候带，季风现象十分明显，每年 10 月至翌年 3 月盛行强劲的东北季风，4 月和 5 月为春季季风转换时期，6—8 月盛行强劲的西南季风，9 月为秋季季风转换时期。

2.2　南海上层海洋大尺度环流

南海独特的地理环境和气候特征决定了南海的环流是复杂多变的。无论是早期的水文调查资料，还是后来的卫星遥感资料以及数值模拟结果都证实了南海表层环流存在季节性变化（Wyrtki，1961；徐锡祯等，1980；Liu et al.，2001；Yang et al.，2002）：冬季整个南海表层为一个气旋式环流，而夏季整个南海大尺度环流场则一分为二，即在 12°N 以北仍然维持气旋式环流，而在 12°N 以南则变为反气旋式环流。在对南海上层环流的众多复杂外界强迫因子中，季风和黑潮是两个最主要的驱动力，而太阳辐射和地形也对南海环流有一定的影响（杨海军和刘秦玉，1998）。

总的来说，南海上层环流对季风的响应主要是通过斜压第一模态罗斯贝波的调整来完成的：在风应力驱动下，南海上层海洋达到 Sverdrup 准稳定平衡的响应时间大约 1~2 个月，这正好是一个长罗斯贝波穿越整个南海海盆所需要的时间（Liu et al.，2001）。因此，南海上层环流的最主要特点就是随着季风转换而产生季节性翻转（Wyrtki，1961）。

2.3　南海大尺度海温时空特征

2.3.1　季节变化特征

随着季风和海洋环流等动力背景的季节变化，南海上层水温的季节变化也十分明显。而到了南海深层，温度分布则比较均匀，各地差异不明显，比如 500 m 深度处水温大约为 8.5℃，而在 1000 m 深度处水温在 4.2℃ 左右。因此，本节主要描述表层和混合层以下 150 m 层的情形。

冬季（12 月至翌年 2 月）：南海 SST 大约在 20～28℃ 范围内，SST 分布的总体趋势是南高北低，在 17°N 以北温度低而温差较大，以南则温度高而温差较小；在东西向同一纬度的 SST 则是西低东高（图 2.2）。冬季 150 m 层与表层的海温分布特征的最大区别是海温的南北差异消失，平均水温只有 14～18℃，特别是在吕宋岛西北海域存在一个温度低于 16℃ 的冷水区，平均水温只比周围低 3℃ 左右。该冷水区水平范围约 400 km×400 km，它是由吕宋冷涡导致的底层冷水上升流区。观测发现，吕宋冷水在 50 m、100 m、200 m 和 300 m 层上均清晰可见（Shaw et al.，1996）。

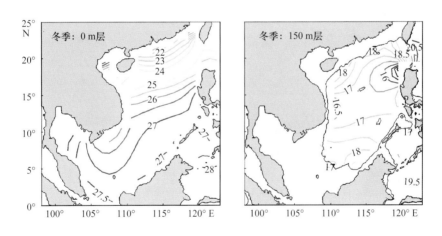

图 2.2　冬季南海 0 m 层和 150 m 层 WOA09 水温（单位：℃）分布

春季（3—5 月）：水温逐渐升高，平均 SST 为 26～30℃。南海春季 SST 的分布形式和冬季类似，也是南高北低和西低东高（图 2.3）。特别在南海中南部出现一个 SST 高于 29℃ 的暖水区，即"南海暖池"。而在 150 m 层上，海温在 16～21℃ 范围内，吕宋冷涡处于消失阶段，只剩余少量冷水残留。

夏季（6—8 月）：南海夏季 SST 比较高，北部为 27～29℃，南部为 28～30℃。冬春季的吕宋西北的冷水区已经消失，但在越南外海出现了一个范围约 400 km×400 km 低温区，平均温度低于 28℃（图 2.4）。该冷水区中心位于越南沿岸，呈半圆状向外扩展，这与夏季越南沿岸上升流和越南冷涡有关。冷水势力雄厚，观测证实冷水在表层到 300 m 的深度各层上都很明显。夏季 150 m 深度处的海温分布为东高西低，但南北差异不明显（孙湘平，2006）。吕宋海峡内水温明显高于南海内部。

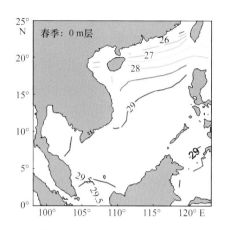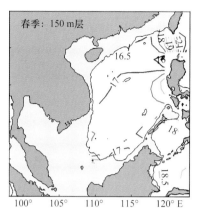

图 2.3　春季南海 0 m 层和 150 m 层 WOA09 水温（单位：℃）分布

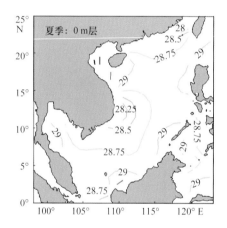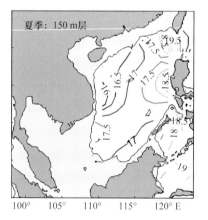

图 2.4　夏季南海 0 m 层和 150 m 层 WOA09 水温（单位：℃）分布

秋季（9—11 月）：南海秋季 SST 开始降温，向冬季型转换，整体分布与冬季类似，即南暖北冷、东高西低（图 2.5）。夏季越南外海的冷水在表层已经消失，但在 150 m 层仍可见，说明越南外海冷水在次表层存留时间可达 3 个月以上。由于夏季冷水的残留，150 m 层的水温分布为中间低、两边高。

2.3.2　年际变化特征

早期人们通过对历史水文资料的统计分析和海洋模式的模拟，从年际尺度上对南海海温有了初步的认识。比如，人们对南海 SST 的研究发现南海中部深水区存在准 2 a 和 3～4 a 的年际低频振荡周期，而深水区和浅水区的 SST 还存在 30～60 d 的季节内振荡周期，这两种形式的振荡分别和经纬向风的关系十分密切（于慎余等，1994；周发琇等，1995）。何有海和关翠华（1999）则认为，南海南部海区的上层水温有约 2～4 a 的显著年际变化，而南海北部海区则有显著的季节变化。

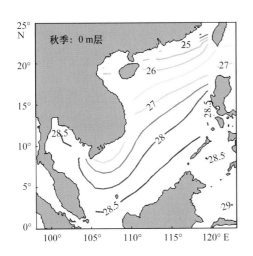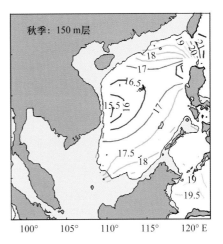

图 2.5　秋季南海 0 m 层和 150 m 层 WOA09 水温（单位：℃）分布

南海 SST 的年际变化在很大程度上受到 ENSO 首现的影响（Wang et al.，2006a），这是 ENSO 通过驱动大气或海洋环流的变化进行的（Wang and Wang，2006）。王东晓等（2002）通过对 1997—1998 年厄尔尼诺事件和 1998 年拉尼娜事件期间南海 SST、风应力、海面高度和温跃层的定性分析和定量诊断，发现在 1997—1998 年南海发生的强烈暖事件主要是 ENSO 造成的。Xie 等（2003）发现，南海夏季 SST 的变化与太平洋 ENSO 关系密切。Liu 等（2004a）同样发现，南海冬季 SST 的变化与 ENSO 相关很好。Wang 等（2006c）发现，南海 SST 异常在厄尔尼诺事件发生后会出现很明显的双峰特征分布，第一次峰值出现在厄尔尼诺事件发生后翌年 2 月，第二次峰值出现在厄尔尼诺事件发生后翌年 8 月。ENSO 影响南海的 SST 的过程大体如下：当太平洋上的厄尔尼诺发生时，为了响应赤道中太平洋对流活动的增强，作为南海 – 西太平洋对流层底部异常反气旋一部分的南海季风也会削弱，同时影响南海上空的云覆盖，近海面的空气温度、湿度等。这些变化影响南海海 – 气界面的热通量交换和海洋环流，进而对南海海温产生影响（Wang et al.，2000；Xie et al.，2009）。

2.4　南海中尺度海洋锋的时空特征

在南海大尺度海温背景下，南海中尺度海洋温度锋面作为一种独特的海洋现象，越来越受到人们的关注。作为典型的陆架边缘海，南海蕴藏着丰富的中尺度海洋锋面现象。海洋温度锋面是冷暖水系或水团之间的狭窄过渡带，在维持陆架边缘海生物泵高效运转的诸多过程中，海洋温度锋面的动力过程及其跨锋面物质输运在其中发挥着重要的作用（Siedlecki et al.，2011）。

在季风、河流冲淡水、黑潮入侵、中尺度涡和潮汐混合等多种动力因素的作用下，南海北部海域海洋锋变化复杂，季节性明显（李立等，2000）。20世纪80年代，陈俊昌首次尝试用卫星红外云图分析了南海北部冬季存在的海洋锋现象。随后，Wang和Chern（1988）详细报道了台湾海峡东侧准静止的海洋锋，该海洋锋走向大致与海峡垂直，它分隔了海峡北侧的沿岸低盐水和南侧的高盐水，进而阻断了"黑潮分支"的北进。后来的水文观测和卫星遥感结果显示，该锋面只是冬季贯穿台湾海峡锋面的一部分（李立等，2000；Li et al.，2006）。许建平和苏纪兰（1997）通过分析卫星遥感图像指出，广东外海陆架海域也存在着显著的温度锋，大体沿50 m等深线分布，锋区内有明显的暖丝状结构。Chang等（2006）利用10 a的卫星SST遥感资料对台湾海峡中的海洋温度锋进行详细分析，发现在海峡内部共有4条温度锋：沿着50 m等深线的中国大陆沿岸锋，沿澎湖海峡向北伸展的澎昌锋，台湾岛近岸的台湾海岸锋以及沿100 m等深线呈半弧形的黑潮锋。Wang等（2001）利用8 a的AVHRR卫星SST遥感资料第一次系统、全面地给出了南海北部温度锋面的分布特征，季节变化和形成机制。这几条锋面分别位于福建、广东沿岸锋和珠江河口锋、台湾沿岸锋、黑潮锋、海南岛东侧锋以及北部湾内海岸锋，又因为这些锋面形成机制不同，所以它们的季节变化也存在很大差异（图2.6）。

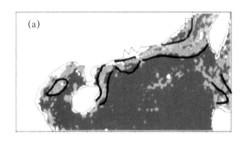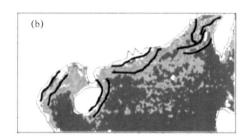
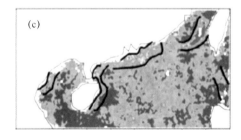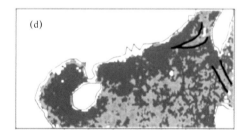

0.20 0.30 0.35 0.40 0.45 0.50 0.55 0.60 0.65 0.70

图2.6　1991—1998年南海北部温度锋发生概率的季节变化（Wang et al.，2001）

（a）冬季，（b）春季，（c）夏季，（d）秋季。黑线表示海洋锋面的边界

Hu等（2003）通过数值模拟证实潮汐混合形成的斜压梯度力是北部湾内海南岛西南和琼州海峡附近海洋锋形成的关键动力因素。Belkin和Cornillon（2003）给出第一张南海12 a平均的2月份SST锋面发生概率图（图2.7）。在这张图上，除了已知的南海北部和北部湾的几条锋面以外，还有两条锋面格外引人注意，一是南海西部紧靠越南沿岸的西边界流海洋锋面，目前认为它主要是由南海西边界流的平流输送引起的（Liu et al.，2004a）；二是位于吕宋西北的海洋锋面，它的强度几乎可以与南海北部沿岸锋相媲美。目前，这条

吕宋海洋温度锋的特征和形成机制还不清楚。

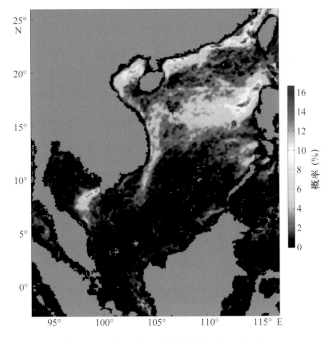

图 2.7　1985—1996 年多年平均的 2 月份南海北部温度锋面发生概率（Belkin and Cornillon，2003）

在南海中部和南部，由于远离大陆和河流的影响，加之靠近赤道，水团季节变化不明显，所以南海中部和南部海洋温度锋相对比北部要少。Chu 和 Wang（2003）利用美国海军的 GDEM 月平均资料发现，在南海中部有一条横跨整个海盆的温度锋面，该锋面强度在表层为 1℃/100 km，次表层（50 m）为 1.4℃/100 km。Yao 等（2012）结合高分辨率卫星遥感资料和水文调查资料给出了南海南部海洋温度锋的分布图，两种资料同时检测到西巴拉巴克海峡海洋锋和越南沿岸急流锋。这两条锋都随着南海季风转化而存在季节变化，并且它们在次表层的位置与表层的位置基本重合，只是强度要比表层大，尤其在夏天表层温度梯度很小时表现得尤为明显。

2.5　南海海温的主要影响因子

2.5.1　太阳辐射

太阳辐射的季节变化是决定南海上层水温分布的最根本原因。冬、春、秋 3 季太阳辐射南部大于北部，因此 SST 分布为南高北低，而夏季太阳辐射的南北差异不明显，所以夏季 SST 分布南北差异也不显著。南海混合层以下海温的变化则不是直接靠太阳辐射的作用，而是与海洋动力过程有关。

2.5.2 南海季风

南海季风是南海上层海水运动的最主要强迫源，尤其在季风盛行的冬季和夏季更为明显。另外，研究发现夏季越南外海冷涡和冬季吕宋冷涡与局地风应力旋度的驱动密切相关（Wang et al.，2006b；2008）。风驱动的海洋表层环流会通过平流作用改变表层温度场的分布，特别是经向的平流热输送在海洋热平衡中非常重要（Liu et al.，2005），冬季和春季SST东高西低就是由于东北季风驱动的海盆尺度气旋式环流在南海西部把北部的冷水往南带，在南海东部把南部的暖水往北输运造成的。而风激发出的涡旋也会通过局地涌升或下沉改变海洋温度的分布，夏季的越南外海和冬季吕宋西北冷中心就是分别由地形风激发出的越南冷涡和吕宋冷涡的上升流导致的。

2.5.3 海洋动力过程

早期人们对于南海海温的大多数研究集中于太阳辐射和海－气界面热通量对海温的影响机理（Chu et al.，1997）。然而，人们越来越发现在某些特定海域，单纯考虑热通量对海温的决定作用已经无法解释局地海温现象（Wang，2006a）。所以有必要考虑之前认为次要的海洋动力过程的作用，特别是海洋环流对于SST的平流输运以及发生在混合层底部的卷挟作用（Qu，2001）。

Xie等（2003）发现，从春季到夏季南海的SST并不随着太阳辐射的加强而增高，反而在西南季风建立之后SST降低，产生了从越南沿岸向东扩至整个南海海盆的冷水，这是一个显著的SST半年循环。他们将这一从越南沿岸向东扩的冷水称为冷丝，并发现冷丝主要是由于夏季越南外海的反气旋式涡旋把沿岸上涌的冷水向南海中部输运造成的。另外还发现，冷丝存在约45 d的季节内变化，这个季节内变化的冷丝通过影响大气层结进而降低局地风速（Xie et al.，2007）。Liu等（2004b）也利用一系列高分辨率卫星资料发现，冬季在越南外海陆架上存在一支向南的流速超过0.5 m/s的西边界强流。这个强流通过把南海北部的冷水平流输运到南海南部，进而在冬季气候态SST上形成一个非常明显的冷舌。Wang等（2006a）通过计算混合层热收支方程发现，海表热通量和海洋动力过程在春季南海暖池的形成和消亡中分别起到不同的作用。在南海夏季风建立之前，南海上空云和降雨都很少，太阳辐射很强，同时由于处于5月季风转化时期，风速较弱，导致潜热失热很小，因而南海中部海表局地净热通量增大形成南海春季暖池，这主要是大气动力过程对SST的影响，这个时期海洋动力过程作用很小。到了6月，随着西南季风的建立，一方面云和降水增多导致太阳短波辐射减少，风速增大造成潜热失热增加；另一方面西南季风改变了南海大尺度环流，形成了东南向的流将西北的冷水向东南输运，同时在南海中部形成卷挟作用把混合层底部的冷水带到海洋表面。这些冷却因素共同作用导致南海春季暖池在6月消亡。这一时期，大气热通量和海洋环流的平流作用以及垂向卷挟作用几乎是同等重要的。这纠正了Chu和Chang（1997）关于南海春季暖水的形成主要是大气动力过程决定的传统认识，同时也为深入理解南海海温的形成机制提供了全新的视角。在更小的时空尺度上，海洋动力过程对 SST 的影响也很大，比如 Chow 和 Liu（2012）就发现南海北部陆架上的涡旋对 SST 的平流输运可以在涡旋两侧形成冷舌和暖舌，并且这些暖舌和冷舌通过改变大气的层结进而影响上面的海表风场分布——在暖舌上风速加快而在冷舌上风速降低。从以上研究可以看到，人们已经认识到夏季南海南部越南外海的冷涡对于夏季南海中部 SST 分布和变化的影响，但是与夏季越南冷涡同尺度的冬季吕宋冷涡对南海海温分布和变化的影响目前还没有涉及。这也是本书研究的重点内容之一。

卷挟作用是与海洋平流不同的又一类海洋动力过程，卷挟作用对应着由埃克曼抽吸引发的上升流。上升流由表层海水辐散导致次表层水体产生上升运动带至海面，并被平流带出上升流区。上升流从底层带出的冷水和随后的平流扩散，会显著影响局地的 SST 分布。在南海的北部陆架，海南岛两侧，越南东部沿岸和吕宋岛西北均为主要的上升流区，多属于季节性上升流。其中，夏季南海盛行西南季风，在近岸海域，风向大致平行于海岸线，受风的埃克曼输运作用，表层海水离岸流向外海，下层海水则由外海流向近岸，并沿陆坡爬升，以补偿近岸流失的水体，从而形成上升流。夏季，南海北部广东沿岸的上升流和海南东侧的上升流都属于这一类型。而冬季吕宋西北的上升流和夏季越南外海上升流则主要是由于局地形成强的正风应力旋度场，通过埃克曼抽吸作用使得下层冷水上涌而形成的上升流。然而 Shaw 等（1996）认为，吕宋岛外海的上升流不是局地风场的作用，而是海盆尺度环流强迫作用的产物。该上升流依靠上层的离岸埃克曼输运和向北辐聚的下层潜流得以维持。另外，夏季海南岛西侧的上升流也不是由局地风场形成的，因为与海南岛东侧的上升流不同，西侧风场使海水向岸堆积不利于上升流的形成，该处上升流的形成主要是北部湾内海南岛一侧的潮汐混合造成的（Lü et al., 2008）。

2.5.4　山脉地形

气象学上对山脉地形的作用研究较早，早在 20 世纪 70 年代，人们就开始关注大尺度山脉地形具有显著的热力和动力效应。其中，青藏高原是大尺度山脉的典型代表，作为一个巨大的热源，在亚洲夏季风的形成和维持中扮演着重要的角色。而在亚洲季风区，除了大尺度地形外，还有许多小山脉地形，高度大多小于 1.5 km，宽度大多小于 500 km，其水平范围和中尺度天气系统范围相当，我们称之为中尺度山脉。

中尺度山脉强迫大气扰动的动力学研究一直受到气象学者的关注，出现了诸如过山气流理论、中尺度地形的热力和动力强迫环流理论、中尺度地形和锋面的相互作用理论等。由于资料的限制，中尺度山脉对海洋的影响却很少。直到近年来，大量高分辨率卫星观测资料的不断涌现，为我们研究中尺度地形对区域气候的影响提供了很好的机遇，世界各地沿海岸中尺度山脉地形对区域气候的影响及其引发的海 – 气相互作用开始受到人们的关注，并取得了一系列成果（Xie et al., 2002，2003）。中尺度山脉会对局地降水产生影响。中尺度地形会阻挡盛行风，在其迎风坡形成强上升运动区而在其背风侧形成下沉运动区，从而迎风坡由于对流作用形成明显的雨带而在背风侧降水较少。从 TRMM 星载雷达观测的亚洲夏季降雨量分布图上可以清楚看到，面向孟加拉湾的印度南部地区降雨稀少，而在孟加拉湾另一边的缅甸则雨量丰沛、森林植被茂盛，这充分反映了中尺度地形对降雨的影响。中尺度山脉还会对局地风场产生影响。中尺度地形对盛行风阻挡还会在山脉背后形成风尾迹（风速极小值区），而在山脉侧翼形成风急流，这种边界层急流在两山相夹的谷地上空特别明显。Xie 等（2001a）发现处于东南信风带内的夏威夷群岛中尺度地形可以引发强烈的海 - 气相互作用，其影响范围可达惊人的 3000 km。在北半球冬季，当东北信风穿越中美洲山脉的 3 个豁口时，在太平洋沿岸一侧会形成 3 支强的风急流，这 3 支急流通过海表蒸发冷却和混合作用引发的下层冷水上翻形成 3 个低海温区（Xie et al.，2007）。这 3 个低海温区又会对大气环流和热带的对流活动产生影响，并且还会影响 ITCZ 南北移动（Xu et al.，2007）。亚洲季风区中的中尺度山脉对于亚洲夏季风对流中心的形成和调整也非常重要，许多国家级全球大气环流模式都不能很好地分辨这些中尺度山脉地形，从而导致模拟夏季东亚降水和风环流时存在严重偏差。

南海位于亚洲季风区，周围中尺度山脉众多，大多呈狭长的南北走向，比如中南半岛上的安南山脉和台湾岛上的中央山脉等。这些近岸中尺度山脉对于南海海洋环流和区域气候的影响非常大（Xie et al.，2003；Xu et al.，2008；Wang et al.，2008；Qi and Wang，2012）。当强盛的夏季西南季风接近中南半岛上南北走向的安南山脉时，安南山脉会对西南季风形成阻挡，虽然大部分气流会越过安南山脉在山背风侧形成风速极小区，但同时也有部分气流绕道安南山脉东南侧越南外海形成强的风急流。这支山脉导致的越南外海低空风急流会引起强烈的海洋表面蒸发冷却，同时在风急流的北侧形成非常强的正风应力旋度把底层冷水埃克曼抽吸上表层（Xie et al.，2003）。这样，这支风急流通过影响海 - 气热力过程（潜热、感热）和海洋动力过程（冷水上翻）导致了夏季南海中西部大片的冷水区形成。Xu 等（2008）则发现南海周边的中尺度山脉对降雨的激发和调整作用，他发现夏季安南山脉的西侧即迎风坡一侧对应着一个强降雨带，而在山背后的南海西部由于地形形成的下沉气流导致降水很少，当然这里降水稀少和风急流激发出的冷水区抑制其上空对流发展也有关。Qi 和 Wang（2012）则进一步发现夏季安南山脉激发的地形雨，通过降雨加热作用调制南海上空的大气环流和水汽输送，进而对中国东部和南部地区降水，甚至还对 3000 km 以外的西北太平洋的西部区域气候产生影响。

2.5.5 南海海温对区域气候的影响

我国学者早在 20 世纪 80 年代就通过统计分析发现，南海 SST 通过影响西太平洋副热带高压西伸脊点位置和强度变化进而影响长江中下游的降水（罗绍华和金祖辉，1986）。南海海温异常增暖对华南气候影响也很明显，这是由于海温异常增暖会改变海 - 气之间的能量交换，影响大气对流层环流进而对区域气候产生影响（冯瑞权等，2004）。目前，南海海温对区域气候影响的一个热门问题是，南海海温如何影响南海夏季风爆发。南海夏季风的爆发标志着东亚夏季风的来临和我国东部降雨的开始，因此确定南海对夏季风爆发的作用影响具有重要意义。气候平均意义下南海夏季风的爆发时间通常被认为是 5 月第 4 候，但爆发的时间和强度存在明显的年际变化。许多学者从南海海温的变化对大气环流的反馈角度研究南海夏季风的爆发机理（江静和钱永甫，2002；姜霞等，2006；黄安宁等，2008）。江静和钱永甫（2002）发现，南海夏季风爆发及强度的变化和南海本身的海温变化关系密切：南海 4 月的海温异常对南海夏季风的爆发时间影响不大，但对爆发后的季风强度有影响，异常增温（降温）会导致南海夏季风增强（减弱），而 5 月南海海温异常升高（降低）可以使南海夏季风提前（推迟）爆发，季风增强（减弱）。如果 6 月持续增温，则有利于夏季风维持在南部地区，阻碍夏季风向北发展；当海温持续降低，则南海夏季风推迟爆发且减弱明显。黄安宁等（2008）利用区域气候模式对南海海温影响夏季风爆发的机理进行了深入探讨，认为在 5 月南海增温（降温）强迫下，南海地区的对流活动加强（减弱），使对流层低层副热带高压提前（延后）撤出南海，从而有利于南海夏季风爆发偏早（晚）。姜霞等（2006）通过统计分析发现，南海高温暖水所能到达的最高温度和峰值面积与南海夏季风爆发时间的早晚密切相关，在气候平均意义下，30℃以上高温暖水是局地对流形成的先决条件，可能成为南海夏季风爆发的导火索。

2.6　研究资料和方法原理

2.6.1　研究资料

2.6.1.1　水文观测资料

1）Drifter 表面漂流浮标资料

Drifter 表面漂流浮标（以下简称"Drifter"）可以说是过去海洋学常使用的"漂流瓶"的现代版。Drifter 有一个球形的浮筒和半刚性的海锚位于 15 m 深处，该海锚的作用是在高流速中保持 Drifter 的形状，两者通过一根系链相连（图 2.8）。Drifter 上搭载有测量温度、盐度或者其他海水属性的传感器，测得的数据通过发射器发给卫星。

Drifter 的平均寿命大约 400 d。偶尔，Drifter 会被渔民无意捕获到，或者丢掉它们的海锚而搁浅。美国大西洋海洋与大气实验室（AOML）从 Argos 卫星获知 Drifter 的位置。AOML 的 Drifter 数据中心（DAC）收集这些卫星定位信息，对这些信息进行质量控制，利用克里金最优插值算法把它们插值到（1/4）d 的间隔（Hansen and Poulain，1996）。为了移除高频潮和内波信号和避免与低频运动混淆，这些 Drifter 资料做了日平均（Swenson and Niiler，1996）。Drifter 资料在 20 世纪 90 年代前后最多，与世界大洋环流实验（WOCE）期间相对应。截至 2012 年 8 月 6 日，全球海洋共有 1029 个 Drifter（图 2.9）。这些浮标测得的数据可以从 NOAA 网站上免费下载，下载网址：http：//www.aoml.noaa.gov/phod/dac/dacdata.php。

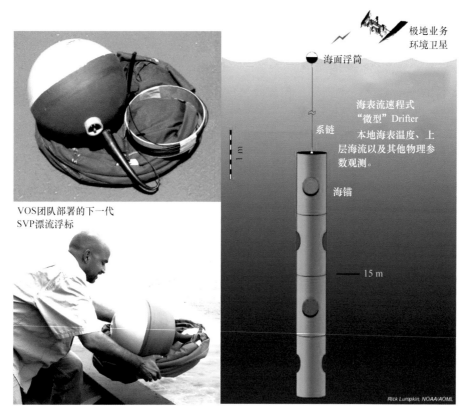

图 2.8　Drifter 示意图和施放过程

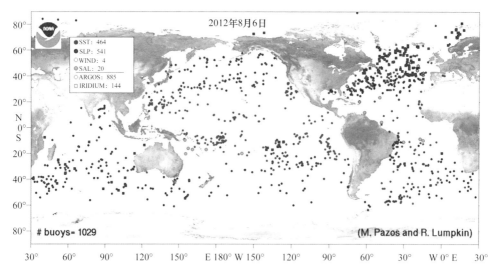

图 2.9　截至 2012 年 8 月全球海洋 Drifter 分布

点的颜色代表浮标搭载传感器所测海水属性

2）WOD 资料

WOD（World Ocean Database）是一个按照科学方法进行过质量控制从而挑选出来的历史实测表层和次表层海洋数据集，它由美国国家海洋数据中心（NODC）下的海洋气候实验室（OCL）发布（Johnson et al.，2009）。本书所用的 WOD09 是在前一版本 WOD05 的基础上对数据进行了扩充。WOA09（World Ocean Atlas 2009）的气候态温度、盐度、含氧量等物理量就是根据 WOD09 的历史实测数据得到的。WOD09 主要提供两种形式的数据，一种是原始观测层上的数据，另一种是经过插值得到的标准层上的数据。两种数据都有各自的质量控制标示。WOD09 数据共包含 11 个数据子集（表 2.1），每种子集分别代表使用不同的观测仪器。

WOD09 数据的下载地址：http：//www.nodc.noaa.gov/OC5/WOD/pr_wod.html。

表 2.1　WOD09 中包含的数据集

子集名称	所用仪器	测量的变量
OSD	瓶或桶测数据和较低分辨率的 CTD/XCTD	温度、盐度、溶解氧、叶绿素、硝酸盐、硅酸盐、磷酸盐等
CTD	高分辨率 CTD	温度、盐度、溶解氧等
MBT	机械式温深仪（MBT）和数字温深计（DBT）	温度
XBT	可抛弃式温深仪（XBT）	温度
SUR	海表数据仪器	温度、盐度、叶绿素、pH 等
APB	自主式鳍类温深仪（系在鲨鱼等身上）	温度
MRB	锚定浮标（其中 TAO 浮标占 69.4%）	温度、盐度
PFL	卫星定位漂移浮标（其中 Argo 浮标占 72%）	温度、盐度、溶解氧
DRB	测量偏远大洋的漂流浮标	温度、盐度
UOR	商船等快速拖曳采集到得海洋要素和浮游生物	温度、盐度、溶解氧、叶绿素
GLD	水下滑翔机	温度、盐度

本书使用了 WOD09 的两个不同航次的水文调查航次资料来验证卫星遥感的结果。一是 WOD09 编号为 SU000050 的航次，为苏联符拉迪沃斯托克太平洋海洋研究所在整个北部湾组织实施的一个冬季航次，共计 89 个 CTD 历史水文实测温度剖面资料。该航次从 1960 年 1 月 16 日开始到 1960 年 2 月 9 日结束。温度剖面的位置见第 3 章图 3.2，CTD 温度数据的精度为 0.01℃。另一个是 WOD09 编号为 TH001320 的航次，由泰国于 1956 年 12 月 21 日至 1957 年 1 月 10 日在泰国湾开展的冬季航次水文调查，共 54 个 CTD 站位，站位布设见第 4 章图 4.3，CTD 温度数据的精度为 0.01℃。

3）WOA 资料

WOA（World Ocean Atlas）系列数据是目前海洋界应用最广泛的世界大洋气候态温盐

数据集，2009 年发布了最新版本 WOA09。WOA 数据是对现场温度和盐度等观测数据经过客观分析得到的一种标准层网格化气候态数据，其数据来源是 WOD。WOA09 数据的下载地址为 http：//www.nodc.noaa.gov/OC5/WOA09/pr_woa09.html。由于 WOA09 的温盐数据分辨率是 1°，在北部湾、泰国湾之类的浅海湾数据点很少，无法体现温度的中小尺度变化。因此我们还采用了高分辨率的 WOA01 数据，它的分辨率为 0.25°。相比分辨率 1° 的 WOA09 资料，除了分辨率的提高，还缩小了平滑区域，因此它能更好地刻画中小尺度现象（Boyer et al.，2005）。关于该数据的详细介绍见文献 Boyer 等（2005）。WOA01 0.25° 资料的下载网址为 http：//www.nodc.noaa.gov/OC5/WOA01/qd_ts01.html。

4）GDEM V3.0 资料

气候态温盐资料可以从很长时间的大量剖面中为我们提供一个海洋的浓缩信息。最有名的气候态温盐资料莫过于前面介绍的 NOAA 世界大洋数据集（WOA）的几代版本。WOA 的几代版本都有局限性，不适合美国海军使用。特别是 NOAA 的气候态资料使用约 700 km 的比例和 1° 水平分辨率，不适合近岸海域和内陆海。而美国海军发布的通用数字环境模型 3.0（Generalized Digital Environment Model，GDEM–Version 3.0，以下简称"GDEM V3.0"）就是为了满足美国海军使用气候态温盐数据的需要，并且使一些不公开的剖面数据只提供给海军内部使用（Carnes，2009）。

GDEM 的开发从 1975 年就在美国海军海洋实验室开始了，1984 年公布了 GDEM 第一版本，这个版本只包括北大西洋，到了 1991 年几乎世界大洋都被包括进来了。本书采用的是 GDEM 第三版本（GDEM V3.0），它是 2009 年公布的。GDEM V3.0 与它的上一版本 GDEM V2.6 相比，有了显著的改进和提高。主要表现在温盐剖面的插值方法上，并且对水平插值方法进行了重新设计，避免对陆地边界分隔的不同剖面求平均。另外，对求平均剖面垂向梯度的方法也进行了改进，特别是在浅水区，应用了一个基于剖面数据集得到的统计规律的梯度订正算法。相比 GDEM V2.6 和 WOA 只保留小数点后 2 位，GDEM V3.0 数据保留到小数点后 3 位，显著提高了数据的精度。

GDEM V3.0 数据水平空间分辨率为 0.25°×0.25°，在垂直方向上从表面到 6600 m 共分为 78 个标准层，各层间隔从表层的 2 m 到 1600 m 以下的 200 m 不等。该资料的有效性经过了验证，并且 GDEM 资料在分辨中尺度海洋现象等方面具有一定的优势（Carnes，2009）。

5）"我国近海海洋综合调查与评价"专项北部湾航次调查数据

2003 年，国务院正式批准"我国近海海洋综合调查与评价"专项立项，并于 2004 年启动实施。2005 年，设立在国家海洋局的"我国近海海洋综合调查与评价"专项办公室将 ST09 区域水体环境调查的任务交由厦门大学牵头，与中国海洋大学、中国水产科学研究院南海水产研究所、中国科学院南海海洋研究所等单位协作，共同开展了新一轮北部湾科学考察。这次考察共组织了 2006 年夏季和冬季、2007 年春季和秋季 4 个航次。其中，2006 年 7—8 月和 2006 年 12 月至 2007 年 1 月，厦门大学利用"实验 2"号科学考察船在北部湾中东部海域进行了夏季和冬季航次的水文、生物、化学等综合调查，站位设置如

图 2.10 所示（陈照章等，2009）。使用仪器为美国海鸟公司生产的 SBE917 PLUS 温盐深剖面观测与采水系统，出海前送国家海洋标准计量中心进行标定，符合调查规范要求。本研究利用的冬季航次的共 139 个 CTD 剖面资料，时间从 2006 年 12 月 25 日到 2007 年 1 月 22 日。

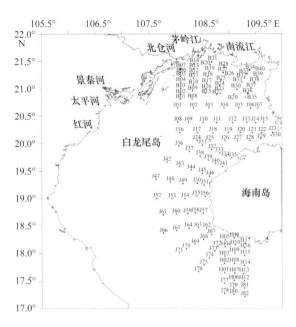

图 2.10　"我国近海海洋综合调查与评价"专项北部湾冬季和夏季调查站位（陈照章等，2009）

2.6.1.2　卫星遥感资料

1）RSS 海表温度资料

RSS（Remote Sensing Systems）海表温度数据是由美国遥感系统公司制作的。该数据是由中分辨率成像光谱仪（Moderate Resolution Imaging Spectroradiometer，MODIS）上的红外传感器及加载在地球观测系统高级微波扫描仪（Advanced Microwave Scanning Radiometer for Earth Observing System，AMSR–E）和热带测雨任务卫星微波成像仪［Tropical Rainfall Measuring Mission（TRMM）Microwave Images（TMI）］上的微波传感器遥测资料融合而成的。前者空间分辨率很高，但是容易受云遮挡的影响，而后者能穿透云遮挡，但空间分辨率较低，因而两种资料的融合产品正好可以取长补短。所有的缺损值都利用最优插值方法补充上（Reynolds and Smith，1994）。2011 年 10 月以后，由于 AMSR–E 停止运行，RSS 的 SST 又融合了 WindSAT 卫星上搭载的微波传感器测得的 SST 数据。该融合产品的空间分辨率是 9 km，时间分辨率是天，这样可以很好地辨析出海洋中尺度的涡旋和锋面。RSS 9 km 分辨率的 SST 时间范围较短，从 2006 年 1 月 1 日至今，为满足后续研究的需要，我们分别构造了月平均和季节平均的 RSS SST。RSS SST 的下载地址：ftp.discover–earth.org/sst。

2）NCDC 海表温度资料

美国国家气候数据中心（NCDC）SST 资料由高精度扫描辐射仪（Advanced Very High Resolution Radiometer，AVHRR）和 AMSR–E 的海表温度观测资料经过最优插值得到（该资料在 2002 年 6 月 1 日前只来自 AVHRR），其空间分辨率是 0.25°，时间为每天一次，时间范围从 1981 年 9 月 1 日至今。下载网址：ftp：//eclipse.ncdc.noaa.gov/pub/OI–daily–v2/。为满足后续研究的需要，我们构造了 NCDC SST 的月平均资料，时间从 1982 年 1 月到 2011 年 1 月。

3）卫星高度计资料

卫星高度计发射和接收海面返回的微波或激光来实现对海表高度（Sea Surface Height，SSH）、海面地形（Sea Surface Topography）、有效波高（Significant Wave Height）等动力参数的测量。此外，卫星高度计资料还可以应用于地球结构和海洋重力场的研究（刘玉光，2005）。卫星高度计由一台脉冲发射器、一台灵敏接收器和一台精确计时钟构成。脉冲发射器从天空沿垂直方面向海面发射一系列极其狭窄的雷达脉冲，接收器检测经过海面反射的电磁波信号，再由计时钟精确测定发射和接收的时间间隔，便可计算出卫星和星下点瞬时海表面的距离（图 2.11）。

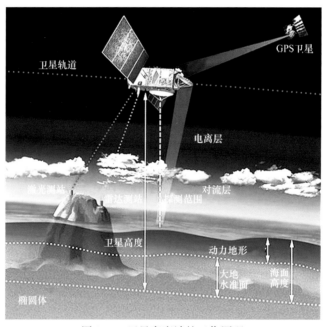

图 2.11　卫星高度计的工作原理

1992 年 8 月，美国国家航空航天局（NASA）和法国国家空间研究中心（CNES）的 AVISO 联合发射了高度计专业卫星 TOPEX/Poseidon（以下简称"T/P"），T/P 卫星测量海平面的精度达到 2.4 cm，准确度达到 14 cm。2001 年 12 月，NASA 和 AVISO 又联合发射了 T/P 的后续卫星 Jason–1。2008 年，Jason–1 的后续卫星 Jason–2 也投入使用。另外一个重要的高度计卫星是 ERS–1，于 1991 年 7 月发射，它的后续者欧洲遥感卫星 2 号（ERS–2）和环境卫星（ENVISAT）分别于 1995 年 4 月和 2002 年 3 月升空。T/P、Jason–1 和 Jason–2 的轨道周期是 10 d，而 ERS–1、ERS–2 和 ENVISAT 的轨道周期是 35 d。

　　单一的卫星高度计资料覆盖面较小无法满足实际应用要求，因此 AVISO 开发了多卫星高度计（T/P，ERS & Jason）融合产品。本书采用的海面高度异常（Sea Surface Height Anomaly，SSHA）是由高度计观测到的海表面高度减去 7 年（1993 年 1 月至 1999 年 12 月）海表面高度的气候态平均，其时间分辨率为 7 d（目前 AVISO 发布了分辨率为 1d 的测试版本），空间分辨率为（1/3）°或（1/4）°。AVISO 的多卫星高度计融合资料从 1992 年 10 月开始至今，从 1993 年开始有整年的资料。该资料下载网址：http：//www.aviso. oceanobs.com/en/data/products.html。本书中用到的高度计数据范围为 1992 年 10 月到 2011 年 12 月。

　　4）AIRS 大气温度资料

　　大气温度资料来源于大气红外测探器的产品 AIRS（Atmospheric Infrared Sounder）。AIRS 是搭载在第二代极轨地球观测系统卫星（EOS–Aqua）上的设备。与 AMSU（Advanced Microwave Sounding Unit）和 HSB（Humidity Sounder for Brazil）相融合，该资料给出了全球海洋上整个对流层大气的三维景象。AIRS 资料包含的变量有 24 层的大气温度、表面压力、可降水量，12 层相对湿度等，水平分辨率为 1°，时间分辨率为每 12 h 一次。本书中用到的是 AIRS 的月平均大气温度资料，时间范围是从 2002 年 9 月至 2010 年 4 月。下载网址：http：//airs.jpl.nasa.gov/。

　　5）云液态水资料

　　本书使用的云液态水（Cloud Liquid Water）含量资料来源于 TRMM（Tropical Rainfall Measuring Mission）卫星产品。TRMM 实验计划是美国和日本联合开展的热带降雨测量计划。TRMM 卫星于 1997 年 11 月 28 日在日本种子岛空间中心发射，轨道高度 350 km。TRMM 卫星搭载的仪器有 5 个：测雨雷达（Precipitation Radar，PR）、微波成像仪（TRMM Microwave Imager，TMI）、可见光和红外扫描仪（Visible and Infrared Scanner，VIRS）、云和地球辐射能量系统（Clouds and the Earth's Radiant Energy System，CERES）、闪电成像传感器（Lighting Imaging Sensor，LIS）。本书用到的云液态水资料来自 TMI，除了液态水资料，TMI 还能测量 SST、海表风速、大气水汽含量和蒸发率。TMI 资料的空间分辨率是 0.25°，空间范围为 39.87°S—39.875°N，180°W—180°E。本书用到的是月平均 TMI 液态水资料，时间从 1997 年 12 月至 2007 年 12 月。名称：Tropical Rainfall Measuring Mission（TRMM）链接：http：//trmm.gsfc.nasa.gov/。

　　6）QuikSCAT 风场资料

　　QuikSCAT 卫星是 NASA 于 1999 年 6 月发射的一颗海洋科学探测卫星，它上面所携带的海面风场散射探测仪（SeaWinds）主要通过探测海洋表面的起伏状况，反演得到海面上空 10 m 的风场数据。SeaWinds 是一种特殊的微波雷达，它可以穿透大部分天气系统和云，探测近海面的风场。它的时空分辨率很高，回归周期为 4 d，轨道周期为 101 min，轨道高度为 803 km，轨道宽度为 1800 km，每天能够覆盖全球海洋 90% 以上的面积（Hoffman and Leidner，2005）。因此，QuikSCAT 为海洋科学研究提供了宝贵的海面风场数据及其他有用资料，在海洋科学和大气科学等研究中发挥了重要的作用。QuikSCAT 卫星 2009 年 11 月 24 日由于它的主天线损坏而停止了工作。QuikSCAT 风场的下载网址：http：//www.remss.com/missions/qscat/。由于 QuikSCAT 时间范围较短，无法用来研究风场的年代际变化，所以本书还使用了另外一种融合风场资料。

7）NCDC 融合风场资料

NCDC 风场资料融合了多种卫星风场产品，包括早期的 SSMI 系列卫星，到后来的 TMI、QuikSCAT、AMSR–E 等卫星（图 2.12）。NCDC 发布了 6 h、天和月 3 种时间分辨率的混合风场资料，空间分辨率 0.25°，时间跨度从 1987 年 7 月到 2011 年 9 月。下载网址：https：//coastwatch.noaa.gov/cwn/products/noaa-ncei-blended-seawinds-nbs-v2.html。

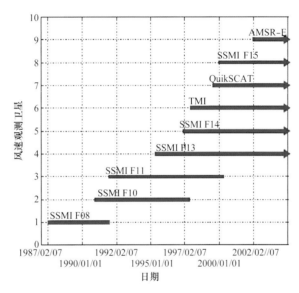

图 2.12　NCDC 风场产品融合的各种卫星风场资料时间表

8）OAFlux 热通量资料

海–气通量资料是衡量海–气相互作用的一个重要指标。美国伍兹霍尔海洋研究所开发了一套全球的海气通量资料 OAFlux，它包括热通量和淡水通量等。OAFlux 经过广泛收集各种来源的通量观测资料，对观测资料进行客观分析得到海气通量的最优估计值（Sun et al.，2003；Yu et al.，2007）。它的时间范围从 1958 年至今，空间分辨率 1°，由于它的空间分辨率较低，所以在近岸海区存在很多数据缺测。OAFlux 资料的下载网址：http：//oaflux.whoi.edu/。

9）J–OFOUR2 热通量资料

鉴于 OAFlux 热通量产品分辨率较低且不适于近岸浅海的问题，本书还使用了一套日本东海大学利用卫星遥感资料开发的海气通量产品 J–OFOUR2，它的空间分辨率为 0.25°，时间分辨率为天，时间范围从 2002 年 1 月 1 日到 2007 年 12 月 31 日。其主要包含以下几个变量：海面 10 m 高度处的大气温度、潜热通量、感热通量、海表空气湿度、海表风速和海表饱和比湿。与浮标实测资料以及其他海气通量产品的对比验证，证实了该资料的有效性（Kubota et al.，2002；Tomita et al.，2006）。本书使用它的潜热通量和感热通量资料，为了研究需要还构造了潜热通量和感热通量的气候态月平均和季平均资料。J–OFOUR2 通量资料下载网址：http：//www.j–ofuro.com/en/。

10）SeaWIFS 叶绿素 *a* 浓度资料

SeaWIFS（Sea–viewing Wide Field–of–view Sensor）是水色卫星 SeaStar 上搭载的宽视场海洋观测传感器，共有 8 个波段。该传感器于 1997 年 9 月 18 日在 OrbView–2 卫星上正式投入使用，在 2010 年 12 月 11 日停止工作（Cracknell et al.，2001）。SeaWIFS 业务管理部门提供了 13 种资料产品供用户使用，包括叶绿素 *a* 浓度、悬浮物浓度、气溶胶指数等。本书主要使用的叶绿素 *a* 浓度资料，其分辨率是 9 km。一般而言，叶绿素 *a* 浓度与单位水体内的浮游植物总量成正比，因此可以使用卫星遥感的叶绿素 *a* 浓度来估计海洋的初级生产力，为分析海洋大气动力过程对海洋初级生产力的影响提供了标示。SeaWIFS 资料下载网址：http：//oceancolor.gsfc.nasa.gov/。

2.6.2 方法原理

2.6.2.1 热成风关系

对赤道以外地区大尺度运动而言，较好满足地转平衡和静力平衡

$$u = -\frac{1}{f\rho_0}\frac{\partial p}{\partial y}, \quad v = -\frac{1}{f\rho_0}\frac{\partial p}{\partial x}$$

$$\frac{\partial p}{\partial z} = -\rho g$$

地转平衡方程分别对 *z* 求导，与静力平衡方程联立，可得

$$\frac{\partial u}{\partial z} = \frac{g}{f\rho_0}\frac{\partial \rho}{\partial y}, \quad \frac{\partial v}{\partial z} = -\frac{g}{f\rho_0}\frac{\partial \rho}{\partial x}$$

将上两式分别对 *z* 求积分

$$u = u_0 + \frac{g}{f\rho_0}\int_{z_0}^{z}\frac{\partial \rho}{\partial y}\mathrm{d}z'$$

$$v = v_0 - \frac{g}{f\rho_0}\int_{z_0}^{z}\frac{\partial \rho}{\partial x}\mathrm{d}z'$$

这就是热成风关系，它给出了地转速度和局地密度的关系式。

2.6.2.2 Sverdrup 理论

Sverdrup 理论又称 Sverdrup 平衡，是海洋中最基本的平衡，它在风应力和海洋环流之间建立了一个非常重要的联系，即深度平均的海水经向输送正比于海面风应力旋度（Pedlosky，1996）：

$$\beta \frac{\partial \psi}{\partial x} = \text{curl}(\tau)$$

假设东边界处流函数为 0，可得

$$\psi = -\frac{1}{\beta} \int_x^{X_E} \text{curl}(\tau) \, dx$$

将质量输送流函数转化为体积输送流函数：

$$\phi = \frac{\psi}{\rho} = -\frac{1}{\rho\beta} \int_x^{X_E} \text{curl}(\tau) \, dx$$

以上公式中，ψ 为对深度积分的总的质量输送流函数，φ 为对深度积分的总的体积输送流函数，β 为地转效应，τ 为风应力，ρ 为海水密度，X_E 代表东边界。上式称为正压 Sverdrup 平衡。南海的罗斯贝数和埃克曼数都是远远小于 1 的，说明相对涡度平流与行星涡度平流相比可以忽略，同时摩擦项相对于行星涡度项也可忽略。因此，南海环流可以很好地满足 Sverdrup 的关系（杨海军，2000；Liu et al.，2001）。

第3章　北部湾冬季暖池的时空特征与形成机理

海南岛，面积约为 33 920 km^2，位于南海西北部（图 3.1），是中国的第二大岛屿。琼州海峡把海南岛与中国大陆隔开。在海南岛西部是北部湾，它是一个半封闭的浅水湾（图 3.1）。北部湾东接雷州半岛，北依广西，西靠越南，南通过北部湾口与南海相通。北部湾平均水深 38 m，最大水深 106 m，水域面积 130 000 km^2。在整个北部湾上空，夏季盛行西南风，冬季盛行东北风。前人的研究表明，虽然风向随季节变化明显，但无论冬季还是夏季，北部湾内的环流都是气旋式的（Su，2004；Wu et al.，2008）。

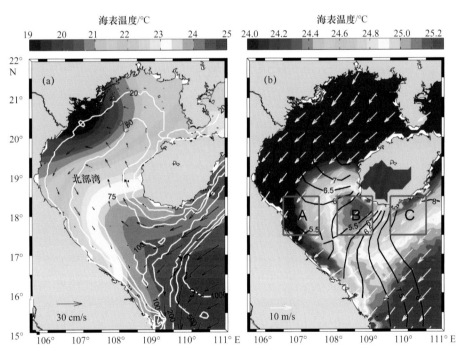

图 3.1　（a）北部湾海域冬季气候态特征。地形（白色等值线，单位：m），GDEM 海表温度（彩色，单位：℃），以及 SODA 的海流（黑色箭头，单位：cm/s）；（b）RSS 冬季气候态海表温度（彩色，单位：℃），冬季气候态 QuikSCAT 风矢量和风速（等值线间隔 0.5 m/s）。海南岛上海拔高于 300 m 的山脉用棕色标示

海表温度（SST）对于我们认识海洋动力过程、海-气相互作用、区域气候以及生物化学过程都非常重要。环海南岛周围的 SST 在前人的工作中已经有很多研究，对今后的研究提供了很好的参考和借鉴价值。研究发现，SST 存在显著的季节性变化：夏季，湾北部比南

部 SST 要高，这主要是由于不同深度的海水对太阳辐射的吸收不同导致的（Su，2005），并且在北部湾东面出现上涌的冷水（Chai et al.，2001）；而到了冬季，SST 在湾中部深水区要比在近岸的浅水区高，这是由于不同深度的海水对冷却的不同作用导致的。基本的热力学原理如下：在同样的海表冷却（加热）情况下，深水区的海水要比浅水区的海水冷却（增温）更慢，因此深水区的海水要比浅水区的海水更暖（更冷）（Xie et al.，2002）。

一个从南海深入北部湾内的暖舌一直以来被认为是该地区冬季 SST 的主要特征 [图 3.1（a）]（Huang et al.，2018）。Li 等（2012）首次利用 9 km 的高分辨率 SST 卫星遥感资料对该地区冬季 SST 的特征进行了再分析，发现在海南岛西南部存在由周围冷水包围的一个小暖池 [图 3.1（b）]。这个新特征与前人的认识有很大区别，这种差别可能主要是由这两种资料采样不同造成的：过去实测的水文调查资料相当稀疏并且在时空上不规则、不连续，而卫星资料则能几乎全天候观测 SST 的时空变化。9 km 的高分辨率 SST 卫星遥感资料为研究这个冬季小暖池提供了很好的条件。为此，本章首先分析该冬季局地暖池的气候态特征及其季节变化，然后用一个简单的海洋数值模式探讨该暖池的形成机制，并讨论其年际变化特性及其与 ENSO 的关系（Li et al.，2012）。

3.1 北部湾冬季暖池的时空特征

3.1.1 冬季气候态特征

图 3.1（b）给出了 RSS 气候态冬季（11 月至翌年 1 月平均）SST 的特征。最显著的特征是在海南岛西南海域有一团由冷水包围的暖水。这团暖水范围大体位于 17.5°—18.5°N，107.5°—109°E。我们将这团暖水定义为"暖池"。这个暖池的核心温度约为 25.5℃，比周围海水温度高 0.5～1.0℃。

由苏联太平洋海洋研究所在 1960 年 1 月 16 日到 2 月 19 日实施的海洋调查航次的海温资料也显示出这个明显特征图 [3.2（a）]。从 89 个温度测站中得到的 SST 分布特征显示，那年暖水核心区温度为 24.5℃。尽管由于各种原因"我国近海海洋综合调查与评价"专项航次调查站点都集中在北部湾西部，但该专项北部湾冬季航次资料也显示了这个暖池的存在 [3.2（b）]。总体来讲，水文观测得到的 SST 与卫星遥感得到的 SST 的空间形态是基本相同的。另外，一个从 2006 年 1 月 7 日到 2 月 28 日的 Drifter 漂流浮标（ID：56662）也显示出这团暖水的特征。Drifter 测得的 15 m 深度上的温度也显示在暖池内的温度要比周围高，这与卫星遥感和调查航次水文实测结果一致。

为了显示暖池的垂直结构，分别从 WOD09 水文实测资料和"我国近海海洋综合调查与评价"专项实测资料中提取出由 8 个站点和 12 个站点组成的一个断面（图 3.2 中的黑线）。两个航次断面的结果都显示：冬季海水从表到底都是充分混合的并且几乎没有层结。整个水体暖池区的海水温度都要比周围的海水温度高。北部湾冬季海水充分混合的特征与潮汐混合和海表热通量冷却效应有关（Hu et al.，2003）。

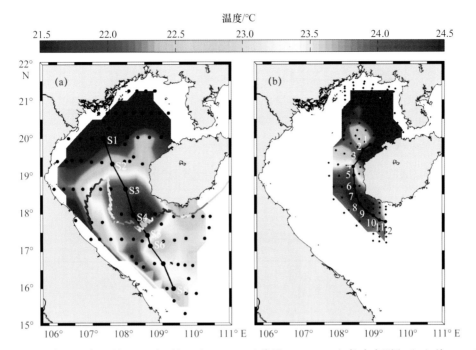

图 3.2　（a）从 1960 年 1 月 9 日到 2 月 9 日 WOD09（编号 SU000050）航次实测和（b）从 2006 年 12 月 25 日至 2007 年 1 月 22 日 "我国近海海洋综合调查与评价" 专项开展的冬季航次得到的 SST（单位：℃）

在两图中，站位都是用黑色点代表，而黑线是下面用来分析温度垂向断面的。在（a）中，彩色的实线是 Drifter（ID：56662）漂流浮标从 2006 年 1 月 7 日到 2 月 28 日的轨迹，颜色代表 Drifter 测得的 15 m 深度上的温度

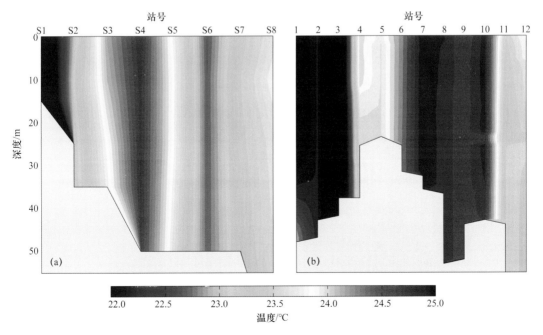

图 3.3　沿图 3.2（a）和图 3.2（b）中黑线所示（a）WOD09 航次水文调查；（b）"我国近海海洋综合调查与评价" 专项航次温度垂向断面

3.1.2　冬季暖池的生消历程

图 3.4 给出了从 RSS 卫星遥感资料得到的暖池的季节变化。可以看到，暖池在 10 月开始形成，11 月至翌年 1 月进入成熟期。此后，在 2 月开始消亡。为了定量化描述暖池的季节变化，我们定义了 3 个盒子 [图 3.1（b）] 计算暖池和周围环境温度的差异。暖池温度和东侧温度的差异在 11 月和 12 月达到最大（约 0.6℃），而暖池温度和西侧温度的差异在 12 月和翌年 1 月达到最大（约 1.1℃）。因此，从 SST 的空间分布差异上来看，这个冬季暖池从 11 月到翌年 1 月期间最显著。

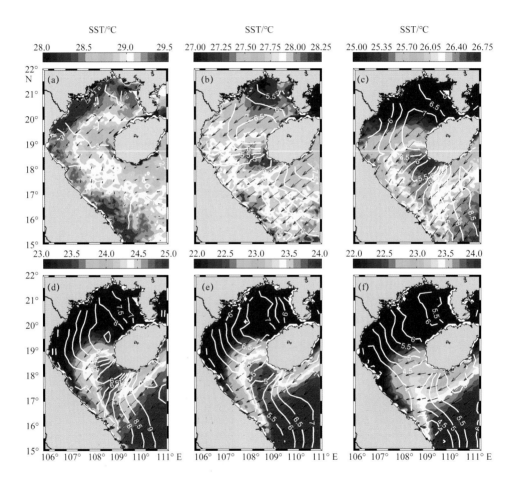

图 3.4　北部湾 SST（彩色，单位：℃）的季节变化、风速（白色等值线，0.5 m/s 间隔）和风矢量（黑色箭头）

注意各子图的颜色轴范围的不同，这是由于受 SST 变化的季节内影响。

（a）9 月；（b）10 月；（c）11 月；（d）12 月；（e）1 月；（f）2 月

3.2　北部湾冬季暖池的形成机理

图 3.1（b）显示了冬季平均的 QuikSCAT 风场情况。在海南岛西南海域上空风速较小，

但在其他海域较大。这种风速分布特征表明，海区风速大小分布是由海南岛上的高山地形阻挡形成的。在图 3.1（b）中，海南岛上海拔高于 300 m 的陆地用棕色标示。冬季东北季风受到岛上山脉的阻挡在岛西南海域上空减速，同时在西北和东南部海域上空加速。在山脉范围的西南部海域形成的暖池正好与风速极小值区相对应。上述空间对应关系表明东北季风在该冬季暖池形成中可能具有重要作用。

为了深入探讨暖池的成因，本章引入一维混合层模式 PWP 来模拟该海区混合层温度的变化。模拟中，为了能够更好地模拟北部湾沿岸浅水区的混合层变化，PWP 模式垂向分辨率设为 1 m；GDEM 气候态 9 月的温盐资料作为模式初始输入；海表强迫是海表热通量、风压力和淡水通量；海表热通量包括表面感热通量、潜热通量、长波辐射和短波辐射；基于上述物理参数和外强迫驱动，模式持续 90 d（Li et al.，2012）。

图 3.5（a）给出了在海表热通量、风应力和淡水通量作为外强迫时 PWP 模式的模拟结果。控制试验模式在风速极小值区的海南岛西南海域产出了暖池，暖池的空间形态和冬季潜热通量的空间形态很相似［图 3.5（b）］，这表明潜热通量在暖池的形成中发挥着重要的作用。模拟出的暖池东北的冷舌比观测［图 3.1（b）］要弱，这是因为 PWP 模式没有考虑温度平流（Liu et al.，2004b）。

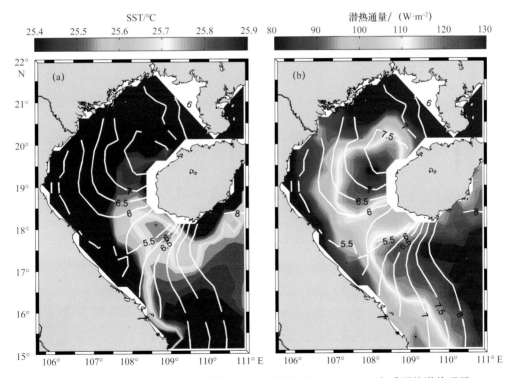

图 3.5　（a）PWP 模式控制运行模拟出的冬季平均的 SST；（b）冬季平均潜热通量

白色等值线代表风速大小（单位：m/s）；颜色范围取值不同是为了抵消季节内背景温度的影响

在不同外强迫条件下，设置 6 组敏感性试验。试验中，分别将潜热通量、感热通量、长波辐射、短波辐射、风应力（x 方向分量、y 方向分量）和降水设为它们各自的区域平均值，分别是 120 W/m²、20 W/m²、40 W/m²、100 W/m²、（–0.06 N/m²、–0.05 N/m²）和 4.48×10⁻⁸ m/s。可以看到，当外强迫条件是潜热通量为区域平均值（120 W/m²）时，暖池不能形成［图 3.6（a）］。这个 SST 分布特征与图 3.1（a）的 SST 特征有相似之处，即一个宽广的暖水舌伸入北部湾，这主要是受地形效应的影响。其他 5 组试验都考虑了潜热通量，但分别将其他热通量、风压力和降水率设为它们各自的区域平均值，模拟结果是它们都能够产生暖池空间特征［图 3.6（b）~（f）］。因此得出结论证实了我们上面提出的猜想：潜热通量在这个冬季相对暖池的形成中扮演着重要的角色。这些结果提示如下的概念模型：由于海南岛山脉的阻挡，冬季东北季风在岛西南减速。低风速使潜热释放降低，进而使岛背风处的 SST 相对于两侧要高。当东北季风转向后，这个相对暖池则消失。

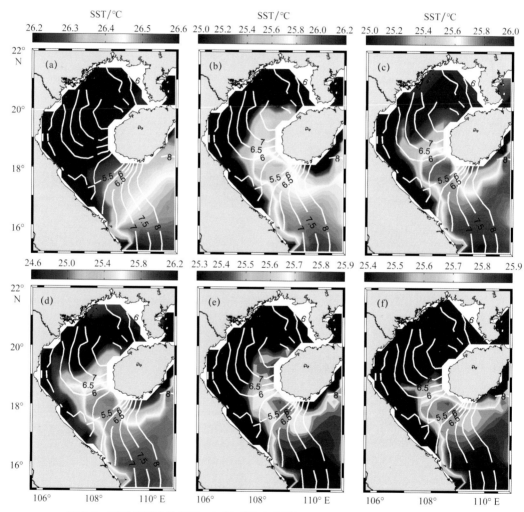

图 3.6　不同外强迫条件下 6 组敏感性试验模拟出的 SST（彩色，单位：℃）

6 组试验分别取（a）潜热通量，（b）感热通量，（c）长波辐射，（d）短波辐射，（e）纬向和经向风应力，（f）降水率的区域平均值；白色等值线代表风速（单位：m/s）；注意每个子图的色标范围不同

3.3　北部湾冬季暖池与 ENSO 的关系

南海海洋过程和南海气候受 ENSO 影响很大（Xie et al.，2003）。为此，Li 等（2012）研究讨论了这个冬季小暖池的年际变化及其与 ENSO 的关系。将从 11 月到翌年 1 月在 17.5°—18.5°N，108°—109°E 海区的 SST 平均值定义为暖池指数，选择这个区域是因为该区域可以代表暖池的气候态平均位置，选择 11 月到翌年 1 月这 3 个月是由于暖池在这期间最强。

根据多变量 ENSO 指数（MEI），1983—2011 年，共有 7 个显著的厄尔尼诺暖事件和 5 个显著的拉尼娜冷事件。海南岛西南的冬季暖池除了 1991—1992 年以外的其他几个厄尔尼诺年中变强，而在所有的拉尼娜年中变弱（图 3.7）。注意整个南海海盆对 1991—1992 年厄尔尼诺的响应很弱，这说明南海冬季风还包含一些复杂的大气内部变化，而不只是受 ENSO 的控制。关于这个问题目前还不十分清楚（Wang et al.，2006a）。该暖池指数与 12 月的 Niño3 SST 异常相关性很好，达到 0.53（0.374 是基于 t 检验的 26 个自由度的 95% 置信度）。根据 Morlet 小波分析可知，暖池指数的振荡周期为 3~5 a，这与 ENSO 的周期也基本相同。

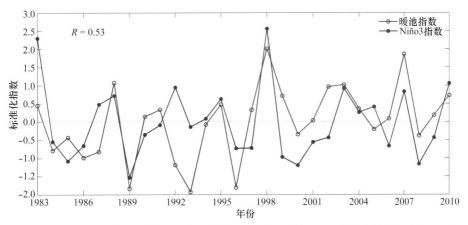

图 3.7　暖池指数的年际变化（红线，单位：℃）和 12 月 Niño3 指数（蓝线，单位：℃）

它们都用各自的均方根误差（0.38 ℃和 1.39 ℃）进行了正交标准化

图 3.8（a）和图 3.8（b）分别给出了厄尔尼诺年和拉尼娜年冬季北部湾合成的海面风场异常（矢量箭头）。合成的海面风场异常是由正常年份的风场减气候态风场后得到的，然后再对几个年份的风场异常求平均。由于本章的海面风场资料是从 1987 年开始的，因此根据 ENSO 指数（MEI），共有 5 个显著的厄尔尼诺暖事件年（1987—1988 年，1994—1995 年，1997—1998 年，2002—2003 年，2009—2010 年）和 5 个显著的拉尼娜冷事件年（1988—1989 年，1998—1999 年，1999—2000 年，2007—2008 年，2010—2011 年）用于风场合成。可以看到，北部湾上的冬季风在厄尔尼诺期间变弱，而在拉尼娜期间变强。北部湾的风场年际变化特征与整个南海海盆的风场年际变化特征很相似，而南海上空的风场

又是西北太平洋大气环流圈的一部分（Wang et al., 2000）。风场的年际变化说明整个北部湾的 SST 异常都会受到 ENSO 的影响。图 3.8（a）和图 3.8（b）分别给出了厄尔尼诺年和拉尼娜年冬季北部湾合成的 SST 异常（颜色遮盖）。与气候态相比，在厄尔尼诺期间变弱的冬季风使整个北部湾的潜热减小，进而加强了海南西南暖池，因此北部湾的 SST 变大；反之，在拉尼娜期间变强的冬季风使整个北部湾的潜热增大，进而削弱了海南西南暖池，因此北部湾的 SST 变小。

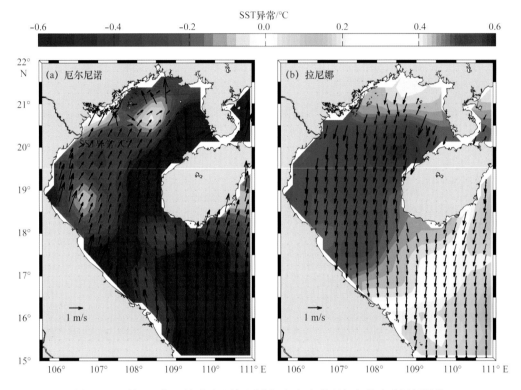

图 3.8　11 月至翌年 1 月（a）厄尔尼诺年和（b）拉尼娜年的合成风场异常
（矢量箭头，单位：m/s）和 SST 异常（颜色，单位：℃）

合成的厄尔尼诺年包括 5 个显著的厄尔尼诺暖事件年（1987—1988 年，1994—1995 年，1997—1998 年，2002—2003 年，2009—2010 年），而合成的拉尼娜年包括 5 个显著的拉尼娜冷事件年

（1988—1989 年，1998—1999 年，1999—2000 年，2007—2008 年，2010—2011 年）

3.4　本章小结

利用一系列新的卫星遥感资料和水文实测资料，首次发现在冬季海南岛西南海域存在一个小暖池。这个暖池可以从海面一直扩展到海底。它在每年的 10 月开始形成，11 月至翌年 1 月发展壮大，到 2 月迅速消亡。

机理研究表明：这个冬季小暖池的形成与冬季风期间由海南岛的山脉导致的地形风尾

迹有关。这个暖池与冬季东北季风的动力联系如下：由于海南岛山脉的阻挡，在海南岛西南部的背风一侧形成风尾迹。潜热通量在风尾迹区减弱而在两侧加强。潜热通量的空间形态导致了该暖池的生成。

进一步研究发现，该暖池的年际变化和 ENSO 紧密相关。在厄尔尼诺期间变弱的冬季风使整个北部湾的潜热减小，进而加强了该暖池；反之，在拉尼娜期间变强的冬季风使整个北部湾的潜热增大，进而削弱了这个暖池。

首次发现冬季北部湾海区存在一个小暖池，并揭示了海南岛上山脉的地形阻挡作用是形成该暖池的主要动力因素；利用一维混合层模式模拟和验证了该暖池的形成机制。将来可利用更可靠的三维数值模式来探讨其他动力因素，比如平流，对暖池的影响。另外，这个冬季暖池对海洋生化过程和区域气候等的影响还有待深入研究。

第4章 泰国湾冬季暖池的时空特征与生消机理

泰国湾，旧称暹罗湾，位于亚洲大陆架上，是一个被中南半岛和马来半岛包围的浅海湾（图 4.1），其南端与南海相连，沿岸为泰国、柬埔寨、越南和马来西亚。泰国湾沿西北—东南向大体呈一个矩形，宽度约为 400 km，长度约为 720 km。泰国湾的底形与北部湾类似，都为中间深、两边浅，平均水深 45.5 m，最大水深 86 m，最浅的地方在最北端的泰国湾口处（曼谷湾），平均深度只有 10～20 m。泰国湾处于东亚季风区，其气候特征受季风影响显著，主要为热带季风型，有明显的干湿季节之分，每年 11 月至翌年 3 月盛行干燥的东北季风，降水稀少，称为干季；4—10 月盛行潮湿的西南风，降水迅速增多，称为雨季。关于泰国湾内环流形式，目前还没有形成统一的认识。一种观点是泰国湾内的环流主要受季风控制，冬季风期间为气旋式环流，夏季风期间为反气旋式环流；另一种观点则正好相反：在季风、海湾地形和南海环流共同作用下，冬季为反气旋式环流而夏季为气旋式环流（Sojisuporn et al.，2010）。

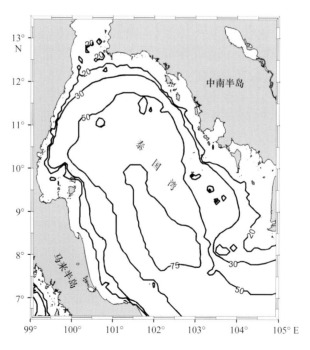

图 4.1　泰国湾地形示意图

等值线数字表示水深（单位：m）

4.1 泰国湾冬季海表温度的气候特征

相关学者对泰国湾的 SST 已开展了一些研究工作（Wyrtki，1961；Siwapornanan and Humphries，2011），对泰国湾 SST 分布和年代际变化有了初步的认识。泰国湾 SST 在 4 月和 5 月最暖，在 1 月最冷，全年平均水温约为 28.5℃。夏、秋季节湾口处上、下层 SST 的差异变化很大，从 5 月的 1.8℃到 10 月的 0.1℃（Wyrtki，1961）。在冬季风盛行的 11 月至翌年 3 月，泰国湾内的 SST 要比与南海相连的湾口 SST 高，这是由于东北季风驱动的气旋式环流把南海北部的冷水带到了湾口，而在其他月份，湾内和湾口 SST 差异不大（Stansfield and Garrett，1997）。在年际尺度上，Siwapornanan 和 Humphries（2011）利用小波相干分析 SST 和海平面高度的相关性，发现在 4~7 个月的周期上两者的同步变化可能与厄尔尼诺有关。在年代际尺度上，泰国湾 SST 在过去 30 年间有增加的趋势，增速约为 0.003~0.089℃/a，并且 SST 的增加又导致了珊瑚礁褪色。以上是对泰国湾 SST 的整体认识，但是缺少其分布的细节描述，并且 ENSO 影响泰国湾的 SST 变化机理还不清楚。

Li 等（2014）利用分辨率为 0.25° 的 WOA01 资料和 9 km 高分辨率 RSS SST 卫星遥感资料对泰国湾冬季 SST 的特征进行了研究，发现在泰国湾东北部靠近柬埔寨海岸存在由周围冷水包围的一个小暖池（图 4.2），该现象在前人的工作中尚未见诸报道（Li et al.，2014）。这个 SST 分布的新特征用传统的地形调控海温的理论无法解释：在同样的海表冷却（加热）情况下，深水区的海水要比浅水区的海水冷却（增温）更慢，因此深水区的海水要比浅水区的海水更暖（更冷）（Xie et al.，2002）。按照这个理论，冬季

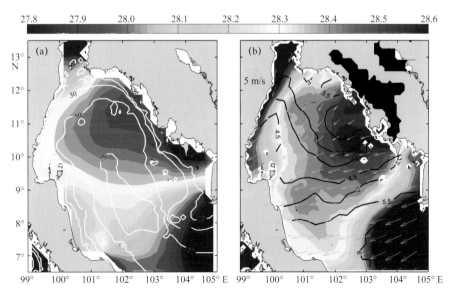

图 4.2 （a）泰国湾海域的冬季气候态特征（水深：白色等值线，单位：m；WOA01 SST：彩色，单位：℃）；（b）RSS 冬季气候态 SST（彩色，单位：℃），冬季气候态 QuikSCAT 风矢量和风速（等值线间隔 0.5 m/s）。中南半岛上海拔高于 200 m 的山脉用黑色标示

SST 在湾中部深水区要比在近岸的浅水区高，但观测事实却并非如此。为此，本章针对这一中尺度海温新现象开展分析研究。首先分析这个冬季暖池的气候态特征和它的季节变化，然后利用 PWP 模式探讨这个暖池的形成机制，最后讨论它的年际变化及其与 ENSO 的关系（Li et al.，2014）。

4.2 泰国湾冬季暖池的观测事实

4.2.1 冬季气候态特征

图 4.2（a）和图 4.2（b）分别给出了 WOA01 和 RSS 冬季气候态（11 月至翌年 1 月平均）SST 的特征。两份资料的结果虽然在细节上有所差异，但大体上的 SST 分布还是相同的：湾顶曼谷湾和湾口处水温要比湾内低，最显著的特征是在泰国湾东北侧靠柬埔寨海岸的海域有一团由冷水包围的暖水。这团暖水核心大体位于 10°—12°N，102°—104°E 范围内。我们将这团暖水定义为“暖池”。这个暖池的核心温度约为 28.5℃，比周围海温高 0.5 ~ 0.8℃。

泰国在 1956 年 12 月 21 日至 1957 年 1 月 10 日实施的泰国湾冬季海洋调查航次（WOD09 编号：TH001320）的海温资料也显示出这个明显特征，尽管该航次调查站点在 10°N 以南，离岸较远。但从 54 个 CTD 温度测站中得到的 SST 分布特征显示那年冬季暖池核心区温度为 27.5℃。总体上来讲，水文观测得到的 SST 与卫星遥感得到的泰国湾内 SST 的空间形态基本是相同的，即湾口和湾顶偏冷，而在泰国湾内中部及偏东北侧存在一个小暖池（图 4.3）。

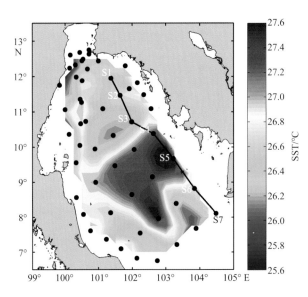

图 4.3　从 1956 年 12 月 21 日到 1957 年 1 月 10 日 WOD09（编号 TH001320）航次测得 54 个站位的 SST（单位：℃）。图中站位都是用黑色点代表，而黑线是下面用来分析温度垂向断面的

为了显示该暖池的垂直结构，本书从 WOD09 水文实测资料中提取出一个由 7 个站点

组成的断面（图 4.3 中的黑线）。航次断面的结果显示：冬季海水从表到底都是充分混合的并且几乎没有层结（图 4.4），整个水体的暖池区的海水温度都比两侧的海水温度高。泰国湾冬季海水充分混合与风冷却、潮汐的混合效应以及浮力通量输入有关（Stansfield and Garrett，1997；Yanagi et al.，2001）。

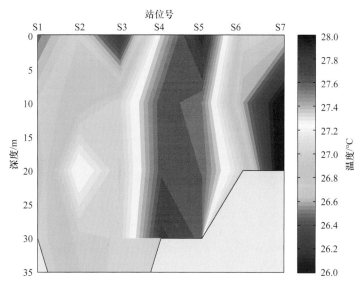

图 4.4　沿图 4.3 中黑线所示的 WOD09 航次水文调查的温度垂向断面

4.2.2　泰国湾 SST 的季节变化特征

图 4.5 给出了从逐日的 RSS 卫星遥感 SST 和 QuikSCAT 风场资料得到的气候态 10 月到翌年 1 月逐旬的泰国湾 SST 和风场变化。可以看到，暖池在 11 月上旬 [图 4.5（d）] 开始形成，12 月上中下旬 [图 4.5（g）、（h）、（i）] 和 1 月上旬 [图 4.5（j）] 进入成熟期，此后，1 月中旬 [图 4.5（k）] 开始减弱，到 1 月下旬 [图 4.5（l）] 暖水扩散到整个海湾，暖池彻底消失，暖池的整个生命周期约持续 70～80 d。注意图 4.5 中的颜色范围取值不同是为了抵消季节内背景温度的影响。从 SST 的空间分布差异上来看，这个泰国湾冬季暖池从 11 月上旬到翌年 1 月上旬期间最显著。另外，泰国湾风场的旬变化十分明显，10 月上旬吹西南风，10 月中下旬进入季风转化过渡期，这时风向不定，风速很小，到了 11 月上旬东北季风在整个海湾建立起来，直到翌年 1 月中下旬风向开始由西北逐渐向西风转换。此外，还发现泰国湾风速的大小与暖池的形成和消散形成了很好的对应关系：在 11 月上旬至翌年 1 月上旬东北季风盛行期间，东北季风受到中南半岛上的豆蔻山脉的阻挡 [图 4.2（b）]，在山背面的海湾东北侧形成风速极小值区，而泰国湾的暖池正好处于风速极小值范围内；而在 10 月由于风向不是东北向，不存在山后的风速极小值区，故暖池没有形成；在翌年 1 月中下旬，随着风向由东北转向西，山脉的阻挡作用消失，暖池也随之消失（Li et al.，2014）。

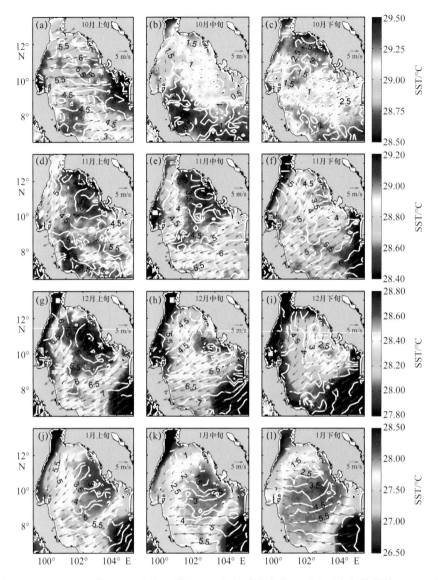

图 4.5　泰国湾 RSS 卫星遥感 SST（彩色，单位：℃）的季节变化，风速（白色等值线 0.5 m/s 间隔）
和风矢量（黑色箭头）

子图（a）、（b）、（c）分别是 10 月上、中、下旬的情形，（d）、（e）、（f）分别是 11 月上、中、下旬的情形，（g）、
（h）、（i）分别是 12 月上、中、下旬的情形，（j）（k）（l）分别是 1 月上、中、下旬；注意各子图的颜色轴范围的不同，
这是由于受海表温度变化的季节影响

4.3　泰国湾冬季暖池的生消机制

图 4.2（b）显示了冬季平均的 QuikSCAT 风场情况。在泰国湾东岸柬埔寨海岸一侧风
速较小，但在其他海域较大。这种风速分布特征是由中南半岛上的山脉阻挡造成的。冬季
东北季风受半岛上豆蔻山脉阻挡在山脉背后的湾东北侧海域上空减速，同时在西北和东南

部海域上空加速。在山脉范围的湾东北侧海域形成的暖池正好与风速极小值区相对应。两者如此好的空间对应关系预示着冬季东北季风对这个泰国湾冬季暖池的形成发挥了重要作用。

为了深入探讨泰国湾冬季暖池的成因，本书运用一维混合层模式 PWP 模拟该海区混合层温度的变化。在模拟中，为了能够更好地模拟泰国湾沿岸浅水区的混合层变化，PWP 模式垂向分辨率设为 1 m。GDEM 气候态 9 月的温盐资料作为模式初始值输入。海表强迫是净热通量、风应力和淡水通量。表面通量包括表面感热通量、潜热通量、长波辐射和短波辐射。这些外强迫驱动模式将持续 90 d（Li et al.，2014）。

图 4.6（b）给出在海表热通量、风应力和淡水通量作为外强迫时 PWP 模式的模拟结果。控制试验在风速极小值区的泰国湾东北侧海域产生了暖池，暖池的空间形态和冬季潜热通量的空间形态很相似［图 4.6（a）］，这表明潜热通量在暖池的形成中发挥了重要的作用。模拟出的泰国湾湾口处的 SST 要比观测［图 4.2（b）］高很多，这可能是因为 PWP 模式没有考虑温度平流的缘故。

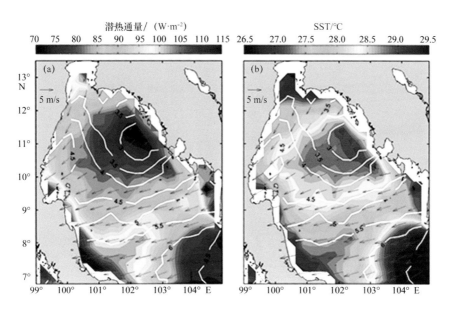

图 4.6　（a）冬季平均潜热通量（颜色，单位：W/m^2）；（b）PWP 模式控制运行模拟出的冬季平均的 SST
（颜色，单位：℃）

白色等值线代表风速大小（单位：m/s）；黑色箭头代表速向风速

设置了在不同外强迫条件下的 6 组敏感性试验。试验中，分别将潜热通量、感热通量、长波辐射、短波辐射、风应力（x 方向分量、y 方向分量）和降水设为它们各自的区域平均值，分别是 110 W/m^2、10 W/m^2、40 W/m^2、90 W/m^2、（–0.05 N/m^2，–0.05 N/m^2）和 4.5 × 10^{-8} m/s。可以发现，当外强迫条件是潜热通量的区域平均值（110 W/m^2）时，暖池的空间形态不能形成［图 4.7（a）］。这个 SST 分布的最明显特征是一个宽广的暖水舌伸入泰国湾内，这可能是受底部地形效应的影响。其他 5 组试验都考虑了潜热通量的分布，将其他热通量、风应力和降水率设为它们各自的区域平均值，模拟结果是它们均能够产生暖池空间特征［图4.7（b）～（f）］。因此，所得结论证实了上面提出的猜想：潜热通量在这个冬季暖池的形成中扮演着重要的角色。这些结果刻画出如下的概念模型：由于中南半岛上豆蔻山脉的阻挡，冬季东北季风在山脉背后的湾东北侧减速；低风速使潜热降低，进而使湾东北侧SST升高；当东北季风转向后，山脉阻挡作用降低，该小暖池也相应消失（Li et al.，2014）。

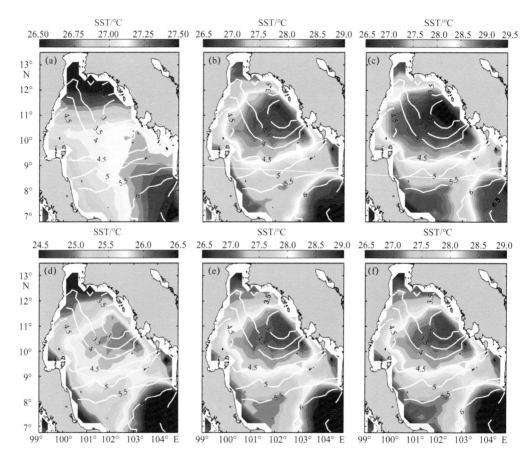

图4.7　不同外强迫条件下6组敏感性试验模拟出的SST（彩色，单位：℃）

6组试验分别取（a）潜热通量，（b）感热通量，（c）长波辐射，（d）短波辐射，（e）纬向和经向风应力，（f）降水率的区域平均值。白色等值线代表风速（单位：m/s）；注意每个子图的色标范围不同

4.4　泰国湾冬季暖池的年际变化

南海海洋过程和南海气候受ENSO影响很大（Xie et al.，2003），而泰国湾和南海相邻，同处于东亚季风系统范围内，因此，本节主要探讨泰国湾的这个冬季小暖池的年际变化是否与ENSO有关。将本年度11月至翌年1月在10°—12°N，102°—104°E海区的SST平均值定义为泰国湾暖池指数。选择该区域是因为其暖池的气候态平均位置具有标识意

义，而选择 11 月至翌 1 月这 3 个月是因为这期间暖池最强。

根据多变量 ENSO 指数（MEI），1983—2011 年，共有 7 个显著的厄尔尼诺暖事件和 5 个显著的拉尼娜冷事件。泰国湾东侧的冬季暖池在所有的厄尔尼诺年时变强，而在所有的拉尼娜年中变弱（图 4.8）。该暖池指数与 12 月的 Niño3 SST 异常相关性很好，达到 0.74（0.374 是基于 t 检验的 26 个自由度的 95% 置信度）。根据 Morlet 小波分析可知，暖池指数的振荡周期为 3 ~ 5 a，这与 ENSO 的周期也基本相同。

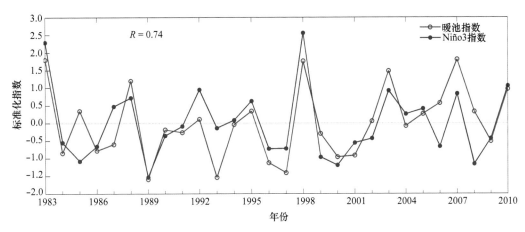

图 4.8 暖池指数的年际变化（红线，单位：℃）和 12 月 Niño3 指数（蓝线，单位：℃）

它们都用各自的均方根误差（0.38 ℃和 1.39 ℃）进行了标准化

图 4.9（a）和图 4.9（b）分别给出了厄尔尼诺年和拉尼娜年冬季泰国湾合成的海面风场异常（矢量箭头）和 SST 异常（颜色）。合成的海面风场异常是由正常年份的风场减去气候态风场后得到的，然后再对几个年份的风场异常求平均，合成的 SST 异常也是同样的做法。由于本章的海面风场资料是从 1987 年开始的，因此根据 ENSO 指数（MEI），共有 6 个显著的厄尔尼诺暖事件年（1987—1988 年，1991—1992 年，1994—1995 年，1997—1998 年，2002—2003 年，2009—2010 年）和 5 个显著的拉尼娜冷事件年（1988—1989 年，1998—1999 年，1999—2000 年，2007—2008 年，2010—2011 年）用于风场合成。可以看到，泰国湾上的冬季风在厄尔尼诺期间变弱，而在拉尼娜期间变强。泰国湾的风场年际变化特征与整个南海海盆的风场年际变化特征很相似，而南海上空的风场又是西北太平洋大气环流圈的一部分（Wang et al.，2000）。风场的年际变化说明整个泰国湾的 SST 异常都会受到 ENSO 的影响。图 4.9（a）和图 4.9（b）分别给出了厄尔尼诺年和拉尼娜年冬季泰国湾合成的 SST 异常（颜色遮盖）。与气候态相比，在厄尔尼诺期间变弱的冬季风使整个泰国湾的潜热减小，进而加强了泰国湾东北侧暖池，因此这个湾区的 SST 变大；反之，在拉尼娜期间增强的冬季风使整个泰国湾的潜热增大，进而削弱了泰国湾东北侧暖池，因此该湾区的 SST 变小（Li et al.，2014）。

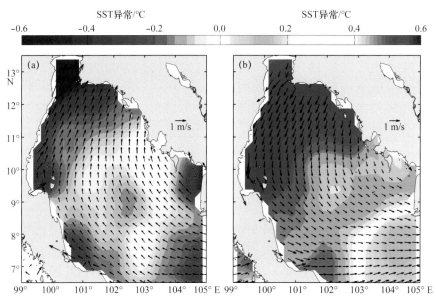

图 4.9　11 月至翌年 1 月（a）厄尔尼诺年和（b）拉尼娜年的合成风场异常（矢量箭头，单位：m/s）和 SST 异常（颜色，单位：℃）

合成的厄尔尼诺年包括 6 个显著的厄尔尼诺暖事件年（1987—1988 年，1991—1992 年，1994—1995 年，1997—1998 年，2002—2003 年，2009—2010 年），合成的拉尼娜年包括 5 个显著的拉尼娜冷事件年（1988—1989 年，1998—1999 年，1999—2000 年，2007—2008 年，2010—2011 年）

4.5　泰国湾暖池对叶绿素空间分布的影响

上述研究发现，泰国湾的生物化学过程对这个冬季暖池有很强的响应。因为叶绿素 a 浓度是浮游植物光合作用过程中的主要因素，所以叶绿素 a 浓度可以看作海洋浮游生物数量的指标。我们通过 SeaWIFS 的每月叶绿素 a 浓度资料，发现几乎每年的 11 月、12 月和翌年 1 月在泰国湾东侧暖池的范围内都恰好存在叶绿素 a 浓度的极小值区，图 4.10 给出了两个例子。为什么暖池与叶绿素 a 浓度极小值区对应很好呢？这是由于在暖池两侧的低水温和高风应力会导致更深的对流混合，使底层的营养物质能够上涌到表层，而在暖池区的高水温和低风应力会导致较浅的混合层，从而使营养物质卷挟强度减弱（Gregg and Conkright，2002），两种效应的共同作用形成了暖池区叶绿素 a 浓度低值区。当然，由于海洋生物化学过程非常复杂，该观点还有待更多观测事实和完善的数值模式来验证，并引入生态模式耦合来进一步深入探究泰国湾暖池的生物化学效应。

利用一系列新的卫星遥感资料和水文实测资料，首次发现了在冬季泰国湾东北侧海区存在一个小暖池。这个暖池可以从海面一直扩展到海底。它在 11 月上旬开始形成，11 月中旬至翌年 1 月上旬发展成熟，1 月中旬暖池逐渐减弱，到 1 月下旬后暖池几乎消失。

研究表明，这个冬季小暖池的形成与冬季风期间由中南半岛上的豆蔻山脉阻挡形成的地形风尾迹有关。该暖池与冬季东北季风的动力关联如下：由于豆蔻山脉的阻挡，在泰国湾东部的背风一侧形成风尾迹；潜热通量在风尾迹区减弱而在两侧加强；潜热通量的空间形态导致了这个冬季小暖池的生成。

　　进一步研究发现，该暖池的年际变化和 ENSO 紧密相关。在厄尔尼诺期间变弱的冬季风使整个泰国湾的潜热减小，进而加强了该暖池；反之，在拉尼娜期间增强的冬季风使整个泰国湾的潜热增大，进而削弱了这个暖池。

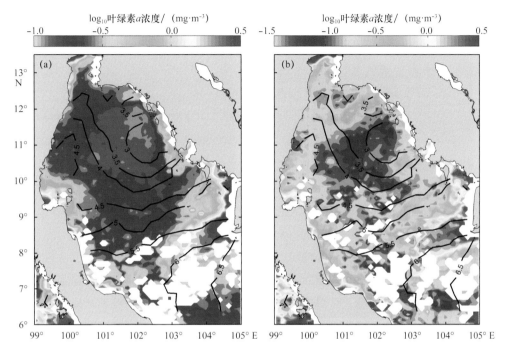

图 4.10　（a）2003 年 12 月和（b）2009 年 1 月 SeaWIFS 叶绿素 a 浓度的对数（$\log_{10}$）分布和风速等值线（m/s）

第5章 西吕宋海洋锋的时空特征与海-气反馈机制

南海是一个由亚洲大陆、菲律宾群岛和加里曼丹岛等包围的独特半封闭海盆。南海上层处于东亚季风区，其夏季盛行西南季风，一般从5月中旬开始，6—8月最盛；冬季盛行东北季风，9月在南海北部开始出现，10月扩大至南海中部，从11月开始覆盖整个南海，最后在翌年4月消失。在冬季，东北季风受台湾岛和吕宋岛上的高山地形影响，在南海东部产生一系列正负交错的风切变和风应力旋度（Wang et al., 2008）。

南海大尺度环流也呈现出响应季风的强季节循环特征。夏季，南海海盆尺度环流分成两部分：12°N以南是反气旋式环流，以北则是气旋式环流。冬季，南海整个海盆尺度环流都呈气旋式。此外，利用水文调查和多源卫星资料已经发现有许多中尺度涡旋镶嵌在南海大尺度环流中（Wang et al., 2003）。夏季，在越南中部外海存在一个偶极子涡旋结构（Wang et al., 2006b）。冬季，在南海东部台湾岛和吕宋岛西部的气旋涡和反气旋涡是交错分布的（图5.1），这与该地风应力旋度的正负分布有关（Wang et al., 2008）。

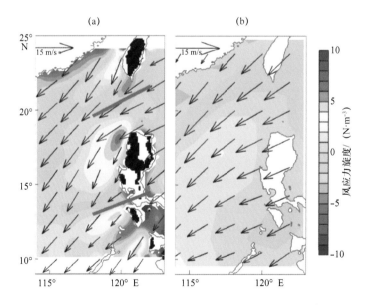

图5.1 1999年8月至2002年7月间冬季（a）QuikSCAT和（b）NCEP风矢量（单位：m/s）及风应力旋度（单位：N/m³）的平均值（Wang et al., 2008）

图（a）中超过500 m的高山地形用黑色阴影表示，南海东边界上的狭窄风急流用两条粗实线条表示

5.1　西吕宋海区的海洋中尺度现象

在南海的众多涡旋中，西吕宋涡旋大致位于 18°N，118°E 的位置，它的水平尺度为 200 km，垂向尺度为 400 m（Qu，2000）。西吕宋涡旋在每年的 10 月出现，12 月至翌年 1 月强度达到顶峰，然后在季风从冬季风向夏季风转换后消亡。西吕宋涡旋从深秋至早春季节都是准静止的，这从气候态温度资料和卫星高度计资料都可以观察到（Qu，2000）。越来越多的证据表明，西吕宋涡旋的形成和维持主要和吕宋岛西北部的风应力旋度有关，有人称之为中尺度气旋式环流或强上升流区。虽然在西吕宋海区罗斯贝变形半径为 60 ~ 80 km，但为了和前人的名称一致，仍将这个水平尺度 200 km 的结构称为西吕宋涡旋。

海表温度（SST）是研究海洋动力学、海 – 气相互作用和海洋生化过程的重要参量。海洋温度锋是海温水平梯度显著的区域，它能极大增强海洋动量和热量传输、天气尺度的大气变化以及海洋生化效应。因此，利用实测水文资料、遥感资料和模式输出结果对南海 SST 和海洋锋面的研究有很多（Chen，1983；Li，1996；Wang et al.，2001）。南海处于印度 – 太平洋暖池之间，但是 SST 要比两侧的大洋低（图 5.2，以及 Liu et al.，2004b）。南海冬季 SST 呈东南高、西北低的分布态势，因此南海 SST 等值线方向是西南—东北走向。SST 在吕宋岛以西等值线很密集，温度梯度很大，在此处形成一个海洋温度锋面，图 5.2 中给出了西吕宋海洋锋的冬季气候态，可以看到 27℃等温线正好处于该海洋锋面的中间。

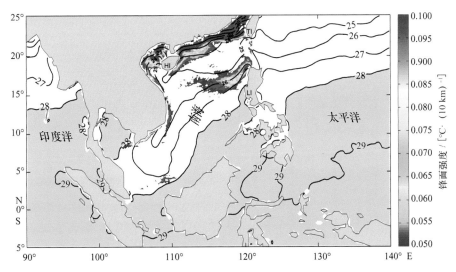

图 5.2　南海、太平洋、印度洋冬季 SST（温度等值线间隔 1℃，SST ≥ 28℃的区域用粉色遮盖）和南海锋面强度（颜色，单位：℃ /10 km）

TI：台湾岛；LI：吕宋岛；HI：海南岛

如上述讨论，强季风切变、一个准稳定的气旋涡和一个强海洋温度锋在冬季同时出现在吕宋岛以西（图 5.3）。目前，三者之间的关联或潜在的相互作用机理还不清楚。为此，本章首先分析西吕宋海洋锋变化及其产生的动力机理，然后研究冬季风（Winter

Monsoon）、西吕宋涡旋（Luzon Eddy）和西吕宋海洋锋（Luzon Thermal Front）三者之间的相互作用，并基于观测事实和一个理想数值模式，提出一个全新的冬季风、西吕宋涡旋和西吕宋海洋锋三者之间的正反馈机制（MEF feedback）（Wang et al.，2012；李佳讯，2013）。

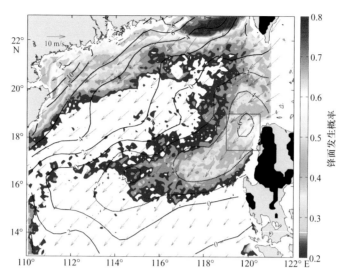

图 5.3　南海冬季海面高度异常（SSHA，等值线，单位：cm），锋面发生概率（颜色）和风矢量（单位：m/s）实线（虚线）分别标识 SSHA 的正（负）。陆地上海拔大于 500 m 的高山地形用黑色遮盖。粉色实线方盒子（17.5°—19°N，119°—120.5°E）表示锋面发生概率最大的位置

5.2　西吕宋海洋锋的时空特征

西吕宋海洋温度锋面在 RSS 卫星遥感的 SST 图像中经常可见。图 5.4（a）和 5.4（b）分别给出 2006 年 1 月 7 日和 2007 年 12 月 7 日关于南海 SST 的两个案例。可以发现，这个锋面向东南可以扩展到大约 15°N，114°E 的位置。从每天的卫星遥感 SST 图像中可以看到这个锋面的空间变化和时间变化都比较大。为了得到海洋锋面的稳态统计分布，本章计算了南海北部海洋锋的发生概率。依据 Hickox 等（2000）的方法，将包含海洋锋的像素点数目除以像素点的总数定义为海洋锋的发生概率。判定海洋锋的标准是 SST 水平温度梯度要大于 0.04℃/10 km。除广东沿岸锋比较明显之外，西吕宋海洋锋的发生概率也很显著（图 5.3）。海洋锋的发生概率与其强度（图 5.2）的分布形态也较为相似。西吕宋海洋锋从吕宋岛西北角一直向西南延伸到超过 16°N，114°E。它在盒型区域 17.5°—19.0°N，119°—120.5°E 范围内强度最大，发生概率也最大。

图 5.3 也显示了西吕宋海洋锋恰好被西吕宋涡旋（在 SSHA 图上由 –4 cm 等值线定义）包围。值得注意的是，在西吕宋涡旋的核心处，西吕宋海洋锋面也最强。为了进一步研究西吕宋海洋锋与西吕宋涡旋的关系，本章（Wang et al.，2012；李佳讯，2013）计算出从 10 月至翌年 3 月盒型区域 17.5°—19.0°N，119°—120.5°E 中的 SSHA 和涡旋强度的均值（图

5.5）。锋面在 10 月出现，在 11 月和 12 月发展壮大，翌年 1—2 月强度达到峰值，随后从翌年 2 月末至 5 月逐渐减弱，直到翌年 6 月完全消失。锋面的水平温度梯度在 1—2 月间达到的峰值约为 0.19℃/10 km。而西吕宋涡旋最先在 11 月出现，翌年 1—2 月强度到达最大，在翌年 5 月消亡，它的生存消亡周期基本与锋面一致。图 5.5 也显示吕宋涡旋在 11 月出现，在翌年 1 月和 2 月达到峰值，在 5 月消亡，这与锋面强度的变化一致。图 5.6（b）和图 5.6（c）进一步给出了 2006—2008 年沿 119.5°E 断面上的时间 - 纬度图，该图也显示西吕宋涡旋的变化与西吕宋海洋锋面的变化是一致的，两者的相关系数高达 0.78（在 95% 置信度上是的显著的）[图 5.6（e）]。同时，SSHA 变化图也说明西吕宋涡旋的位置相当稳定 [图 5.6（b）]（Wang et al.，2012）。

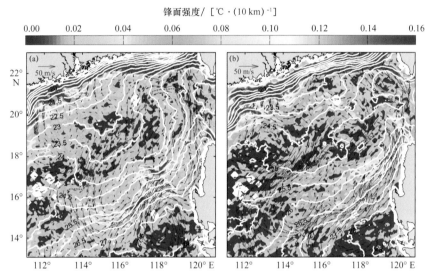

图 5.4　（a）2006 年 1 月 7 日和（b）2007 年 12 月 7 日南海 SST（等值线，单位：℃），锋面强度（颜色，单位：℃ /10 km）和流场（黑色箭头，单位：cm/s）

粉色的虚线代表 SSHA 为 - 4 cm 的等值线

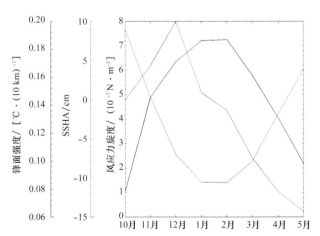

图 5.5　西吕宋海洋锋面强度（黑线，单位：℃ /10 km），SSHA（红线，单位：cm）和风应力旋度（蓝线，单位：10⁻⁷N/m³）的季节变化

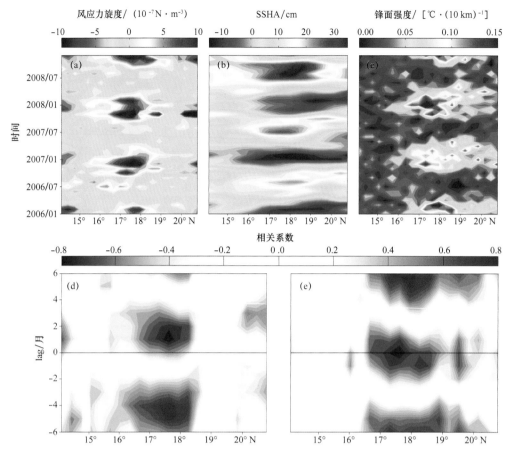

图 5.6 沿 119.5°E 纬向断面的（a）风应力旋度（单位：10^{-7} N/m^3），（b）SSHA（单位：cm），（c）海洋锋面强度（单位：℃ /10 km）的时间 – 纬度图；（d）风应力旋度和 SSHA 的相关关系图，（e）SSHA 和锋面强度的相关关系图

（d）和（e）中的正相关分布表示 SSHA 滞后和锋面强度滞后；显示的相关结果在 95% 置信度下是显著的

5.3　西吕宋海洋锋的形成机理

上述的观测结果说明，吕宋涡旋可能在西吕宋海洋锋面形成的过程中起重要的作用。为了检验西吕宋涡旋是如何影响海洋锋面结构的，可用一个理想的简单混合层温度平流输送方程来估算由西吕宋涡旋引起的 SST 变化：

$$\frac{\partial T}{\partial t} = \underbrace{-(u_{\mathrm{g}} + u_{\mathrm{e}})\frac{\partial T}{\partial x} - (v_{\mathrm{g}} + v_{\mathrm{e}})\frac{\partial T}{\partial y}}_{(a)} + \underbrace{\frac{Q}{\rho C_{\mathrm{p}} h_{\mathrm{m}}}}_{(b)} - \underbrace{\frac{W_{\mathrm{ent}}(T - T_{\mathrm{d}})}{h_{\mathrm{m}}}}_{(c)} \tag{5.1}$$

其中，T 为 SST（近似等于混合层温度），t 为时间，x、y、z 为笛卡尔坐标，u_{g}（u_{e}）和 v_{g}（v_{e}）分别代表地转（埃克曼）流的 x 分量和 y 分量。Q 为海表净热通量，C_{p} 为每

单位体积的热容量，h_m 为混合层深度，ρ 为海水密度，W_{ent} 为卷挟速度，T_d 为混合层底下 5 m 深度的水温。方程（5.1）右边各项分别是（a）水平平流项，（b）净热通量项和（c）垂向卷挟项，其中，水平平流项由地转平流和埃克曼平流两项组成。

净热通量项、埃克曼平流项和垂向卷挟项对冬季 SST 的影响在图 5.7 中给出。埃克曼平流项对吕宋西北温度的贡献高达 2 ~ 6℃/ 月，而净热通量项和垂向卷挟项的贡献相对较小。它们三者之和，毫无疑问埃克曼平流项起主导作用。然而，埃克曼平流项的单纯增暖效应不能产生图 5.1 中所示的海洋温度锋，因此，从逻辑上我们可以推测，地转平流项可能会在西吕宋海洋锋面的产生中发挥了很大的作用。

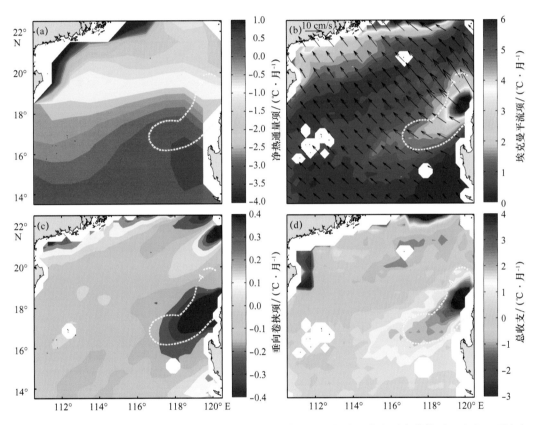

图 5.7　南海北部冬季热收支：（a）净热通量项，（b）埃克曼平流项，（c）垂向卷挟项，（d）三项之和
白色虚线表示 SSHA 为 –4 cm 的等值线，用它来表示锋面位置；在（b）中，箭头矢量代表埃克曼平流项

为了考虑地转平流的热输运效应，首先利用 GDEM 温盐资料根据热成风关系算出地转平流的 u_g 和 v_g（计算时假设 1000 m 深度上参考速度为 0）。为进一步分析总结出西吕宋涡旋的作用，可将计算出的地转平流分成两部分：一个是海盆尺度的［图 5.8（d）］，可以将它看作是由季风驱动的大尺度气旋式环流，另一个是与西吕宋涡旋相关的中尺度环流［图 5.8（f）］。将冬季气候态 SST 的纬向平均值作为模型初始场，忽略埃克曼平流项、净热通量项和垂向卷挟项，对式（5.1）进行积分。

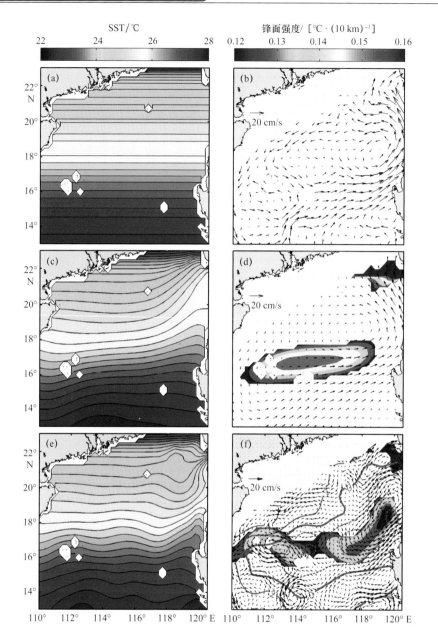

图 5.8 （a）理想状态下的 SST 分布；（b）由 GDEM 温盐资料计算得到的地转流；（c）和（e）分别为考虑经过海盆尺度环流和中尺度环流造成的热输运后得到的 SST 分布；（d）和（f）分别是从（c）和（e）算得的锋面强度（℃/10 km）

图（d）和（f）中矢量箭头分别代表大尺度和中尺度流场；（f）中棕色实（虚）线代表正（负）的 SSHA

　　从图 5.8（c）和图 5.8（d）大尺度环流的 SST 和海洋温度锋结构中可以看出，大尺度环流对西吕宋海洋锋的形成作用甚微。然而，中尺度环流的模拟结果［图 5.8（e）和图 5.8（f）］虽然个别细节处存在差异，但大体上是与实际观测结果相符的（图 5.1）。这个模拟得到的 SST 等值线也是从西南伸向东北的，模拟得到的 SST 也是在南海东南暖而在西南冷［图 5.8（e）］。特别是 SST 等值线也是在吕宋以西变密集的。模拟得到的海洋温度锋和观测事实基本吻合［图 5.8（f）］。分析结果证实了本书的推测：由西吕宋涡旋引起的地转平流输运对西吕宋海洋锋面的形成非常重要，它们之间的动力关联如下：西吕宋涡旋的西北部分引发西南向流，该西南向流可以把冷水从东北向西南输运，反之，西吕宋涡旋的东南部分引发东北向流，该东北向流可以把暖水从西南向东北输运。因此，西吕宋海洋锋是由西吕宋涡旋的东北和西南两部分对热量输送的差异造成的。西吕宋海洋锋和西吕宋涡旋的动力关联可以概括如下：西吕宋涡旋的西北部对应着西南向的流，涡旋就是通过这支西南向流将涡旋东北部的冷水向西南输运；而西吕宋涡旋的东南部对应着东北向的流，涡旋的作用就是通过这支东北向流将涡旋西南部的暖水向东北输运。因此，西吕宋海洋温度锋面就是由于在西吕宋涡旋西北部和东南部的海洋热平流输运的差异形成的（Wang et al.，2012；李佳讯等，2013）。

5.4　吕宋西北海域的海 - 气相互作用反馈驱动机制

前人对大洋中的海洋涡旋和海洋锋的海 - 气相互作用开展了大量的研究（Small et al.，2008），当前存在的问题是：处在南海这样一个半封闭边缘海中的西吕宋海洋锋和涡旋上空是否也存在海 - 气相互作用过程。图 5.9 给出了南海东部与正（负）风应力旋度相对应的大气中的低（高）含量液态水的分布。风应力旋度对南海东部气旋涡和反气旋涡的产生具有非常重要的作用，而液态水含量则表明大气与海洋具有很显著的相关性。风应力旋度与液态水的良好对应关系预示着在吕宋以西存在着非常强的海 - 气相互作用过程。

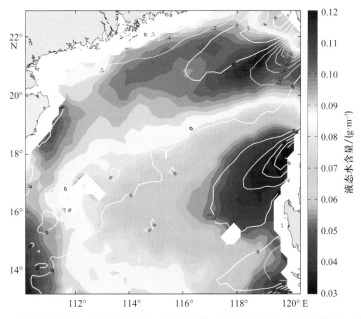

图 5.9　2000—2008 年冬季大气中平均的液态水含量（颜色）和风应力旋度（等值线，单位：$10^{-7}\,\mathrm{N/m^3}$）

西吕宋涡旋在温度的垂直分布上也很明显。GDEM 格点温度资料显示西吕宋海洋锋从海面到混合层基本分布是均一的（图 5.10）。AIRS 大气温度资料也显示存在一个大气温度锋面，该锋面从海表面的海洋锋的位置开始向北倾斜（约 4°）直到 750 hpa 为止。大气锋面的出现对应着的是海洋锋对大气的作用，这是该海域存在海气相互作用的又一个证据。

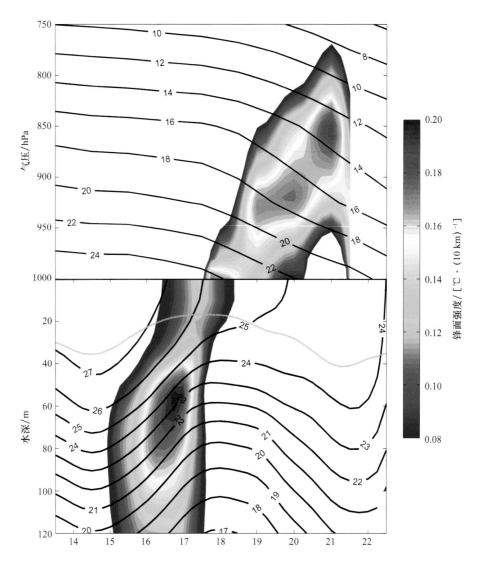

图 5.10 119°E 断面上的大气和海洋温度（等值线，单位：℃）的垂向分布及锋面强度（颜色，单位：℃ /10km）
绿色的虚线表示海洋混合层深度。海洋和大气的温度资料分别来源于 GDEM 和 AIRS

冬季南海上空的东北季风受到台湾岛和吕宋岛上的高山阻挡和变向，在通过高山间的间隙，如吕宋海峡时风变得狭窄而强大。由于风切变，在吕宋以西地区形成一个非常强的正风应力旋度，它是西吕宋涡旋形成的主要动力因子。图 5.5 和图 5.6（d）都显示了风应力旋度和西吕宋涡旋有很好的对应关系（最大的相关系数可达 0.79）。而且，西吕宋涡旋通常落后风应力旋度大约 1 个月，这正好是风驱动出一个涡旋的时间（Wang et al.，2008）。

通过对 SST 场进行一个 4° 的纬向滑动平均的高通滤波来去除季风的背景状态，从而突出岛屿尾迹（图 5.11）。从北到南有一系列交错分布的 SST 正负异常，这些正负 SST 异常都是从东北向西南倾斜的。吕宋西北的 SST 正负异常从 120.5°E 向西南倾斜直到 116.0°E。对比图 5.11 中的 SST 异常和 SSH 异常，可以发现 SST 的负、正异常分别对应着西吕宋涡旋的西北部和东南部。这个良好的对应关系再次说明涡旋在调控 SST 异常分布中起着重要的作用。图 5.6（e）显示西吕宋海洋温度锋和西吕宋涡旋之间的响应几乎没有滞后。模拟结果表明：当中尺度环流热平流输运作用于海洋时，SST 只要 1～2 周就可达到平衡状态，SST 对涡旋热输送的调整非常迅速（Wang et al.，2012；李佳讯，2013）。

　　图 5.11 的风矢量分布显示风异常在锋面的暖水侧辐合，而在冷水侧辐散。观测的 SST 引起的风异常主要是因大气边界层稳定性变化而致。这个机制已经被许多区域观测和模拟证实（Chelton and Xie，2010）。该风异常反过来又加强了冷水侧的背景东北季风，减弱了暖水侧的背景西南季风，导致该地区的风应力旋度更强，表明海洋锋确实能驱动大气。

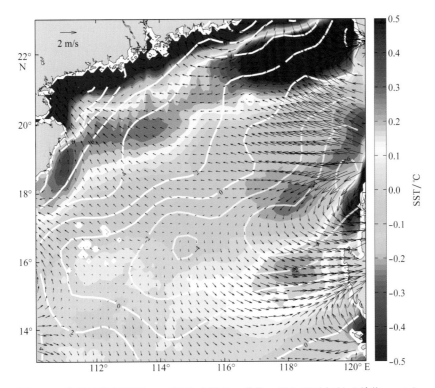

图 5.11　高通滤波得到的 SST 资料（颜色，单位：℃）和风矢量（单位：m/s）

高通滤波的具体做法是从原始资料中减去纬向 4° 滑动平均的结果来移除大尺度季风背景场的影响。图中白色等值线表示海面高度异常（单位：cm），正、负高度异常分别用实线和虚线表示

　　本章分析结果表明，在南海季风、西吕宋涡旋和 SST 之间存在着一个正反馈机制：随着冬季风在南海盛行，东北季风在吕宋海峡口加强而在吕宋岛山脉背后减弱，从而在吕宋岛以西形成一个正的风应力旋度。这个正风应力旋度传递给海洋，从而产生西吕宋涡旋。在西吕宋涡旋的西北部，冷水从东北向西南输运，而在气旋涡的东南部，暖水从西南

向东北输运，因而形成了西吕宋海洋锋（西吕宋涡旋的西北和东南分别对应 SST 的负异常和正异常）。异常风在 SST 的正异常区辐合，负异常区辐散。该异常风分布加强了西吕宋涡旋西北部的背景东北季风，减弱了西吕宋涡旋东南部的背景东北季风，从而加强了吕宋岛西北的正风应力旋度。

5.5　本章小结

利用一系列卫星资料和一个温度理想模式研究了冬季吕宋岛西部的海洋锋。这个海洋锋只在冬季风期间出现。它被西吕宋涡旋包围，在涡旋中心处强度最大。进一步利用 2009 年发布的 GDEM V3.0 温度网格化产品发现，这个西吕宋海洋锋可以从海表面直到混合层。分析结果显示，该海洋锋的形成与西吕宋涡旋密切相关。西吕宋涡旋的西北部把冷水从东北向西南输送，而涡旋的东南部把暖水从西南向东北输送。输送的冷暖水在吕宋以西交汇，进而形成西吕宋海洋锋。

综上所述，本章提出南海冬季风 – 海洋涡旋 –SST 三者之间的一个正反馈机制（MEF feedback）。冬季，由于岛屿山脉的阻滞，在吕宋岛以西形成一个正的风应力旋度。在它的驱动下，一个强的气旋式涡旋在吕宋岛西部形成。该气旋式涡旋的西北部把冷水从东北向西南输运，引起负的 SST 异常，而该涡旋的东南部把暖水从西南向东北输运，引起正的 SST 异常。SST 异常激发出风异常在负的 SST 异常区域辐散，而在正的 SST 异常区域辐合。这个异常风分布反过来又加强了吕宋岛以西的正风应力旋度。

第6章 吕宋黑潮锋的时空变化特征及上层海洋响应

黑潮是海洋中的第二大暖流，也是北太平洋副热带环流的西边界流部分，它沿着吕宋岛和台湾岛东海岸向北流动。在吕宋岛和台湾岛之间有一个巨大的豁口，即吕宋海峡，海峡南北跨越超过 300 km，海峡中部海槛深度超过 2000 m（图 6.1）。黑潮流经吕宋海峡时，由于失去西边界的支持，其流态会发生很大的变化。吕宋岛附近黑潮流的时空特征与相应的中尺度现象是当前海洋学界关注的热点科学问题。

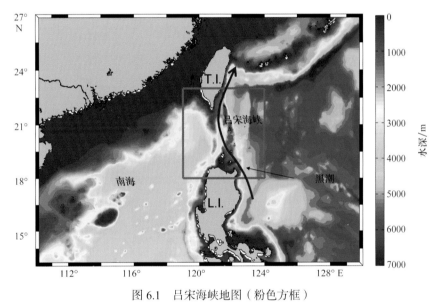

图 6.1　吕宋海峡地图（粉色方框）

背景颜色代表水深（单位：m）。T.I.：台湾岛；L.I.：吕宋岛

6.1　西吕宋海区的黑潮入侵与局地海洋锋

目前，关于黑潮在吕宋海峡内的路径存在很大争议。一部分海洋学者通过水文调查资料和 Drifter 浮标观测认为黑潮有一个很强的分支入侵南海（Centurioni et al.，2004）；还有一部分海洋学者认为，黑潮会像墨西哥湾流一样以流套的形式入侵南海，并且会从黑潮流套中断续地脱落出中尺度涡（Metzger and Hurlburt，2001）；而 Su（2004）则认为，黑潮不可能以分支或流套的形式入侵南海，通过热盐收支估算设想黑潮可能是以次级中尺度涡的

形式影响南海环流。总之，黑潮在吕宋海峡的路径还没有定论，这主要和缺乏长时间的连续观测有关。

卫星遥感资料为研究吕宋海峡表层流场及其相关的海洋现象（如海洋温度锋等）提供了新的视角。海洋温度锋是海洋理化和生物属性水平梯度很大的狭窄区域，同时也是不同性质水体交界处的标示。早在20世纪80年代，人们就开始利用实测和遥感资料对吕宋海峡内部的海表温度（SST）锋面进行研究，并取得了一系列成果。Wang和Chern（1988）首先报道了冬季有黑潮的暖水入侵吕宋海峡的现象。进一步，人们发现尽管黑潮暖水入侵方向与盛行的东北季风相悖，但它在台湾沿岸强海洋锋的形成中发挥着重要的作用（Wang et al.，2001）。Shaw（1991）发现了吕宋海峡内部存在一个弱锋面，该锋面表明有黑潮入侵南海。

然而，目前还缺乏针对吕宋海峡海洋温度锋全面、系统的研究。为此，我们利用美国RSS遥感公司一套最新发布的9 km分辨率的SST融合产品对吕宋海峡的SST锋面开展了分析研究（李佳讯，2013）。研究表明，除前人已知的黑潮入侵锋面外，还发现了与之相伴的另一条锋面，这也是利用卫星SST资料首次揭示了该锋面的存在。本章主要分析这两条锋面的时空变化、形成机制以及上层海洋对它们的响应。

6.2 吕宋黑潮锋的空间分布特征

采用常用的温度梯度法来识别海洋锋。每个像素的锋面梯度（GM）由如下公式计算：

$$GM = \sqrt{(\partial T / \partial x)^2 + (\partial T / \partial y)^2} \quad (\text{℃/km}) \qquad (6.1)$$

式中，T为SST，x轴和y轴分别代表东西方向和南北方向。将锋面的判别标准设为0.04℃/10 km，只有那些锋面梯度大于该标准的SST像素点才被认为是锋面点。虽然上述标准是相对的，但经比对证实，由SST梯度算法判别出的海洋温度锋是准确可靠的。

从冬季气候态的海洋锋面强度［图6.2（a）］和发生概率［图6.2（b）］图上可以明显看到，吕宋海峡内存在两条海洋温度锋面。为了区分锋面强度的类型，我们规定当$\partial T/\partial x > 0$，$GM$为正号；而当$\partial T/\partial x < 0$，$GM$则为负号。锋面发生概率是该像素点满足锋面判断标准的次数除以总的次数。图6.3给出了Drifter漂流浮标资料实测得到的吕宋海峡多年平均表层流场。可以看到，在海峡中部存在一个流速超过40 cm/s的流带，这就是我们通常说的黑潮主轴。综合图6.2和图6.3可以看到，两条海洋温度锋分别位于黑潮主轴的左侧和右侧，这说明两条海洋锋面的形成主要与黑潮入侵有关。为了后文叙述方便，我们将这两条海洋温度锋分别命名为黑潮入侵锋A（KIFA）和黑潮入侵锋B（KIFB）。

从图6.2（a）和图6.2（b）中还可以发现，海洋锋的强度和发生概率的空间分布有很好的一致性：锋面发生概率越大的地方其强度也越强，反之锋面强度大的地方对应的发生概率也越大。KIFA锋面起源于吕宋岛东北角，向西北伸展在吕宋海峡中部大约20.5°N，120.75°E处入侵南海，然后又绕回到台湾岛南部，整体呈马鞍形分布。在KIFA上有两片锋面强度（发生概率）大值区，一处位于19.2°N，121.75°E附近（强度约为0.2℃/10 km，发生概率约为65%）；另一处位于19.2°N，121°E（强度约为0.1℃/10 km，发生概率约为 50%）；而吕宋海峡中部锋面强度较弱（强度约为 0.03℃/10 km，发生概率约为 35%）。KIFB 锋面位于 KIFA 锋面的右侧，强度相对较弱（–0.2～–0.1℃ /10 km），发生概率相对较小（30%～50%）。KIFB 从 18.5°N 起始向北伸展，大约在 21.5°N 附近终止，范围较小，不像 KIFA 锋面一样一直延伸到整个海峡。

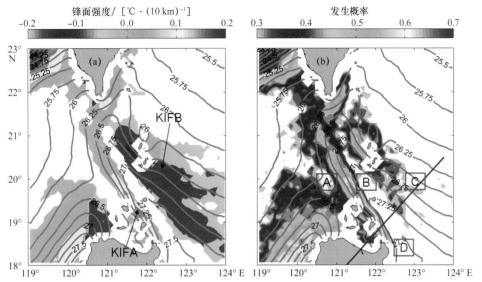

图 6.2　冬季气候态（2006—2010 年 10 月至翌年 3 月平均）的（a）海洋锋面强度（颜色，单位：℃ /10 km）和（b）发生概率（颜色）

SST 用黑色等值线表示

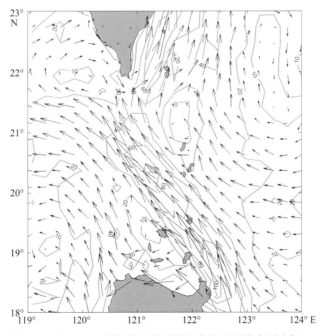

图 6.3　由 Drifter 浮标轨迹得到的吕宋海峡平均表层流场

流速用绿色等值线标示（cm/s）

图 6.4 给出 GDEM 冬季气候态温度资料计算得到的沿图 6.2（b）所示的蓝线（18°N，121.25°E 到 20.5°N，123.75°E）横跨两条海洋锋面的垂向剖面。可以看到，KIFA 锋面核心位于约 150 m 水深处，强度大于 0.22℃/10 km，影响深度可达 650 m。而 KIFB 锋面核心位于 80 m 水深处，核心处强度小于 −0.07℃/10 km，最大影响深度约 140 m。

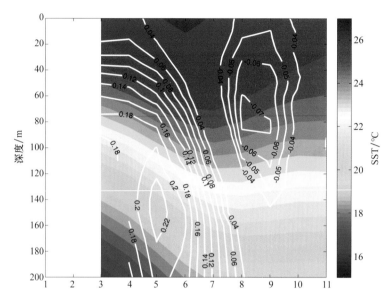

图 6.4　沿着图 6.2（b）蓝色线横跨两条海洋锋的冬季气候态 SST（颜色，单位：℃）和锋面强度（等值线，单位：℃ /10 km）的横切面

6.3　吕宋黑潮锋的季节演变规律

两条海洋锋均有明显的季节变化规律。KIFA 在每年的 10 月出现，11—12 月增强，翌年 1 月达到峰值，2—3 月开始减弱，4 月逐渐消亡。KIFB 也是在 10 月出现，11 月至翌年 1 月增强，2—3 月强度到达顶峰，4 月减弱，5 月消亡。

为了定量描述两条海洋锋的季节变化，我们取了 4 个盒状区域 A、B、C、D 分别位于 KIFA 左侧、KIFA 和 KIFB 中间、KIFB 右侧、黑潮刚进入吕宋海峡口尚未发生形变时的位置（李佳讯，2013）。注意将 A、B、C 取在同一纬度上主要是为了避免不同纬度带来的温度差异。

将 4 个盒子内包围的 SST 格点取平均作为各处的 SST 指数。图 6.5 为 4 个指数和指数之间差异的气候态月变化。可以看到，4 个指数的季节变化曲线基本按照同一步调变化，这是由于大尺度大气环境强迫（如太阳辐射）是控制它们季节变化的主要因子。4 个盒子的核心温度在 1 月之前都迅速降低，在 1 月之后除了 C 指数以外都迅速升高，而 C 指数在 2 月时基本与 1 月持平。图 6.5（b）给出了 SST 指数的差异。尽管它们的变化步调基本相同，但是它们的变化量还是存在一定差异的，这说明还有其他因素调控着 SST

的变化，比如热平流等。可以看到 KIFA（B – A 和 D – A 表征）在 1 月达到最强，而
KIFB（B – C 和 D – C 表征）在 2 月到达峰值。然而，黑潮前和黑潮入侵后的 SST 指数
（D – B 表征）改变不大。这说明吕宋黑潮海洋锋 KIFA（KIFB）的季节变化主要是受黑
潮本身 SST 和南海（西太平洋）SST 的差异所调控的。因此，不难理解为什么 KIFA 和
KIFB 两条海洋锋分别在 1 月和 2 月达到最强。

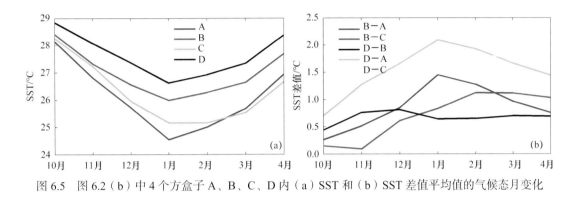

图 6.5　图 6.2（b）中 4 个方盒子 A、B、C、D 内（a）SST 和（b）SST 差值平均值的气候态月变化

6.4　上层海洋对吕宋黑潮锋的响应

　　前人的研究主要关注直径大于 50 km 的中尺度涡旋，而对于更小尺度的次级涡旋了解
很少，这主要是受卫星高度计资料分辨率的限制。Su（2004）通过计算南海热收支推测
吕宋海峡次级涡旋可能在南海与西北太平洋的热盐交换中发挥着重要的作用。但是，以前
低分辨率的资料没有办法识别出这些涡旋。本书采用美国 RSS 公司最新发布的 9 km 分辨
率的 SST 融合产品对吕宋海峡的次级涡旋进行研究，该新产品研究次级涡旋的有效性已
经在黑潮延伸体海域得到证实。以前从这些 SST 遥感图像中识别涡旋主要靠人工，不仅
费时、费力，而且工作量巨大，还容易受人为主观经验的制约而产生误差。为此，李佳讯
（2013）开发了一种利用计算机进行涡旋自动识别的新算法，该算法步骤详见 7.2 节。

　　图 6.6 给出了吕宋海峡次级涡旋数量与吕宋两条海洋锋的空间分布。反气旋式次级涡
旋、气旋式次级涡旋以及两种涡旋数量之差的数量分布都很有规律：反气旋式次级涡旋主
要集中在 KIFA 和 KIFB 两条锋面之间 [图 6.6（a）]，气旋式次级涡旋则分布在 KIFA 锋
的左侧和 KIFB 锋的右侧 [图 6.6（b）]。这样，两者数量之差（反气旋数 – 气旋数）在两
条锋面之间是正的，在 KIFA 左侧和 KIFB 右侧为负 [图 6.6（c）]。

　　分析表明，吕宋海峡次级涡旋生成机制主要是近海面的锋生作用。锋生作用会导致
次级中尺度锋面不稳定，进而产生锋面曲流和破碎，导致次级涡旋的生成（Capet et al.，
2008；McWilliams et al.，2009）。通过能量分析，Jia 等（2005）证实吕宋黑潮锋的温度和
速度分布满足锋面不稳定的条件。因此，可以推测吕宋海峡次级中尺度涡是由这两条吕宋
海峡黑潮海洋锋的不稳定因素激发产生的，且不同性质的锋面不稳定激发出的涡旋性质也

应是不同的。这其中必然包含复杂的动力学过程，但限于观测手段和实验条件所限，上述对吕宋海峡次级涡旋与锋面之间的相互作用这一科学问题的理解尚有待深入，虽然发现了一些有趣的现象，但现象背后的动力机制还有待进一步探索和研究。

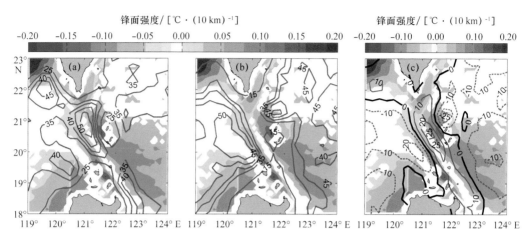

图 6.6　吕宋海峡内 $0.25° \times 0.25°$ 网格（a）反气旋式次级涡旋数量，
（b）气旋式次级涡旋数量，（c）两者数量之差

等值线代表涡旋数目，颜色代表海洋温度锋面

6.5　本章小结

利用一套新发布的分辨率为 9 km 的卫星遥感 SST 融合产品，运用温度梯度算法对冬季吕宋海峡的两条海洋温度锋进行了研究。研究发现，这两条海洋锋的强度和发生概率较为吻合。KIFA 锋面核心深度位于 150 m，一直扩展到约 650 m。KIFB 锋面相对较弱，核心位于 80 m，可扩展到 140 m 上下。这两条海洋温度锋面的季节变化也很显著，主要受黑潮本身与南海或西北太平洋的 SST 差异调控。

上层海洋对吕宋黑潮温度锋有很强的响应，主要体现在不稳定的黑潮锋通过锋生作用在锋面两侧激发出大量的次级中尺度涡。Capet 等（2008）通过理想模式模拟发现在加利福尼亚东边界流中，锋面不稳定扰动锋生作用过程进而会产生出次级涡旋和更小尺度的次级环流，从而导致能量从中尺度向次级中尺度迁移。本书在吕宋海峡的观测研究中为这一理论提供了一个新的证据。当然，吕宋海峡次级涡旋与锋面之间动力过程非常复杂，上述仅做了初步尝试，还有待进一步利用数值模式和实验研究进行深入探索。

上篇总结

南海因其特殊的地理位置和半封闭深水海盆特征以及在东亚季风系统中的重要地位，近年来已成为海–气相互作用研究的重要海区之一。本篇针对南海中小尺度海温现象时空变化特征和形成机制的几个重要科学问题，利用多种最新高分辨率卫星遥感资料和历史水文调查资料，探讨了南海周边高山地形通过复杂的海–气相互作用过程影响南海冬季海温的动力过程和影响机理。在对观测资料及强迫场资料分析的基础上，利用海洋混合层模式研究了北部湾和泰国湾冬季暖池以及吕宋西北海洋温度锋的形成机制，揭示了与南海周边山脉有关的南海中尺度海–气相互作用动力机理。

一、北部湾冬季暖池时空变化规律与形成机理

（1）首次研究揭示了在冬季北部湾的海南岛西南侧存在一个局地小暖池。该暖池可以从海面一直扩展到海底。

（2）该暖池季节变化特征明显，于每年的 10 月开始形成，11 月至翌年 1 月发展增强，到 2 月迅速消亡。

（3）该冬季暖池的形成与冬季风期间海南岛上的五指山脉阻挡形成的地形风尾迹有关。暖池与冬季东北季风的动力关联如下：由于山脉的阻挡在山脉背风一侧形成风尾迹。潜热通量在风尾迹区减弱而在两侧加强。潜热通量的空间形态导致了小暖池的生成。研究结果在一定意义上修正了人们对北部湾冬季海温分布的传统认识。

（4）该暖池的年际变化和 ENSO 紧密相关。在厄尔尼诺期间变弱的冬季风使整个湾区的潜热减小，进而加强了该暖池；反之，在拉尼娜期间增强的冬季风使整个湾区的潜热增大，进而削弱了该暖池。

二、泰国湾冬季暖池时空变化规律与形成机理

（1）首次研究发现了冬季泰国湾东北侧也存在一个局地小暖池现象。该暖池亦可从海面一直延伸到海底。

（2）泰国湾暖池在 11 月上旬开始形成，11 月中旬至翌年 1 月上旬发展增强，到翌年 1 月中下旬迅速消亡，生存周期约为 70 d。

（3）泰国湾暖池的形成机理与北部湾冬季暖池类似。它与冬季风期间中南半岛上的山脉阻挡形成的地形风尾迹有关。由于豆蔻山脉的阻挡，在山脉背风一侧形成风尾迹。潜热通量

在风尾迹区减弱而在两侧加强。潜热通量的空间形态导致了小暖池的生成。进一步证实了南海周边山脉的动力效应对局地暖池的形成和维持具有较为普适共性的影响和关联机制。

（4）暖池的年际变化也和ENSO紧密相关。在厄尔尼诺期间变弱的冬季风使整个湾区的潜热减小，进而加强了该暖池；反之，在拉尼娜期间加强的冬季风使整个湾区的潜热增大，进而削弱了该暖池。

（5）暖池对区域气候和海洋生化过程有重要的影响，冬季泰国湾暖池区海洋初级生产力较低，而暖池两侧较高。

三、西吕宋海洋锋形成机理及其与南海冬季风和中尺度涡的相互作用

（1）利用卫星资料和一个温度理想模式研究了冬季吕宋西部的海洋锋。这个海洋锋只在冬季风期间出现，它被西吕宋涡旋包围，在涡旋中心处强度最大。

（2）GDEM V3.0气候态温盐资料显示，西吕宋海洋锋可以从海表面延伸到混合层。

（3）研究发现西吕宋海洋锋的形成与西吕宋涡旋的平流输运密切相关，西吕宋涡旋的西北部把冷水从东北往西南输送，而涡旋的东南部把暖水从西南往东北输送。输送的冷暖水在吕宋岛以西交汇形成了西吕宋海洋锋。

（4）南海冬季风－海洋涡旋－SST三者之间存在一个正反馈机制（MEF feedback）。冬季，由于岛屿山脉的影响，在吕宋岛以西形成一个正的风应力旋度。在它的驱动下，一个强的气旋式涡旋在吕宋岛西部形成。该气旋式涡旋的西北部把冷水从东北向西南输运，引起负的SST异常，而该涡旋的东南部把暖水从西南向东北输运，引起正的SST异常。SST异常激发出风异常在负的SST异常区域辐散，而在正的SST异常区域辐合。这个异常风分布反过来又加强了吕宋岛以西的正的风应力旋度。

四、吕宋海峡海洋锋的时空变化特征和形成机制及上层海洋的响应

（1）运用温度锋识别方法和高分辨率卫星资料，研究发现，冬季吕宋海峡内部存在两条海洋温度锋（KIFA和KIFB）。

（2）KIFA锋面核心深度位于150 m，一直扩展到约650 m；KIFB锋面相对较弱，核心位于80 m，可扩展到140 m上下。这两条海洋温度锋存在显著的季节变化特征，其变化主要受黑潮本身与南海或西北太平洋的SST差异调控。

（3）上层海洋对吕宋黑潮温度锋有很强的响应：不稳定的黑潮锋通过锋生作用在锋面两侧激发出大量次级中尺度涡；观测结果也证实了锋面不稳定扰动锋生作用过程会产生出次级涡旋和更小尺度次级环流，从而导致能量从中尺度向次级中尺度迁移。

中 篇

海洋中尺度涡与海洋内波

中尺度涡是一种重要的海洋中尺度现象，是海洋物理环境的重要组成部分。通常典型中尺度涡的空间尺度为几十千米到几百千米，时间尺度为几天到上百天，是一种具有高能量的、旋转的、随时间变化的、闭合的环流。中尺度涡在海洋中几乎无处不在，在海洋运动能量谱中是一个显著的峰区，其巨大的动能和势能不仅直接影响海洋中的温盐结构与流速、声速分布，而且能输送动量、热量及其他示踪物，因而对海水质量的垂直交换和海洋环境调整起着至关重要的作用（王桂华等，2005）。如果中尺度涡没有被很好地认识、模拟（要求采用涡可分辨的模式），就难以对流体的水平、垂直运动做出准确预测，也不能对大尺度的海洋环流，甚至长期的气候变化做出精准的预报。中尺度涡在海洋化学、海洋生物、海洋地质、海洋沉积、海洋渔业、海洋声学和军事海洋学等研究中都起着重要的作用。

北太平洋西边界流系（主要包括黑潮和琉球海流）是大洋环流的重要组成部分，对世界大洋经向质量、热量和盐度输送以及全球气候都起着决定性的作用，对我国近海环流和天气气候变化也有十分重要的作用。北太平洋西边界流附近有非常丰富的中尺度涡：一方面，在太平洋中有大量的中尺度涡（Chelton et al.，2007），这些涡旋向西传播（Cushman-Roisin et al.，1990）经常到达西边界流附近；另一方面，西边界流自身的不稳定性也可引发中尺度涡，如东海黑潮路径弯曲时，在其两侧出现中尺度气旋涡和反气旋涡（管秉贤和袁耀初，2007）；此外，西边界流与岛屿作用也可以引起中尺度涡，如吕宋海峡黑潮与巴布延群岛之间相互作用会产生中尺度涡（Metzger and Hurlburt，2001）。总之，西边界流附近中尺度涡旋的产生因素有很多，这些丰富的中尺度涡与西边界流之间的关系不仅具有动力学上的研究价值，而且对了解北太平洋环流、中国近海环流和海洋环境的变化也具有重要的意义。

吕宋海峡、台湾以东海区和琉球群岛是北太平洋西边界流与我国近海进行热盐交换的3个关键海区，也是中尺度涡十分活跃的区域，这3个区域附近的西边界流（吕宋海峡黑潮、台湾以东黑潮、东海黑潮－琉球海流）与中尺度涡相互作用的规律机制都迫切需要开展深入研究。

本篇包括第7章至第15章，以南海－西太平洋海洋中尺度涡和北太平洋西边界流—中尺度涡相互作用为主要研究对象，引入统计分析和自组织神经网络、模糊逻辑等人工智能技术，基于全球海洋环流高分辨率数值模式产品、卫星高度计资料和表面漂流浮标数据等多源信息，系统开展海洋中尺度涡特征诊断与结构判别；研究探索吕宋海峡次级中尺度涡统计规律、吕宋海峡以东中尺度涡时空特征、台湾以东海区偶极子环流机制以及黑潮延伸体海区中尺度涡三维温盐结构特征和东海黑潮－琉球海流等西边界流相互作用机制等科学问题和海洋内波特征诊断与模糊推理建模技术。

第7章 海洋中尺度涡的诊断识别

7.1 研究资料

目前，关于中尺度涡研究的观测资料主要有卫星高度计数据、漂流浮标数据、海温数据等，这些观测资料与实际较为一致，但时空分辨率较低；高分辨率数值模式也常用于中尺度涡研究，其时空分辨率较高，但与实际海洋环境的一致性需要与多种观测资料进行比对验证。数值模式可给出更详细的中尺度信息，而观测资料可对模式分析结果进行有效验证，两者形成互补。

7.1.1 卫星高度计数据

卫星测高学是随着卫星遥感技术的应用而发展起来的新型边缘学科，其基本原理（刘良明，2005；刘玉光，2009）以卫星为载体，以海面为遥测靶，由卫星上装载的微波雷达测高仪向海面发射微波信号，该雷达脉冲传播到达海面后，经过海面反射再返回到雷达测高仪。根据脉冲行程与卫星—海面—卫星的往返时间可以得到卫星高度的测量值。卫星高度计测量海平面高度的原理如图 7.1 所示。

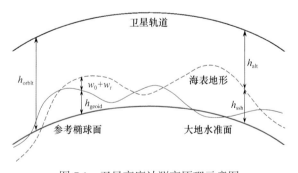

图 7.1 卫星高度计测高原理示意图

理想情况下，卫星高度计测量的结果为卫星到瞬时海面的距离，即

$$h_{alt} = \frac{t}{2}c \qquad (7.1)$$

式中，c 为电磁波在真空中的传播速度，t 为雷达脉冲往返于卫星与海面之间所需要的时

间，h_{alt} 为卫星高度计测量的卫星质心相对于瞬时海面的距离。卫星高度计测量海平面高度的基准面是人为定义的参考椭球面。参考椭球面是地球表面的一级近似。对于不同的卫星高度计，参考椭球面是不一样的。实际上，测高仪所测得距离是卫星到星下点足迹某一范围内的平均距离。若卫星相对于参考椭球面的高度 h_{orbit} 通过精密定轨方法已经知道，则有

$$h_{ssh} = h_{orbit} - h_{alt} \qquad (7.2)$$

而且，卫星高度计测量的海平面高度又可以表示为大地水准面（地球上重力位势相等的各点构成的等势面且与平均海平面最为接近）和海洋动力高度之和，即

$$h_{ssh} = h_{geoid} + w_0 + w_t \qquad (7.3)$$

式中，h_{geoid} 为基于参考椭球面的大地水准面高度；$w_0 + w_t$ 为海洋动力高度，w_0 为顶常部分（即 $h_{ssh} - h_{geoid}$ 的均值部分），w_t 为其时变部分。需要强调的是，海面动力高度比海表地形和大地水准面的绝对高度更有意义，它包含了海洋动力过程的各种信息。由于中尺度涡伴随着海面高度的变化，因此利用卫星高度计可以对其进行观测。

海面高度异常（SSHA）数据由 AVISO 提供，网址为 http：//las.aviso.oceanobs.com/las/servlets/dataset。

该网格化产品融合了 T/P（或 Jason–1）和 ERS–1/2（或 Envisat）卫星高度计资料。相比单一卫星高度计数据而言，多源卫星融合后的 SSHA 数据提供了更高的时间和空间分辨率，因此对中尺度涡的估算准确率有相当大的提高（Le Traon and Dibarboure，1999；Ducet et al.，2000）。例如，T/P 和 ERS–1/2 融合后的 SSHA 数据的空间分辨率几乎是融合前 T/P 数据的两倍（Chelton et al.，2007）。

该网格化产品进行了卫星高度计校正，采用算法程序处理了仪器误差、环境扰动（干湿对流层和电离层效应）、海洋波浪的影响（海况偏差）、潮汐的影响（海潮、固体潮和极潮）、逆气压效应（CLS，2004）。

SSHA 计算方式为观测的海面高度场与前 7 年的气候态平均海面高度场的差值。取样的时间分辨率为 7 d、空间分辨率为（1/4）°×（1/4）°，误差为 2～3 cm（Le Traon et al.，1998；Ducet et al.，2000）。数据集自 1992 年 10 月开始，从 1993 年开始有整年的数据。本篇所用数据的时间范围为 1993—2008 年。根据该产品绘制的全球和中国近海的海面动力高度异常分别如图 7.2（a）至图 7.2（c）所示。

根据海面动力高度 $w_0 + w_t$ 结合地转关系可以进一步计算出地转流，公式如下：

$$u = -\frac{g}{f}\frac{\partial(w_0 + w_t)}{\partial y}, \quad v = \frac{g}{f}\frac{\partial(w_0 + w_t)}{\partial x} \qquad (7.4)$$

式中，u、v 分别为纬向和经向速度，g 为重力加速度，f 为地转参数，w_0 为平均海面动力高度，w_t 为海面动力高度异常。根据上述公式计算出的中国近海的地转流场如图 7.2（d）和图 7.2（e）所示（w_0 由夏威夷大学提供，w_t 采用上述融合数据），从图中可以看出，东海黑潮和南海西边界沿岸流以及中尺度涡旋的存在。也可以仅根据 w_t 计算出地转流异常场，本章根据 w_t 计算了庆良间水道附近的地转流异常场。

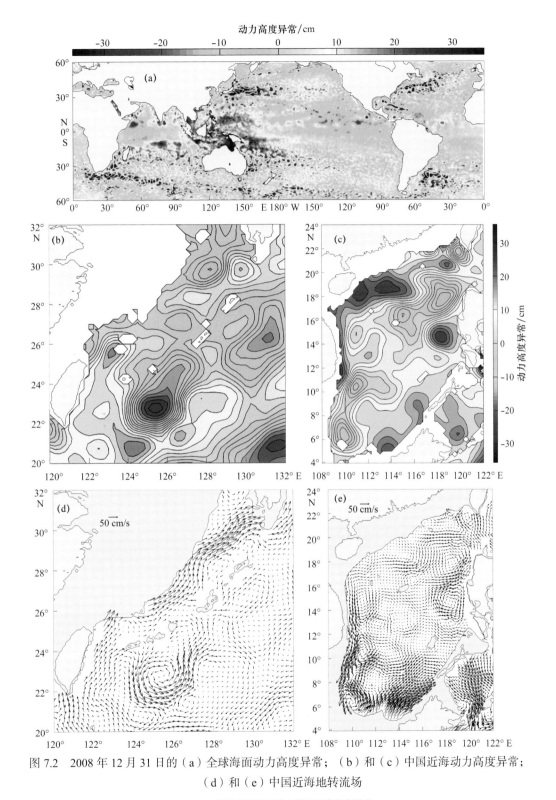

图 7.2　2008 年 12 月 31 日的（a）全球海面动力高度异常；（b）和（c）中国近海动力高度异常；
（d）和（e）中国近海地转流场

200 m 以浅的数据已被去掉以滤除潮汐影响

7.1.2 地球模拟器和 OFES 数据

地球模拟器是由日本宇宙开发事业团、日本原子能研究所以及海洋科学技术中心共同开发的矢量型超级计算机,用于预测及模拟整个地球的大气环流、全球变暖、地壳变动等。地球模拟器配备有 5120 个处理器,理论峰值为 40 T FLOPS[①],最大实效值能达到 90%,其性能可与 10 万~20 万台个人电脑相匹敌。地球模拟器是由 640 台用来进行演算处理的"计算节点"(每一个计算节点是 64 G FLOPS)和 65 台用于连接计算节点的网络设备构成。整套设备共占用空间约 3000 m^2。每个计算节点上配有 8 个最大为 8 G FLOPS 的 NEC 处理器和 16 GB 的共享内存。机体的尺寸方面,宽和纵长均为 1~1.4 m,高 2 m。计算节点和网络设备由通信速度为 12.3 GB/s 的网络连接。在试运行中,将地表分割为大约 10 km^2 的区域,模拟大气及海流的变化情况。这是世界上首次进行此类试验。在模拟地球上 1 d 的大气环流情况时,地球模拟器只用 40 min 就可以处理完毕(Nishimura,2005)。

地球模拟器中心有 5 个主要的研究小组,即大气与海洋模拟研究小组(AOSG)、固体地球模拟研究小组、复杂性模拟研究小组、高度计算表现方法研究小组和算法研究小组。大气与海洋模拟研究小组设立了大气环流模拟研究、海洋环流模拟研究(OGCM for the Earth Simulator,OFES)以及大气－海洋耦合模拟研究 3 个研究站点。OFES 模型主要研究中尺度现象对海洋大循环和物质传输的效果。利用 OFES 模型可对全球规模的海洋涡流进行分辨模拟。

海洋对气候变化发挥着很重要的作用,因此,建立具有高可信度的海洋模型是海洋学和气象学研究人员最关心的事情。特别是在观测数据较少的海洋气候研究中,高可信度模拟是在已知数据基础之上促进了解海洋全体影像学的一种研究方法。以美国海洋与大气管理局(NOAA)和地球流体动力学实验室(GFDL)开发的世界标准模型 MOM3 为基础,开发出了能用于地球模拟器的最佳并列化程序 OFES。为了再现西边界流和中尺度涡流的活动,OFES 模型中设定的水平方向的计算网格间隔比小于 10 km。证明了在地表循环再现的地域性特征方面,全球海洋涡流分辨模拟具有较高的分辨模拟功能。OFES 模型成功地模拟了海洋高度的变化情况、赤道的不稳定波、海面水温以及西部边界流在水温中的反映、赤道太平洋中温跃层的结构等。

OFES 模式(Masumoto et al.,2004)是目前世界上分辨率最高的全球海洋环流模式,日本 JAMSTEC(Japan Agency for Marine–Earth Science and Technology)提供了该模式的输出结果。其输出结果有两种:NCEP(National Centers for Environmental Prediction)风场强迫下的输出结果(以下简称"OFES/NCEP 数据")、QuikSCAT 风场强迫下的输出结果(以下简称"OFES/QSCAT 数据")。模式输出结果与观测资料进行了对比验证,验证结果表明该数据适用于研究大尺度海洋环流和中尺度涡(Masumoto et al.,2004)。

该模式输出结果有多种不同的数据形式,对应不同的时空分辨率、时间范围等。本篇

---

① FLOPS 为算力单位,表示每秒的浮点运算次数。

所用的 OFES 数据的时间分辨率为 3 d，空间分辨率为 0.1°，垂直方向有 54 层，垂向分辨率从表层的 5 m 到底层的 330 m 不等，最大深度为 6065 m，OFES/NCEP 数据时间范围为 1992—2006 年，OFES/QSCAT 数据时间范围为 2000—2006 年（受 QSCAT 风场数据时间限制，1999 年之前无该风场数据）。

在研究黑潮与琉球海流之间的关系时，为了得到较长的时间序列，采用 OFES/NCEP 数据进行研究。图 7.3 为 OFES/NCEP 数据的多年（1992—2006 年）平均流场三维断面。图中分别在菲律宾以东、台湾以东、琉球群岛以南分别取了 1 个、2 个、2 个断面。可以看出，琉球群岛南侧的琉球海流存在明显的次表层极大值流核，而不是在表层出现，而且琉球海流由南向北流速逐渐增强；黑潮的平均流速则大于琉球海流。这些结果与实际观测中的流场特征匹配良好。

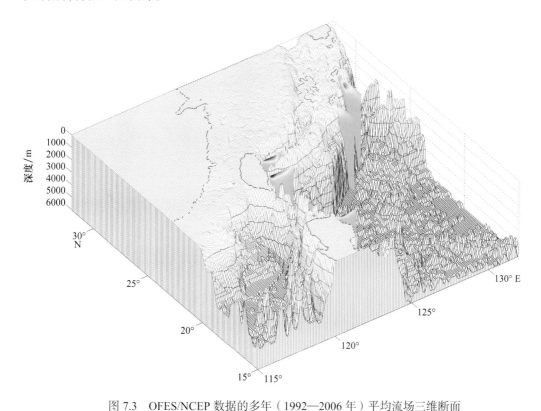

图 7.3   OFES/NCEP 数据的多年（1992—2006 年）平均流场三维断面

垂向坐标为深度（单位：m），紫色为等深线。垂直于断面方向的流速相对大小如图所示，红色极大值核心代表黑潮和琉球海流的流核

在研究吕宋海峡次级中尺度涡时，为了得到更为准确的表层涡旋信息，采用 OFES/QSCAT 数据进行研究。将卫星观测的海面温度和动力高度的标准差［图 7.4（a）和图 7.4（b）］与 OFES/QSCAT 模式数据中的海面温度和动力高度的标准差［图 7.4（c）和图 7.4（d）］进行比较，可以看出，两者在吕宋海峡及南海区域有较好的一致性。

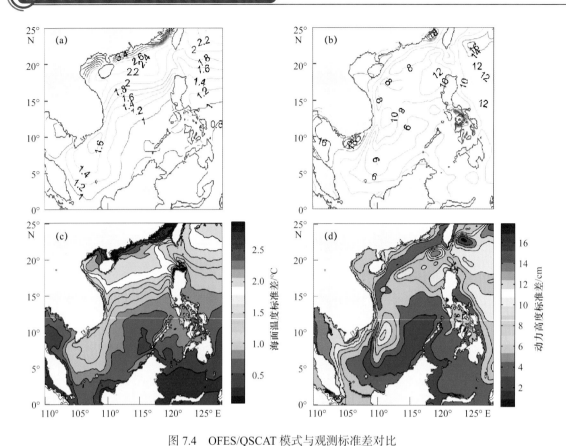

图 7.4　OFES/QSCAT 模式与观测标准差对比

（a）卫星观测海面温度标准差（单位：℃）分布（93–08NCDC 数据）；（b）卫星观测海面动力高度
标准差（单位：cm）分布（93–08AVISO 数据）；（c）模式海面温度标准差（单位：℃）分布（00–06 OFES/QSCAT 数据）；
（d）模式海面动力高度标准差（单位：cm）分布（00–06 OFES/QSCAT 数据）

7.1.3　Drifter 漂流浮标数据

最近十几年来，随着卫星跟踪观测技术的发展，越来越多的卫星跟踪浮标（主要有表层漂流浮标及 Argo 剖面浮标）被用来观测海流。Argos 系统在卫星跟踪浮标中应用十分广泛。本篇研究采用的 Argos 卫星跟踪漂流浮标（以下简称"Drifter"）数据来源于 AOML（Atlantic Oceanographic and Meteorological Laboratory），网址为 http: //www.aoml.noaa.gov/phod/dac/index.php，数据时间范围为 1979—2008 年。Drifter 漂浮于 15 m 深度，研究中的 Drifter 数据的时间间隔被插值为 6 h，并根据该数据构造出 Drifter 的运动轨迹。2008 年之前的吕宋海峡和南海所有 Drifter 轨迹如图 7.5（a）所示。

根据研究需要，本章分析了吕宋海峡及南海区域 Drifter 的数量分布，将 Drifter 的每一个观测位置放置到 1°×1° 的网格点上，得到观测数量分布图［图 7.5（b）］。可以看出，吕宋海峡附近 Drifter 数量较多。在此基础上，根据相邻观测点的位置和时间信息计算出观测流场，将所有的流场数据放置到 0.2°×0.2° 网格点上，并对每一个网格点内所有的流场数据求平均，得到吕宋海峡的表层平均流场如图 7.5（c）所示。

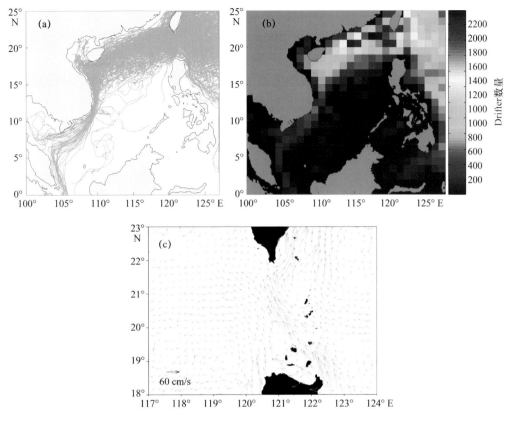

图 7.5　吕宋海峡和南海区域所有（a）Drifter 运动轨迹、（b）1°×1° 网格点上的总 Drifter 数量和（c）0.2°×0.2° 网格点上的吕宋海峡平均流场

7.2　中尺度涡的诊断识别方法

中尺度涡信息提取需要根据数据特点采用相应的处理原则和分析方法，综合资料分辨率和要素信息以及涡旋动力特征等因素，制定不同数据的涡旋信息提取原则以及自动或半自动的涡旋信息提取流程，最终有效提取出各类涡旋信息。从各种要素的时空分布场中提取出涡旋信息可采用各类传统的统计方法，如气候态平均、经验正交函数分析等。近年来，随着人工神经网络技术的发展，其高度非线性等优势已经在各研究领域显现出来，利用自组织神经网络方法可以对要素场进行非监督聚类，通过流场、动力高度场等要素典型模态反映出较为客观准确的中尺度涡特征信息。

7.2.1　涡旋的诊断识别原理

根据中尺度涡的结构特征（见第 1.4.4 节），从理论上来说，可以分别根据涡的流场、高度场和温度场特征进行涡的识别与分类。但是在实际应用中，基于海面高度和流场的特征分类更为常见。流体力学中已经提出了涡旋的几种定义，但目前尚未有一种定义是完美的、统一的和通用的。比如，Lugt（1972）将涡旋定义为：涡旋是大量的物质粒子围绕一个公共的圆心旋转的运动。这个定义比较模糊，而且难以用实际的算法实现。根据 Chong 等（1990）的理论，涡旋是 ∇u 的复杂本征值所在的区域，而 Hunt 等（1988）将涡旋定义为包括 ∇v 的正的第二个不变量和低压所在的区域。鉴于此，Robinson（1991）提出了一个更准确的涡旋定义：当从随涡旋中心移动的参考坐标系观察时，映射到与涡旋中心在同一平面的瞬时流线呈现出一种大概的圆形或者螺旋形，这样的水体才称为涡旋。这个定义更加形象具体，但是对于所有形态的流场它很难分辨出正确的参考坐标系。Jeong 和 Hussain（1995）提出了涡旋中心满足的要求：所选区域的净涡度（即净环流）和识别的涡旋中心的几何形状应具有伽利略不变性（Galilean invariant）。利用集合论和微分几何原理，Portela（1998）提出了一套严格的数学定义，其基本思想是将涡旋定义为由旋转的流线围绕形成的核心区域。在该定义中，涡旋核心和流线是两个可以独立识别出来的部分，两者同样重要而且都包括在识别算法中。

7.2.2 基于卫星高度计的中尺度涡诊断识别

由于中尺度涡运动情况复杂，对中尺度涡进行特征提取最准确的方式是进行人工目视判断，目前对局地中尺度涡运动规律的研究也主要依赖于该方法，如王桂华等（2005）统计了南海中尺度涡的类型、数量、强度、移动速度、生命周期、移动距离等规律；林鹏飞（2005）利用 1993—2001 年的混合卫星高度计数据对西北太平洋区域（10°—35°N，120°—150°E）中尺度涡的移动特征、产生特征、出现概率及对海面高度变化的贡献进行了人工统计分析。

目前，对中尺度涡的定义比较广泛（Robinson，1982，1991），尚未形成统一的确切概念。利用卫星高度计数据时，定义的中尺度涡，识别时主要依据 SSHA 等值线封闭曲线的特点（Wang et al.，2003），其运动过程是根据 SSHA 随时间的演变进行人工肉眼追踪。

可以统计得到的涡旋参数主要包括以下内容。

（1）涡旋类型：判断依据为 SSHA 等值线的分布情况，中心高度较高为反气旋涡，中心高度较低为气旋涡。

（2）数量：根据涡旋类型分别计数得到反气旋涡和气旋涡的数量。

（3）半径：由 8 个方向上半径的平均值近似而来（图 7.6）。

（4）强度：中尺度涡中心和边缘高度异常差值与半径的比值即为其强度，强度正值为反气旋涡，强度负值为气旋涡（由地转关系可以看出，强度实际上是反映涡旋旋转快慢的一个参数）。

（5）移动速度：中尺度涡中心相邻 7 d 的距离与时间的比值即为其移动速度。

为方便研究，在利用卫星高度计数据进行中尺度涡参数统计时，半径、强度和移动速度的单位分别采用："°"（经度、纬度）、cm 和 m/s，其中强度的单位为 cm 是指单位距离半径（即 1° 的半径）对应的高度异常差值的厘米数。

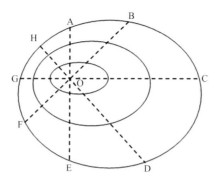

图 7.6　中尺度涡半径

实线为 SSHA 等值线，最外圈等值线为中尺度涡边界，O 为中尺度涡中心位置。OA、OB、OC、OD、OE、OF、OG、OH 分别为北、东北、东、东南、南、西南、西、西北方向的半径

此外，涡旋运动学特征可以进行如下统计。

涡旋的产生：按照上述方法能够分辨且第一次出现在研究海域则认为涡旋产生，可以记录产生的时间、产生初期的涡旋参数等；

涡旋的消亡：最后一次能够分辨出涡旋特征则认为涡旋消亡，可以记录消亡时间、涡旋参数等；

涡旋的生命周期：涡旋产生到消亡所经历的时间；

涡旋的移动：涡旋产生后，在其完整的生命周期里的运动，在运动过程中，其位置发生了变化，把这些位置连接起来，形成了移动路径。

7.2.3　基于再分析数据的次级中尺度涡诊断识别

次级中尺度涡半径较小，结合数据分辨率和涡旋动力学特征，选择利用 OFES/QSCAT 再分析数据判断吕宋海峡次级中尺度涡，判别准则（金宝刚，2011）如下：

（1）流场闭合；

（2）存在涡度等值线；

（3）根据闭合流场随时间的演变进行人工肉眼追踪其运动过程，涡旋能够追踪 3 组数据（9 d）以上。

在满足上述涡旋存在准则的前提下，以涡度等值线为辅助量化准则统计其参数，涡度等值线间距取 $1.5 \times 10^{-6} \, \text{s}^{-1}$。可以统计得到的涡旋参数包括以下内容。

（1）涡旋类型（反气旋涡或气旋涡）：类别的判断依据为流场的分布情况，顺时针旋转流场为反气旋涡，逆时针旋转流场为气旋涡；

（2）数量：根据涡旋类型分别计数得到反气旋涡和气旋涡的数量；

（3）半径：由 8 个方向上半径的平均值近似而来（与图 7.6 类似，但等值线为涡度等值线）；

（4）中心涡度：中尺度涡中心涡度反映其强度，涡度负值为反气旋涡，涡度正值为气旋涡；

（5）移动速度：中尺度涡中心相邻 3 d 的距离与时间的比值即为其移动速度。

7.2.4 基于 Drifter 浮标漂流轨迹的涡旋诊断识别

拉格朗日 Drifter 资料作为一种与卫星遥感反演资料不同的连续实测资料，已经在跟踪涡旋的研究中获得广泛应用。如果 Drifter 被卷进一个涡旋，那么它将会随涡旋做旋转运动直到被逐出。于是涡旋可以通过 Drifter 轨迹中的顺时针或逆时针环圈揭示出来。因此，从 Drifter 轨迹中识别涡旋的问题可以归结为从轨迹中找环圈。人工肉眼判断环圈的方法在许多研究中都有采用（Shoosmith et al., 2005；Chow et al., 2008）。但是人工找圈方法费时费力，而且容易受人主观经验的限制导致偏差。为此，本章提出一种改进的 Drifter 自动识别涡旋方法（Li and Zhang，2011b）。该涡旋自动识别方法基于几何学思想，与 Boebel 等（2003）的方法不同。Boebel 等方法是通过判断 Drifter 轨迹曲率来识别涡旋的，而本章几何学涡旋自动识别方法是基于环圈的定义：即一个环圈定义为首尾点重合的闭合曲线，由于 Drifter 的实际采用点是不连续的，故定义的首尾重合交点实际上是两段 Drifter 轨迹的交点。

应该特别注意的是，并不是所有的交点都对应着涡旋，如图 7.7（a）中的 C 点和 D 点，实际上是不同环圈的交点，将其称之为"假交点"，而 A 点和 B 点对应真实的涡，称其为"真交点"。为了排除假交点的影响，在搜寻交点过程中需要做跳跃搜寻，而不是逐个搜寻。比如 A 点，假设 A 是轨迹 $[P(i)-P(i+1)]$ 与轨迹 $[P(j)-P(j+1)]$ 的交点，那么下次搜寻就要从 $P(j+1)$ 点开始，而非 $P(i+1)$。这种所谓的跳跃搜寻法可以有效找到对应涡旋的真实交点，排除假交点的影响 [图 7.7（a）]。另外，我们注意到在一个大环圈的内部也许会存在许多小环圈。因此在做跳跃搜索时，在检测到的大圈内部进一步搜索小圈是很有必要的。在一个大圈中找到小圈的例子如图 7.7（b）所示。当找到真实的交点之后，交点中间的所有 Drifter 采样点构成了整个环圈的点。从一个实际较复杂的 Drifter 轨迹中成功识别出环圈的例子如图 7.8 所示。

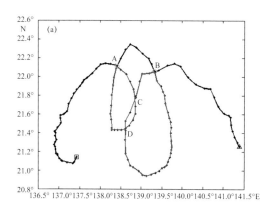
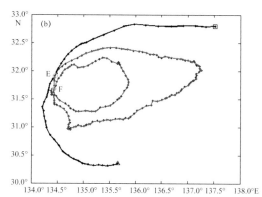

图 7.7 （a）从 Drifter 轨迹（实线）中识别出环圈的一个例子和（b）一个大环圈包含一个小环圈的例子

图（a）中轨迹上的采样点用实心点表示；轨迹起止点分别用三角形和方形表示；绿色空心圆代表交点，其中真实交点（对应涡旋的交点）为 A 和 B，虚假交点为 C 和 D。图（b）中绿色空圈 E 是大环圈的交点，而绿色实圈 F 是小圈交点。蓝色（红色）段分别表示识别出的气旋（反气旋）环圈

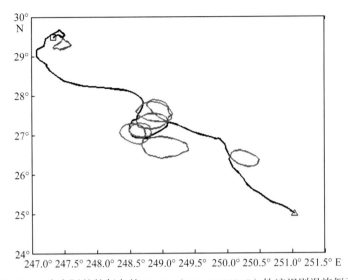

图 7.8 一个实际的较复杂的 Drifter（ID：2450017）轨迹识别涡旋例子

轨迹起止点分别用三角形和方形表示，蓝色（红色）段分别表示识别出的气旋（反气旋）环圈

环圈的极性定义是基于它的旋转方向。在北半球，当一个 Drifter 被一个气旋（反气旋）涡捕获，它将会随涡旋做逆时针（顺时针）旋转。南半球的情况正好相反。受 Sadarjoen 和 Post（2000）关于流线上的流体质点围绕一个中心旋转的情况启发，本章借鉴计算环圈的旋角来确定环圈的极性（具体内涵参见 Sadarjoen and Post，2000）。识别出的环圈的极性在图 7.7 和图 7.8 中分别用红蓝段标出。

涡旋的参数分别按照如下方法进行估算。

（1）中心位置：对环圈上所有的采样点几何平均可以确定出环圈的中心；

（2）半径 R：环圈的所有点与环几何中心距离的平均值；

（3）涡旋类型：计算环圈的旋角来确定环圈的极性；

（4）旋转周期 T_d 定义为环圈起点和终点的时间间隔；

（5）角速度：通过公式 $L_a = 2\pi/T_d$ 估算；

（6）切向速度：通过公式 $L_s = L_a \times R$ 估算。

在 Drifter 浮标随海流漂动过程中，如果它被一个涡旋捕获一段时间，那么这个 Drifter 有可能随着这个涡旋旋转几次（图 7.9）。当把一个 Drifter 轨迹上所有流环识别出来之后，还需对这些聚类来确定哪几个环属于同一个涡旋。相对于聚类流环来说，对中心进行聚类更加容易，因此聚类步骤如下：首先将第一个中心点定义为第一类。对于接下来的流环，如果它的极性与前一个相同，那么就计算出两个中心点的距离 D。鉴于涡旋是镶嵌在表层环流中且具有随流一起运动的动力学特性，我们定义一个距离标准 $D_0 = \overline{U} \times \Delta t$，其中 $\overline{U}$ 是从 Drifter 多年平均得到的流速，而 Δt 则是两个流环的时间间隔（$\Delta t = t_2 - t_1$，t_1 是第一个流环交点的时间节点，而 t_2 是第二个流环交点的时间节点）。需要注意的是，D_0 不是常数，因为 $\overline{U}$ 和 Δt 随空间变化。如果 $D < D_0$，那么我们就将后一个流环归到第一组中，

如果 $D > D_0$，那么后一个流环组成新的一类。在将一个 Drifter 轨迹上的所有流环重复上述步骤后，所有的流环就回归为几类。一类的几个流环被认为是代表同一个涡旋，而每类中涡旋的数目代表这个 Drifter 随涡旋转的圈数。

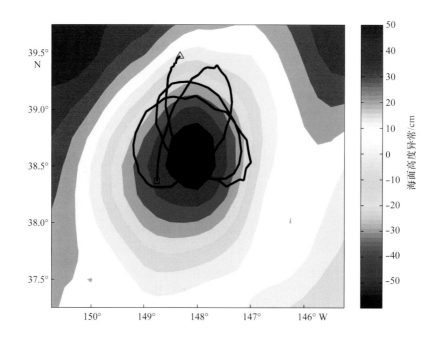

图 7.9 一个实例显示一个 Drifter 浮标（ID：78922）被一个气旋涡捕获并旋转了 3 圈

黑色的曲线代表 Drifter 轨迹，轨迹起止点分别用三角形和方形表示。颜色代表 2008 年 9 月 10 日的卫星高度计测得的当地海面高度异常，时间正好与 Drifter 采样时间重合

7.2.5　基于海温场特征的涡旋自动识别

反气旋（气旋）中尺度涡由于驱动局地的海水下沉（上涌）而在海表温度场上留下暖的（冷的）痕迹。这些留在 SST 场上的冷暖痕迹可以帮助我们从 SST 遥感图像中识别出这些涡旋。需要指出的是，由于前述异常中尺度涡的存在，涡旋冷暖信号不一定在海表显示，利用 SST 识别涡旋需要稍微谨慎一些，但不妨作为一种识别方法。以前从这些 SST 遥感图像中识别涡旋主要靠人工，不但费时、费力，而且容易受主观经验的限制而产生误识别。为此，前人开发出了多种计算机自动涡旋识别算法，比如，边缘检测方法（Canny，1986）、神经网络方法（Holyer and Peckinpaugh，1989）和温度－流速的几何学涡旋识别算法（Dong et al.，2011b）等。由于吕宋海峡复杂的动力学环境，上升流和地形作用导致了各种各样的 SST 形态，强温度梯度对应的边缘并不一定对应涡旋，而经过热成风关系算得的伪流场在 SST 弱梯度地区并不可靠。这些问题导致前面的几种自动识别方法在吕宋海峡并不适用。

为此，本章基于 SST 等值线开发了一种新的涡旋自动识别方法，用来从 REMSS SST

遥感图像中检测涡旋。该方法的识别步骤如下：首先，以 4×4 格点窗口在 SST 遥感图像
上滑动，找到 SST 的局地极大值和极小值，对应着可能的涡旋中心。然后，对于找到的
可能的涡旋中心，以 0.1℃增（减）量在涡旋中心周围搜索 SST 等值线，最外面闭合的等
值线定为涡旋边界。最后，真实的涡旋中心可由边界上的点作平均来确定，涡旋半径则通
过真实中心到所有边界点的距离的平均算得（李佳讯，2013）。本研究主要关注吕宋海峡
的次级中尺度涡，故将半径小于 30 km 而大于 9 km 的定义为次级中尺度涡，选择 30 km
作为上限是因为卫星高度计的分辨率约为 30 km，超过该范围的涡旋采用高度计可以直接
观察到，而选择 9 km 作为下限是因为 REMSS SST 遥感图像的分辨率是 9 km。识别出的
涡旋只有半径满足这个标准的才能被认为是次级中尺度涡。图 7.10 给出了两个 SST 遥感
图像的识别例子。

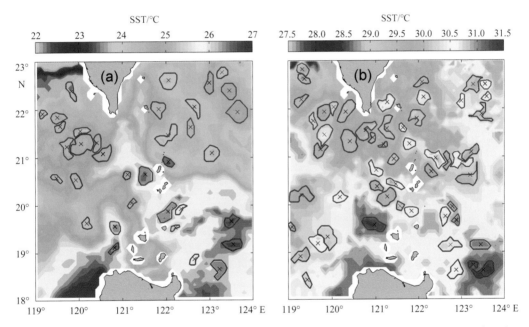

图 7.10　从（a）2010 年 1 月 4 日和（b）2010 年 8 月 3 日的 REMSS SST 遥感图像中识别出的次级中尺度涡
颜色代表 SST。涡旋中心用黑色叉标示。识别出的气旋和反气旋边界分别用蓝色圈和红色圈代表

7.3　中尺度涡轨迹自动追踪方法

7.3.1　常用的涡旋轨迹追踪方法

常用的涡旋轨迹追踪方法可分为 3 类（倪钦彪，2013）。第一种涡旋轨迹跟踪方法是像
素法（Henson and Thomas，2008）：将涡旋中心的网格点（即所谓的"像素"）标记为 1，其
余网格点则标记为 0。追踪轨迹时，搜索时间和空间（经向、纬向）上都最靠近的标记为 1
的网格点即可。该方法简单快速，适用于涡旋分离明显的海域，但在涡旋结构复杂的区域使

用时容易出错。第二种为距离法（Nencioli et al.，2010）：假设 e1 为 t1 时的某个涡旋，e2 为 t2 时相同类型的涡旋，D 则是 e1 中心到 e2 中心的距离，那么，D 最短者构成同一轨迹。为了避免两条不同的轨迹连接在一起，D 需设定一个上限（即搜索半径）。因为涡旋活动于背景流中，所以该上限可近似取局地平均流流速和资料的时间分辨率之积。该方法对搜索半径的选择具有一定的依赖性。第三种为相似度法（Chaigneau et al.，2008；Chen et al.，2011），该方法是距离法的扩展。它基于一个由距离差、半径差、涡动能差和涡度差组成的无量纲相似参数距离，同一条轨迹上前后时刻的涡旋也不能超过一个阈值。该方法适用范围更广，总体效果不错，但相对来说较为复杂，且对阈值具有一定的依赖性和主观性。因此，如何在涡旋识别的基础上，克服传统涡旋追踪方法的不足，实现海洋中尺度涡轨迹的准确追踪，具有重要的意义。

7.3.2　基于密度峰值聚类的中尺度涡轨迹自动追踪方法

涡旋轨迹追踪是将不同时刻具有相近特征、相近距离的涡旋认为是同一个涡旋，假设不同时刻组成的同一个涡旋是一类，那么涡旋轨迹跟踪的本质可以看成聚类。值得一提的是，吴笛（2015）采用聚类方法对南海中尺度涡移动轨迹进行分析，但该方法是把一个完整生消的涡旋看成一个样本，对不同涡旋移动轨迹进行聚类，研究涡旋典型移动特征，而本书是将每个时刻识别出的单个涡旋看成一个样本，将同一个涡旋不同时刻特征聚类成同一个涡旋。南海作为地球上为数不多的半封闭深水海盆之一，有着较为复杂多样的海底地形，且受黑潮和冬夏季节交替的季风的显著影响，导致南海的中尺度涡纷繁复杂。选择南海（5°—25°N，105°—125°E）作为中尺度涡轨迹追踪的研究区域，基于卫星高度计资料，从聚类的角度出发，采用 Rodriguez 和 Laio（2014）在 Science 杂志提出的一种基于快速搜索发现密度峰值的聚类（Clustering by Fast Search and Find of Density Peaks，CFSFDP）算法，实现海洋中尺度涡旋的自动追踪，并将其与传统的相似性法进行比较（王辉赞等，2018a）。

研究采用的卫星高度计测得的海平面异常（Sea Level Anomaly，SLA）资料来自 AVISO。该资料融合了 T/P、Jason–1、Jason–2 和 Geosat Follow–On 等多颗轨道卫星的数据，其空间分辨率为（1/4）°×（1/4）°，时间分辨率为 1 d。

7.3.2.1　密度峰值聚类算法

常用的经典聚类算法（如 K 均值聚类算法）一般已知聚类中心和聚类数，再通过简单迭代的方法更新数据的聚类中心来进行聚类，但是由于其将每个点都聚类到距离最近的中心，这又会导致其不能检测非球面的数据分布。虽然传统的密度聚类算法对任意形状分布的数据也可以进行分类，但它必须要通过指定一个密度阈值除去噪声点，对密度阈值依赖性较大。CFSFDP 算法是基于密度的新聚类算法，可聚类非球形数据集，具有聚类速度快、实现简单等优点，目前得到了较为广泛的应用。

CFSFDP 算法的基本中心思想：假设确定的聚类中心周围都是密度值比它低的点，同时这些密度值比它低的点与该聚类中心的距离相比于其他聚类中心最小。

CFSFDP 算法步骤如下。

1）指标计算

对于每一个样本点 i，计算其两个指标：i 点的局部密度 ρ_i，i 点与所有高于 i 点密度的点之间距离最小值 δ_i。这些指标仅依赖于数据点之间的距离 d_{ij}。

i 点的局部密度 ρ_i 定义为

$$\rho_i = \sum_j \chi(d_{ij} - d_c) \tag{7.5}$$

当 $x < 0$，$\chi(x) = 1$；否则，$\chi(x) = 0$。其中，d_c 为截断距离，默认其为所有样本点的相互距离由小到大排列占 2% 的位置距离数值。

最小距离 δ_i 定义为

$$\delta_i = \min_{j:\rho_j > \rho_i}(d_{ij}) \tag{7.6}$$

式中，δ_i 表示 i 与所有比 i 点密度高的点的最近距离。但是对于最大密度的点，其为所有样本点与样本点之间距离的最大值，即 $\delta_i = \max(d_{ij})$。

2）确定聚类中心和归类

不妨以图 7.11 为例说明，图 7.11（a）中共有 28 个样本点（分别用 1～28 进行编号），需要计算所有样本点的密度值并按照由高到低排列，可以看出样本点 1 表示密度最高的点。图 7.11（b）表示图中每个点最小距离与局部密度的不同函数的图示，称为决策图，其展示了二维平面内 28 个点的分布，容易发现样本点 1 和点 10 的密度最大，可以将其作为聚类中心。从图 7.11 中可以发现点 9 和点 10 点拥有相近的密度值，但是其距离值不同，这里点 9 属于"1"号聚类，且比点 9 密度高的其他点离它很近，然而比点 10 密度高的临近点属于其他类别。点 26、点 27 和点 28 有一个相对较大的距离值，但是其密度值太小，这主要是因为它们是孤立点，我们可以通过给定的 $\delta_{\min}$ 和 $\rho_{\min}$ 筛选出同时满足（$\rho_i > \rho_{\min}$）和（$\delta_i > \delta_{\min}$）条件的点作为聚类中心点。正如预期的那

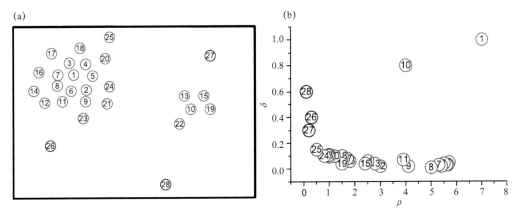

图 7.11　二维 CFSFDP 算法（a）样本点分布（数据点已经按照降密度排列），（b）对应的数据决策图（Rodriguez and Laio，2014）

不同的颜色对应不同的聚类

样，只有具有高 δ 和相对较高的 ρ 的点才可以确认为是聚类中心。因为点 26、点 27 和点 28 是孤立的，所以有相对较高的 δ 值和低 ρ 值，它们也可以被看作是由单个点组成的聚类。当找到聚类中心之后，按照"剩余的每个样本点被归属到比它有更高密度的最近邻聚类中心所属类别，当前样本点的类别应该与高于当前样本点密度的最近点的类别一致"的原则，指定剩下样本点的类别。CFSFDP 聚类分配只需一步即可完成，不像其他算法要对目标函数进行迭代优化。详细算法可参考 Rodriguez 和 Laio（2014）。

7.3.2.2　中尺度涡自动识别技术

本章在 Wang 等（2003）的中尺度涡识别方法的基础上，引入改进的基于 SLA 海洋中尺度涡自动识别方法。具体步骤如下：

（1）针对某一日期的 SLA 场，以 1 cm 为间隔提取 SLA 数据的所有等值线集合，从等值线集合中筛选出所有闭合等值线，找出最内圈闭合等值线，取几何中心为涡心；

（2）筛选出包含涡心的最近、最外圈闭合等值线，确定涡边；

（3）比较涡心和涡边 SLA 值确定涡旋类型。当涡心 SLA 值大于涡边 SLA 值，为反气旋涡；当涡心 SLA 值小于涡边 SLA 值，为气旋涡。本书的研究舍弃振幅小于 2 cm 的涡旋；

（4）计算涡旋的各种属性：时间点（天）、涡心的位置（经度、纬度）、振幅、半径、动能和相对涡度。

识别出涡旋并确定涡旋类型，将涡旋轨迹进行聚类，具体步骤如下：

（1）粗聚类。首先根据涡旋类别将涡旋分成气旋涡和反气旋涡两大类，保证任意两个不同的轨迹集合之间的两条轨迹是不相关的；

（2）精聚类。分别对气旋和反气旋两类涡旋进行聚类。由识别涡旋技术得到任意一天内所有涡旋的属性：时间点（天）、涡心的位置（经度、纬度）、振幅、半径、动能、相对涡度。选取判别因子：时间点（天）、涡心的位置（经度、纬度），采用 CFSFDP 算法对冷暖涡旋进行聚类。根据涡旋识别算法得到一年内所有 m 个涡旋三维样本 $X = \{x_i\}$（$i = 1，2，3$）［即时间点（天）、涡心经度、涡心纬度］，首先将时间点（天）进行转换，初始化样本集合（本书将时间变量乘以系数 0.05，使之与位置匹配），其目的是将具有不同单位的数据匹配（也可以通过直接除以各变量的标准差实现）。待聚类轨迹集合为 n 条 $Y = \{X\}$，由 CFSFDP 算法计算每个涡旋样本的两个指标：局部密度 ρ_i、高于 i 点密度的最小距离 δ_i，得到如图 7.12 所示每个涡旋三维样本和不同函数的图示（决策图），选择具有高 δ（本书 δ 取为 0.6）和相对较高的 ρ 的点作为轨迹中心（对于有相对较高的 δ 值和低 ρ 值的样本点，它们可以被看作由单个点形成的类簇，也就是异常点），得到轨迹数和聚类中心样本点；

（3）当聚类中心样本点确定之后，剩下的涡旋样本点按照第 2.2 节中 CFSFDP 算法介绍的原则划分到指定类别，这样就得到了所有涡旋的轨迹集合。考虑到在处理 SLA 数据时可能产生的误差，排除偶然性以及短暂持续的涡旋信号，本书的研究只统计大于等于 14 d 的涡旋轨迹，将得到的涡旋轨迹集合去除生命周期小于 14 d，得到最终轨迹集合。

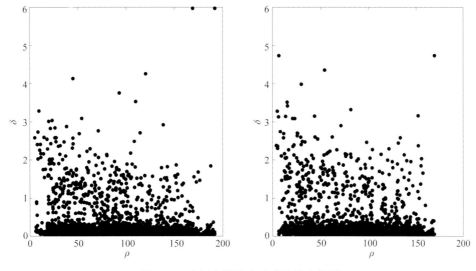

图 7.12　中尺度涡轨迹追踪聚类决策图

（a）气旋涡，（b）反气旋涡

7.3.2.3　基于 CFSFDP 算法的中尺度涡轨迹追踪试验

基于快速搜索发现密度峰值的聚类（CFSFDP）算法，实现了海洋中尺度涡旋的快速有效聚类，涡旋跟踪准确率明显优于传统算法。一是对生命周期长的涡旋轨迹跟踪有较高的效果，一个涡旋的生命周期被聚类在同一涡旋轨迹内的概率能达到 85%，而且一条聚类轨迹集合中的涡旋是同一涡旋的概率能够达到 95% 以上；二是相较于传统跟踪算法其适用性更强，对于存在缺损数据的情况仍能准确跟踪，对资料的完整性和依赖度低；三是克服了传统算法中涡旋跟踪影响范围参数阈值选择存在较大主观性的不足。

为检验基于 CFSFDP 算法的涡旋追踪方法在强流区的适应情况，本章还以黑潮强流区为例，进行了涡旋追踪试验。结果表明，利用该方法也可以较好地跟踪强流区涡旋。从理论上来讲，由于强流区的位置标准差大于非强流区，所以相当于强流区的时间所乘的系数应该略小于非强流区的系数。

另外，值得一提的是，书中所使用的密度峰值聚类算法，对于 N 个样本点，由于在计算两个点之间距离的过程中需要生成 $N \times N$ 的矩阵，对于长时间序列（如 10 年）和大区域范围（如整个北太平洋）的涡旋进行轨迹追踪时会对内存有一定的要求，此时可以采用对样本点按照时间段或空间区域先分割成子块（相邻子块略有重叠）进行聚类追踪，然后再合并轨迹的办法加以解决。

值得一提的是，在研究过程中，本书还对减法聚类（也是一种无须事先确定类别数的聚类方法）进行涡旋追踪聚类试验，结果表明，减法聚类得到的聚类数（即涡旋个数）明显偏少，同时受参数设置影响显著，减法聚类虽然也是一种密度聚类方法，但试验结果证明该方法不适宜对中尺度涡轨迹追踪聚类。

7.4 基于自组织神经网络的涡旋结构判别

7.4.1 方法原理

随着卫星遥感技术的飞速发展，人类可以观测到越来越多的具有较高时空分辨率的大气和海洋要素场，这为气象和海洋科学问题的研究开辟了新的纪元。在数据量日益增多、时空分辨率不断提高的情况下，如何从海量的要素场数据中获得有价值的信息已经成为一个重要的研究课题。

利用人工方法进行统计分析不仅耗费大量的人力和物力，而且具有很大的主观性，不同学者由于个人背景、研究方法和数据解读等方面的差异，所得出的统计结果可能会有所不同。目前在气象海洋领域，要素场时空分布特征提取最常用的两种非人工方法是时间平均方法和经验正交函数（Empirical Orthogonal Function，EOF）分析方法（Liu et al.，2008）。时间平均方法可以得到计算时间内的平均场，例如，月平均场、季节性平均场等，并以此分析该尺度上的要素空间分布特征，其缺陷在于难以选择出进行平均计算的合理时间尺度。相比之下，EOF 方法通过对一段时间内的要素空间场进行经验正交分解，可以得出主要的空间分布模态，根据各个模态的方差贡献率和时间系数的振幅可以得出各自所占的比重和对应的时间尺度。虽然 EOF 方法可以提取出各种尺度的要素空间分布模态，但它是一种线性的方法，不能提取出非线性特征。

人工神经网络技术近几十年来飞速发展，其中一个重要的原因就是它模拟了人脑的高度非线性特性。自组织神经网络（Self–Organizing Map，SOM）方法是一种非线性、非监督分类方法，它不需事先知道待判识模式的先验概率即可进行分类，该方法是一种对海量数据进行分类和特征提取的有效方法（Kohonen，1982，2001）。可以简单地认为 SOM 方法是一种聚类方法，与 K 均值聚类方法相似。通过对 SOM 方法与 EOF 方法进行对比分析表明，SOM 方法能够提取出 EOF 方法无法提取出的一些空间分布特征，SOM 方法在特征提取方面比 EOF 等传统方法更加有效（Liu and Weisberg，2005；Reusch et al.，2005；Jin et al.，2010）。与 EOF 方法相比，除了能够提取出非线性特征之外，SOM 方法还能够进行 EOF 方法几乎无法完成的非对称特征提取（Liu and Weisberg，2005）。

目前，SOM 方法已经被广泛应用于大气和海洋学科领域。南非开普敦大学的 Richardson 等（2003）将 SOM 应用于海洋学，分别从非线性遥感 SST 和海面风场数据中提取出了基本的空间分布模态，对年际、季节和事件尺度的变化规律进行了分析，指出 SOM 是一种可以用于数据特征提取的新方法。南非开普敦大学的 Risien 等（2004）利用 SOM 对 1999—2000 年的本格拉上升流进行了研究。随后 SOM 方法在大气和海洋学科领域相关的应用研究逐渐增多，具体应用研究可参考相关文献，如 Richardson 等（2003）；Risien 等（2004）；Liu 和 Weisberg（2005）。

SOM 方法由芬兰学者 Kohonen 于 1982 年提出（Kohonen，1982，2001），他认为，一个神经网络接受外界输入模式时，将会分为不同的响应区域，各区域对输入模式具有不同的响应特征，而且这个过程是自动完成的。自组织特征映射正是根据这一看法提出来的，其特点与人脑的自组织特性相类似。尽管人脑有大量的细胞，但是生物研究表明作用并不相同。在空间中处于不同位置的脑细胞区域控制着人体不同部位的运动。同样，处于不同区域的细胞对来自某一方面的刺激信号的敏感程度也不一样，这种特定细胞对特定信号的特别反应能力似乎是由后来的经验和训练形成的。

7.4.2　识别与计算步骤

SOM 方法的基本步骤如下（图 7.13）（Kohonen，1982，2001）。

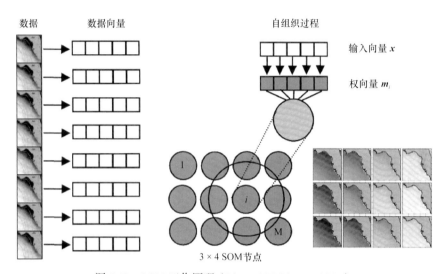

图 7.13　SOM 工作原理（Liu and Weisberg，2005）

（1）建立网络。SOM 网络可以将高维输入数据以非线性、排序、平滑的方式映射到规则的低维（通常为二维）节点上。SOM 网络包括一系列的设置在二维格点上的节点 i，每一个节点都有一个权向量 $\boldsymbol{m}_i$，这些权向量具有随机或线性初始化数值。节点序号 i 从 1 一直到 M，M 是 SOM 网络节点的总数，即网络的大小。节点 i 周围格点上的节点成为节点 i 的邻域节点。

（2）计算输入向量与权值向量之间的距离，寻找最佳匹配节点。SOM 网络训练是一个迭代过程。在每一次训练时，都从数据向量中随机寻找一个向量样本 $\boldsymbol{x}$ 作为网络输入向量，并采用某种距离计算方式计算输入向量与 SOM 网络所有权值向量之间的距离。权向量 $\boldsymbol{m}_i$ 的维数与输入向量 $\boldsymbol{x}$ 的维数相同。与输入向量 $\boldsymbol{x}$ 距离最小的权值向量所归属的节点被称为最佳匹配节点（Best–Matching Unit，BMU），这里用 c 标注：

$$\|\boldsymbol{x} - \boldsymbol{m}_c\| = \min_i \{\|\boldsymbol{x} - \boldsymbol{m}_i\|\} \tag{7.7}$$

式中，$\|\cdot\|$ 为距离计算方式，通常为欧氏距离。

（3）调整最佳匹配节点及其邻域节点的权值向量。找到 BMU 之后，对 SOM 网络的权值进行更新，以使 BMU 更加接近输入向量。BMU 的权值向量向输入向量靠近的调整程度与随时间递减的学习率 α 有关。同时，BMU 的邻域节点的权值向量也进行更新，更新方式取决于邻域函数 h。SOM 网络节点 i 的更新规则如下：

$$\boldsymbol{m}_i(t+1) = \boldsymbol{m}_i(t) + \alpha(t) h_{ci}(t) [\boldsymbol{x}(t) - \boldsymbol{m}_i(t)] \qquad (7.8)$$

式中，t 为时间，h_{ci} 是 BMU（即最佳匹配节点 c）的邻域函数。邻域函数随时间和节点 i 与节点 c 之间空间距离的增大而递减，它定义了输入向量对 SOM 网络的影响区域。

（4）对输入向量进行分类。当网络节点权向量的调整程度小到可以忽略时（或达到预先设定的训练次数时），迭代训练过程即可结束。此时网络权值已经确定，将数据向量依次输入网络并计算 BMU，输入向量所对应的 BMU 即其所属类别。分别将每一个节点的权向量恢复为二维即得出最终的要素场典型分布模态。根据 BMU 时间序列可以计算出每一个模态的发生概率。

采用芬兰赫尔辛基理工大学提供的 SOM 软件包 2.0 版本（可在该大学网站下载，网址为：http：//www.cis.hut.fi/projects/somtoolbox/）。该 SOM 软件包中，有 4 种邻域函数：气泡函数（bubble）、高斯函数（Gaussian）、截断高斯函数（cutgauss）和依潘涅契科夫函数（Epanechikov）。

$$h_{ci}(t) = \begin{cases} F(\sigma_t - d_{ci}) & \text{bubble} \\ \exp(-d_{ci}^2 / 2\sigma_t^2) & \text{Gaussian} \\ \exp(-d_{ci}^2 / 2\sigma_t^2) F(\sigma_t - d_{ci}) & \text{cutgauss} \\ \max\{0, 1 - (\sigma_t - d_{ci})^2\} & \text{Epanechikov} \end{cases} \qquad (7.9)$$

式中，σ_t 为 t 时刻的邻域函数，d_{ci} 为节点 c 与节点 i 在网格上的距离，F 为阶越函数：

$$F(x) = \begin{cases} 0, & x < 0 \\ 1, & x \geq 0 \end{cases} \qquad (7.10)$$

邻域半径 σ_t 为常数或者在指定的初始值和结束值之间线性递减。

7.4.3　基于 MULSOM 的中尺度涡海 – 气耦合模态特征

EOF 作为一种线性特征提取方法，其对应的多变量经验正交函数（MEOF）分析方法已经被用于海 – 气相互作用研究（Xue et al.，2000；Chen et al.，2000），该方法可以从多种海 – 气要素空间场中提取主要的海 – 气耦合空间分布模态；SOM 方法的运用虽已十分广泛，但目前尚未见到用其对海 – 气相互作用领域的研究。为此，本章将单变量 SOM 拓展为多变量 SOM，将其引入南海的中尺度涡与海 – 气相互作用研究，即对南海区域分别代表大气、海 – 气界面和海洋上层的 3 种关键要素（即海面风、海面温度和海面动力高度）的变化场进行耦合分类，以得出南海的季节性变化和年际变化海 – 气耦合模态，并结合相应的时间序列演变对南海海 – 气相互作用的季节性变化和年际变化特征进行分析（金宝刚，2011；金宝刚和刘娟，2023）。因为 MSOM 缩写方式已被多级自组织映射（Multi-Self Organizing Maps，MSOM）采用，为便于区分，以下将多变量自组织神经网络命名为 MULSOM（MULtivariate Self Organizing Map）。

7.4.3.1　南海的气象水文特征

南海面积约为 3.5×10^6 km^2，平均水深大于 1000 m，是世界上最大、最深的边缘海之一。围绕南海周围的陆地主要包括：东亚大陆、越南、中南半岛、马来半岛、苏门答腊、加里曼丹、巴拉望、吕宋岛和台湾岛以及南海西北部的南海陆架和西南部的巽他陆架。南海与邻近海区通过多个通道相连，主要包括：通往西菲律宾海的吕宋海峡、通往苏禄海的民都洛海峡、连接东海的台湾海峡和通往爪哇海的卡里马塔海峡。

南海作为亚洲的三大边缘海之一，一方面，受东亚季风系统控制，南海有显著的季节性变化；另一方面，作为热带太平洋的边缘海，南海也有显著的年际变化。这些季节性和年际变化在海面风场、海面温度场和海面高度场的变化上均有所体现。

Chao 等（1996）利用 COADS 数据分析了南海海面风场变化及其与 1982—1983 年期间的 ENSO 的关系。Wu 等（1998）利用 1992—1995 年 NCEP 再分析风应力数据分析了南海海面风场的季节性变化和年际变化。Liang 等（2000）利用欧洲中期天气预报中心的再分析资料报道了 1997—1998 年厄尔尼诺期间的南海风场的变化。Hwang 和 Chen（2000）利用 ERS–1/2 卫星 5 年的风应力数据研究了南海海面风场的季节性变化和年际变化。Fang 等（2006）利用 1993—2003 年的 CERSAT 卫星混合风场数据研究发现，南海海面风场的变化与 Niño3.4 指数存在 3 个月的延迟相关。

南海海面温度场的季节性和年际变化也有相关的研究。Chu 等（1997）利用 1982—1994 年的 NCEP 月平均 SST 数据研究了南海 SST 的时空变化，指出了南海北部的冷暖异常，通过对风应力旋度和 SST 进行迟滞相关分析阐明了大气和海洋存在反馈机制。Klein 等（1999）发现，南海 SST 的变化比 ENSO 指数延迟 5 个月。Wang 等（2002）报道了 1997—1998 年与厄尔尼诺事件密切相关的南海强烈变暖事件。Liu 等（2004b）发现，冬季南海冷舌变化与 Niño3 区 SST 密切相关。Fang 等（2006）利用 1993—2003 年 NCEP 数据研究发现，南海海面温度场的变化与 Niño3.4 指数存在 8 个月的延迟相关。

目前，已有一些基于卫星高度计资料的南海海面高度季节性变化的研究（Ho et al.，2000a；Hwang and Chen，2000）。Ho 等（2000b）的研究进一步揭示了南海海面高度对厄尔尼诺事件产生响应。Fang 等（2006）利用 1993—2003 年的卫星高度计数据研究发现，南海海面高度场变化与 Niño3.4 指数存在 2 个月延迟。Liu 等（2008）对南海海面高度异常场进行 SOM 模态分析，在此基础上研究了季节性变化和年际变化规律。

对于 ENSO 研究而言，已有利用 MEOF 方法进行多要素海 – 气耦合模态分析。但对于南海而言，尽管有许多风场、温度场和动力高度场季节性变化和年际变化的研究，但都是单个要素研究，或者是分别研究每一个要素后再进行综合分析，这样很难准确反映出这些要素的海 – 气耦合特征。因此，迫切需要开展南海多要素海 – 气耦合特征模态分析研究。

7.4.3.2　研究资料

所用研究资料包括月平均海面风场、海面温度场和海面高度场。研究季节性变化模态时，为了得到更为准确的海面风场，采用 CERSAT 提供的网格化 QSCAT 风场数据，其时间分辨率为 1 d、空间分辨率为 0.5°；在研究年际变化时，采用具有更长时间资料的 NCDC 融合卫星海面风场数据，该数据中风速融合了 TMI、AMSR–E 和 QSCAT 等 6 种资料，风向采用 NCEP 再分析资料，其时间分辨率为 1 d、空间分辨率为 0.25°。海面温度场采用 NCDC 融合卫星海面温度场数据，该数据自 2002 年 6 月 1 日起融合了 AVHRR 和 AMSR 两种传感器资料，在此之前为 AVHRR 最优插值数据，其时间分辨率为 1 d、空间分辨率为 0.25°。海面高度异常场采用 AVISO 提供的混合卫星高度计数据。研究中所有数据统一处理为月平均且空间分辨率为 0.5° × 0.5° 的数据。

由于 QSCAT 风场自 2000 年 1 月起才有完整的全年数据，所以季节性变化模态研究的时间范围选取 2000 年 1 月至 2008 年 12 月。由于卫星高度计数据自 1993 年 1 月起才有完整的数据，所以年际变化模态研究的时间范围选取 1993 年 1 月至 2008 年 12 月。所有要素均采用 200 m 以深的数据以滤除潮汐对高度计数据的影响。在研究季节性变化模态时，海面风场和海面温度场分别滤除了 9 a 的总平均；在研究年际变化模态时，所有要素场数据均通过减去各自 16 a 逐月的平均场以滤除季节性变化信号。已有研究给出了多年平均场和多年逐月平均场，如 Fang 等（2006）给出了海面风场和海面温度场的多年平均场，Liang 等（2000）给出了多年逐月平均海面风场，Chu 等（1997）给出了多年逐月平均海面温度场，Ho 等（2000a）给出了多年逐月平均海面高度场。为避免重复，这里不再给出多年平均场和多年逐月平均场。

7.4.3.3　MULSOM 分类

MULSOM 用来将 3 个要素进行耦合，从而提取出海－气相互作用模态。在 MULSOM 分析中，所有的 u 分量被放置在前 1/4 列，u 分量随后是各占 1/4 列的 v 分量、SST 分量和 SSH 分量。地表覆盖格点和 200 m 以浅格点已被滤除，输入到 SOM 网络中的只有 200 m 以深的格点数据。当 SOM 运行结束后，根据节点权值拆分 4 个分量重构出海面风场、海面温度场、海面高度场，并插入地表覆盖格点和 200 m 以浅格点重建二维图像形状。

在神经网络训练之前，需要指定可调节的 MULSOM 参数。定义季节性变化海－气相互作用模态的 4 个变量权重比 $u:v:SST:SSH = 1:1:1:1$，而定义年际变化海－气相互作用模态的 4 个变量权重比 $u:v:SST:SSH = 1:1:0.5:1$，在年际变化中热力效应起次要作用。Liu 等（2006）给出了通用性选择 SOM 参数的办法。第一个网络参数是网络大小，它定义了所需的节点个数，在季节性和年际变化 MULSOM 模态中，均选择 2 × 2 网络大小。此外，选择了矩形点阵、"sheet" 网络形状、线性初始化权值、批处理、"ep" 邻域函数等。

7.4.3.4　季节性变化 MULSOM 模态

图 7.14 是 3 个要素滤除多年平均场后对应的异常场季节性变化耦合模态及其时间序列，从时间序列演变可以看出，4 个模态按照明显的 1–3–4–2 顺序进行循环，且循环周期为 1 a，对应着 3 要素异常场按照冬天模态—冬天转向夏天模态—夏天模态—夏天转向冬天模态的顺序循环变化。下面按照 1–3–4–2 顺序分别对这 4 个耦合模态进行分析。

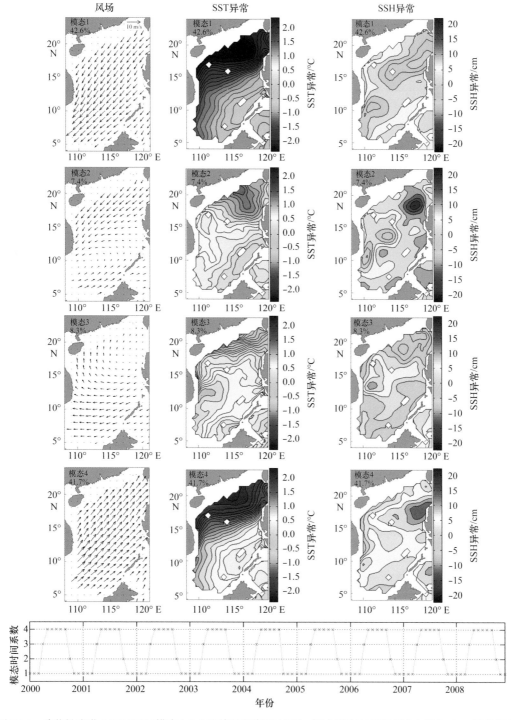

图 7.14　季节性变化 MULSOM 模态（上）及其时间序列（下），耦合模态包括风场（左列）、SST 异常场（中列，色标单位：℃）、SSH 异常场（右列，色标单位：cm）

模态 1 是冬天模态，发生时间为当年 11 月至翌年 3 月（2004 年除外）。从风场的变化看，东北风有明显的增强，从越南东南沿岸到吕宋海峡以东一带东北风增强幅度较大

（尤其是越南东南沿岸附近），越南东南沿岸和吕宋岛以东附近风场变化略偏南。从温度场的变化看，整个海盆的海水温度均降低，西北部降温幅度较大，东南部降温幅度较小，西北部和东南部各有一个高、低值中心（西北部低值中心强于东南部高值中心），温度变化的等值线沿着越南东南沿岸到吕宋海峡以东的方向分布，并且北部等值线更密集。从高度场的变化看，在东北部和西南部有两个海面高度异常低值中心，东北部的低值中心更强并主导着几乎整个南海北部（其中心位于吕宋海峡以东），西南部的低值中心较弱并主导着南海南部（其中心位于越南东南海区），沿着南海西北和东南沿岸有两个海面高度异常高值区。

模态 3 是冬天转向夏天模态，发生在 4 月。从风场的变化看，东北风的增强开始变弱（与模态 1 相比），南海南部东风显著增强、北部南风增强相对较弱，整个海面风场呈现反气旋式的变化，反气旋中心位于吕宋岛以西。温度场也呈现反气旋式的变化，除吕宋海峡以西区域外整个海盆已经开始升温，越南东南部有一个升温高值中心。高度场也呈现反气旋式的变化，中心位于越南东南海区的反气旋涡几乎控制着整个南海，吕宋海峡以西有一个相对较弱的气旋涡。

模态 4 是夏天模态，发生在 5—9 月。模态 4 几乎是模态 1 的镜像，此处不再进行赘述。

模态 2 是夏天转向冬天模态，发生在 10 月（2004 年除外）。尽管模态 2 与模态 3 也存在一定的镜像关系，但两者并不完全相反。从风场的变化看，南海北部东北风显著增强，南海南部西南风开始变弱（与模态 4 相比），整个海面风场呈现气旋式的变化，气旋中心位于越南东南海区。从温度场的变化看，模态 4 中南海东南沿岸的低温中心向越南以东蔓延、北部的升温中心开始减弱。从高度场的变化看，模态 4 中吕宋岛西北的反气旋涡影响范围变小但强度加强，南部出现 3 个涡旋共存的局面，从越南东南到吕宋岛西北依次是气旋涡、反气旋涡和气旋涡，在南海东南沿岸一带有 3 个较弱的海面高度变化高中心。

将上述耦合模态分别与 Liang 等（2000）给出的多年逐月平均海面风场、Chu 等（1997）给出的多年逐月平均海面温度场和 Ho 等（2000a）给出的多年逐月平均海面高度场进行对比，可以看出，这 4 个模态反映出了基本的海 – 气耦合特征，关于更细节的特征需要进行更多数量模态的分析。通过与 Liu 等（2008）给出的南海海面高度异常单要素 SOM 模态比较可以看出，MULSOM 耦合模态对应的海面高度异常模态与单要素海面高度异常模态有一定的差异，耦合模态更有利于反映出海 – 气相互作用的内在机制。

7.4.3.5　MULSOM 年际变化模态

图 7.15 展示的是滤除季节性信号后 3 个要素异常场的年际变化耦合模态及其时间序列，从时间序列可以看出，不同年份 4 个模态出现的概率明显不同，Fang 等（2006）研究表明，模态 3 和模态 2 分别与厄尔尼诺事件和拉尼娜事件密切相关，模态 1 和模态 4 与印度洋偶极子事件密切相关，下面分别对这 4 个模态进行介绍。

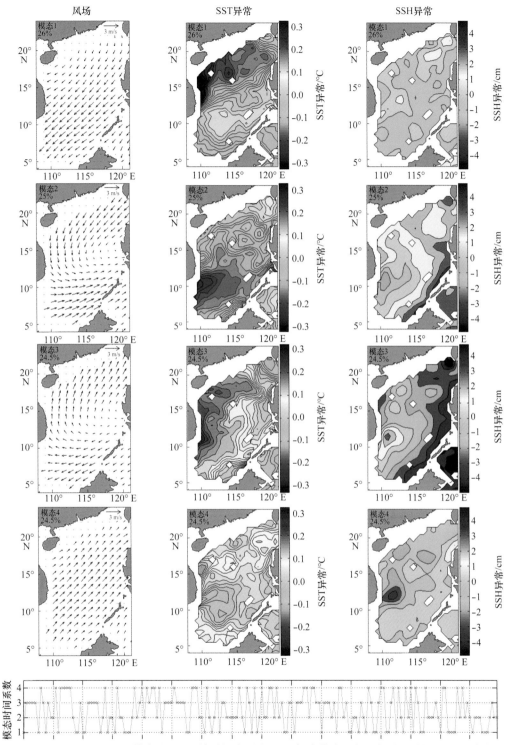

图 7.15　年际变化 MULSOM 模态（上）及其时间序列（下），耦合模态包括风场（左列）、SST 异常场（中列，色标单位：℃ ）、SSH 异常场（右列，色标单位：cm ）

模态 3 与厄尔尼诺事件密切相关。从风场的变化看，南海北部东北风减弱（整个海盆多年平均为东北风）、南部东北风增强，整个海盆呈现反气旋式变化。从温度场的变化看，降温带从吕宋海峡以西沿南海海盆东侧向南延伸，其他区域均升温，升温中心位于越南东南海区。从高度场的变化看，几乎整个海盆被反气旋涡控制，其中心位于越南东南部，吕宋海峡以西存在一个弱的气旋涡。

模态 2 与拉尼娜事件密切相关。模态 2 几乎是模态 3 的镜像，仅温度场变化有所差别。从温度场的变化看，几乎整个海盆都被降温中心控制，降温中心位于越南东南部，吕宋海峡以西存在一个弱的升温中心。

模态 1 与印度洋偶极子事件密切相关，预示着印度洋偶极子的出现。从风场的变化看，整个海盆出现较为一致的东北风增强。从温度场的变化看，越南东南部存在一个弱的升温中心，其四周被降温带包围，越南以东存在一个显著的降温中心。从高度场的变化看，越南以东和吕宋海峡以西各存在一个弱的反气旋，其他区域海面高度略有降低。

模态 4 与印度洋偶极子事件密切相关，预示着印度洋偶极子的消失。模态 4 几乎是模态 1 的镜像。

尽管 Fang 等（2006）也曾给出与 ENSO 和 IOD 相关的南海海面风场、海面温度场和海面高度场模态，但都是对单个要素进行分析，不同要素与 ENSO 和 IOD 的最大相关系数对应的延迟时间都不同，各要素之间不存在相互耦合的内在联系，与耦合模态分布也不完全相同。本研究侧重于耦合，关于多要素海 – 气耦合模态与 ENSO 和 IOD 之间的具体关系尚未进行研究，仅给出了这些耦合模态随时间的演变。

7.4.3.6 结论与见解

将 MULSOM 方法引入南海海气耦合模态研究，分析揭示了南海海面风场、海面温度场和海面高度场 2000—2008 年的季节性变化海 – 气耦合模态以及 1993—2008 年的年际变化海 – 气耦合模态；结合时间序列变化分别对季节性变化和年际变化模态特征进行了分析。

（1）南海季节性变化的基本海 – 气耦合特征：当年 11 月至翌年 3 月，东北风增强，整个南海降温且越靠北降温越剧烈，东北侧有强气旋涡，西南侧有弱气旋涡；4 月，南海北部西南风开始增强，除吕宋海峡以西整个南海升温，升温中心位于越南东南部海区，吕宋海峡以西有弱气旋涡，越南东南部有强反气旋且几乎控制整个南海；5—9 月，西南风增强，整个南海开始升温且越靠北升温越剧烈，东北侧有强反气旋涡，西南侧有弱反气旋涡；10 月，南海北部东北风开始增强，除巴拉望沿岸外整个南海升温且北部升温剧烈，吕宋海峡西南有强反气旋涡，越南东南部有弱气旋涡且其东侧存在弱偶极子。

（2）南海年际变化的基本海 – 气耦合特征：对于厄尔尼诺相关模态，风场呈反气旋变化且中心位于吕宋岛以西，南海东边界降温带向南蔓延、其他区域升温，反气旋涡中心位于越南西南并几乎控制整个南海，东边界海面高度降低明显；拉尼娜相关模态几乎是厄尔尼诺相关模态的镜像；对于印度洋偶极子出现相关模态，整个南海东北风增强，南海北部降温、南部升温，北部西边界降温明显，越南东南和吕宋海峡以西各有一个弱的反气旋涡；印度洋偶极子消失相关模态几乎是印度洋偶极子出现模态的镜像。

作者也用相同的数据进行了 MEOF 这种线性海 – 气耦合特征提取方法的试验，所得模态与 MULSOM 方法结果有一定的相似性，但在一些细节特征上有所不同。此外，所得 MEOF 海 – 气耦合模态中无法反映出 MULSOM 季节性变化和年际变化模态 1 与模态 4、模态 2 与模态 3 之间的差别（季节性变化模态 2、模态 3 最为明显），仅靠时间系数的位相正负来表示这些互为镜像但又不完全相同的模态，可见 MEOF 方法无法完成非对称特征提取，正如 EOF 方法也无法完成（Liu et al.，2005）一样。已有许多工作进行过 SOM 方法与 EOF 方法的对比（Liu et al.，2005，2006，2008），MULSOM 方法与 MEOF 方法虽为多要素海 – 气耦合特征提取方法，两者之间的对比与用于单要素的 SOM 方法与 EOF 方法的类似，因此本书不再给出 MEOF 模态的结果及其与 MULSOM 方法对比分析的具体过程。

上述研究仅给出了 4 个模态的分析结果。事实上，海 – 气相互作用反馈过程复杂，而且南海各个海 – 气要素与 ENSO 和 IOD 有不同时间的延迟相关，深入研究南海海 – 气相互作用过程需要给出更多数量的耦合模态，模态的具体数量可以结合实际的物理过程进行选择。今后应进一步研究 MULSOM 耦合模态与 ENSO 和 IOD 的相互关系，也可以提出 SOM 模态强弱程度的算法，以方便计算与 ENSO 和 IOD 的相关性。由于卫星高度计无法获得海面高度平均场，所以仅进行了多要素异常场的耦合模态分析，这些模态与原始场并不相同，在今后的研究中仍有必要对原始场进行耦合模态分析。对于 SOM 的各种改进方法，如根据数据变化程度自动选择模态分类数量的多等级自组织神经网络（GHSOM）等（Liu et al.，2006），也可以用于多要素海 – 气耦合模态的研究，其研究思路类似。最后要说明的是，MULSOM 与 MEOF 方法目前都还没有判断各要素之间最佳比例的能力。

7.4.4　利用海面高度模态相似计算 SOM 的模态振幅

作为一种非监督分类方法，SOM 方法在大气和海洋学科中均得到有效的应用。但是该方法也存在无法描绘要素场典型模态随时间的振幅变化情况。为此，基于输入要素场与典型模态场的相似程度应能反映典型模态在该时刻的强弱程度的研究思想，作者提出了一种简便易行的 SOM 模态振幅算法，拟通过量化两者间的相似程度来计算典型模态的振幅（金宝刚等，2010b）。为验证该模态振幅算法，将其应用于南海海面高度异常（SSHA）分析，并给出 1993—2008 年南海 SSHA 的年际变化空间分布模态相应的振幅；根据振幅时间序列进一步计算了 Niño3 指数与这些模态的延迟相关关系。

作为热带太平洋的边缘海，南海有显著的年际变化，这在南海 SSHA 的变化上有所体现，目前已有一些基于卫星高度计资料的南海 SSHA 的相关研究（Ho et al.，2000b；Hwang et al.，2000）。Ho 等（2000b）的研究揭示了南海海面高度对厄尔尼诺事件产生的响应。Fang 等（2006）利用 1993—2003 年的卫星高度计数据研究表明，南海海面高度场的变化与 Niño3.4 指数存在两个月的延迟相关。为验证模态振幅算法，以南海 SSHA 为应用实例，对南海 SSHA 的年际变化空间分布模态及振幅进行分析，季节性 SOM 模态可参考 Liu 等（2008）的研究。

7.4.4.1 试验数据

SSHA 采用 AVISO 提供的融合卫星高度计数据。研究的时间范围为 1993 年 1 月至 2008 年 12 月，采用 100 m 以深 SSHA 数据以滤除潮汐对高度计数据的影响，数据的时间分辨率降为 1 个月，并减去 1993—2008 年的月平均场以滤除季节性变化信号。南海 SSHA 月平均场可参考 Ho 等（2000b）或 Liu 等（2008），本书不再赘述。Niño3 指数源自美国国家海洋和大气管理局气候预测中心（NOAA/CPC），下载网址：https：//psl. noaa. gov/data/timeseries/monthly/NINO3/。

7.4.4.2 SOM 模态振幅算法

振幅一般是指振动物体离开平衡位置的最大距离，振幅在数值上等于最大位移的距离。振幅是标量，单位可用米或厘米表示，振幅描述了物体振动幅度的大小和振动的强弱。对于空间要素场而言，典型模态的振幅反映了该时刻空间要素场与典型模态的相符程度，与两者之间的相似程度和要素值的相对大小有关。模态的强弱与该时刻输入要素场与模态场的相似程度有关，相似程度越大，模态越强；同时，输入要素场的要素总体值越大，模态也越强。考虑上述两个因素，我们定义模态 i 的振幅时间序列在时间 t 时的振幅 $A_i(t)$ 为（金宝刚，2011）

$$A_i(t)=R\big[X(t),m_i\big]g\frac{\sum|X(t)|}{\sum|m_i|} \qquad (7.11)$$

式中，X 为所有输入向量组成的矩阵，$X(t)$ 为 t 时刻的输入向量，m_i 为网络训练后节点 i 的权值向量，$R[X(t)，m_i]$ 为 $X(t)$ 与 m_i 的相关系数函数，反映出原始要素场与第 i 个典型模态场的相似程度，算法如下［以下令 $X(t)=X$］

$$R(x,m_i)=\frac{\sum(x-\bar{x})(m_i-\bar{m_i})}{\sqrt{\sum(x-\bar{x})^2 g\sum(m_i-\bar{m_i})^2}}=\frac{\sum x\,g\,m_i-\dfrac{\sum x\,g\sum m_i}{N}}{\sqrt{\left[\sum x^2-\dfrac{\left(\sum x\right)^2}{N}\right]\left[\sum m_i^2-\dfrac{\left(\sum m_i\right)^2}{N}\right]}} \qquad (7.12)$$

式中，N 为 X（或 m_i）的向量大小。

式（7.11）中 $\sum|X(t)|$ 即 $\sum|x|$ 为输入向量 X 每一个分量的绝对值之和，反映出原始要素场的要素值平均大小，除以权向量 m_i 每一个分量的绝对值之和 $\sum|m_i|$ 以将 $\sum|x|$ 归一化。当输入场与典型模态场完全相同即 $X=m_i$ 时，则有：$\sum|x|=\sum|m_i|$，$R=1$，$A_i(t)=1$。当输入场与典型模态场完全相似即 $R=1$ 时，若 $\sum|x|>\sum|m_i|$，则 $A_i(t)>1$；若 $\sum|x|<\sum|m_i|$，则 $A_i(t)<1$。

7.4.4.3 南海 SSHA 分析

将南海 SSHA 空间场每一行数据首尾相连接得到一个只有一行的输入向量，去除地形格点后将其输入到 SOM 网络中，按照第 7.4.2 节的 4 个步骤进行运算，步骤（4）得到确定的节点权向量后，将地形重新添加到这些权向量中，重构出南海 SSHA 的典型模态。将去除地形后的输入向量依次输入到训练后的 SOM 网络中，与每一个输入向量距离最小的权向量对应的节点号即其所属类别号，由此得到模态的时间序列。

图 7.16 是 1993—2008 年南海月距平 SSHA 的年际变化模态及其时间序列。总的来说，模态 1，几乎整个南海都被气旋性环流控制；模态 2，南海西侧被气旋性环流控制，东边界 SSHA 较高；模态 3 与模态 2 存在一定的镜像关系；模态 4 与模态 1 存在一定的镜像关系，此处不再赘述。根据时间序列进一步计算出这 16 年间 4 个模态的出现概率依次为 17.7%、35.4%、34.9% 和 12%。从时间序列可以看出，不同年份 4 个模态出现的概率并不相同，存在明显的年际变化。由于无法看出每一个模态的振幅，导致难以对这些模态进行进一步的分析，只能通过将原始要素场分成更多的模态来进行观察。但即便增加模态数量，也依然存在振幅未知的问题。因此，以 4 个模态的分析为例，进行南海 SSHA 模态振幅的计算。

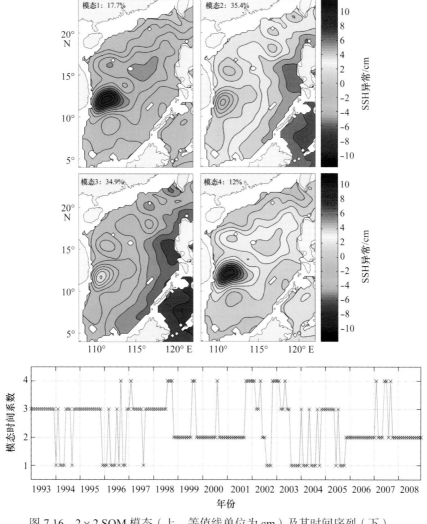

图 7.16　2×2 SOM 模态（上，等值线单位为 cm）及其时间序列（下）

根据方程（7.10）计算得到输入向量与网络权值向量之间的相关系数 $R(\boldsymbol{x}, \boldsymbol{m})$，如图 7.17（a）所示，$R(\boldsymbol{x}, \boldsymbol{m})$ 为正值时其大小所反映的是该时刻南海 SSHA 与典型模态之间的相似性，为负值时其大小所反映的是该时刻南海 SSHA 与典型模态的镜像场之间的相似性。根据方程（7.9）计算得到典型模态的振幅时间序列，如图 7.17（b）所示，4 个模态均呈现明显的年际变化，模态 1 和模态 4 在 2008 年年底振幅最强，模态 2 和模态 3 在 1997 年年底振幅最强。

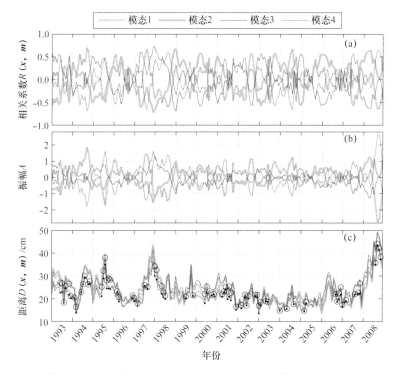

图 7.17　输入向量与权值向量的（a）相关系数、（b）模态的振幅和（c）距离

为了验证上述算法的可靠性，根据图 7.17（b）反算模态类别，即将振幅最大的模态确定为该时刻的模态，并与图 7.16 的时间序列进行比较，图 7.17（b）得出的结果与图 7.16 的符合率为 62.5%。为进一步分析 37.5% 的不符合样本，对这些时刻样本向量（反映输入要素场）与训练后的网络权值（反映典型模态场）之间的距离进行分析。采用欧氏距离作为距离计算方式，并去除样本向量 $\boldsymbol{x}$ 的维数大小对欧氏距离带来的影响，则定义 t 时刻 $\boldsymbol{x}$ 与 $\boldsymbol{m}_i$ 的距离为

$$D(\boldsymbol{x}, \boldsymbol{m}_i) = \sqrt{\frac{\sum (\boldsymbol{x} - \boldsymbol{m}_i)^2}{N}} \qquad （7.13）$$

根据方程（7.13）计算得到 $D(\boldsymbol{x}, \boldsymbol{m})$，如图 7.17（c）所示，$D(\boldsymbol{x}, \boldsymbol{m})$ 随时间的振荡反映了南海 SSHA 大小随时间的变化，振荡至波谷时表明该时刻南海区域所有数据格点位置 SSHA 的大小总体上与典型模态之间的差异较小，振荡至波峰时反之。将振幅判断为不符合模态的 37.5% 样本对应标注在图 7.17（c）中，黑点表示图 7.16 时间序列对应的模

态结果，圆圈表示图 7.17（b）最大振幅对应的模态结果，可以看出，大多数时刻两者对应的距离 $D(x, m)$ 差异很小（即输入向量与两个权值向量的距离相差不大），输入要素场处在两个模态的交界处，是一个模态向另一个模态的过渡和转换时间。因此，根据振幅计算出的模态结果与 BMU 时间序列容易出现不匹配的情况。

如图 7.18 所示，模态 2 的振幅曲线倒置后与模态 3 的振幅曲线差别很小，蓝线为正时代表模态 3 的出现及其振幅大小，绿线为负时代表模态 2 的出现及其振幅大小。将模态 2 和模态 3 振幅分别与 Niño3 指数进行延迟相关分析发现，当 Niño3 指数领先两个月时，与模态 2 和模态 3 振幅的相关性最强，相关系数分别为 –0.633 和 0.632，置信度达 95%，表明这两个互为镜像的模态与拉尼娜和厄尔尼诺现象关系密切。

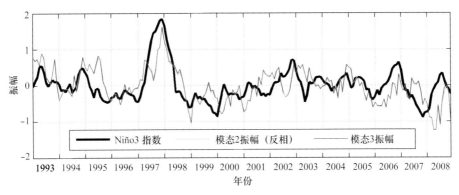

图 7.18　模态 2 振幅（反相）、模态 3 振幅和标准化后的 Niño3 指数

7.5　本章小结

以南海海平面异常为研究实例，将 SOM 振幅计算方法引入海 – 气研究领域，给出了 1993—2008 年南海海平面异常的年际变化模态及其时间序列和振幅。在 4 个模态中，模态 2 南海西侧被气旋性环流控制、东边界 SSHA 较高，模态 3 与模态 2 存在一定的镜像关系。通过与 Niño3 指数进行相关分析，得出 Niño3 指数领先于上述两个模态两个月。这与 Fang 等（2006）利用 1993—2003 年的卫星高度计数据研究得出的南海海面高度场的变化与 Niño3.4 指数存在两个月的延迟相关的结论一致，说明该算法能够合理地计算出模态振幅的变化。

当 SOM 模态具有较强的非对称性时，其振幅算法应在该基础上进行适当调整，但基本思想不变。对于 SOM 的各种改进方法，如根据要素场变化程度自动选择模态分类数量的多等级自组织神经网络（GHSOM）等（Liu et al.，2006），也可以进行模态振幅的计算，其研究思路类似。相关系数算法较简单，今后应进一步改进，以提高算法的准确率。

第8章 南海中尺度涡的时空变化特征

尽管南海北部的中尺度涡旋得到了学术界广泛的关注，但多是利用高度计等卫星反演资料进行研究，而利用 Drifter 表面漂流浮标资料对南海北部涡旋进行的研究还不多见。相比较而言，已有学者利用 Drifter 资料对比斯开湾（van Aken，2002）、东南太平洋（Chaigneau and Pizarro，2005）、墨西哥湾（Hamilton，2007）等其他海区的涡旋规律进行研究。利用 Drifter 轨迹资料研究涡旋的好处在于：一是相对于卫星反演产品，它是水文实测资料；二是分辨率为 25 km 的高度计资料无法分辨出尺度更小的次级涡旋，而 Drifter 浮标轨迹中则含有次级涡旋的信息。

在南海北部海区，共有 576 个不同的 Drifter 轨迹经过该海区。所有的 Drifter 轨迹和数量分布如图 8.1 所示。可以看到，在研究区域的中部 Drifter 观测数量很大，而在中国大陆沿岸和吕宋岛西北部海域观测采样较少。南海北部混合层具有显著的年变化特征，其中冬季混合层深度大于 70 m，而夏季混合层深度变浅，在中国大陆陆架区深度不到 20 m。对于南海北部 Drifter 浮标来说，它们基本上都是位于混合层之内的（Qu et al.，2000）。本章将利用 Li 等（2011b）提出的几何学 Drifter 涡旋识别算法对南海北部的 Drifter 轨迹进行识别并统计其时空变化特征规律。

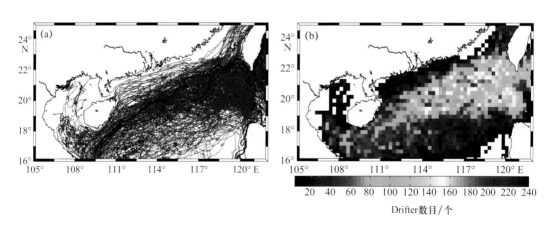

图 8.1（a）1979—2010 年 3 月所有经过南海北部海区（16°—25°N，105°—122°E）的 Drifter 轨迹；
（b）在 0.25°×0.25° 网格中观测到的 Drifter 数目

图（a）等值线单位为 m

8.1　南海北部中尺度涡旋的平均流特征

南海北部的气候态平均流场是通过把 Drifter 浮标在 0.25°×0.25° 网格空间内平均得到（图 8.2）。可以看到，平均流场的大体形态是气旋式环流，而在吕宋海峡内部有一个反气旋流套，说明黑潮有时会在吕宋海峡这个西边界豁口处环形运动（Shaw et al., 1999；Qu, 2000）。可以明显看到，一个气旋式涡旋（吕宋冷涡）经常冬季时在这个区域出现，可能是被吕宋沿岸局地风应力旋度激发出来的。

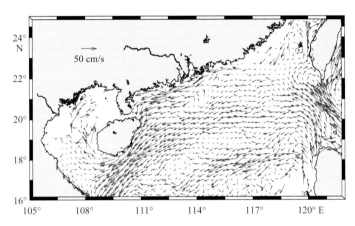

图 8.2　利用 Drifter 得到的南海北部多年平均表层流场

8.2　南海中尺度涡旋数目与半径的关系

采用 Li 等（2011）发展的 Drifter 涡旋几何学自动识别方法对南海北部的涡旋规律进行统计分析，一共检测到回环数目 4360 个涡旋，其中反气旋涡 3532 个，气旋涡 828 个。对所有的回环聚类后共得到 2208 个涡旋，其中反气旋涡 1590 个，气旋涡 618 个［图 8.3（a）］，涡旋半径的分布如图 8.4 所示。由于半径小于 10 km 的 Drifter 反气旋涡和气旋涡

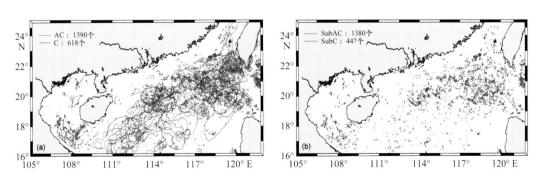

图 8.3　（a）Drifter 得到的反气旋涡（AC）和气旋涡（C）轨迹；（b）Drifter 得到的半径小于 10 km 的反气旋涡（SubAC）和气旋涡（SubC）轨迹

的数目分别是 1380 个和 447 个，远超过其他半径的涡旋［图 8.3（b）］，为了突出柱状图感观上的清晰度，涡旋半径小于 10 km 的没有进行标示，进一步分析可以发现，Drifter 可以用来研究卫星高度计无法分辨出的次级中尺度涡。Drifter 得到的总的涡旋半径、气旋涡半径和反气旋涡半径分别是 3.9 km、3.0 km 和 4.9 km。如果略去半径小于 10 km 的次级涡旋，那么剩余的所有涡旋的半径、气旋涡半径和反气旋涡半径分别是 28.7 km、29.9 km 和 27.7 km。需要指出的是，由于 Drifter 通常只被涡旋的一部分示踪，所以从 Drifter 轨迹中估算出的涡旋半径要比实际的小。如果 Drifter 采样点是统计意义上平均分布在涡旋半径 R 上的话，那么找到相对于涡旋中心距离为 r、方向角为 θ 的 Drifter 的概率密度为常数（Chaigneau and Pizarro，2005）：

$$p(r, \theta) = \frac{1}{\int\limits_0^R \int\limits_0^{2\pi} r \mathrm{d}r \mathrm{d}\theta} = \frac{1}{\pi R^2} \tag{8.1}$$

平均距离 $\overline{R_1}$，或者 Drifter 距离涡旋中心的期望是

$$E(r) = \int\limits_0^R \int\limits_0^{2\pi} r^2 p(r, \theta) \mathrm{d}r \mathrm{d}\theta \tag{8.2}$$

求得 $\overline{R_1} = 2R / 3$。

根据这个公式，从 Drifter 统计得到的南海北部的涡旋半径大约是 7.8 km，意味着实际的涡旋平均半径约为 11.7 km。这比南海罗斯贝变形半径（约 50 ~ 90 km）的量值小很多（Chelton et al.，1998）。

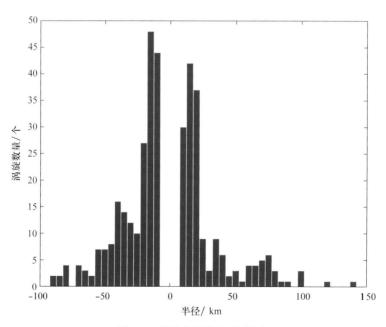

图 8.4　涡旋半径分布柱状图

间隔为 5 km；半径为正代表气旋，半径为负代表反气旋

根据涡旋半径的量值，可以将涡旋可以分为 3 类：大涡旋（半径 > 60 km）、中涡旋

（60 km ≥ 半径 ≥ 10 km）和小涡旋（半径 < 10 km）。对于气旋涡（反气旋涡）来说，大、中、小这 3 类涡旋的数量分别是 27（16）个、144（194）个、447（1380）个。Wang 等（2003）利用 8 年的融合卫星高度计资料，发现在该地区反气旋涡的数量确实比气旋涡多。值得注意的是，我们从 Drifter 识别出的反气旋涡数量要比高度计识别出得多。这主要是由于 Drifter 在海水中漂流时对反气旋涡和气旋涡的表层流的响应不同所致。在合适的辐散条件下，深层的富含营养盐的冷水会上涌到表层，为气旋涡的形成提供必要条件；类似的，表层贫营养盐的暖水可能会辐聚下沉，为反气旋涡的形成提供条件。因此对于气旋涡来说，表层流是辐散的，而对于反气旋涡来说，表层流是辐聚的（Li et al.，2011b）。因此，海洋中的气旋涡可能会因表层流的辐散作用而被 Drifter 漂流浮标采样低估，而反气旋涡则更容易被 Drifter 探测。

8.3　南海中尺度涡旋的空间分布特征

从 Drifter 轨迹中识别出的南海北部的反气旋涡和气旋涡的空间分布特征如图 8.5 所示（李佳讯，2013）。参考 Wang 等（2003）依据涡旋产生机制来划分区域的方法，将南海北部分为两个区域：Z1 区（台湾西南部）和 Z2 区（从吕宋岛西北直到 1000 m 等深线）。在 Z1 区，反气旋涡要比气旋涡多，其中次级中尺度反气旋涡占很大比重［图 8.5（b）］。Wang 等（2003）利用多年融合的卫星高度计资料也发现类似的空间特征，即在 Z1 区，相对半径较小、生存周期较短的反气旋涡占主导地位。而在 Z2 区的 Drifter 得到的中涡旋和大涡旋的个数要比在 Z1 区的中、大涡旋个数多［图 8.5（a）］，但是从高度计识别出来的结果是在 Z2 区反气旋涡要比气旋涡多。不过，Drifter 和高度计识别出的涡旋数量级是相同的，这种统计上的小差异也许与 Wang 等（2003）从卫星高度计资料中识别涡旋的标准更严格有关，比如，它将闭合海面高度异常等值线中心和边缘的海面差大于 7.5 cm，并且持续 1 个月以上的才认为是涡旋。Z2 区的一些气旋涡可能不满足上述条件，所以它们没有被 Wang 等（2003）考虑进去。

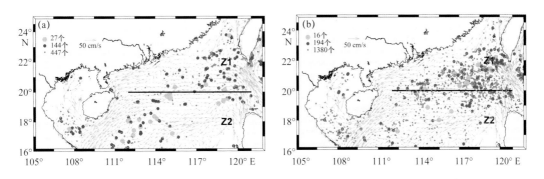

图 8.5　从 Drifter 识别出的南海北部（a）气旋涡和（b）反气旋涡空间分布

其中大涡旋用浅灰色大实点表示，中涡旋用中实点表示（蓝色：气旋涡，红色：反气旋涡），小涡旋用深灰色小实点表示

8.4 南海中尺度涡旋的时间变化规律

南海北部涡旋的时间分布图显示 Drifter 检测到的涡旋数目在 5 月、6 月、10 月、11 月、12 月和翌年 1 月最大［图 8.6（a）］。然而，如果去掉半径小于 10 km 的次级涡旋，那么时间分布情形将发生改变：涡旋的数目在 11 月到翌年 1 月最大，而在 3 月、4 月和 9 月最小［图 8.6（b）］。

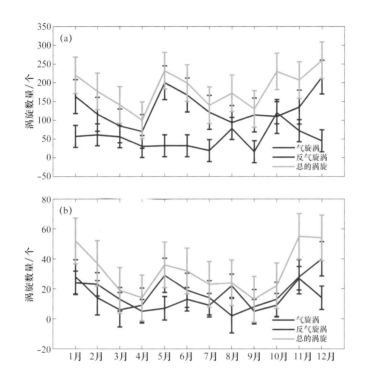

图 8.6 气旋涡（蓝色）、反气旋涡（红色）、总的涡旋（绿色）从 1979—2010 年的季节性变化

颜色棒代表涡旋数目估计标准误差；（b）与（a）同，只是为涡旋半径大于 10 km 的涡旋

卫星高度计的研究结果也指出在冬季风期间（10 月至翌年 3 月）南海北部涡旋产生的更多，而在春季的季风转换时期（4 月和 5 月）和秋季的季风转换时期（9 月）涡旋产生较少。这主要与涡旋生成机制有关，在冬季风期间，黑潮入侵南海导致的锋面不稳定可能在 Z1 区产生很多涡旋（Su，2004）。受南海东部岛屿上高山地形影响的地形风急流可以在 Z2 区激发出很多交错分布的气旋涡和反气旋涡（Wang et al.，2008）。

但是为什么当考虑次级涡旋时涡旋的总数目在 5 月和 6 月到达峰值呢？这也许表明次级涡旋更容易在这个时期产生，而不易在冬季风期间产生（李佳讯，2013）。而该观测结果也启示次级涡旋的产生或许与中尺度涡的动力学生成机制不同，而与某种斜压不稳定有关。这还有待于用高分辨率数值模式来进一步验证。

8.5　南海中尺度涡旋的切向速度特征

图 8.7 给出了 Drifter 识别出的南海涡旋周期和半径的线性关系。可以看出，气旋涡和反气旋涡的旋转周期随着涡旋半径的增大而增大，这说明南海北部的气旋涡要比反气旋涡旋转的速度慢。这个结果从图 8.8 的涡旋半径和切向速度的散点图也可以看出来。可以计算出反气旋涡的最大切向速度和平均切向速度分别是 40 cm/s 和 25 cm/s，而气旋涡的最大切向速度和平均切向速度分别是 30 cm/s 和 15 cm/s。若涡旋中心处于近似固体钢壁旋转体中，那么涡旋半径从很小增大到最大切向速度的位置，涡旋周期都是不变的。因此，可以推测 Drifter 卷进涡旋旋转轨道的位置应该处于最大切向速度位置之外（李佳讯，2013）。

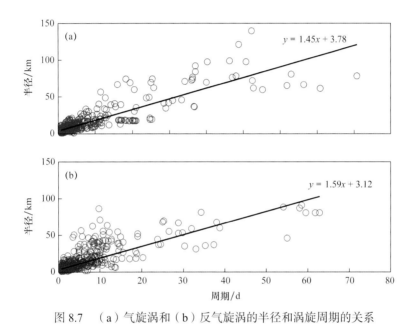

图 8.7　（a）气旋涡和（b）反气旋涡的半径和涡旋周期的关系

黑实线是最小平方拟合线

根据 Drifter 得到的涡旋半径和涡旋切向速度的关系，可以计算表层流的正交涡度（Chaigneau and Pizarro，2005）：

$$\left|\frac{\xi}{f}\right| = \left|\frac{1}{fr}\right|\left|\frac{\partial(rV_t)}{\partial r}\right| \qquad (8.3)$$

式中，ξ 为相对涡度，f 为行星涡度，r 为距涡旋中心的距离，V_t 为切向速度。涡旋的正交涡度 $|\xi/f|$ 随 r 的减小而增大：在半径 80 km 处，反气旋涡（气旋涡）的 $|\xi/f|$ 约为 0.02（0.04），在半径 10 km 处将会增大到 0.4（0.5），而在涡旋中心附近则为 0.7（0.9）。一般来说，中尺度涡是准地转的，可以用小罗斯贝数（$Ro \ll 1$）来表征。在半径 80 km 处，相对涡度 ξ 约为 f 的 3%，表明中尺度涡是处于地转平衡的。因此，从卫星高度计资料中利用地转关系来计算涡旋边缘的旋转速度对大涡旋是适用的。在涡旋中心附近，$|\xi/f|$ 约为 0.8。因此，相对涡度约为行星涡度的 0.8 倍意味着涡旋中心是非地转的。

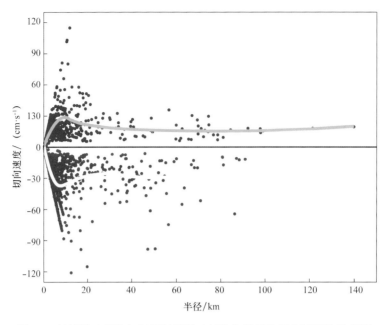

图 8.8　气旋涡（蓝色）和反气旋涡（红色）半径和切向速度的散点图

绿色和黄色曲线分别代表气旋和反气旋涡散点图的平滑曲线

　　虽然中尺度涡可以认为满足地转平衡，但非地转作用和离心效应对中尺度涡核心的成长和消亡起着重要的作用（Chaigneau and Pizarro，2005）。然而，次级中尺度过程是由一个罗斯贝数和理查森数的量级刻画的，它们的动力学特征与准地转中尺度过程是不同的，不能把传统的准地转理论直接用来描述次级中尺度过程（Thomas et al.，2008）。次级中尺度过程不是完全三维的和非流体静力的。鉴于次级中尺度涡很难观测和模拟，与其相关的许多问题至今仍有待研究。

第9章 吕宋海峡及以东海区的涡度场特征

吕宋海峡是南海北部水域与西北太平洋水体交换的重要通道，具有显著的地理和海洋学重要性。南北水道宽约 350 km，约占 2.5 个纬距。吕宋海峡水深地形复杂，东侧可达 5000 m，中部约 2000 m，西侧在 3000 m 左右。在吕宋海峡有很多重要的海洋现象，其中黑潮流轴就在此处经过，秋、冬季节会发生黑潮入侵现象（马超，2006）；同时，由于黑潮与季风的影响，吕宋岛西北部以及台湾岛西南部存在着较强的涡旋（孙成学，2009）。由于黑潮的存在，南海北部环流及涡旋都会通过吕宋海峡受其影响。因此，吕宋海峡的地理、地形效应十分显著，对吕宋海峡海面涡度场与地转流场的特征进行研究，具有重要的科学意义。太平洋西传而来的中尺度涡与吕宋海峡黑潮发生相互作用，吕宋海峡以东海区的中尺度涡特征对于中尺度涡与黑潮相互作用机理研究具有重要意义。

9.1 吕宋海峡的海面涡度场与地转流场特征

关于吕宋海峡海面高度场与流场的时空变化特征，相关学者利用 EOF 方法进行过研究。姚玉娟等（2012）研究吕宋海峡黑潮表层特征时指出，黑潮在吕宋海峡呈现出季节变化特征。在秋季和冬季，黑潮水会入侵南海；在春季和夏季，黑潮水则对南海的影响较小，反而会有部分南海水汇入黑潮。赵伟（2007）利用普林斯顿海洋模式（Princeton Ocean Model，POM）研究吕宋海峡水季节交换时指出，吕宋海峡的水交换存在明显的季节变化信号，在 5 月和 6 月为东向的净流，7 月至翌年 4 月为西向的净流。EOF 方法作为一个传统的时空分析方法的确存在很大的优势，但在选取模态的时候容易过滤掉非线性信息。SOM 方法又称自组织神经网络方法，是一种无监督分类方法。Liu 等（2006）的试验表明，SOM 在获取上升流与下降流的不对称信息的效果超过 EOF 方法，并在获取较为复杂的模态时占据很大优势。目前，有相关文献（Liu，2005；Liu et al.，2008；张治国等，2010）对 SOM 方法进行过研究和应用，并取得了较好的效果。本章利用 SOM 方法对吕宋海峡的海面高度与绝对动力地形数据进行分析，旨在揭示吕宋海峡海面涡度场与地转流场的变化特征（金宝刚，2011）。

9.1.1 数据及试验配置

9.1.1.1 研究数据

海平面异常（SLA）数据的空间分辨率为 0.25° × 0.25°，时间分辨率 7 d，单位为 cm。

空间范围为 18°—23°N，117°—124°E，时间长度选取为 1993 年 1 月至 2004 年 12 月。绝对动力高度地形（Absolute Dynamic Topology，ADT）数据的空间分辨率和时间分辨率与 SLA 数据一样，空间范围和时间长度与 SLA 相同。SLA 与 ADT 数据由 AVISO（http：//las.aviso.oceanobs.com/las/servlets/dataset）提供。

9.1.1.2　方法与试验设置

SOM 方法在试验过程中对竞争层神经元个数（map size）、图形样式（map lattice structure）、启动方式、临近函数（neighborhood function）等参数比较敏感。因此，在试验之前需要进行参数设置。参照 Liu 等（2006）的试验方案，采用矩形格子（rectangular lattice）、片状图形（sheet map shape）、线性启动方式（linearly initialization）、批训练方式（batch training）以及"ep"临近函数（"ep" Neighborhood Function）方案，临近半径取为 0.1。神经元数（分类结果数）的选取是根据想要获取的特征信息决定的，分类结果个数越多，获取的信息越详细。在此次试验中，竞争层网络分别采用 2×2 与 3×4 的二维网络结构（金宝刚，2011）。

9.1.2　吕宋海峡地转流及涡度场分布的季节变化特征

9.1.2.1　气候态季节变化特征

气候态的涡度场与地转流可通过 SLA 与 ADT 数据进行 12 年平均后计算得出（金宝刚，2011），如图 9.1 所示。其中，春、秋季节，台湾岛西南部会存在一个较弱的气旋式涡。春季，南海地转流汇入黑潮，流向东海；秋季，吕宋海峡北部黑潮会有小部分支流水穿越海峡（孙剑等，2006）。夏季，黑潮流轴向东偏移，没有支流进入南海，是对南海水影响最小的季节。在台湾岛西南侧，流轴西侧位置处会出现一个气旋式涡，强度较强；在吕宋岛西北侧，南海地转流速较强，存在一个反气旋式涡。冬季，黑潮以流套结构形式深入南海，最大弯曲处位于台湾岛南侧。同时，在台湾岛西南侧出现一个强烈的反气旋式涡，此处的地转流较强，属于延伸至南海的黑潮水；在吕宋岛西北侧，出现的气旋式涡，即吕宋冷涡（孙成学，2009）。

9.1.2.2　SOM 竞争层神经元个数为 2×2 的分类结果

SOM 分类结果如图 9.2 所示，其中分类结果 1 出现的概率为 26.36%。涡度场与流场的空间分布与气候态的春季相类似；时间序列的统计结果表明，分类结果 1 在 3 月、4 月和 5 月出现的次数最多，与春季对应，同时分类结果 1 在 1 月和 2 月出现的次数也较多，表明分类结果 3 在春季末出现的概率较大。分类结果 2 出现的概率为 29.7%。其空间分布形态与气候态的夏季相类似，黑潮流轴不穿越海峡，流轴西侧也没有明显的支流（Liu，2005）。但在吕宋海峡东部海域，反气旋式涡较强于气候态。分类结果 2 在 6 月、7 月和 8 月出现的次数最多，在 5 月和 9 月出现的次数较多，这表明分类结果 2 主要出现在夏

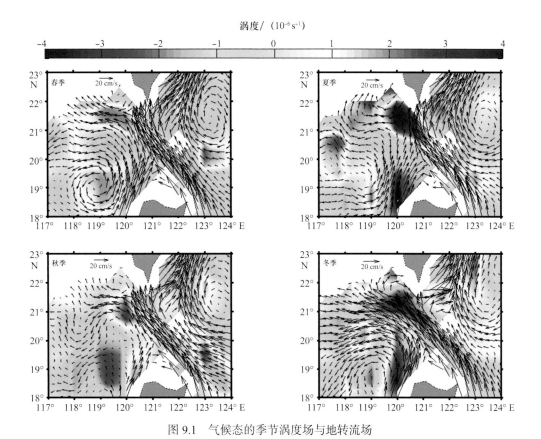

图 9.1　气候态的季节涡度场与地转流场

填充图为涡度场（单位：s⁻¹），由 SLA 数据计算得出；箭头矢量为地转流（单位：cm/s），由 ADT 数据计算得出；空白区域为水深浅于 200 m 区域

季，同时在春末、秋初也会出现，并且在春末出现的次数比秋初多。分类结果 3 中的涡度场与流场的空间分布试验结果与气候态的冬季相似，吕宋海峡北部黑潮以流套结构形式伸向南海，在流轴弯曲处存在一个强的反气旋式涡。分类结果 3 在统计过程中出现的概率为24.12%。这表明在 12 年中，约有 24.12% 的时间，黑潮会以流套形式进入南海。分类结果 3 在 1 月、2 月和 12 月出现的次数最多，这表明分类结果 3 主要出现在冬季，但是分类结果 3 在 11 月也出现较多次数，说明分类结果 3 也会出现在秋末。分类结果 4 出现的概率为 25.4%。涡度场与流场的空间分布与气候态的秋季相类似，北部黑潮存在穿越海峡的支流，强度弱于分类结果 3 中的强度，在支流弯曲处存在一个气旋式涡，位于台湾岛西南侧。时间序列上的统计结果显示（表 9.1），分类结果 4 在 8 月、9 月、10 月和 11 月出现的次数最多，表明分类结果 4 主要出现在夏末和秋季（金宝刚，2011）。

　　BMU 时间序列显示了 4 个分类结果在 12 年中的演变趋势（图 9.3），可以反映涡度场与地转流场的年内与年际变化信息。在 12 年中，分类图形的基本走向是3→1→2→4→3，分别对应着 4 个季节的变化。同时可在时间序列中看出，1996—2000 年，年内变化信号较强。此时地转流场与海面高度场的变化对应较强的 ENSO 信号（金宝刚，2011）。

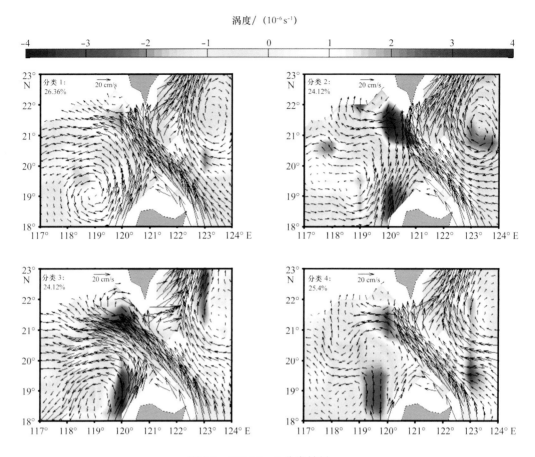

图 9.2　SOM 2×2 分类结果

每个图形的左上角为分类图形出现的概率；填充图为涡度场（单位：s⁻¹），由 SLA 数据计算得出；箭头矢量为地转流（单位：cm/s），由 ADT 数据计算得出；空白区域为水深浅于 200 m 区域

表 9.1　SOM 2×2 分类结果在 1993 年 1 月至 2004 年 12 月各月份出现次数的统计结果

月份	分类结果1	分类结果2	分类结果3	分类结果4
1	16	0	37	0
2	19	0	29	0
3	44	3	7	0
4	43	2	6	0
5	23	21	4	5
6	9	39	2	2
7	2	39	0	12
8	0	24	0	28
9	0	12	1	39
10	0	2	6	45

续表

月份	分类结果1	分类结果2	分类结果3	分类结果4
11	1	8	18	24
12	8	1	41	4

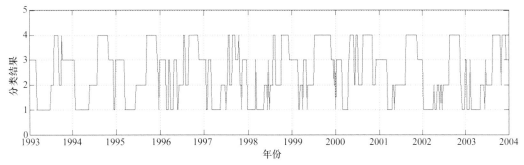

图 9.3　SOM 2×2 试验的 BMU 时间序列

9.1.3　吕宋海峡地转流及涡度场分布的月变化特征

9.1.3.1　气候态月变化特征

气候态的涡度场与地转流场通过 12 年的 SLA 与 ADT 的月平均计算得出。由图 9.4 可以看出，在前一年 12 月至第二年的 7 月和 8 月前后，黑潮流轴逐渐向东偏移，台湾岛西南部的反气旋式涡逐渐演变为气旋式涡，吕宋岛西北部的气旋式涡逐渐演变为反气旋式涡；在 7—12 月，黑潮流轴逐渐西移，台湾岛西南部的气旋式涡演变为反气旋式涡，吕宋岛西南部的反气旋式涡演变为气旋式涡。

同时，台湾岛西南部的反气旋式涡在 11 月至翌年 2 月前后达到最大，吕宋岛西北部的气旋式涡在 6—9 月前后达到最大。黑潮流轴在 11 月至翌年 2 月前后可以穿越吕宋海峡，在 6—9 月前后流轴不会穿越海峡，是对南海水影响最小的几个月份。这些结果与气候态数据及 SOM 2×2 分类结果相对应（金宝刚，2011）。

9.1.3.2　SOM 竞争层神经元个数为 3×4 的分类结果

SOM 2×2 的分类结果并不能完全获取吕宋海峡涡旋与地转流的分布信息。较少的分类结果会笼统地把相似的信息汇成一类。因此，要详细了解吕宋海峡涡旋与地转流的分布特征，需要增加分类数目。在此次试验中，把 SOM 竞争层神经元个数设置为 3×4，分类结果再与气候态的月分布图进行比较，进而获取了气候态数据不能显示的信息（图 9.5）。

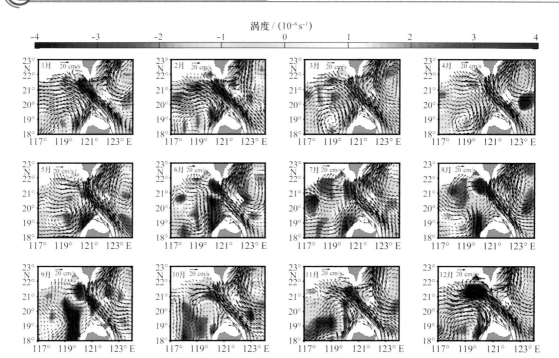

图 9.4　气候态的月涡度场与地转流场

填充图为涡度场（单位：s⁻¹）由 SLA 数据计算得出；箭头矢量为地转流（单位：cm/s），由 ADT 数据计算得出；空白区域为水深浅于 200 m 的区域

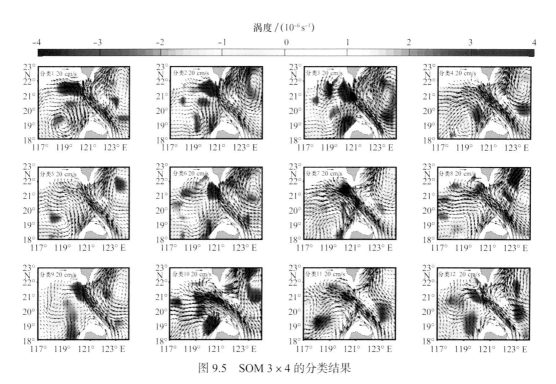

图 9.5　SOM 3×4 的分类结果

填充图为涡度场（单位：s⁻¹），由 SLA 数据计算得出；箭头矢量为地转流（单位：cm/s），由 ADT 数据计算得出；空白区域为水深浅于 200 m 的区域

表 9.2 显示的是分类数据的统计结果。通过分析，分类结果 1 发生时间为 2—6 月，主要发生在 3 月、4 月；分类结果 2 发生在 3—7 月，主要发生在 5 月、6 月；分类结果 3 发生在 7—9 月，主要发生在 7 月、8 月；分类结果 4 发生在 1—3 月，主要在 2 月、3 月；分类结果 5 发生在 3—6 月，主要发生在 6 月；分类结果 6 发生在 6—8 月，主要在 7 月；分类结果 7 发生在 12 月至翌年 2 月，主要发生在 12 月和翌年 1 月；分类结果 8 全年都有可能发生，但出现次数较少，主要在 12 月和翌年 2 月出现的相对多一些；分类结果 9 主要发生在 8—10 月；分类结果 10 发生在 12 月至翌年 2 月，出现次数相对较少；分类结果 11 在 11 月出现次数较多，其他时间较少，全年时间都会出现；分类结果 12 主要集中在 9 月、10 月。每一个分类结果都会在某一个或两个特定的月份出现最多，并与相应气候态月份的特征相类似。所有分类结果基本可以分为 4 类（图 9.5）：冬季型，包括分类图形 4、图形 7、图形 10。其基本特征主要发生在冬季，黑潮流轴穿越吕宋海峡，台湾岛西南出现反气旋式涡，吕宋岛西北部存在气旋式涡；春季型，包括分类图形 1、图形 5。这一类主要发生在春季以及夏初，黑潮流轴不再穿越海峡，存在支流进入南海，台湾岛西南部的气旋式涡渐强，吕宋岛西北部的涡度减弱；夏季型，包括分类图形 2、图形 3、图形 6，主要发生在春末和夏季，此时黑潮流轴不穿越海峡，台湾岛西南部的气旋式涡强度与吕宋岛西北部的反气旋式涡强度都很大，吕宋岛西部的地转流速达到最小；秋季型，包括分类图形 8、图形 9、图形 11、图形 12，主要发生在秋季，此时黑潮流轴西移，有时会有较强的支流穿越吕宋海峡，台湾岛西南部的气旋式涡逐渐向反气旋式涡改变，吕宋岛西北部的反气旋式涡趋向于气旋式涡。

表 9.2　SOM 3×4 的分类结果在 1993 年 1 月至 2004 年 12 月各月份出现次数的统计结果

月份	分类1	分类2	分类3	分类4	分类5	分类6	分类7	分类8	分类9	分类10	分类11	分类12
1	0	0	0	15	1	0	21	8	0	7	1	0
2	3	0	0	18	0	0	8	10	0	9	0	0
3	15	4	0	20	11	0	1	2	0	0	1	0
4	19	12	0	4	12	0	1	2	0	0	1	0
5	7	21	0	1	14	2	1	5	0	0	0	0
6	2	19	2	0	17	10	0	1	1	0	0	0
7	0	6	12	0	3	20	0	6	3	0	2	1
8	0	3	11	0	1	9	0	3	18	0	1	6
9	0	0	6	0	1	7	0	1	17	0	0	18
10	0	0	1	0	0	0	0	0	22	2	9	18
11	0	1	0	1	2	3	2	7	5	0	17	11
12	0	0	0	3	2	0	19	12	0	4	12	2

与气候态的数据进行比较可以发现，气候态数据只是在空间分布上表明了涡度场与流场的变化顺序，而 SOM 的试验结果不仅仅在空间分布上显示了一些详细的细节，还在时间序列上指出分类结果在时间上存在连续性（金宝刚，2011）。BMU 时间序列如图 9.6 所

示，年际信号与年内信号同时存在，但季节内信号变化较大。同一类型的分类图形在分布形态与时间排列上也存在差别，即季节形态并不是一成不变的，这也是气候态数据不能获取的信息（金宝刚，2011）。

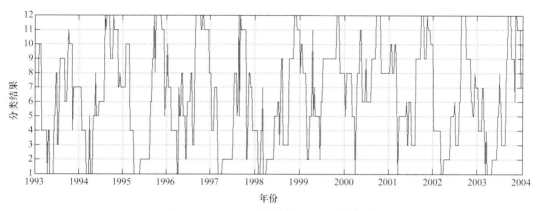

图 9.6　SOM 3×4 试验的 BMU 时间序列

9.2　吕宋海峡以东的中尺度涡统计特征与变化规律

吕宋海峡位于中国台湾岛和菲律宾吕宋岛之间，是南海与西太平洋水交换的主要通道。吕宋海峡环流对于南海北部环流以及整个南海海盆的质量和能量平衡有着重要的影响。因此，吕宋海峡环流的结构与动力机制也是目前学术界十分关心的问题。吕宋海峡附近有丰富的中尺度涡，吕宋海峡以西中尺度涡已有较为系统的研究（王桂华等，2005），而吕宋海峡以东海域中尺度涡的研究则相对较少。吕宋海峡以东的中尺度涡影响吕宋海峡黑潮的变化，具有重要的研究意义。

关于全球中尺度涡的基本活动规律已有一些观测方面的研究，尤其是卫星高度计的应用。Chelton 和 Schlax（1996）利用 3 年的 T/P 卫星高度计资料首次描述了海面高度信号向西传播的全球特征，其传播速度随纬度增加而减慢，他们还指出了中纬度罗斯贝波在主要的地形（如夏威夷海岭和北太平洋海岭）以西加强的显著特征。Chelton 等（2007）随后利用具有更高时空分辨率的 ERS–1/2 和 T/P 卫星融合后的海面高度异常资料并采用自动识别和追踪的方法对全球中尺度涡的数量、直径、振幅、运动轨迹、传播速度、非线性和对海面高度变化的贡献等特征的空间分布进行了研究。林鹏飞（2005）利用 1993—2001 年的多源卫星高度计网格化产品对西北太平洋区域（10°—35°N，120°—150°E）中尺度涡的移动特征、产生机理、出现概率及对海面高度变化的贡献进行了统计分析。上述工作给出了全球中尺度涡的基本活动规律，但研究区域范围较大。因此，没有详细分析吕宋海峡以东海域中尺度涡特有的活动特征和规律。

除一个准稳态的兰屿冷涡（靖春生和李立，2003），吕宋海峡以东中尺度涡主要来源于大洋，特别是西北太平洋副热带逆流（STCC）区由于斜压不稳定产生的大量涡旋（Qiu，

1999；Cushman et al.，1990）。刘秦玉和王启（1999）发现 STCC 区域海面高度主要具有准 90 d 的季节内振荡周期，这种准 90 d 的振荡沿着 20°N 自东向西传播，波长约为 700~800 km，相速度约为 0.09 m/s。此外，Yang 等（1999）和 Zhang 等（2001）的研究均表明台湾以东中尺度涡具有准 100 d 的传播周期。Yuan 等（2006）分析卫星高度计资料显示，菲律宾海的中尺度涡大都沿吕宋海峡东侧向北传播。周慧等（2007）利用 Argo 剖面浮标资料并结合卫星高度计资料，对台湾岛以东的涡旋垂向结构及其活动特征进行了详细的分析。上述工作揭示了吕宋海峡以东中尺度涡的某些活动规律，但对于涡旋参数的分析还不够系统和全面。

关于吕宋海峡黑潮的研究目前仍存在较大的争议，但很多研究都认为吕宋海峡黑潮流态具有一定的季节性变化，例如，一些观测显示黑潮以大弯曲形式入侵南海主要发生在冬季（Farris and Wimbush，1996；Centurioni et al.，2004），而吕宋海峡黑潮在各种流态之间的转换与太平洋向西传播而来的中尺度涡的类型和强度等参数密切相关（袁东亮和李锐祥，2008；胡珀，2009）。因此，有必要对吕宋海峡以东反气旋和气旋两类中尺度涡的各种参数及其季节性变化特征分别进行研究。本章利用 1993—2004 年的卫星高度计海面高度异常资料开展特征诊断研究，揭示吕宋海峡以东区域（18°~23°N，117°~124°E）中尺度涡的数量、半径、强度和移动速度等参数的变化特征（金宝刚，2011，2019）。

9.2.1　中尺度涡的生成数量和运动轨迹

中尺度涡在产生后会持续数天直至消亡，本章采用的高度计数据时间间隔为 7 d，因此所计算的半径、强度和移动速度都是在此基础之上进行计算，也就是说，每 7 d 计算一次中尺度涡的上述参数。利用高度计数据统计中尺度涡的方法参见第 7.2.2 节。关于该区域的中尺度涡统计特征已有一些相关的研究（Chelton et al.，2007；林鹏飞，2005），本章统计的许多结论与其类似，不再赘述。下面着重分析揭示有别于前人的新的现象特征和统计事实。

图 9.7 是利用上述卫星高度计资料所统计的 1993—2007 年的中尺度涡的运动轨迹，轨迹的数量即中尺度涡的产生数量。可以看出，吕宋海峡以东存在着大量的中尺度涡，在这 15 年中，共有 299 个反气旋涡，312 个气旋涡，两者产生数量相差不大，这与林鹏飞（2005）在更广阔的西北太平洋区域得出的冷暖涡产生比例为 7∶5 的统计结果略有不同。该结果可能是由于中尺度涡统计标准不尽一致或是我们的统计时间比他的多 1 倍的缘故。而 Chelton 等（2007）所统计的全球范围内的反气旋涡和气旋涡数量基本是一致的。

Chelton 等（2007）研究表明，全球范围内反气旋涡运动轨迹向赤道偏转，气旋涡运动轨迹向两极偏转。为了研究吕宋海峡以东中尺度涡是否具有上述特征，将所有中尺度涡起始点的纬度设置为相同的纬度（0°）、经度保持不变，以突出纬向运动趋势，并计算一个单位经度范围内的平均纬度变化趋势，如图 9.8（a）和图 9.8（b）所示。可以看出，受黑潮局地平流的影响，向西传播至黑潮附近（约 124°E 以西）的反气旋涡和气旋涡运动轨迹均向北极方向偏转；在远离黑潮区域（约 124°E 以东）反气旋涡和气旋涡的运动轨迹向北极方向偏转和向赤道方向偏转的概率基本相同。这说明吕宋海峡以东中尺度涡的运动轨迹与全球中尺度涡的特征有所差别。

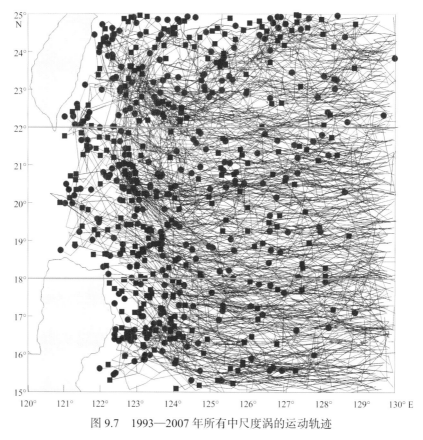

图 9.7　1993—2007 年所有中尺度涡的运动轨迹

实线代表反气旋涡和气旋涡运动轨迹，圆圈和方框分别代表反气旋涡和气旋涡终点。18°N 和 22°N 两条水平线将吕宋海峡及其南北划分为北、中、南 3 个区域

　　此外，从图 9.8 中还可以看出，两者相比较而言，反气旋涡在到达黑潮区之后向北传播的程度较小，气旋涡程度较大。反气旋涡和气旋涡到达黑潮区后的运动方向（或理解为与黑潮的相撞角度）不同，尤其是在 123°E 附近，可以明显看到反气旋涡的相撞角度比气旋涡小很多。计算分析发现，反气旋涡在 123°E 附近与黑潮的相撞方向线［图 9.8（a）中AB］与水平线的夹角为 10°，而气旋涡在 123°E 附近与黑潮的相撞方向线［图 9.8（b）中CD］与水平线的夹角为 33°，两者相差多达 23°。这反映出在黑潮的影响下两种涡旋的运动情况是不同的（金宝刚，2011）。

9.2.2　强度、移动速度及其相互关系

　　图 9.9（a）为中尺度涡的强度分布情况。可以看出，反气旋涡强度最大值为 30.8 cm，而气旋涡强度最大值为 –37.3 cm，气旋涡强度分布范围比反气旋涡更加宽广。反气旋涡强度为 6 cm 时出现频率最大，而气旋涡强度为 –8 cm 时出现频率最大。气旋涡的平均强度为 –10.4 cm，而反气旋涡的平均强度为 8.9 cm，两者绝对值相差 1.5 cm。在 15°—25°N纬度范围内，这些涡旋的强度随纬度变高而略有增强［如图 9.9（b）］。根据 Chelton 等

（2007）给出的 10 年平均的海面高度振幅的全球分布可以分析出，吕宋海峡以东 15°—25°N 范围内平均振幅具有随纬度变高而增大的显著特征，而在全球很多区域都不存在这种特征。中尺度涡的强度越大，必然导致海面高度振幅也越大，因此，虽然海面高度振幅与本研究定义的强度有一定的差异，但两者的分布特征应该是一致的。由此可以推断出吕宋海峡以东 15°—25°N 范围内涡旋的强度随纬度变高而略有增强的特征在全球其他区域不成立（金宝刚，2011）。

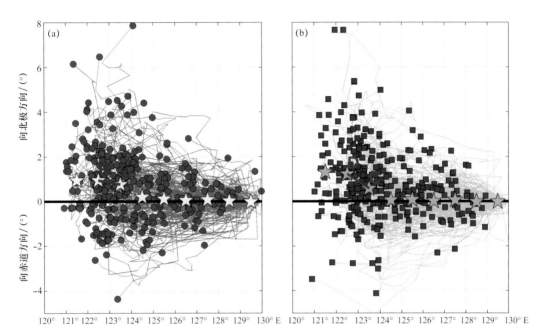

图 9.8　纬度归一后的中尺度涡运动轨迹：（a）反气旋涡的运动轨迹及其纬度变化平均值，（b）气旋涡的运动轨迹及其纬度变化平均值

实线代表中尺度涡运动轨迹，圆圈代表反气旋涡终点，方框代表气旋涡终点，五角星代表单位经度范围内纬度变化平均值

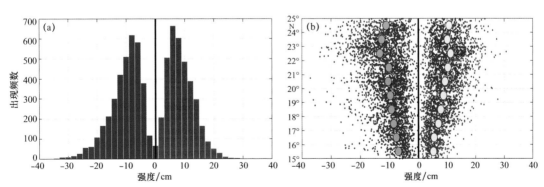

图 9.9　中尺度涡强度：（a）中尺度涡强度分布；（b）中尺度涡强度随纬度变化

图左侧为气旋涡，右侧为反气旋涡；（b）中大圆圈代表 1 个纬度内平均值

吕宋海峡以东中尺度涡的移动速度具有随纬度变高而减慢的特征，这与全球中尺度涡

的基本规律一致，这种现象早在 20 世纪 70 年代已有理论证明，90 年代 Chelton 和 Schlax（1996）利用卫星高度计的观测数据也证实了这一现象。有趣的是，吕宋海峡以东中尺度涡移动速度与强度存在一定程度的负相关（图 9.10）：中尺度涡强度越强，移动速度越慢，且移动速度变化范围也越小。也就是说，中尺度涡越向北，强度越强，移动速度越慢，反之成立（金宝刚，2011）。

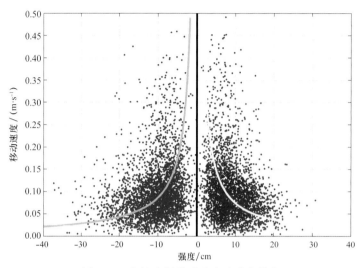

图 9.10　中尺度涡移动速度随强度分布

左侧为气旋涡，右侧为反气旋涡

不同强度的中尺度涡对吕宋海峡黑潮具有不同程度的影响，但是在经典理论中，并没有中尺度涡强度的计算公式，针对吕宋海峡以东区域进行推导，以方便今后对该区域中尺度涡强度进行估算。对反气旋涡和气旋涡强度和移动速度的关系分别进行双曲线拟合，得到如下关系式：

$$v \cdot s = k \qquad (9.1)$$

式中，v 为中尺度涡的移动速度大小，s 为中尺度涡的强度。对于反气旋涡 $k = 7.36 \times 10^{-3}$ m^2/s，对于气旋涡 $k = 8.68 \times 10^{-3}$ m^2/s。对反气旋涡和气旋涡对应的上述方程分别进行显著性检验（采用 t 检验法），两者均达到 0.05 的显著性水准，即置信度超过 95%。根据经典理论，中尺度涡的移动速度可以表示为

$$v = \beta g'H / f^2 \qquad (9.2)$$

式中，g' 为约化重力，H 为平均温跃层深度，f 为地转参数，$\beta = \partial f / \partial y$（$y$ 为纬向距离）。根据式（9.1）和式（9.2），进一步导出了中尺度涡强度的计算公式：

$$s = k / v = k \times f^2 / \beta g'H \qquad (9.3)$$

式中，s 为强度，k 为双曲线曲率。

9.2.3　吕宋海峡地形缺口及其南北持续时间变化特征

分析发现，对于吕宋海峡地形缺口及其南北这 3 个区域（以 18°N 和 22°N 为分界），

中尺度涡到达 124°E 后的持续时间有一定的差异（图 9.11）。相对而言，北区的平均持续时间最长（反气旋涡和气旋涡分别为 54 d 和 50 d），而南区的平均持续时间最短（反气旋涡和气旋涡分别为 25 d 和 20 d），中区的平均持续时间介于两者之间（反气旋涡和气旋涡分别为 42 d 和 36 d）。这可能是由于纬度越高对应涡旋的强度也越强，台湾以东涡旋强度最强，因此持续时间也较长，菲律宾以东涡旋强度最弱，因此持续时间最短。但无论是哪个区域，反气旋涡的平均持续时间都要长于气旋涡（平均相差约 5 d）。平均而言，气旋涡强度要强于反气旋涡，但反气旋涡的时序时间却长于气旋涡，这反映出黑潮更有利于反气旋涡的存在。

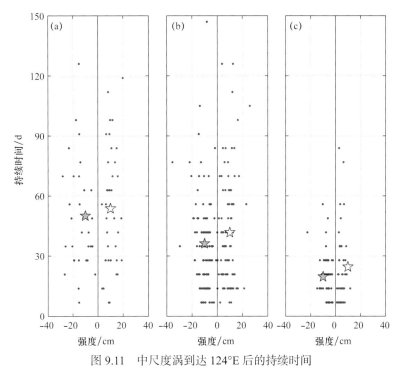

图 9.11　中尺度涡到达 124°E 后的持续时间

（a）、（b）和（c）分别对应图 9.7 中的北区、中区和南区；图左侧为气旋涡，右侧为反气旋涡

9.2.4　中尺度涡的季节性变化规律

季节定义如下：春季为 3—5 月，夏季为 6—8 月，秋季为 9—11 月，冬季为 12 月至翌年 2 月。对 15 年中各月份的中尺度涡总的产生数量进行统计以分析其季节性变化规律，如图 9.12（a）所示。可以看出，中尺度涡在春、冬两季产生数量较多，夏、秋两季产生数量较少；反气旋涡最大值出现在 3 月，最小值出现在 7 月；气旋涡最大值出现在 3 月，最小值出现在 9 月；反气旋涡月产生数量分布范围为 18～36 个，而气旋涡月产生数量分布范围为 16～32 个。Noh 等（2007）和 Qiu（1999）曾做过相关的研究，他们认为春季副热带逆流区的动能较大，斜压不稳定较强，有利于产生更多的中尺度涡；秋季动能较小，斜压不稳定较弱，产生的中尺度涡也较少。

此外，还发现在中尺度涡产生数量存在季节性变化的同时，其半径存在与数量相反的季节性变化，如图9.12（b）所示。可以看出，中尺度涡在春季和冬季半径较小（12月除外），夏季和秋季半径较大（6月除外）；反气旋涡最大值出现在11月，最小值出现在2月，变化范围为0.78°~1.04°；气旋涡最大值出现在9月，最小值出现在3月，变化范围为0.79°~1.05°。

在此基础上，进一步研究了中尺度涡强度和移动速度的季节性变化规律。为方便比较，将气旋涡的强度取绝对值。分析表明，反气旋涡在3—5月、7—9月强度较强，气旋涡在4—8月强度较强，如图9.12（c）所示。反气旋涡最大值出现在8月，最小值出现在12月，变化范围为7.8~9.5 cm；气旋涡最大值出现在4月，最小值出现在10月，变化范围为9.4~11.1 cm；此外，气旋涡在一年当中的强度值几乎全部大于反气旋涡，平均强度相差约1.5 cm。

移动速度的季节性变化如图9.12（d）所示，总体上来看：反气旋涡在夏季移动速度略快，气旋涡在春季移动速度略慢；反气旋涡最大值出现在6月，最小值出现在11月，变化范围为0.089~0.102 m/s；气旋涡最大值出现在11月，最小值出现在6月，变化范围为0.085~0.1 m/s。反气旋涡的最大（小）值对应着气旋涡的最小（大）值，而且每一个反气旋涡的极大（小）值都对应着气旋涡的极小（大）值。

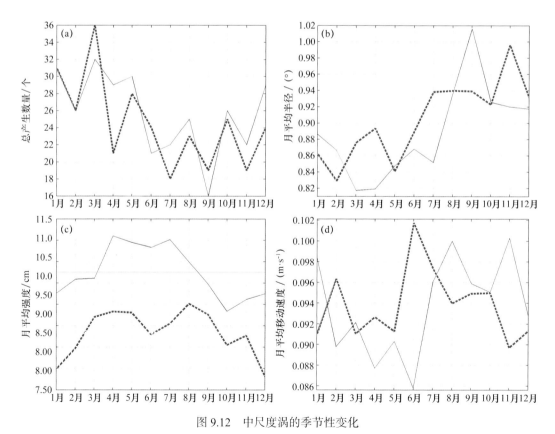

图9.12　中尺度涡的季节性变化

（a）15年总产生数量的季节变化，（b）半径的季节变化，（c）强度绝对值的季节变化（水平线为12个月的平均线），
（d）移动速度的季节变化。虚线代表反气旋涡，实线代表气旋涡

9.3　本章小结

基于卫星高度计数据的 1993 年 1 月至 2004 年 12 月周平均的海面高度异常与绝对动力高度地形数据，利用 SOM 方法对吕宋海峡海面涡度场与地转流场特征及其年内和年际变化信息进行了分析。

研究表明：在 SOM 2×2 的试验中，4 个分类结果的空间形态类似于气候态的季节分布形态，其中冬季型可以由 11 月延续至翌年 3 月，夏季型在 5 月至 9 月都会存在，春季型与秋季型属于冬季型与夏季型转型的中间形态，此时黑潮有支流穿越海峡。BMU 时间序列显示分类结果存在年内和年际变化信号，其中在 1996—2000 年，年内变化信号明显。SOM 3×4 的结果显示，12 个分类结果可以分为 4 类，即冬季型、春季型、夏季型、秋季型。每种类型内的分类图形形态均存在一定差别。在时间上，分类图形存在连续性，并集中出现在某个月份。时间序列显示年内变化信号与年际变化信号同时存在，但年内变化信号较强。

分析统计了吕宋海峡以东中尺度涡的规律，揭示出一些新的现象特征和统计规律，归纳如下：

（1）反气旋涡和气旋涡数量接近；在远离黑潮区域，中尺度涡运动轨迹向北极方向和向赤道方向偏移的概率基本相同，在 123°E 附近反气旋涡与黑潮的相撞角度比气旋涡小 23°，这些运动规律与全球中尺度涡的基本运动规律有所不同。

（2）纬度越高，中尺度涡的强度越强；中尺度涡的移动速度 v 与强度 s 呈负相关 $v \cdot s = k$；强度越大，移动速度越慢，且移动速度变化范围越小。对反气旋涡 $k = 7.36 \times 10^{-3} \text{ m}^2/\text{s}$，对气旋涡 $k = 8.68 \times 10^{-3} \text{ m}^2/\text{s}$。

（3）对吕宋海峡以东黑潮附近南、中、北 3 个区域而言，北侧中尺度涡持续时间最长，南侧中尺度涡持续时间最短，3 个区域反气旋涡的持续时间普遍长于气旋涡，尽管气旋涡总体强于反气旋涡，这反映出黑潮更有利于反气旋涡的存在。

（4）中尺度涡数量、半径、强度和移动速度有不同程度的季节性变化。总体来说，春季和冬季中尺度涡数量较多、半径较小，夏季和秋季中尺度涡数量较少、半径较大，数量和半径的季节性变化相对显著；强度和移动速度的季节性变化不显著。但气旋涡在各个季节的平均强度均大于反气旋涡，年平均强度差约为 1.5 cm。反气旋涡移动速度的最大（小）值对应着气旋涡的最小（大）值，而且每一个反气旋的极大（小）值都对应着气旋涡的极小（大）值。

上述统计分析结果初步揭示了吕宋海峡以东中尺度涡的强度变化特征及一些相关变量的季节性变化规律，为研究吕宋海峡环流及其与中尺度涡相互作用提供了现象特征和事实依据，相应的机理研究有待进一步的探索。

第 10 章 吕宋海峡次级中尺度涡特征与统计规律

10.1 概述

吕宋海峡位于台湾岛与吕宋岛之间，是太平洋和南海之间的主要连接通道，宽度约 350 km，最大深度超过 2000 m。吕宋海峡被巴坦群岛和巴布延群岛分割成 3 个小的海峡，由南至北分别为巴布延海峡、巴林塘海峡和巴士海峡（图 10.1）。吕宋海峡以多种形式对南海环流产生重要影响，如水通量、内波和锋面不稳定等（Qu et al.，2004；Su，2004；Orr and Mignerey，2003）。

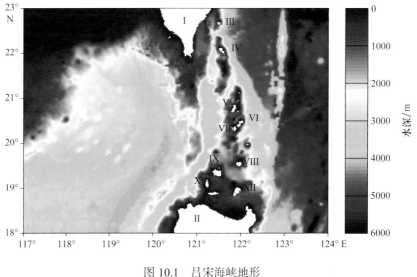

图 10.1 吕宋海峡地形

巴坦群岛包括 V、VI、VII等岛屿，巴布延群岛包括VIII、IX、X、XI、XII等岛屿。 I：台湾岛，II：吕宋岛，III：绿岛，IV：兰屿，V：伊特巴亚特岛，VI：巴坦岛，VII：萨唐岛，VIII：巴布延岛，IX：加拉鄢岛，X：达卢皮里岛，XI：富加岛，XII：甘米银岛

吕宋海峡大尺度环流和中尺度涡主要受黑潮和季风影响。在吕宋海峡以东，黑潮通常跨过吕宋海峡向北流至台湾以东（Su，2004）。黑潮有时会在南海产生一个流套，尤其是在冬季风期间（Centurioni et al.，2004）。现有水文观测和一些模式结果也显示，由于锋面不稳定，黑潮可能会脱离出反气旋涡（Li et al.，1998）。一些研究还表明，黑潮与巴布延群岛之间相互作用会产生中尺度涡（Metzger and Hurlburt，2001）。在吕宋海峡以西，

南海北部有一个受季风驱动的大尺度气旋式环流（Liu et al.，2001）。水文观测数据和卫星高度计观测数据表明，嵌套在该大尺度环流中，有很多中尺度的涡旋。这些中尺度涡中有不少是由局地强风应力旋度所激发出来的（Wang et al.，2008）。

前人的研究工作，尤其是卫星高度计的应用，有助于加强对吕宋海峡中尺度涡进一步了解（如 Wang et al.，2003）。目前，多数研究仅关注直径大于 100 km 以上的涡旋（Wang et al.，2003；Chelton et al.，2007），这主要是由于受到卫星高度计观测数据和水文观测数据空间分辨率的限制。也有一些研究开始关注并探秘半径较小的次级中尺度涡（Zheng et al.，2008）。通过对南海的热盐收支进行估算，Su（2005）也曾设想吕宋海峡次级中尺度涡在太平洋和南海热盐交换中起着非常重要的作用。

本章采用高分辨率 OFES/QSCAT 模式输出数据和 6 h 间隔的 Drifter 观测数据，对吕宋海峡半径在 10～60 km 的涡旋生命过程中参数进行了统计分析（金宝刚，2011）。

10.2　Drifter 涡旋统计分析

10.2.1　所有涡旋的空间分布状况

利用 1979—2008 年所有可用的 Drifter 观测数据识别出该期间的涡旋，得到反气旋涡 3311 个，气旋涡 963 个，如图 10.2 所示。半径在小于 10 km、10～60 km 和大于 60 km 的反气旋涡所占比例分别为 79%、17% 和 4%，半径在小于 10 km、10～60 km 和大于 60 km 的气旋涡所占比例分别为 55%、38% 和 7%。有趣的是，半径小于 5 km 的涡旋数量最多，该半径范围内的反气旋涡和气旋涡分别占反气旋涡和气旋涡总数的 57% 和 34%。

10.2.2　10～60 km 半径的涡旋特征

下面仅讨论半径在 10～60 km 的涡旋，选择 10 km 作为最小半径是因为 OFES 模式输出结果的空间分辨率为 10 km，选择 60 km 作为最大半径是因为该区域的罗斯贝变形半径约在 50～90 km 范围内，这些涡旋中大多数都不能通过卫星高度计数据分辨出来（Wang et al.，2003）。

半径为 10～60 km 的涡旋，其旋转角速度主要分布在 $0～6 \times 10^{-5}$ rad/s，且 $0～1 \times 10^{-5}$ rad/s 范围内发生频率最大。其切向速度主要分布在 0～1 m/s，反气旋涡在 0.2～0.4 m/s 发生概率最大，气旋涡在 0～0.2 m/s 发生概率最大（表 10.1）。

将利用 Drifter 数据提取出的涡旋经纬度位置放置于 0.5°×0.5° 网格上，以反映出涡旋活跃的空间地点。图 10.3（a）和图 10.3（b）分别显示了反气旋涡和气旋涡在每一个网格点上的出现频数。反气旋涡主要活跃在台湾岛西南、伊特巴亚特岛西北和巴布延岛以西，气旋涡主要活跃在台湾岛东南和吕宋岛西北。

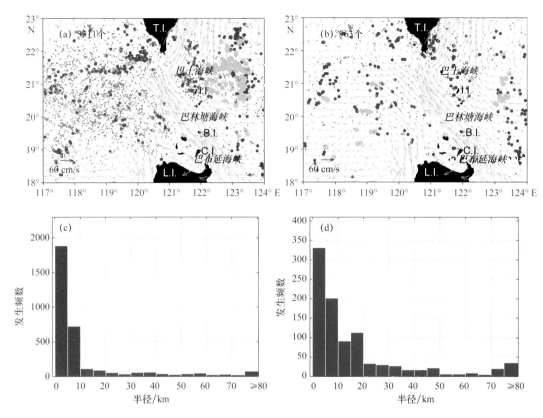

图 10.2　Drifter 观测的（a）反气旋涡和（b）气旋涡，（c）和（d）分别为反气旋涡和气旋涡
不同半径的发生频数

图（a）中，灰色小号点、黑色中号点和灰色大号点分别代表半径小于 10 km、10 ~ 60 km 和大于 60 km 的反气旋涡，图（b）中，
灰色小号点、黑色中号点和灰色大号点分别代表半径小于 10 km、10 ~ 60 km 和大于 60 km 的气旋涡。绿色矢量是根据该
区域 1979—2008 年所有 Drifter 的运动轨迹计算出的网格化多年平均流场。T.I.：台湾岛，L.I.：吕宋岛，I.I.：伊特巴亚特岛，
B.I.：巴布延岛，C.I.：甘米银岛

表 10.1　不同强度的旋转角速度（RAV）和切向速度（TV）的涡旋出现概率

RAV/（10^{-5} s^{-1}）	（0，1］	（1，2］	（2，3］	（3，4］	（4，5］	（5，6］	>6
反气旋涡 /%	50.0	30.9	11.3	4.2	1.2	0.6	1.8
气旋涡 /%	38.1	28.6	13.3	9.5	7.6	1.9	1.0
TV/（$m \cdot s^{-1}$）	（0，0.2］	（0.2，0.4］	（0.4，0.6］	（0.6，0.8］	（0.8，1］	>1	
反气旋涡 /%	38.7	47.6	8.3	2.4	2.4	0.6	
气旋涡 /%	43.8	29.5	16.2	7.6	1.9	1.0	

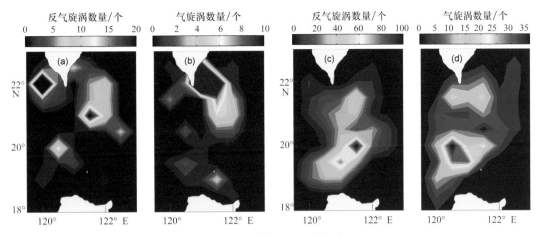

图 10.3　涡旋数量的空间分布

（a）和（c）分别为 Drifter 和模式统计得到的反气旋涡，（b）和（d）分别为 Drifter 和模式统计得到的气旋涡

10.3　OFES 涡旋统计分析

10.3.1　OFES 表层涡旋与 Drifter 涡旋统计对比

基于 2000—2006 年的 OFES/QSCAT 高分辨率模式表层流场数据，统计分析了吕宋海峡区域半径在 10~60 km 的次级中尺度涡。

为了检验模式模拟的次级中尺度涡结果能否与观测结果相一致，图 10.3（c）和图 10.3（d）也显示了 0.5°×0.5° 网格上模式模拟的反气旋涡和气旋涡的出现频数。

与图 10.3（a）和图 10.3（b）相比，可以看出，模式和观测均表明有几个共同的涡旋活跃区域，两者有诸多相似之处。例如，反气旋涡主要活跃在台湾岛西南、伊特巴亚特岛西北和巴布延岛以西，气旋涡主要活跃在台湾岛东南和吕宋岛西北。由于模式模拟和观测之间相似，本章利用 OFES 模式输出数据对次级中尺度涡进行进一步的研究。

在图 10.3 中也可以看到模式模拟和观测资料之间的一些不同之处，这些不同可能与 Drifter 观测数据的采样偏差有关。

10.3.2　150 m 涡旋地理分类和可能的产生机制

为避免复杂的大气过程的影响，下面基于 OFES/QSCAT 150 m 层流场数据，统计分析吕宋海峡区域初始时刻半径小于等于 60 km 的次级中尺度涡，并讨论其机制。

所识别的涡旋总数为 215 个，其中反气旋涡 116 个，气旋涡 99 个 ［图 10.4（a）］。为了便于讨论统计特征，按照涡旋的形成地点将所有的涡旋分成 3 个地理区域。这些区域的定义主要基于吕宋海峡大尺度环流和次级中尺度涡的生成机制。所定义的区域分别为 ［图 10.4（a）］：巴坦群岛以西区域 1（Z1 区）、吕宋岛西北区域 2（Z2 区），巴坦群岛和巴布延群岛以东区域 3（Z3 区）。这些涡旋的产生季节、生命周期、强度、大小和移动距离等参数统计特征如表 10.2 所示。

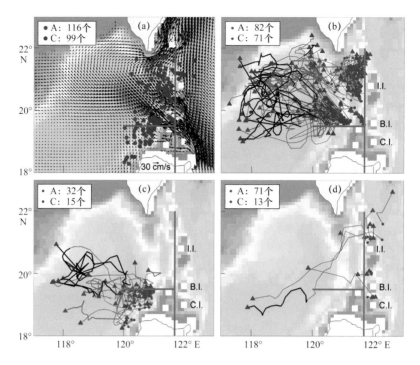

图 10.4　OFES 模式 150 m 涡旋的（a）初始位置和（b）区域 1、（c）区域 2、（d）区域 3 的涡旋运动轨迹

红色圆点和三角形分别为反气旋涡起点和终点，红线和紫线分别为反气旋涡在半径小于等于 60 km 和半径大于 60 km 时的运动轨迹；蓝色圆点和三角形分别气旋涡起点和终点，蓝线和黑线分别为气旋涡在半径小于等于 60 km 和半径大于 60 km 时的运动轨迹。I.I.：伊特巴亚特岛，B.I.：巴布延岛，C.I.：甘米银岛

表 10.2　区域涡旋统计特征

	Z1区				Z2区				Z3区			
	A		C		A		C		A		C	
1月	11	1	7	1	4	1	2	0	0	0	0	0
2月	6	1	7	2	4	1	2	1	1	0	1	0
3月	2	0	5	0	0	0	0	0	0	0	0	0
4月	7	0	5	2	3	1	1	1	0	0	0	0
5月	9	0	3	1	3	1	1	0	0	0	1	0
6月	7	1	7	2	2	1	2	0	0	0	0	0
7月	10	0	7	2	4	0	0	0	0	0	0	0
8月	6	2	6	1	3	0	0	0	0	0	4	1
9月	4	1	4	1	2	1	5	3	0	0	2	0

续表

	Z1区				Z2区				Z3区			
	A		C		A		C		A		C	
10月	9	0	5	1	4	0	0	0	1	0	1	0
11月	8	1	9	3	2	1	1	0	0	0	4	0
12月	3	0	6	2	1	0	1	1	0	0	0	0
总	82	7	71	18	32	7	15	6	2	0	13	1
$<T>$/d ($R<60$ km)	12.293		25.014		15.094		25.8		13.5		13.154	
$<L>$/km ($R<60$ km)	117.36		223.4		84.581		207.5		167.75		130.17	
$<V>$/(m·s^{-1}) ($R<60$ km)	0.1219		0.1034		0.0617		0.0931		0.1406		0.1145	
$<R>$/km ($R<60$ km)	28.178		38.345		35.622		38.542		25.235		33.585	
$<\Omega>$/10^{-5}s^{-1} ($R<60$ km)	−2.536		1.8957		−0.818		1.2245		−2.209		2.2812	

注：A 为反气旋涡，C 为气旋涡；T 为生命周期，L 为移动距离，V 为移动速度，R 为半径，Ω 为涡度；$<>$ 代表每一个区域的平均值；A 和 C 下方左列为该区域该月份产生的涡旋总数量，右列为最终发展壮大的涡旋数量。

下面分别讨论 3 个区域的涡旋规律和机制。

1）Z1 区 ［图 10.4 (b)］

在该区域黑潮可以在南海形成一个小的流套 ［模式流套见图 10.4 (a)，Drifter 观测数据计算出的流套见图 10.2 (a)］。在该区域的 82 个反气旋涡和 71 个气旋涡中，78 个反气旋涡产生于黑潮流套的东侧，59 个气旋涡产生于黑潮流套的西侧。这表明这些涡旋很可能是由黑潮流套的水平切变不稳定激发产生的。

在流套以东，反气旋涡强度很强，运动速度很快，但它们的持续时间很短。它们中的大部分都向北移动且地点局限于 120.8°E 以东，少部分可以向西运动到达 119°E，只有 14 个可以向西运动到达南海海区。

在流套以西，大部分气旋涡产生于此并且向西北方向运动。与其他区域相比而言，该区域的气旋涡持续时间长、移动距离远（表 10.2）。

在 Z1 区的 82 个反气旋涡和 71 个气旋涡中，有 7 个反气旋涡和 18 个气旋涡可以发展增强（表 10.2）。

2）Z2 区 ［图 10.4 (c)］

该区域受南海大尺度环流的影响很大。观测和模式都表明在吕宋岛西北沿岸常年存在一个气旋式环流，在该大尺度气旋式环流的东侧是一个强的北向流。当这支强北向流离开吕宋岛时，产生的摩擦力矩提供了一个强的负涡度。该强负涡度产生正压不稳定，进而产生反气旋涡。

该区域共产生了 32 个反气旋涡和 15 个气旋涡。该区域的反气旋涡具有弱的强度、慢的移动速度和短的移动距离（表 10.2）。大多数反气旋涡向北移动并局限于 119.5°—121.0°E 之间。有 3 个反气旋涡运动到了 119.5°E 以西。该区域的气旋涡可以移动到达 119°E 以西。

在 Z2 区的 32 个反气旋涡和 15 个气旋涡中，有 7 个反气旋涡和 6 个气旋涡可以发展增强（表 10.2）。

3）Z3 区［图 10.4（d）］

黑潮的主支由南向北依次经过甘米银岛、巴布延岛和伊特巴亚特岛，然后继续向北流至台湾以东。尽管有研究发现有反气旋涡源自黑潮－巴布延群岛相互作用（Metzger and Hurlburt，2001），但卡曼涡度理论表明当强流黑潮与岛相撞时，在岛的后方通常会产生冷涡。

统计结果显示，Z3 区产生的 15 个涡旋中有 13 个是气旋涡。甘米银岛、巴布延群岛和伊特巴亚特岛分别激发了 3 个、3 个和 5 个气旋涡。这些涡旋多数移动不远（通常小于 100 km），但是有 3 个气旋涡穿越了吕宋海峡进入南海内部。其中两个产生于伊特巴亚特岛北部，然后穿越巴士海峡向西南方移动，移动距离在 500 km 以上；另外 1 个产生于甘米银岛北部，然后穿越巴林塘海峡到达南海海区。与其他区域相比，Z3 区很少有涡旋能够发展增强（表 10.2）。

10.3.3 表层涡旋与 150 m 涡旋的特征差异

通过将表层涡旋统计结果和 150 m 涡旋统计结果进行对比分析表明：表层有 219 个涡旋能够到达 150 m 深度，但仍有 76 个涡旋无法到达 150 m 深度；在 150 m 的所有涡旋中，有 43 个无法延伸至表层。表层和 150 m 之间的差别可能是由复杂的大气过程（如吕宋海峡的强风应力旋度）所引起的，但具体机制仍有待研究。

此外，一个显著特征是表层涡旋和 150 m 涡旋都具有斜压特性。涡旋顶部和底部中心之间距离随涡旋垂向深度的分布如图 10.5 所示。可以看出，大多数反气旋涡和气旋涡都有 0～50 km 水平倾斜和 0～500 m 的垂向深度范围，反气旋涡的斜压性比气旋涡更强，150 m 涡旋比表层涡旋垂向延伸范围更广。Z1 区、Z2 区和 Z3 区涡旋的斜压特征类似。

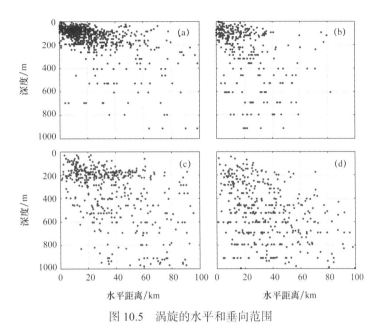

图 10.5 涡旋的水平和垂向范围

（a）和（c）分别为 OFES 模式输出结果表层和 150 m 的反气旋涡，（b）和（d）分别为 OFES 模式输出结果表层和 150 m 的气旋涡

10.4 本章小结

利用 1979—2008 年的卫星跟踪表面漂流浮标观测数据对吕宋海峡的次级中尺度涡进行了研究。结果表明：次级中尺度涡是吕宋海峡的一种常见现象，半径在小于 10 km、10 ~ 60 km 和大于 60 km 的反气旋涡（气旋涡）所占比例分别为 79%（55%）、17%（38%）和 4%（7%）；此外，反气旋涡活跃在台湾岛西南、伊特巴亚特岛西北和巴布延岛以西，而气旋涡活跃在台湾岛东南和吕宋岛西北（金宝刚，2011）。

利用空间分辨率达 10 km、时间分辨率高 3 d 的 2000—2006 年 OFES 模式输出结果对吕宋海峡中半径在 10 ~ 60 km 的涡旋进行了研究。根据涡旋可能的产生机制可以将半径在 10 ~ 60 km 的涡旋分成 3 个区域。统计分析结果表明，黑潮流套水平切变不稳定、摩擦力矩产生的涡度、黑潮 – 岛屿相互作用很可能是 3 个区域涡旋的主要产生机制（金宝刚，2011），其他涡旋产生机制有待研究。

讨论了这些涡旋的统计参数（包括初始位置、生命周期、强度、半径、移动距离）。次级中尺度涡 3 个有趣的统计特征值得进一步研究：① Wang 等（2008）提到，直径 100 km以上的涡旋中，有 1/3 在冬季不能由强的风应力旋度产生，上述研究表明一些次级中尺度涡可以发展为大的涡旋，这为解释冬季南海涡旋机制提供了一种可能；②表层和 150 m涡旋存在不同，有些表层的涡旋无法到达 150 m 深度，有些 150 m 深度的涡旋无法延伸到表层，这可能与表层复杂的大气过程有关，其原因有待进一步研究；③这些次级中尺度涡的斜压特性有待研究。

第11章 黑潮延伸体海区中尺度涡三维温盐结构特征

中尺度涡是世界大洋中最为活跃的海洋现象之一，广泛分布于世界各个海域。中尺度涡的主要特征为长期的封闭环流，蕴含着大量的能量，比平均流高出一个量级或者更大，其能量主要由背景海洋以不稳定过程提供。中尺度涡的运动重新调整了海水质量、温度和盐度分布；涡旋的旋转能够诱发上升流和下降流，影响主温跃层，并常伴有锋面产生，是大尺度与小尺度能量转换的中介。因此，中尺度涡对大洋环流中热量、涡度、动量的输运有着不可忽视的作用，对局地的温盐结构有着重要的影响。然而鉴于数据有限，人们对中尺度涡的认识尚不完整。尽管卫星高度计资料提供了中尺度涡丰富的表层数据信息，但要在广阔海洋中对中尺度涡进行全面观测，仍存在较大的技术挑战。随着世界大洋剖面浮标观测的发展，将会得到更为完善的海洋中尺度涡旋观测数据。

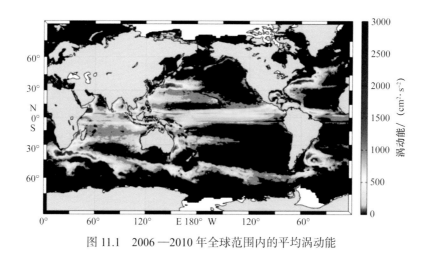

图 11.1　2006—2010 年全球范围内的平均涡动能

涡动能是海水瞬时运动相对于平均流场的扰动动能，其分布情况与海洋中尺度涡活动直接相关。全球中尺度涡的分布可以通过涡动能的空间分布来表征，从图 11.1 所示的 2006—2010 年全球范围内的平均涡动能（Eddy Kinetic Energy，EKE）分布可以看到，北太平洋主要有两条 EKE 高值带，分别是轴线位于 35°N 的黑潮和黑潮延伸体（Kuroshio Extension，KE）区域和轴线位于 22°N 的副热带逆流（STCC）区域。南太平洋上澳大利亚东海岸有一条 EKE 高值带向东延伸。在北大西洋，沿湾流分布的 EKE 高值带从墨西哥湾向东北延伸到大西洋中东部。在印度洋上，EKE 高值区主要靠近大陆边缘分布，频繁出现在阿拉伯海和孟加拉湾的西海岸。30°S 以南的南大洋上，沿着南极绕极流的狭长黑潮延伸体贯穿整个大洋。总体上，全球范围内的中尺度涡密集分布在副热带海区，尤其是强的西边界流区，如黑潮和湾流区。White 和 Annis（2003）指出，黑潮和湾流以一种波状的形式蜿蜒流动从而造成不稳定，这种流的混合斜压 – 正压不稳定切变导致反气旋涡和气旋涡从主流中脱离出来。

　　黑潮是我国近海的一支强大洋流，它起始于菲律宾东海岸的吕宋海峡，向北流经台湾岛东部，沿着东、黄海大陆架斜坡大约 200 m 等深线向北流至日本东岸大陆架斜坡，该段为黑潮主流系；在 35°N，140°E 附近脱离日本海岸后进入北太平洋开放盆地，即黑潮延伸体。黑潮延伸体是一支位于中纬度的惯性流，伴随着大量的蜿蜒流和中尺度涡，如图 11.2 白色方框所示。黑潮延伸体是海洋中尺度涡变化最频繁的区域，对该海域中尺度涡的研究一直是海洋科学研究的重点，既有重要的学术意义，又有显著的应用价值。从卫星遥感的角度来看，中尺度涡区域与周边的海水往往呈现出不同的海表特性或者海平面高度的异常。然而，这仅仅是海表面对中尺度涡的一种响应，对于中尺度涡的水下结构，由于水文观测资料有限，至今仍然缺乏全面的认识。Argo 浮标从海表面至 2000 m 深的温盐观测资料具有高质量、高精度、高覆盖率等特点，可有效地弥补中尺度涡结构研究中次表层直接观测资料稀少的缺陷。因此，综合利用卫星观测和现场观测资料，分析中尺度涡三维结构是研究海洋中尺度涡有效的技术途径。

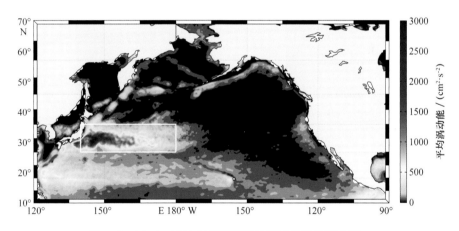

图 11.2　2006—2010 年黑潮延伸体区域的平均涡动能

研究海区以白色框所示

　　在黑潮延伸体区域，由于亲潮和黑潮交汇，黑潮携带有高温高盐水，而亲潮则是低温低盐水，在 35°N 附近形成了很强的锋面（Kouketsu et al.，2005）。本章选取 35.5°N 和 144.5°E 两个断面，其位置分别为图 11.3 图中白色虚线所示。从 144.5°E 温度断面［图 11.3（d）］看，沿纬向等温线非常密集，形成很强的温度梯度，且这种强温度锋面一直延伸至 1000 m。从 35.5°N 温度断面［图 11.3（b）］看，经向上的等温线分布整体上比较平缓，在 0 ~ 100 m 间温度西高东低，形成了一定的温度梯度，100 m 之下每层的温度分布则变化不大，在 150°—160°E 附近，由于海底地形造成海水爬升，形成了向上凸起的冷舌。黑潮延伸体区域的年平均温度随深度的曲线［图 11.3（c）］显示，该海域的主温跃层基本上在 300 ~ 600 m 范围内。从以上分析可以发现，该海域温盐具有强烈的变化，直接关系到合成中尺度涡的基本特征是否具有代表性，所确定的结构是否符合该海域的实际情况。

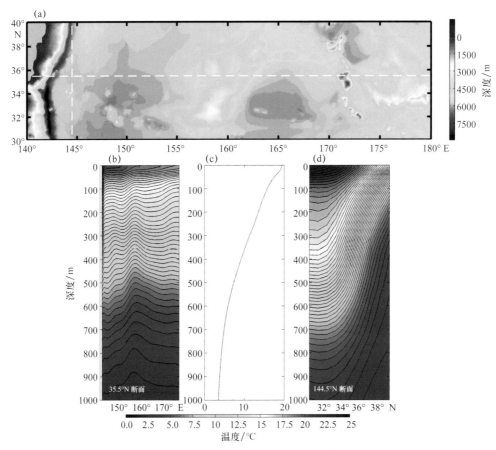

图 11.3　WOA09 年平均气候态的 35.5°N 和 144.5°E 断面温度 – 深度图

等温线间隔 0.5℃；（a）为 KE 区域的海底地形，白色虚线为选取的断面，（b）为 35.5°N 温度断面，（c）为 KE 区域的年平均温度随深度的曲线，（d）为 144.5°E 温度断面

本章选取 KE（30°—40°N，140°—180°E）作为研究海域，利用卫星高度计资料刻画中尺度涡，并根据 Argo 浮标的温盐观测资料来研究中尺度涡的三维温盐结构和特征（安玉柱，2013）。

11.1　数据资料和分析方法

11.1.1　研究数据

海表面地转流异常数据可以用来识别涡旋，资料来源于 AVISO（ftp. aviso. oceanobs.

com/donnees/ftpsedr/DUACS/global/dt/upd/msla/merged/uv），数据时间分辨率为 1 d，空间上采用 Mercator 网格，分辨率为（1/3）°×（1/3）°。本书使用的数据时间长度为 2006 年 1 月 1 日到 2010 年 12 月 31 日，空间范围为 30°—40 °N，140°—180°E。

　　Argo 数据用来揭示中尺度涡对海洋温盐层结的影响，数据来源于中国 Argo 实时资料中心（http：//www.argo.org.cn/），使用该数据之前，对 Argo 资料进行了必要的质量再控制，主要对剖面定位错误、可疑剖面、毛刺和盐度漂移进行了订正，然后选取与海表面地转流异常数据同期同范围的 Argo 剖面。图 11.4（a）给出了 2006—2010 年研究区域的 Argo 剖面分布，共有 15 435 条剖面记录，整体上剖面的分布较为均匀，靠近日本以东的海域剖面分布相对密集，这与 Argo 浮标初始布放位置有关；图 11.4（b）显示了各 1° 纬度带上的剖面数量，可见 30°—35°N 的剖面数量相对 35°—40°N 更丰富；图 11.4（c）显示了 2006—2010 年各年逐月的剖面数量变化，每年春季（3—5 月）的观测剖面数量相对其他季节要多一些，在秋季（8—10 月）的观测最少。整体趋势是在这个海域的剖面数量逐渐减少，这可能与后期的浮标补充数量有关。

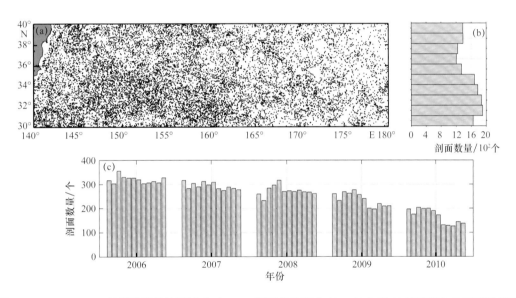

图 11.4　2006—2010 年黑潮延伸体区域（a）Argo 剖面的位置分布，（b）每 1° 纬度带上的剖面数量和（c）每年逐月剖面数量分布

　　对于典型的 Argo 剖面，其垂向的观测频次一般为 $0 \sim 200 \times 10^4$ pa 范围内间隔 5×10^4 pa，$200 \times 10^4 \sim 1000 \times 10^4$ pa 范围内间隔 $10 \times 10^4 \sim 25 \times 10^4$ pa，1000×10^4 pa 以深间隔 $50 \times 10^4 \sim 100 \times 10^4$ pa，在这里我们先将压力转换为深度，然后利用 Akima 方法将 Argo 剖面 $0 \sim 2000$ m 加密插值到 66 个标准层上（表 11.1）。

表 11.1　Akima 垂向插值深度层　　　　　　　　　　　　单位：m

标准层	z-level	标准层	z-level	标准层	z-level	标准层	z-level	标准层	z-level	标准层	z-level
1	0	12	90	23	180	34	275	45	500	56	1100
2	5	13	100	24	190	35	280	46	550	57	1200
3	10	14	110	25	200	36	290	47	600	58	1300
4	20	15	120	26	210	37	300	48	650	59	1400
5	30	16	125	27	220	38	325	49	700	60	1500
6	40	17	130	28	225	39	350	50	750	61	1600
7	50	18	140	29	230	40	375	51	800	62	1700
8	60	19	150	30	240	41	400	52	850	63	1750
9	70	20	160	31	250	42	425	53	900	64	1800
10	75	21	170	32	260	43	450	54	950	65	1900
11	80	22	175	33	270	44	475	55	1000	66	2000

为了能够反映中尺度涡对局地温盐的影响，还用到了 GDEM V3.0 和 WOA09 气候态的格点温盐数据。其中，GDEM V3.0 数据是美国海军全球环境模式资料，是美国海军全球气候月平均温盐资料集。目前的 GDEM V3.0 版本来自美国海军的海洋观测资料集（MOODS），其分辨率为 0.25°×0.25°。

11.1.2　中尺度涡的检测识别

中尺度涡是海洋中相对较小的环流，形状通常也是不规则的圆形或椭圆形，而且随着运动其形状会发生变化，因此，关于涡旋自动识别技术和数学方法发展了许多种，将已有的方法进行分类，大概可以归纳为 3 类：物理参数法、几何形状法和混合法。物理参数法主要是将海面温度场或海面高度信息以参数的形式表示，通过判断这些参数的阈值来识别涡旋，最具代表性的是 O–W 方法（Okubo，1970；Weiss，1991），但是这种方法的缺点是容易引入新的噪声，并且会误将一些不是涡旋的信号识别为涡旋。几何形状法是将速度场用流线的形式进行表达，通过计算流线上各点的累计旋转角度来判断，当累计旋转角度值大于等于 2π 时则判定为涡旋（Sadarjoen and Post，2000）。这种方法相比 O–W 方法具有更高的识别率和较低的错误率，但是其缺点是比较耗费计算时间，不适宜大范围区域使用。为了解决这个问题，Chaigneau 等（2008）进行了改进，将其中查找涡旋中心的判据用 SLA 的极大或极小值代替，这样大大节省了计算时间，因此这种方法也称为混合法，即先用物理量（如 SLA 的极值）确定涡旋的中心，然后再用几何流线的方法确定涡旋的边界。由于确定涡旋中心的方式同物理参数法类似，因此混合法也存在容易造成误判的缺点。

综合考虑计算区域范围和涡旋的识别效率，本章采用 Nencioli 等（2010）提出的方法（N2010 方法）进行中尺度涡识别。该方法基于中尺度涡速度场的一些几何特征来识别，属于第二类方法。涡旋在速度场上的直观表现是速度矢量围绕着一个中心呈顺时针或逆时针旋转，在涡中心的位置速度最小，随着距中心的距离增大，切向速度逐渐增加到最大值，之后又逐渐减小。N2010 方法就是根据这样的流场特征来确定涡旋的中心，具体有如下 4 个限定条件：

①东西方向上，经向速度 v 在涡中心两侧是反向的，随着距涡旋中心的距离增加，v 的大小增加，如图 11.5（a）所示；

②南北方向上，纬向速度 u 在涡中心两侧是反向的，随着距涡旋中心的距离增加，u 的大小增加，且旋转的方向和 v 相同，如图 11.5（b）所示；

③涡中心的速度大小是局地极小值，如图 11.5（c）所示；

④在涡中心周围，速度矢量的方向是定常变化的，并且相同方向的速度矢量处在同一个象限，如图 11.5（d）所示。

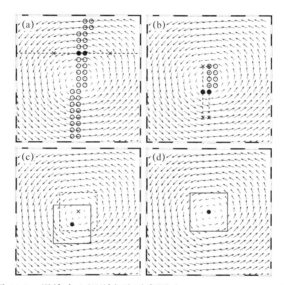

图 11.5　涡旋中心识别方法示意图（Nencioli et al., 2010）

在这样的条件限制下，定义两个参数 a 和 b。a 表示自中心向东西或南北方向上的格点数以判断速度分量是否反向，b 限定涡中心周围的范围以判断局地速度最小值。这两个参数可以根据速度场的分辨率进行灵活的调整。

N2010 方法检测识别步骤：

（1）从速度场矩阵的第一行开始进行（即纬向）自西向东扫描，寻找每行 v 相邻却反向的点。如图 11.5（a）中的虚线所示为扫描至第 6 行时，两个黑色实心圆点对应的 v 满足相邻反向条件，然后以黑色圆点为中心分别向东和向西取 $a=4$ 个点［图 11.5（a）的叉号］判断 v 的符号和大小；根据限定条件①，只有满足 v 的符号相反并且大小是增加的点对［图 11.5（a）的空心圆圈］才能表示有涡度出现，符合该条件的这些点对得以保留分析。通过 v 的方向变化可以确定涡旋的极性，在北半球，如果 v 是由负变正，则是气旋涡；若 v 是由正变负，则是反气旋涡。

（2）在满足限定条件①找到的点对基础上，开始对速度场矩阵的进行列（即经向）自北向南扫描，寻找 u 相邻却反向的点。以步骤（1）找到的点对为中心［图 11.5（b）中的黑色实心圆点］，分别向南和向北取 $a = 4$ 个点［图 11.5（b）的叉号］判断 u 的符号，并且叉号标识点上 u 的大小比黑色实心圆点上的要大，同时对应点上 u 的方向变化要和 v 的一致。即在北半球，若是气旋涡，u 是由负变正；若是反气旋涡，则 u 是由正变负。这样就得到既满足条件①又满足条件②的点，如 11.5（b）中的空心圆圈。

（3）寻找涡旋中心。以步骤（2）确定的点为中心，同时在经向和纬向上设定 $b = \pm 3$ 个点的空间范围内［如图 11.5（c）的实线方框］，即查找的区域为 7×7 个格点，寻找速度最小值点，如图 11.5（c）的叉号所示；为了确定该点是否真正是速度的局地最小值，又以叉号所在点为中心，在周围 $b = \pm 3$ 个点的空间范围再次寻找速度的局地最小值，如果两次找到的极小值点是同一个点，那么就确定这个点为涡旋的中心位置；如果不是同一个点，那么就以其中最小的极值点作为涡旋中心位置。

（4）在上述 3 个步骤确定涡旋中心的基础上，还要继续判断这个中心是否为真正的涡旋中心，即仍需判断是否满足条件④。如图 11.6 所示的两个黑色实心圆点，其均满足前 3 个限定条件，但是从周围的速度矢量来看，它们并不是涡旋的中心，左下角为流场弯曲，右上角为流场切变，均不是环状流场。在图 11.5（d）中，涡旋中心（黑色实心圆点）的周围流场（实线方框）满足条件④，因此确定为真实的涡旋。

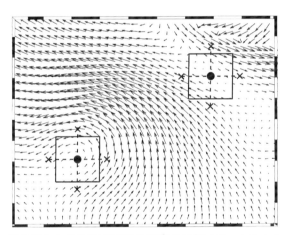

图 11.6　满足前 3 个条件而不满足条件④的示例（Nencioli et al.，2010）

涡旋中心确定之后，就需要计算中尺度涡的边界。目前已有的涡旋识别方法由于定义的参数不同，确定的涡旋边界也各不相同。如图 11.7（a）为 N2010 方法，（b）为几何形状法，（c）为 O–W 方法。目前，关于确定涡旋边界还没有通用的办法，因此，只要所用方法有明确的计算标准，而且结果经验证合理即可。其中，N2010 方法通过流函数等值线来确定涡旋边界，如图 11.7（a）所示，"×"表示涡旋中心，流函数等值线与速度矢量相切，最外的闭合等值线（黑色实线）确定为涡旋的边界，而且必须满足在半径方向上，速度仍然是增加的。在实际计算中，只检查最东、最西、最南、最北 4 个顶点上的速度变化，这样既考虑了计算效率又兼顾了准确性。通过比较发现，N2010 方法确定的涡旋比另外两种方法确定的稍小，但是形状相似，这也证实可以通过流函数等值线来确定涡旋边界。

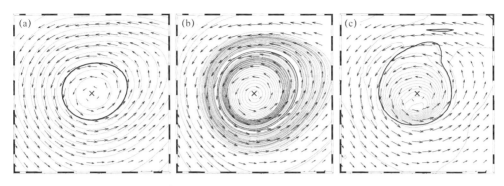

图 11.7　涡旋边界确定方法示意图（Nencioli et al.，2010）

（a）N2010 方法根据流函数等值线确定涡边界；（b）几何形状法根据瞬时流线确定涡边界；（c）O–W 方法根据设置相应参数确定涡边界。黑色粗实线表示涡边界

关于参数 a 和 b 的设定，Nencioli 等（2010）利用高分辨率数值产品识别南加州湾的中尺度涡时，设定为 $a = 4$，$b = 3$。通过不同参数组合的试验比较，选取 $a = 2$，$b = 1$ 的参数条件下，自动方法识别出中尺度涡的位置和数量与人工识别的基本一致（安玉柱，2013）。图 11.8 为 2008 年 10 月 11 日的地转流异常矢量与识别的中尺度涡，星号表示识别的涡旋中心，红色实线代表反气旋涡，蓝色实线代表气旋涡，共识别出 40 个中尺度涡，对比流场可见，自动识别算法识别的中尺度涡的中心位置以及边界都能够比较真实地反映出实际涡旋的分布情况。从形态上来看，中尺度涡的形状通常为椭圆或圆形，而且某些涡旋的主体外围有旋臂状结构。在确定了涡旋中心和边界之后，还需要跟踪其移动轨迹，基本步骤：通过比较连续两天的涡旋场，判断下一时刻涡旋中心是否在上一时刻涡旋中心周围的阈值范围内，若在，则认为是同一个涡旋；如不在，则认为不是同一个涡旋。本章将这个阈值设定为 90 km，参照前人估算的涡旋移动速度，这个阈值已经足够用来判定涡旋的移动（安玉柱，2013）。

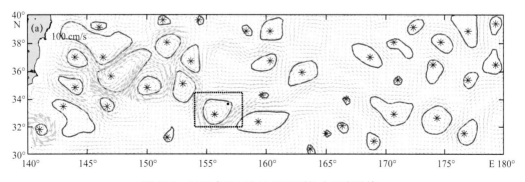

图 11.8　2008 年 10 月 11 日识别的中尺度涡旋

矢量为表层流异常，星号为中尺度涡中心，黑色圆点表示落在中尺度涡内的 Argo 剖面，红色线表示反气旋涡，蓝色线表示气旋涡。虚线框为图 11.11 放大区域

采用上述方法对 2006—2010 年逐日的表层地转流异常进行中尺度涡的自动识别，5 年间累计识别出 56 949 个中尺度涡，平均每天有 32 个，其中气旋涡 27 669 个，反气旋涡 29 280 个，反气旋涡的数量比气旋涡多约 5.7%。将这些涡旋按照 <100 km、100 ~ 300 km、300 ~ 500 km、> 500 km 的直径区间进行划分，其中直径在 100 ~ 300 km 的中尺度涡的数量能够达到 68%。中尺度涡的直径并非固定不变，随着涡旋的移动和衰变，其直径会不断变化。图 11.9（a）给出了气旋涡和反气旋涡的半径统计柱状图，结果显示：两类涡旋半径的分布情况基本一致，呈瑞利分布，峰值为 60 km，半径偏向在 50 ~ 100 km 范围内，最大的涡旋半径约 250 km。气旋涡的平均半径为 78 km，反气旋涡的半径为 84 km，反气旋涡略大。

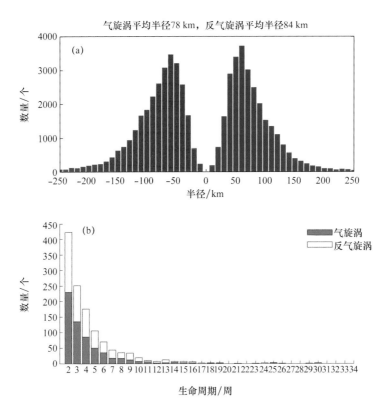

图 11.9　（a）中尺度涡半径统计柱状图和（b）涡生命周期分布直方图

图（a）中红色表示反气旋涡，蓝色表示气旋涡；图（b）中黄色表示反气旋涡，绿色表示气旋涡

将逐日识别出的涡旋按照连续移动的轨迹追踪，一共得到 1225 个生命史大于 14 d 的中尺度涡，图 11.9（b）显示了这 1225 个涡旋的生命周期分布。涡旋的平均生命周期为 5 周（35 d），反气旋涡生命比气旋涡长约 5 d。涡旋数目随着生命周期的增加而快速下降。在追踪的中尺度涡中，生命史大于 30 d 的涡旋共有 493 个，其中气旋涡有 218 个，反气旋涡有 275 个。

中尺度涡除自转外，还在不断地水平移动。图 11.10 显示了生命史大于 30 d 的涡旋移动轨迹和移动速度。图中可见，在黑潮延伸体区域，气旋涡主要分布在 35°N 以南，而反气旋涡主要集中在 35°N 以北。两类涡旋都向西移动，由于 β 效应，反气旋涡和气旋涡分别倾向于从赤道向和极向偏移（Chelton et al.，2007）。涡的移动速度可以近似为 L/T，其中，L 为涡旋起始点和终止点之间的直线距离，T 为涡旋的持续时间。涡旋在 35°N 以南的移动速度明显大于 35°N 以北，平均而言，气旋的速率为 1.5 cm/s，反气旋的速率为 1.3 cm/s。图 11.10（c）显示出涡旋的移动速度是纬度的函数，随着纬度增加，涡旋的移动速度逐渐减小。在黑潮延伸体区域南部，涡旋的传播速度为 3～5 cm/s，北部的涡旋传播速度为 1～3 cm/s。涡的实际纬向移动速度与受纬向平均流影响下的罗斯贝相速接近（Chelton et al.，2007；Chelton and Xie 2010）。

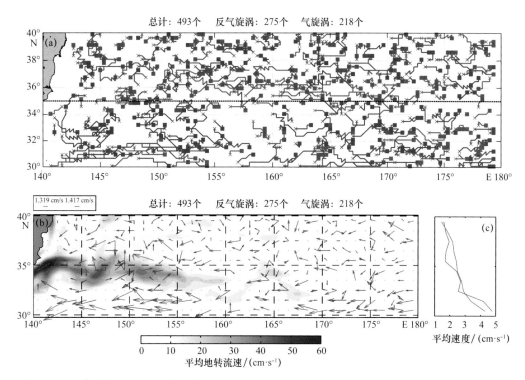

图 11.10　生命史大于 30 d 的中尺度涡（a）轨迹、（b）移动速度以及（c）平均速度随纬度的变化
每个 1°×1° 网格内至少有 3 个点才计算平均速度；蓝色表示气旋涡；红色表示反气旋涡；颜色表示平均地转流速，单位：cm/s

11.1.3　中尺度涡的合成分析

识别出中尺度涡之后，则需查找被中尺度涡捕获的 Argo 剖面，方法是判断 Argo 剖面位置到涡旋中心的距离是否小于涡旋的半径。这里需要说明的是关于涡旋半径的计算，本章采用的是极差法，即判断涡旋边界上南北的纬度差和东西的经度差，选择两者中最大的差值作为其直径，取其一半作为半径，这样做的优点是方法简便、计算快速，而且可以减小 N2010 方法中涡旋偏小的系统性误差，也能够获取尽量多的 Argo 剖面。剖面选取的标准是：Argo 剖面的温度和盐度数据质量标识为 1，观测时间处在中尺度涡前后 1 d 窗口期内，并且剖面的观测深度不小于 1500 m，在这样的选取条件下会有一些剖面被重复选中，

因此需要进行排重，以确保研究的准确性之后共获得 690 个气旋涡内剖面和 906 个反气旋涡内剖面。为了更好地描述浮标捕获的中尺度扰动，从浮标的温盐观测结果中移除气候态温盐值，得到温盐异常的变化特征。气候态温盐值是利用逐月的 GDEM V3.0 温盐数据插值到同时期（相同月份）对应的 Argo 剖面位置上得到。

　　由于被捕获的 Argo 剖面在各个中尺度涡内的位置是随机的，因此，需要准确定位 Argo 剖面在涡内的位置，方法如图 11.11 所示，该图是图 11.8 虚线框标识区域的放大图。星号为气旋涡的中心，位于 32.9°N，155.6°E，蓝色实线为气旋涡的边界，黑色圆点表示 Argo 的剖面位置，位于 33.3°N，156.7°E。r 为 Argo 剖面到涡旋中心的距离，因此，根据三角关系可以计算 Argo 剖面相对于涡旋中心的方位角 θ。通过 r 和 θ，便可以唯一确定某个 Argo 剖面在其所在涡内的位置，所有涡内的剖面便可以依此方法定位（安玉柱，2013）。

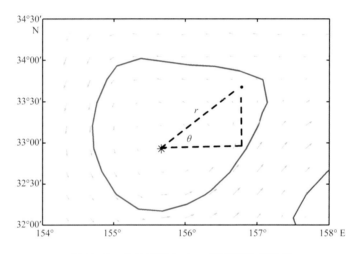

图 11.11　中尺度涡内 Argo 剖面定位示意图

　　假设在该海域，所有的气旋涡都具有相同的三维结构，反气旋涡也类似，那么，依照上述定位方法，将所有中尺度涡的中心重叠在一起，把落在单个涡旋内的 Argo 剖面集中到合成的气旋涡和合成的反气旋涡内，以此来作为对一类典型中尺度涡旋的观测，通过提高采样密度达到研究其结构的目的。所有捕获剖面在合成涡内的位置如图 11.12（a）和图 11.12（b）所示，考虑到距离中心 200 km 以外的剖面个数稀少且影响不大，因此，只选用落在半径 200 km 以内的剖面，这样将得到 603 个气旋涡内剖面和 787 个反气旋涡内剖面，在涡内的位置分布散乱不均。图 11.12（c）给出了这些 Argo 剖面的地理位置，气旋涡内的剖面地理分布相对均匀，主要分布在 35°N 以南；反气旋涡内的剖面在 35°N 以北相对多一些。两类涡旋的剖面多出现在 160°E 以西。

　　表 11.2 统计了落在各区间内的两类 Argo 剖面数量，150 km 以内的剖面数量分别占据了 84.9% 和 87.1%。

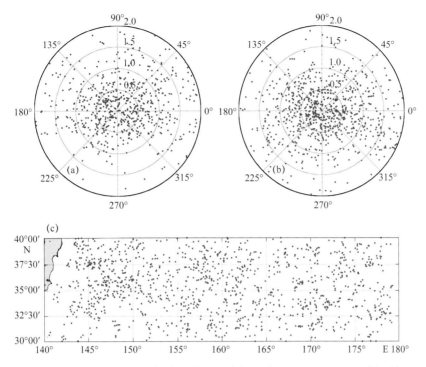

图 11.12　（a）气旋涡和（b）反气旋涡内 Argo 剖面的位置以及（c）Argo 剖面的地理分布

图（c）中反气旋涡（红色）内剖面数 787 个，其中 35°N 以北 497 个，35°N 以南 290 个；气旋涡（蓝色）内剖面数 603 个，其中 35°N 以北 279 个，35°N 以南 324 个

表 11.2　落在不同半径内的 Argo 剖面个数及占比

	<50 km	50 ~ 100 km	100 ~ 150 km	>150 km	总计
气旋涡	155（25.7%）	230（38.1%）	127（21.1%）	91（15.1%）	603
反气旋涡	210（26.7%）	284（36.1%）	191（24.3%）	102（13.0%）	787

11.2　中尺度涡的三维结构特征

11.2.1　温盐结构特征

根据 Argo 剖面在气旋涡和反气旋涡内的极径 r 和极角 θ，将其在极坐标的位置转换到直角坐标系中，并规定向北、向东为正。涡旋的中心位于圆心（0，0），剖面位置可以由 x（$x = r\cos\theta$）和 y（$y = r\sin\theta$）表示。然后，利用客观分析方法将位置散乱的温度异常 T' 和盐度异常 S' 插值到规则的网格点上。考虑到剖面间的最小距离有 85% 以上都小于 10 km，故设定网格点的格距为 10 km，本章客观分析方案采用了 Barnes 插值方法，并选取各向同性的影响半径为 100 km，这样可以对网格温盐异常场进行一定程度的平滑，以滤去因合成方法带来的小尺度噪声（安玉柱，2013）。

图 11.13 为气旋涡和反气旋涡的温盐异常随着距中心距离的变化分布图，这里选取 350 m 深度层，对应着它们垂向涡核的位置。可见，气旋涡的温度和盐度异常均为负值，而且越靠近涡旋中心，其负异常值越大，中心的温度异常值为 –3.4℃，盐度的异常值为 –0.26。相反，反气旋涡的温度和盐度异常均为正值，其中心的温度和盐度的异常值分别为 3.0℃ 和 0.16。从中心向外 100～150 km，气旋涡和反气旋涡的温盐异常值都迅速减小。其他各层的温盐分布都与此类似。

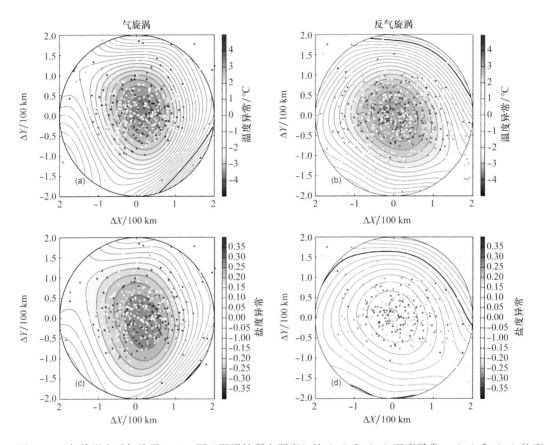

图 11.13 气旋涡和反气旋涡 350 m 深（即涡核所在深度）的（a）和（b）温度异常、（c）和（d）盐度异常平面图

圆点表示剖面的位置，颜色表示异常值的大小，黑色粗实线表示 0 等值线；温度等值线间隔 0.2℃，盐度等值线间隔 0.01

涡旋内 Argo 剖面温盐异常平均值随深度的变化如图 11.14 所示，气旋涡的平均温度比气候态的要低，反气旋涡则比气候态的要高 [图 11.14（a）]，而且这种偏差都能够达到 1000 m 以深 [图 11.14（c）]。从平均盐度 [图 11.14（b）] 来看，气旋涡使得整层的盐度跃层向上抬升，反气旋涡内平均盐度则呈现出表层降低、次表层升高、深层降低的趋势；盐度异常随深度的分布在 600 m 以浅与温度相似，在约 600 m 深处发生了变化，如图 11.14（d）所示，气旋涡的盐度异常值在约 600 m 处由负变为正，反气旋涡的盐度异常则由正变为负。涡内温盐的垂向分布与涡的动力特征相联系：气旋涡向上抽吸，底层较冷海

水上涌，使上层海水温度、盐度降低；反气旋涡与之相反。

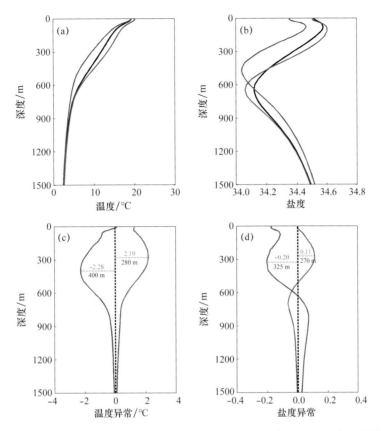

图 11.14　气旋涡和反气旋涡内 Argo 剖面平均（a）温度、（b）盐度，以及（c）温度异常、（d）盐度异常随深度的变化

（a）和（b）中黑色实线表示 GDEM V3.0 气候态平均值；蓝色实线表示气旋涡，红色实线表示反气旋涡

为了说明气旋涡和反气旋涡在结构上的差异，图 11.15 显示了合成涡旋温盐的垂直断面，其中，上图为 $y = 0$ 的东西向断面，下图为 $x = 0$ 的南北向断面。从垂直断面可以清楚地看到，两类中尺度涡的垂向涡核位置、大小以及其中心的异常值。从温度断面来看，在 $100 \sim 800$ m 深度间，两类中尺度涡都有一个透镜状等温线构成的"核心"，结合图 11.14（a）可见，核心上部是季节性温跃层。类似地，盐度在相应深度上也有类似结构，但是在 800 m 之下形成了另一个盐度异常中心。温度垂直断面显示：气旋涡温度异常值 ≤ −2.0℃ 的等温线处在 $100 \sim 600$ m；反气旋涡温度异常值 ≥ 2.0℃ 等温线处在 $100 \sim 500$ m。在这里我们将涡核定义为以等温线描绘的温度场中，等温线最密集处所包络的范围，因此可以确定气旋涡和反气旋涡的涡核水平范围约为 100 km，垂直范围在 $200 \sim 500$ m。相比而言，气旋涡的涡核比反气旋涡的深，而且中心异常值更大，两类涡旋的影响深度都超过了 1000 m，在 1300 m 深度上仍有约 0.2℃ 的温度异常。从东西方向（$y = 0$）断面来看，涡旋基本对称；在南北方向（$x = 0$）上，涡旋有向北倾斜的趋势。盐度的分布与温度类似，但气旋涡的盐度核心比温度核心要浅约 50 m。除温度和盐度结构与涡旋外部不同外，中尺

度涡内部的海水密度、声速等要素与周围海水相比，也存在相当大的差异。随着涡旋的移动和衰减，其内部结构也在逐渐发生变化，最终消亡，与目的地水团相混合，中尺度涡由此对目的地的温盐性质产生影响（安玉柱，2013）。

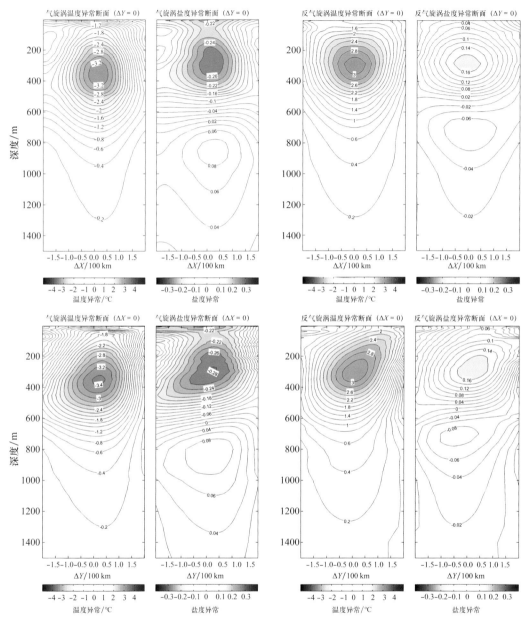

图 11.15　气旋涡和反气旋涡温度和盐度垂向断面

上图是东西断面，下图是南北断面

11.2.2　动力结构特征

中尺度涡空间尺度小，发展变化迅速，有较强动力学特征，涡旋内部温盐变化属热力学调整，与之相应的动力学结构则是中尺度涡在海洋环流过程中的重要方面。因此，在上节格点化温盐数据的基础上，本章重点讨论中尺度涡的动力结构。

选择 1500 m 作为参考面，计算各层的动力高度（Dynamic Height，DH）：

$$h(T,S) = -\int_0^{z_m} \frac{\rho(T,S,p) - \rho_0(p)}{\rho_0(p)} \mathrm{d}z \tag{11.1}$$

式中，h 表示动力高度，ρ（T，S，p）为海水密度，ρ_0（p）$=\rho_0$（0，35，p）为参考密度，z_m 为参考层深度，z 为垂直坐标，p 为压力。

地转流采取式（11.2）计算，f 为科氏参数，$f = 2\Omega \sin\varphi$，纬度 φ 近似取 35°N。

$$\begin{cases} u = -\dfrac{g}{f}\dfrac{\partial h}{\partial y} \\[2mm] v = \dfrac{g}{f}\dfrac{\partial h}{\partial x} \end{cases} \tag{11.2}$$

需要说明的是，黑潮延伸体区域，正压变化部分非常大，因此，依式（11.1）积分温盐计算动力高度以及按照式（11.2）计算出的流场会造成对实际流场的低估（Qiu et al.，2005）。

为方便比较，本章将由涡内 Argo 温盐剖面积分计算的动力高度异常表示为 DHA，相应的地转流异常表示为（u'DHA，v'DHA）；对应 Argo 剖面位置上卫星高度计观测的海表高度异常表示为 SLA，其相应的地转流异常表示为（u'SLA，v'SLA）。图 11.16 是表层

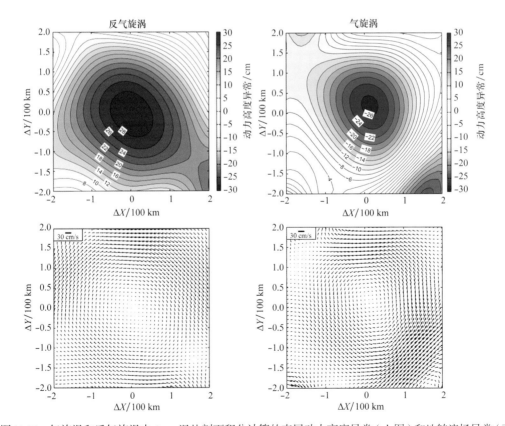

图 11.16　气旋涡和反气旋涡内 Argo 温盐剖面积分计算的表层动力高度异常（上图）和地转流场异常（下图）

（0 m）动力高度异常 DHA 和地转流异常（u' DHA，v' DHA）的分布图，可见，合成的中尺度涡旋的中心对应着局地最大或最小的 DHA；气旋涡中心的 DHA < –26 cm，反气旋涡中心的 DHA > 28 cm，即气旋涡的海面动力高度比周围要低，反气旋涡的海表动力高度比周围要高。地转流显示：气旋涡的流场呈逆时针旋转，反气旋涡呈顺时针旋转，涡核外围速度异常平均值约为 20 cm/s。结合图 11.13，动力高度异常 DHA 的分布与温盐异常（T'，S'）分布相似。

图 11.17 是涡内 Argo 剖面位置上卫星高度计所观测的海表面高度异常 SLA 和相应的地转流异常（u' SLA，v' SLA），气旋涡中心的 SLA 比 DHA 小约 2 cm，反气旋涡中心的 SLA 比 DHA 高约 5 cm。相应地，（u' SLA，v' SLA）比（u' DHA，v' DHA）也约大 4 cm/s。这个差异是由于卫星高度计观测的海表高度异常是正压部分和斜部分压之和，而选择 1500 m 为参考面的温盐积分动力高度则仅仅反映了斜压部分，且动力高度值与参考面的选取也有关系。

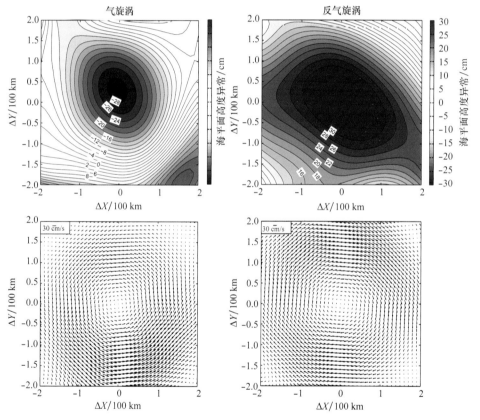

图 11.17　气旋涡和反气旋涡内对应 Argo 剖面位置上的卫星高度计观测海面高度异常（上图）和地转流场异常（下图）

图 11.18 显示的是动力高度异常 DHA 和经向流速异常 v' 的东西向断面，各层上气旋涡和反气旋涡的 DHA 都从中心向外逐渐减小，在距中心 100～150 km 范围内存在着较大的 DHA 梯度；涡旋中心的垂向 DHA 梯度自上而下减小，梯度变化剧烈的深度在 600 m 以浅。从地转流速异常来看，气旋涡和反气旋涡的经向地转流异常 v' 的最大值出现表层，随

着深度增加 v' 递减，到达 1000 m 深度上速度大于 1 cm/s。在各层的涡旋中心，速度只有 1～2 cm/s，向外速度逐渐增大，在涡旋的边界附近可以达到约 20 cm/s。在表层上，气旋涡边界上的最大流速可以达到 25 cm/s，而反气旋涡边界的表层流速为 20 cm/s。

涡旋的非线性可以由一个无量纲参数 U/c 来判断，其中 U 是涡旋的最大旋转速度，c 是涡旋的移动速度。当 $U/c > 1$ 时，即意味着涡旋可以保持一定的水体随之运动。因此，结合图 11.8 我们可以根据这个标准来确定涡旋的底边界。根据图 11.10 的结果，气旋涡的平均移动速度为 1.456 cm/s，反气旋涡的平均移动速度为 1.305 cm/s，结合图 11.18（c）和图 11.8（d）判断得出，气旋涡的底部在 1100 m，反气旋涡的底部在 1025 m。

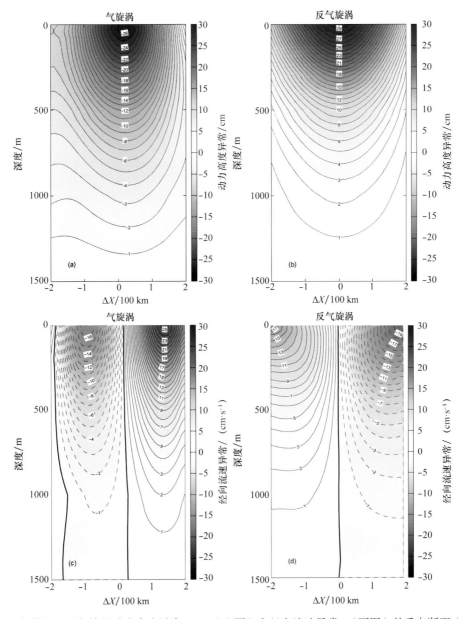

图 11.18　气旋涡和反气旋涡动力高度异常 DHA（上图）和经向流速异常 v'（下图）的垂向断面（$y=0$）

综合上述中尺度涡的温盐和动力特征，图 11.19 构建了合成气旋涡和反气旋涡的三维结构图，黑色等值线代表涡旋的动力高度异常，颜色表示温度异常，矢量为地转流，蓝色和红色的粗实线表示的是所识别的合成涡旋的边界（安玉柱，2013）。需要说明的是，涡旋的边界是根据各层地转流异常（u'DHA，v'DHA），利用第 11.1.2 节介绍的自动识别算法确定的，其计算方法应与前文保持一致，以减小系统误差。

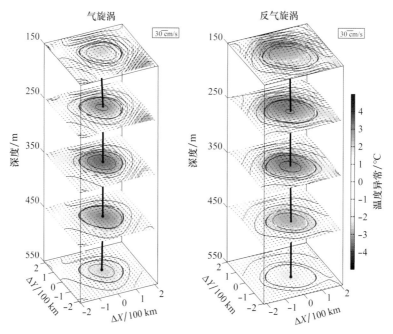

图 11.19　气旋涡和反气旋涡三维结构图

黑色粗实线表示涡旋的中心轴线，颜色表示温度异常，黑色等值线是以 1500 m 为参考面向上积分的动力高度，间隔为 5 cm，黑色矢量为相应流场，蓝色和红色粗实线分别表示合成气旋涡和反气旋涡的边界，白色虚线为 2℃异常值等值线

从三维结构上来看，气旋涡和反气旋涡的中心轴基本垂直；反气旋涡比气旋涡的半径要大（图 11.19 中的蓝色和红色粗实线）；由温度异常判断的涡核形状基本呈透镜型（图 11.19 中的白色虚线），涡核中心在 350 m 上下，在该深度上涡核的水平范围最大，在 350 m 以浅和以深涡核的水平范围变小。这与图 11.15 断面所揭示的结果是一致的。气旋涡中 DHA 的最大值与温度异常最大值基本重合，在反气旋涡中则不然，其温度异常中心向北倾斜。

下文给出了合成涡旋的半径随深度的变化（图 11.20 上图）和由 Argo 剖面采样中尺度涡的半径统计情况（图 11.20 下图）。图中蓝色和红色的虚线分别表示气旋涡和反气旋涡的底边界。反气旋涡的半径在表层为 140 km，自上而下半径逐渐减小，在 1025 m 深度上半径只有 100 km；气旋涡半径随深度的变化则相对减小，平均半径约为 100 km，所以反气旋涡呈碗状，气旋涡呈圆柱状。通过对 Argo 剖面所在涡旋半径的统计发现：气旋涡在海表的平均半径为 141.52 km，标准差为 70.55 km；反气旋涡在海表的平均半径为

152.22 km，标准差为 78.66 km。实际涡旋的海表半径比合成涡旋的表层半径大一些，这可能与实际海洋的环流以及半径的计算方法不同有关。

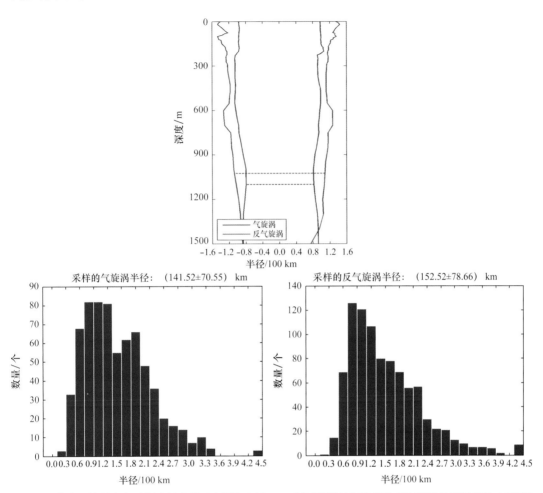

图 11.20　合成涡旋的半径随深度的变化（上图）和被 Argo 剖面采样的气旋涡和反气旋涡的半径统计（下图）

11.3　热盐输送效应

经向的热盐输送是影响全球气候的重要机制。海洋中的热量从低纬向高纬传送，导致气候呈现季节、年代际甚至更长尺度的变化。热量的经向输送和调整无疑对大洋环流和全球气候变化具有非常重要的作用。已有研究表明：时间平均的海洋热输送与大气的热输送在同一个量级上（Trenberth and Caron，2001）。但实际海洋中环流的平均部分比它变化的部分要小很多，因此，人们把目光转向它变化的部分——中尺度涡的输送上。由于中尺度涡能够保有一定的水团并且携带其运动，因此它可以将水源地的温盐输送到其他地方，引起局地温盐发生变化。根据上文得到的气旋涡和反气旋涡的温盐和速度的三维结构，本章主要分析中尺度涡的热盐输送情况。

单个中尺度涡断面经向的热量输送（Heat Transport，HT）和盐度输送（Salt Transport，ST）分别采用式（11.3）和式（11.4）计算（Chen et al.，2012）：

$$HT = \rho \, C_p v' \, T' \qquad\qquad (11.3)$$

$$ST = \rho \, S_0 v' \, S' \qquad\qquad (11.4)$$

式中，ρ 是海水密度，C_p 是定压比热容 [取 $C_p = 4187 \, J /（kg \cdot ℃）$]，v' 是经向速度异常值，T' 是温度异常值，$S_0 = 34.38$。

图 11.21 显示了气旋涡和反气旋涡在 $y = 0$ 断面上热量经向输送的分布情况。无论是气旋涡还是反气旋涡，在涡旋的西半部分都是正的热输送，即向北输送热量；在东半部分则是负的热输送，即向南输送热量。热输送中心的量级达到 $10^6 \, W/m^2$，而且该量级在气旋涡和反气旋涡中分别处于 $200 \sim 400 \, m$ 和 $100 \sim 250 \, m$ 的深度上。沿着 $y = 0$ 断面积分，热量输送便成为深度的函数，如图 11.21 中垂向曲线所示。在气旋涡中 $250 \, m$ 以浅的季节性温跃层内，热量输送是向北的，在之下的主温跃层内，符号发生变化。由于此时涡旋两侧的温盐异常趋于对称，导致热输送整体较小，有向南的微弱输送。在反气旋涡中温度经向输送的分布几乎对称，因此反气旋涡各深度层上的热输送都比较小，但是依旧能够看出涡旋在经向输送中的作用（安玉柱，2013）。

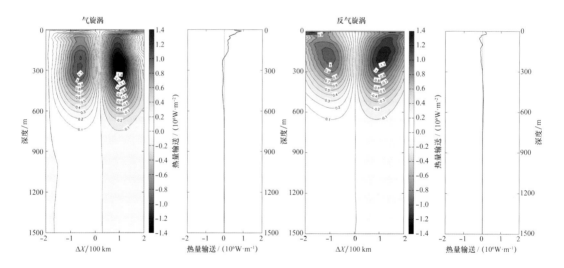

图 11.21　气旋涡和反气旋涡的热量输送

图 11.22 则显示了气旋涡和反气旋涡在 $y = 0$ 断面上盐度经向输送的分布情况。与热量输送存在着一定程度的不同。气旋涡和反气旋涡的盐度输送的断面分布在 $600 \, m$ 上下发生了符号变化。盐度输送主要发生在混合层内，大都在 $100 \, m$ 以浅。

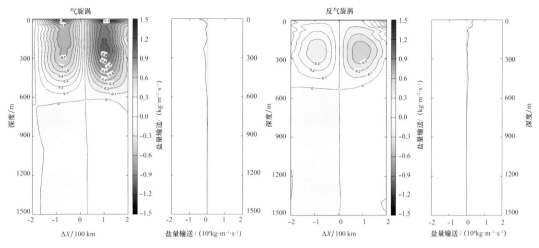

图 11.22　气旋涡和反气旋涡的盐输送

11.4　本章小结

为了进一步说明黑潮延伸体海域水团性质的地理差异和季节差异，以及这种差异对合成中尺度涡的影响，本章以 35°N 为南北分界线，分别绘制了该海域南北区域夏季和冬季的温盐剖面和 $T-S$ 曲线（图 11.23）。图中显示：黑潮延伸体海域南北水团的性质差异很大，它们的温度差最大可达到 5.7℃，盐度差最大可达到 0.42，而且具有显著的季节差异。相较而言，这种差异在夏季比冬季要小一些。从温度剖面［图 11.23（a）］来看，夏季 100 m 以浅出现了季节性温跃层，而在冬季上层的温度则比较均一。从盐度剖面［图 11.23（b）］来看，夏季表层盐度也比冬季要低，形成盐度跃层。可见，水团性质的差异以及季节变化，都会对合成涡旋剖面的方法造成一些误差。为尽量避免这种地区和季节差异，采用将气候态温盐插值到目标剖面的方法，重点关注中尺度涡对局地温盐造成的影响（安玉柱，2013）。

海洋中尺度涡是重要的海洋动力现象之一，是海洋中最活跃的物理过程，对该尺度内的海水温度、盐度、海水混合和营养盐输送起着关键作用。此外，中尺度涡还与波、流发生相互作用，从而产生能量交换。本章从涡动能入手，显示了北太平洋上有两个涡旋带，一个位于黑潮延伸体，另一个位于副热带逆流区，重点研究了黑潮延伸体海区的中尺度涡。利用 Nencioli 等（2010）提出的基于速度矢量识别中尺度涡旋的方法，提取了 2006—2010 年间黑潮延伸体海区的中尺度涡，并记录了其位置、时间、半径等信息，气旋涡和反气旋涡的平均半径分别为 78 km 和 84 km，平均寿命为 5 周，气旋涡和反气旋涡的平均移动速度分别约为 1.5 cm/s 和 1.3 cm/s。随着纬度增加，涡旋的移动速度逐渐减小。在黑潮延伸体区域南部涡旋的传播速度为 3~5 cm/s，北部涡旋的传播速度为 1~3 cm/s。通过将涡旋捕获的 Argo 剖面对气旋涡和反气旋涡进行合成，分析中尺度涡的三维温盐结构：

气旋涡和反气旋涡的涡核位于 350 m。气旋涡的温、盐异常为负值，中心最大值分别可达 –3.4℃和 –0.26；反气旋涡的温、盐异常为正值，中心最大值分别可达 3.0℃和 0.16；气旋涡和反气旋涡的平均半径分别为 100 km 和 120 km，两类涡旋的发展深度通常都超过 1000 m，气旋涡的底边界在 1100 m，反气旋涡的底边界在 1025 m。

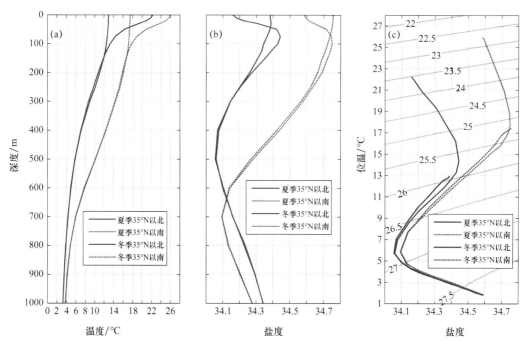

图 11.23　WOA09 夏季和冬季的温度和盐度随深度变化曲线

红色线表示夏季，蓝色线表示冬季，实线表示 35°N 以北，虚线表示 35°N 以南

　　流的混合斜压－正压不稳定切变是导致反气旋涡和气旋涡从主流脱离出来的主要原因（White and Annis，2003）。在动力结构上，两类涡旋中心的动力高度异常最大，流速最小；从中心沿半径向外，动力高度异常减小，速度增加；在涡旋边界附近，速度达到最大，边界上的平均速度为 20 cm/s。由温盐动力积分计算的涡旋海面动力高度与从卫星观测的结果非常一致，但前者略小于后者。从温盐结构和动力结构上来看，气旋涡的强度比反气旋涡要大。基于上述研究结果，本章还估算了中尺度涡旋的热盐输送。从东西向的垂直断面来看，气旋涡和反气旋涡的热盐输送均为西侧向北，东侧向南，沿着涡旋断面积分得到整体向北的输送，即二者都是从低纬地区向高纬地区输送热盐。这对全球海洋和大气的热量平衡以及海洋环流具有重要意义。上述研究工作旨在提高人们对海洋中尺度涡的形成、运动、时空分布特征和动力机理，以及能量的传输机制等的科学认知。

第 12 章　反气旋涡热盐、溶解氧三维结构及输运时空特征

中尺度涡在大洋中普遍存在，其在大洋中的动力机制对于热量输运、水团形成、渔业和海洋生态以及海 – 气相互作用的理解都发挥了重要作用（Kusakabe et al.，2002；Ma et al.，2016）。

在过去的 40 年间，学者们使用现场观测资料、卫星观测资料和数值模式产品对全世界大洋范围的中尺度涡进行了广泛的研究。从卫星高度计得到的海面高度异常（SLA）分布被广泛用于识别中尺度涡。在以前的研究中，主要根据卫星观测数据着重分析中尺度涡的统计特征，比如涡旋数目、振幅、旋转速度、形状、轨迹、生命周期、移动距离和地理分布等（Chelton et al.，2011）。然而，卫星观测只能反映海表面的特征，不能揭示涡旋的垂向结构。利用数值模式模拟中尺度涡可以刻画中尺度涡的形状。Lin 等（2015）利用涡分辨率模式的输出结果研究了南海中尺度涡的三维结构及其性质。然而，事实上模式的结果可能会包含一些不确定性误差。从海洋调查船、锚系浮标、滑翔机等得到的现场观测数据主要用于研究个例中尺度涡的结构。Swart 等（2008）利用调查船观测资料研究了一个在南大洋中形成的中尺度涡旋，该涡旋携带异常的热量和盐度在生命周期内移动了 1.5 个纬度。Shu 等（2016）利用水下滑翔机高精度的观测数据详细分析了 2015 年春在中国南海北部形成的反气旋涡的精细结构。Garreau 等（2018）利用高分辨率 Seasoar 水文断面、CTD 模型和 LADCP 测量，监测了地中海一个特定反气旋从形成到消散的垂直结构。Qiu 等（2018）使用 3 台水下滑翔机研究了南海北部一个暖涡的三维结构；Busireddy 等（2014）使用两个印度系泊浮标研究了孟加拉湾北部一个特殊的反气旋涡旋的次表层温盐结构。Furey 等（2018）分析了一组在 1500 m 和 2500 m 深度收集的新的深水浮标轨迹数据，来研究墨西哥湾的深海涡旋。Steinberg 等（2019）使用多个水下滑翔机反复调查了一个为期 3 个多月的加利福尼亚潜流涡旋（Cuddy）。Shu 等（2019）利用 12 架水下滑翔机和 62 个一次性探头进行了区域观测，研究了 2017 年夏季南海北部反气旋涡旋的三维结构和时间演变规律。

Argo 已成为海洋观测系统的主要组成部分，其观测主要用于研究中尺度涡旋的复合结构。Chaigneau 等（2011）通过对高度计数据和 Argo 剖面的合成分析，重构了东南太平洋中尺度涡的平均三维结构；Yang 等（2013）利用卫星高度计探测得到的涡旋区域的 Argo 数据所构建的合成涡旋图像探究了西北太平洋的涡旋三维结构。利用海面高度异常数据和已探

测涡旋的 Argo 剖面数据，Sun 等（2017）研究了海洋涡旋影响下黑潮延伸体区域温度、盐度、位势密度的结构。Dong 等（2017）使用卫星和 Argo 浮标数据研究了西北太平洋涡旋的三维结构和输运。Keppler 等（2018）使用卫星高度计数据探测了西南热带太平洋区域的涡旋，并且将识别得到的涡旋与 Argo 浮标进行匹配分析得到涡旋的垂直结构及其对水团的影响。

由 3200 个浮标组成的 Argo 阵列分布在全球海洋中，平均间距为 3°，每个浮标周期为 10 d，深度为 2000 m。通常，对于单个涡旋，只有有限数量的 Argo 剖面，对于涡旋案例研究来说十分稀疏。换句话说，由于观测技术的限制，很少对个别中尺度涡旋进行针对性的观测，特别是对它们的三维结构及其变化情况。在国家重点基础研究项目资助的"印度 – 太平洋对全球变暖的响应及其在气候变化中的作用"项目中（Xie，2013），一个由 17 个快速采样的 Argo 浮标组成的涡旋分辨率的 Argo 阵列被部署在一个反气旋涡旋中。之前使用这些 Argo 浮标主要着重研究这个涡旋中的模态水。例如，Zhang 等（2015a）观测到两个亚温跃层涡旋（STEs），而 Xu 等（2016）观测到中尺度涡旋对北太平洋模态水俯冲和输运的影响。本章利用 17 个 Argo 浮标和 SLA 数据集，对该反气旋中尺度涡旋的三维结构和热 / 盐输运的时空变化进行了研究（Dai et al.，2020）。

12.1 数据资料和分析方法

12.1.1 Argo 数据

太平洋模态水实验航行期间的 2014 年 3 月下旬，在太平洋西部的反气旋涡中（26°— 42°N，136°— 154°E）部署了 17 个具有每天采样功能的 Argo 剖面浮标，关于 2014 年 4—9 月观测到了该反气旋涡。Argo 浮标在 500 m 的高度处停留漂浮，并记录 1000 m 深度到海面的温度 / 盐度（T / S）、溶解氧浓度（DO）和压力（P），采样间隔为 24 h。剖面的垂直分辨率在 600 m 以浅为 2 m，600 m 以深为 10 m（Zhang et al.，2015a）。这些 Argo 浮标收集的所有数据都可以从中国 Argo 实时资料中心（http://www.argo.org.cn）下载。

12.1.2 卫星高度计数据

哥白尼海洋环境监测服务（CMEMS）（http://marine.copernicus.eu/）提供了经过质量控制的每日 SLA 数据。使用全球海洋网格化的 L4 海面高度和衍生变量再分析产品来识别反气旋中尺度涡，数据资料的分辨率为 0.25° × 0.25°，间隔时间为 1 d。该产品由 SL-TAC 多任务高度计数据处理系统处理。主要处理来自所有高度计任务的数据：Jason–3、Sentinel–3A、HY–2A、Saral / AltiKa、Cryosat–2、Jason–2、Jason–1、T / P、ENVISAT、GFO 和 ERS1 / 2。SLA 数据使用最佳且集中的计算时间窗口（日期前后 6 周）进行计算。

12.1.3 CARS2009 气候数据

气候数据由 CSIRO 2009 年区域海图集（CARS2009）（https：//apdrc. soest. hawaii.

edu/datadoc/cars2009. php/）提供，其网格分辨率为 $0.5° \times 0.5°$。与其他气候态数据相比，CARS2009 更适合于西部边界地区（Yang et al.，2013）。气候态数据基于历史上所有可用的海洋观测数据和自动浮标剖面数据，并已通过质量控制。给定日期的 CARS2009 气候态的计算公式如下：

$$t = 2\pi \frac{day}{366} \qquad (12.1)$$

$$var = mean + an_{\cos} \cdot \cos(t) + an_{\sin} \cdot \sin(t) + sa_{\cos} \cdot \cos(2t) + sa_{\sin} \cdot \sin(2t) \qquad (12.2)$$

式中，day 为一年中的天数，var 是温度（或盐度）气候态，$mean$、$an_{\cos}$、$an_{\sin}$、$sa_{\cos}$、$sa_{\sin}$ 是 CARS2009 提供的全局三维场。可以通过公式（12.1）和公式（12.2）获得某一天的温度或盐度气候的三维结构。特定剖面位置的温度或盐度气候态可以从当天气候态的三维场直接内插得到。

12.1.4　涡旋识别与追踪方法

本章的涡旋识别主要参考 Ni（2014）的方法。该识别方法是根据 Chaigneau 等（2009）和 Chelton 等（2011）提出的两种类似方法进行改进得到的，是基于 SLA 等值线识别的一种方法。在正确性和准确度方面，它相比常用的 Okubo–Weiss 方法有很大的优势（Souza et al.，2011）。通过在南大西洋比较 3 种自动识别算法，Souza 等（2011）表明，此方法中使用的几何准则表现出更好的性能，主要表现在涡旋识别数目、生命周期和传播速度等方面。该方法主要用于确定涡旋的中心和边界，并定义涡旋的中心是位于海面高度场的最内部封闭等值线的几何中心，位于最外侧（包含涡旋中心）的海面高度等值线被视为边缘。一旦确定了涡旋的中心和边缘，就可以计算出相应参数（振幅、类型和半径等）。

按照 Chaigneau 等（2008）的方法追踪涡旋。对于在时间 t_1 的某个位置处识别出的每个涡旋（e_1），以及在时间 t_2 处在下一个位置识别出并沿与 e_1 相同的方向旋转的每个涡旋（e_2），无量纲数 $S_{(e1, e2)}$ 可以定义为

$$S_{(e_1, e_2)} = \sqrt{\left(\frac{\Delta d}{d_0}\right)^2 + \left(\frac{\Delta r}{r_0}\right)^2 + \left(\frac{\Delta E}{E_0}\right)^2 + \left(\frac{\Delta \zeta}{\zeta_0}\right)^2} \qquad (12.3)$$

式中，Δd、Δr、ΔE 和 $\Delta \zeta$ 分别是 e_1 和 e_2 之间的距离差、半径差、涡动能差和涡度差。该算法选择使 $S_{(e1, e2)}$ 值最小的涡旋对（e_1，e_2），并认为该涡旋对就是从 t_1 到 t_2 追踪的涡旋（Chaigneau et al.，2008）。其中标准距离 d_0、半径 r_0、涡动能 E_0 和涡度 ζ_0 分别为 100 km、100 km、100 cm²/s 和 $10^{-6} s^{-1}$。为了防止两条不同的轨道首尾相接，Δd 必须小于搜索半径，其可近似取局地地转流平均速率与高度计资料时间分辨率之积（Nencioli et al.，2010）。该方法可以大大减少识别到的"虚假"涡旋的数量（Chaigneau et al.，2008）。另外，该方法还可以避免轨迹中断，具有更广泛的应用范围（Chen et al.，2011）。图 12.1 显示了涡旋识别和追踪的具体过程。

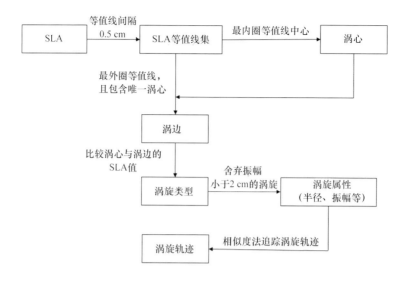

图 12.1 涡旋识别与追踪流程

12.1.5 涡旋合成方法

假设某海域同种类型的涡旋具有相似的结构，那么结合高度计 SLA 资料和 Argo 剖面资料及气候态资料就可以构建出复合涡的三维结构（Chaigneau et al., 2011；Yang et al., 2013）。具体方法分三步：首先利用 SLA 数据识别和追踪涡旋，其次将 Argo 剖面与识别的涡旋进行匹配，最后通过 DIVA 插值等方法获得合成涡旋的结构。基于 Chaigneau 等（2011）的方法，根据以下条件选择 Argo 剖面。

（1）Argo 剖面中最浅的数据位于海面和 $10 \times 10^4 \, \text{Pa}$ 之间，最深的数据点位于 $1000 \times 10^4 \, \text{Pa}$ 以下；

（2）两个连续数据之间的深度间隔不超过给定范围；

（3）每个 Argo 剖面文件中至少有 30 个有效数据点。

筛选出的 Argo 剖面的温度、盐度和溶解氧浓度数据被划分为 501 层，从海面到 $1000 \times 10^4 \, \text{Pa}$ 垂直方向每层的距离为 $2 \times 10^4 \, \text{Pa}$。本章以 $1000 \times 10^4 \, \text{Pa}$ 等压面作为参考面（Chaigneau et al., 2011），并计算了动力高度 D。动力高度 D 的计算如下：

$$D = \int_{P_0}^{P_R} \alpha \cdot \mathrm{d}P \qquad (12.4)$$

式中，α 为比容；P_0 为无运动参考面。可以通过从 Argo 剖面中减去同一天经纬度相同的 CARS2009 气候态来获得温度异常 T'、盐度异常 S' 和动力高度异常 D'。

本研究中，一个时段包括 20 d，将 2014 年 4—9 月的概况分为以下 7 个时期：4 月 1—21 日，4 月 21 日至 5 月 11 日，5 月 11—31 日，5 月 31 日至 6 月 20 日，6 月 20 日至 7 月 10 日，7 月 10—30 日以及 7 月 30 日至 9 月 2 日，最后时间段为 34 d。图 12.2 给出了每个时间段的剖面分布的散点图。

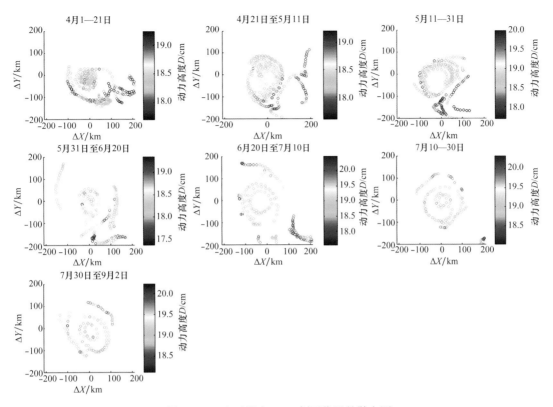

图 12.2 7 个时段中 Argo 剖面位置的散点图

12.1.6 DIVA 方法

DIVA（Troupin et al., 2012；Song et al., 2019）是一种多维变分的插值方法，是变分逆方法（VIM）的一种实现。该方法使用最小成本函数将观测值内插到正交网格中，旨在得出接近观测值的连续场。成本函数为

$$J[\varphi] = \sum_{j=1}^{Nd} u_j [d_j - \varphi(x_j, y_j)]^2 + \| \varphi \|^2 \tag{12.5}$$

式中，d_j 是在位置（x_j, y_j）处的观测值，u_j 表示权重，并且 $\| \varphi \|$ 为

$$\| \varphi \| = \int_D (\alpha_2 \nabla\nabla\varphi : \nabla\nabla\varphi + \alpha_1 \nabla\varphi \cdot \nabla\varphi + \alpha_0 \varphi^2) \, \mathrm{d}D \tag{12.6}$$

平滑度约束项 $\nabla\nabla \varphi : \nabla\nabla \varphi$ 具有以下形式：

$$\nabla\nabla\varphi : \nabla\nabla\varphi = \sum_{i,j=1}^{2} \left(\frac{\partial^2 \varphi}{\partial x_i \partial x_j} \right)^2 = \left(\frac{\partial^2 \varphi}{\partial x^2} \right)^2 + 2 \left(\frac{\partial^2 \varphi}{\partial x \partial y} \right)^2 + \left(\frac{\partial^2 \varphi}{\partial y^2} \right)^2 \tag{12.7}$$

式中，α_0 表示连续场的系数，α_1 为梯度，α_2 为变化率。该方法基于地形和拓扑将自然断开的区域解耦。这在海洋学中非常有用，因为实际上不相接的水团通常具有不同的物理特性。然而最佳插值法很难将陆地与水团分开解耦并同时维持海洋上的空间平滑场（Barth et al., 2014）。与二维分析（仅水平分析）相比，三维分析（经度、纬度、时间）的改进

在于，在包括平流约束后，RMS 误差相对减小了很多（二维情况下稳定，在三维情况下随着时间的推移变化）。

在第 12.1.5 节中，将 Argo 数据内插到 501 个标准层中。DIVA 方法首先计算每个标准层的温度、盐度和溶解氧浓度的平均值和标准偏差。然后对结果进行中值滤波并计算平均值与观测值之间的差。如果差值的绝对值比标准偏差高 3 倍（Song et al.，2019），则该剖面将被视为可疑数据并删除，否则将保留为受信任数据。4—9 月收集的数据分为 7 个时期。DIVA 函数用于融合每个时段的剖面数据以获得温度、盐度和溶解氧浓度场。

12.2 实验分析

12.2.1 涡旋轨迹

本章使用 2013 年 11 月 1 日至 2014 年 9 月 30 日 CMEMS 的 SLA 数据进行涡旋的识别和追踪（Dai et al.，2020）。结果显示，涡旋起源于 31.13°N，154.37°E，而在 28.51°N，140.36°E 处消亡，从 2013 年 12 月 6 日到 2014 年 8 月 31 日向西传播，总计 269 d。中尺度涡旋的轨迹如图 12.3 所示。根据轨迹图和深度曲线［图 12.4（b）］，可以发现涡旋首先在大约 6000 m 深的相对平坦的区域内运动，然后在伊豆 – 小笠原海沟上平移，之后涡旋开始越过伊豆海脊。其生命周期向西移动了 14 个经度，向南移动了约 3 个纬度。此结果与 Chelton 的全球涡旋数据集（http：//wombat.coas.oregonstate.edu/eddies/index.html）一致。

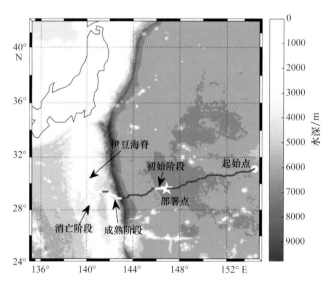

图 12.3　涡旋中心运动轨迹

红线代表轨迹，黄点表示产生涡旋的位置，黄色星号表示 4 月 1 日部署的 17 个 Argo 浮标的位置。3 段黄线分别代表初始、成熟和消亡阶段

12.2.2　涡旋的表面参数

中尺度涡旋的半径、深度、振幅、涡旋动能在其整个生命周期中的变化如图 12.4 所示。董昌明等（2015）和 Lin 等（2013）指出，涡旋的生命周期可以分为 3 个阶段，即初始阶段、成熟阶段和消亡阶段。为了更清楚地描述不同阶段的结构特征，本章将第一个时段 4 月 1—21 日定义为中尺度涡旋的初始阶段，将第五个时段 6 月 20 日至 7 月 10 日定义为中尺度涡旋的成熟阶段，将最后一个时段 7 月 30 日至 9 月 2 日定义为中尺度涡旋的消亡阶段。在本研究中，Argo 浮标从 4 月 1 日开始部署，由于没有捕捉到涡旋的产生，将 4 月 1—21 日的前 20 d 时间段重命名为"初始阶段"。此外，分析重点是有 17 个 Argo 浮标观察的 4 月 1 日至 9 月 2 日时间段。

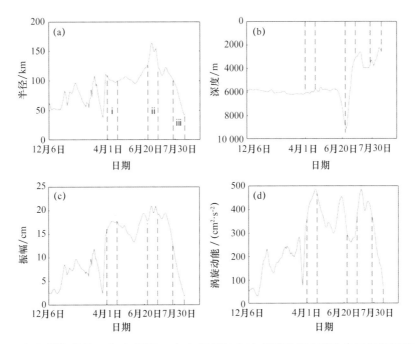

图 12.4　（a）涡旋半径、（b）深度、（c）振幅和（d）涡旋动能在其生命周期期间的变化

图（a）中，i、ii、iii 分别表示初始阶段、成熟阶段、消亡阶段

涡旋生命周期内的平均半径为 91.5 km。该值大于研究区域计算的罗斯贝变形半径 49.76 km（Chelton et al.，1998）。在成熟阶段，最大半径达到 170 km。涡旋半径在成熟阶段经历了迅速的增大，并且在进入消亡阶段后迅速下降。下文将从涡旋对地形调整的角度来详细讨论和解释。振幅和涡旋动能随涡旋半径的变化趋势相似。

从图 12.4 中可以发现，进入成熟阶段（阶段 ii）时涡旋半径大大增加，该现象可以用 PV 守恒来解释。PV 守恒如下：$d\left(\dfrac{\zeta + f}{H}\right) = 0$，其中 H 代表深度，ζ 和 f 分别代表相对涡度和行星涡度。当涡旋继续向西传播时，深度变小，这意味着 H 越来越小。在此期间，纬度可以认为是恒定的，这表明行星涡度 $f = 2\Omega \sin \varphi$ 也是恒定的。根据该等式，行星涡

度 ζ 趋于减小，这意味着反气旋涡的强度增强。因此，可以认为这是导致成熟阶段半径飞速增加的原因（Dai et al.，2020）。

Kamenkovich 等（1996）和 Beismann 等（1999）的试验也支持半径的快速增加这一现象。Kamenkovich 等（1996）使用两层原始方程模型进行了一系列数值试验，发现越过海脊的涡旋在涡旋中心遇到海脊之前就显示出了增强的趋势，表现为跃层深度的加深和海面的增高。该影响足够大时（对于海平面高程为 10 cm）使用高度计数据可以在实际海洋中观察到。Beismann 等（1999）也发现了相同的效应，即涡旋在接近上坡时由于界面层偏转而增强。在本研究中，当涡旋越过海沟时，涡旋的西边即已到达伊豆海脊的东坡，涡旋中心很快就会遇到该海脊。从图 12.4（c）中还观察到振幅有很大的提高。因此，可以推测涡旋半径的快速增大也与这种增强有关。

当涡旋遇到伊豆海脊时，涡旋沿着上坡向西北运动。然后它继续向西移动，直到遇到伊豆海脊的更高区域。7 月 30 日之后，半径迅速减小。Beismann 等（1999）发现，足够的地形高度和坡度甚至可以阻挡涡旋并使它们沿经线运动。因此，可以认为半径的快速下降主要是因为涡旋被海脊阻塞并开始消散（Dai et al.，2020）。

12.2.3 温度场结构

讨论涡旋三维结构之前，简要介绍研究区域的主要水团性质。上层水是北太平洋的表层水，具有高温和低盐的特征。根据涡旋外的 Argo 剖面和 CARS2009 气候态，研究区的 $\theta - S$ 图（图 12.5）表现为明显 "S" 形，两个盐度极值意味着存在两个水团：次表层高盐北太平洋热带水（NPTW）和低盐北太平洋中层水（NPIW）。NPTW 的平均盐度高达 34.87，位势密度约为 24.4 kg / m³。NPIW 的平均盐度为 34.2 ~ 35.0，位势密度约为 26.72 kg/ m³。在次表层和中间层之间，北太平洋亚热带模态水（STMW）的温度为 16.0 ~ 21.5℃，盐度为 34.65 ~ 34.95，位势密度为 24.2 ~ 25.6 kg/m³（Dong et al.，2017；Ni，2014）。尽管轻 –

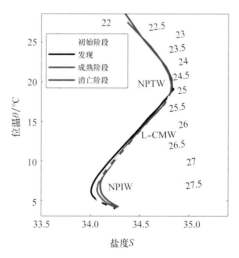

图 12.5　不同阶段研究区的 $\theta - S$ 图

$\theta - S$ 图的初始阶段、成熟阶段、消亡阶段曲线基于涡外的 Argo 剖面得到。涡旋起源的曲线基于 CARS2009 气候态得到

中部模态水（L–CMW）（$\theta = 10.0 \sim 16.0℃$，$S = 34.44 \sim 34.65$，$\sigma_\theta = 25.4 \sim 26.3 \text{ kg/m}^3$）主要在 $33° \sim 39°$N 区域，本书研究区域的 $\theta - S$ 图（图 12.5）也显示了 L–CMW 的清晰信号。部分原因可能是 L–CMW 的形成区域在与涡旋动能轴交叉的方向上向东南移动（Oka et al.，2011）。图中黄色虚线表示涡旋起源地的特征。从发现到消亡阶段，几条曲线基本相同，盐度极小值越来越小，这与 Dong 等（2017）的观点一致，NPIW 向西扩散时变得更咸，这很可能是由于强烈混合造成的。

基于上述 DIVA 函数，使用 20 d 的 Argo 合成数据绘制每个深度层的温度分布。图 12.6 给出了一个 5 月 11—31 日的 20 d 水平面示例，深度范围为 $100 \sim 1000$ m。合成涡旋的中心位于 $\Delta X = 0$ 处，$\Delta Y = 0$。在 100 m 处，不能清楚地反映出涡旋结构。在 $200 \sim 1000$ m 处，最高温度明显位于中心，涡旋结构也很明显，可推断涡旋的影响深度达到 1000 m。

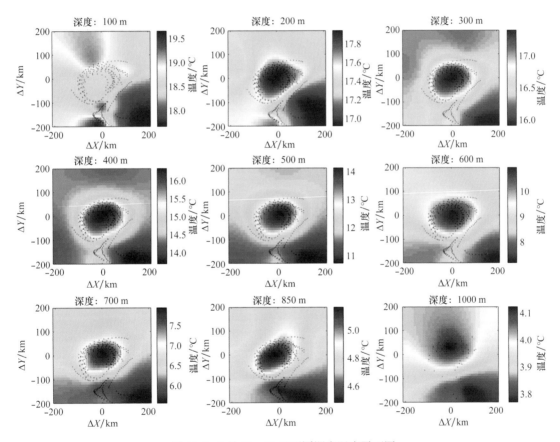

图 12.6　5 月 11—31 日不同深度温度平面图

初始阶段、成熟阶段和消亡阶段相对应的每层的温度切片如图 12.7 所示。通过 DIVA 插值法计算各层的温度场。等温线在 100 m 处无序分布，并且密集地分布在 $400 \sim 500$ m 范围内。初始阶段，上层封闭等温线分布稀疏，而在成熟阶段等温线更靠近中心。

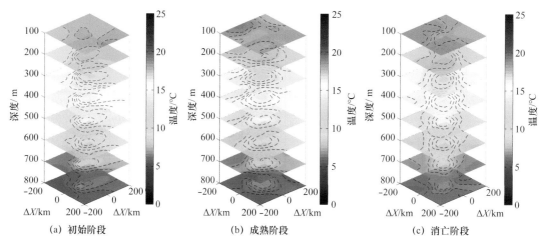

(a) 初始阶段　　　　　　　(b) 成熟阶段　　　　　　　(c) 消亡阶段

图 12.7　（a）初始阶段、（b）成熟阶段和（c）消亡阶段的温度切片

为了获得温度异常 $\Delta\theta$，将由 CSIRO 海洋与大气研究部开发的 CARS2009（CSIRO ATLAS OF REGIONAL SEAS）气候态数据线性插值到中尺度涡旋的每个 Argo 剖面，温度异常 $\Delta\theta$ 的垂直剖面通过从合成 Argo 剖面数据中减去插值数据获得。

图 12.8 的结果显示，在 400～600 m 深度处存在明显的温度异常核心，温度异常 $\Delta\theta$ 随时间逐渐增大，消亡阶段的最大值大于 +3℃，涡旋生命周期中的平均温度异常核心 $\Delta\theta$ 为 + 2.5℃。在涡旋生命周期期间，温度异常核心的深度保持在 400～600 m，并且在消亡阶段，核心周围的温度梯度最大。

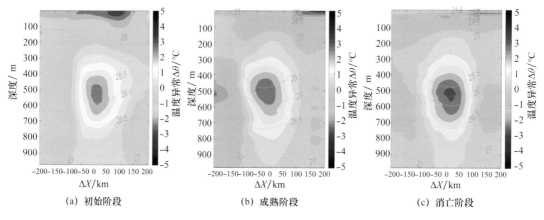

(a) 初始阶段　　　　　　　(b) 成熟阶段　　　　　　　(c) 消亡阶段

图 12.8　3 个阶段垂向的温度异常剖面图

为探索中尺度涡旋对温度垂直分布的影响，绘制了每个周期 Argo 剖面与该涡旋中心的背景场温度之间的差异（图 12.9）。不同颜色的细线代表 7 个周期中的 $\Delta\theta$，红色虚线代表涡旋生命周期中的平均 $\Delta\theta$。从表面到 500 m，$\Delta\theta$ 随深度逐渐增加。400～600 m 逐渐增加到最大值 +1.7℃，对应于涡旋的温度异常核心，3 个阶段温度异常核心全部位于

25.5～26 kg / m³ 的位势密度范围内。因此推断，涡旋捕获的水团的位势密度低于 NPTW
（约为 24.4 kg / m³），高于 NPIW（约为 26.72 kg / m³）。500～800 m 范围内，每个时期的
$\Delta\theta$ 减小，表明涡旋结构强度减弱，7 月 30 日至 9 月 2 日的 $\Delta\theta$ 值高于其他时期。

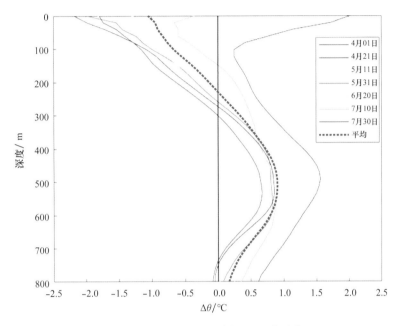

图 12.9　不同时间 Argo 剖面的温度异常 $\Delta\theta$

12.2.4　盐度场结构

图 12.10 显示了各层盐度的水平分布，深度范围为 100～1000 m。100～600 m，中心
区域的盐度最高，表明涡旋结构清晰。在 700 m 处，中心西南部有一个低盐度区域，高盐
度区域面积减小。在 850 m 处，一个明显的低盐度区域位于中心。在 1000 m 处，没有明
显的高盐度区域或低盐度区域。

图 12.11 显示了在每个阶段 100～800 m 的合成涡旋的盐度切片。在 400～500 m 范围
内，盐度等值线分布最密集，盐度明显高于周围区域。盐度等值线在较深处比较稀疏。在
初始阶段，上层的盐度等值线稀疏且不闭合。成熟阶段的闭合盐度等值线呈同心分布在涡
旋的核心周围，进入消亡阶段后，盐度等值线的数量减少。

图 12.12 显示了垂直盐度异常 ΔS 剖面，它是按照与 $\Delta\theta$ 相同方法获得。涡旋生命周
期内盐度异常核心的平均值为 0.15，在消亡阶段 ΔS 在 500 m 处达到 +0.2 的最大值。盐
度异常核心在 400～600 m 范围内保持稳定。盐度异常核心的位势密度与温度相似，基本
上都在 25.5～26.0 kg/m³ 范围内。800～900 m，中心有一个低盐度区域。消亡阶段异常核
心的值比其他两个阶段最强。

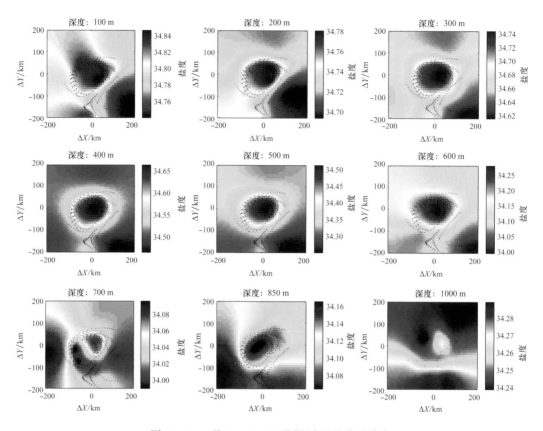

图 12.10　5 月 11—31 日不同深度盐度水平分布

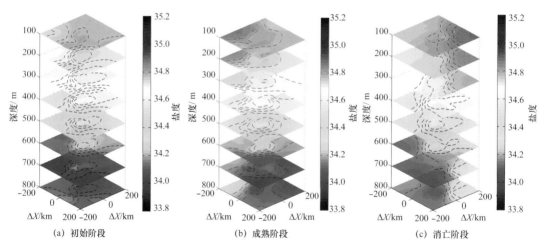

(a) 初始阶段　　　　　　　　(b) 成熟阶段　　　　　　　　(c) 消亡阶段

图 12.11　（a）初始阶段、（b）成熟阶段和（c）消亡阶段的盐度切片

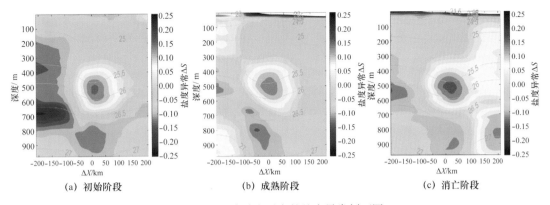

图 12.12　3 个阶段垂向的盐度异常剖面图

图 12.13 中不同颜色的细线代表 7 个周期内的 ΔS 值，红色虚线代表涡旋生命周期内的平均 ΔS。在大约 $220 \sim 500$ m 处分别存在一个最小值和最大值。在大约 800 m 处，最低盐度值验证了在该深度存在低盐度区域。

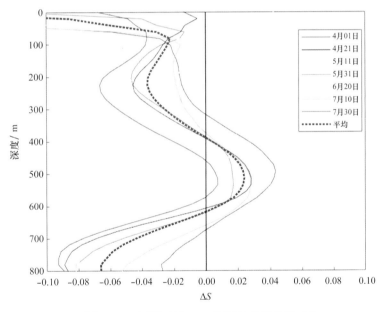

图 12.13　不同时间 Argo 剖面的盐度异常 ΔS

12.2.5　溶解氧浓度场结构

图 12.14 显示了 $100 \sim 1000$ m 的溶解氧浓度的水平分布。溶解氧浓度在中心区域最高，在表面层为 6.9 mg/L。随着深度的增加，溶解氧浓度逐渐降低。在 $500 \sim 600$ m 处，中心区域的溶解氧浓度保持不变。此外，涡旋中心 1000 m 处的溶解氧浓度仍高于周围水的溶解氧浓度。

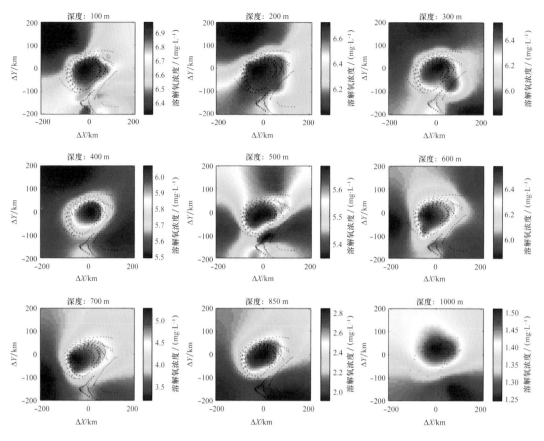

图 12.14　5 月 11—31 日不同深度溶解氧浓度的水平分布

图 12.15 显示了合成涡旋的溶解氧浓度切片。在初始阶段，涡旋上部的溶解氧浓度分布不明显，涡旋中下部的中心区域剖面分布稀疏且不规则。在消亡阶段，中尺度涡旋的浓度剖面显示出良好的涡旋结构。

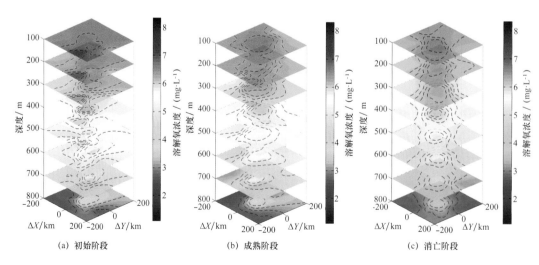

图 12.15　（a）初始阶段、（b）成熟阶段和（c）消亡阶段的溶解氧浓度切片

图 12.16 给出了每个阶段合成涡旋的溶解氧浓度的垂直分布图。中心处的溶解氧浓度高于周围区域。溶解氧浓度异常核心在 $200 \times 10^4 \sim 300 \times 10^4$ pa，对应于 $25.0 \sim 25.5$ kg/m^3 的位势密度层。在初始阶段、成熟阶段和消亡阶段，该值分别为 1.4 mg/L、1.9 mg/L 和 1.6 mg/L。此外，它位于温度和盐度异常核心位置的上方，温度和盐度异常核心的位置为 500×10^4 pa $\sim 600 \times 10^4$ pa（对应于 $25.5 \sim 26.0$ kg/m^3 的位势密度层）。溶解氧浓度异常随深度减小，并与低于 500×10^4 pa 的位势密度等值线完全吻合。

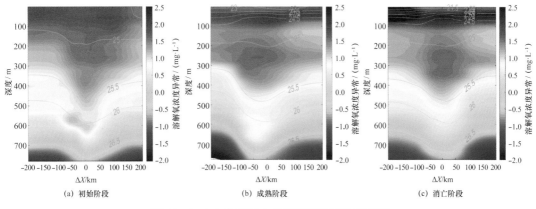

(a) 初始阶段　　　　　　　(b) 成熟阶段　　　　　　　(c) 消亡阶段

图 12.16　3 个阶段垂向的溶解氧浓度异常剖面

图 12.17 中不同颜色的细线代表 7 个周期的溶解氧浓度异常 ΔO 值，红色虚线代表涡旋生命周期中溶解氧浓度的平均值。在垂直方向，ΔO 随深度逐渐减小，从 0 m 到 400 m 缓慢减小，而随着深度小于 400 m 迅速减小。在每个周期之间，ΔO 的分布略有不同。

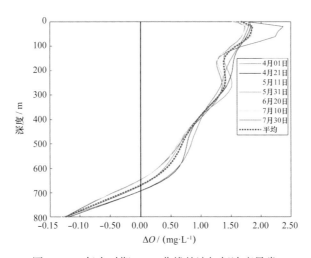

图 12.17　每个时期 Argo 曲线的溶解氧浓度异常 ΔO

12.2.6　地转流异常结构

地转流 V 的速度异常可以根据动力高度异常场 D' 来计算，表示为

191

$$\begin{cases} u = \dfrac{g}{f}\dfrac{\partial D'}{\partial y} \\[2mm] v = \dfrac{g}{f}\dfrac{\partial D'}{\partial x} \\[2mm] V = \sqrt{u^2 + v^2} \end{cases} \quad (12.8)$$

式中，u 和 v 分别是地转流速度异常的纬向分量和经向分量。g 是重力加速度，f 是科里奥利参数，纬度为 29.21°N。图 12.18 显示了 3 个阶段的经向和纬向的地转速度异常。在反气旋涡中，纬向和经向的流速度异常 u、v 相反，流场具有顺时针旋转结构。在相同深度处，速度异常最大值主要分布在 50 ~ 100 km 范围内。V 在表面层最大，并随深度增加而减小，并且初始阶段和成熟阶段在 700 m 时仍保持 0.05 m/s。在成熟阶段，经向和纬向的流速都达到 0.3 m / s。在消亡阶段，流速明显降低。

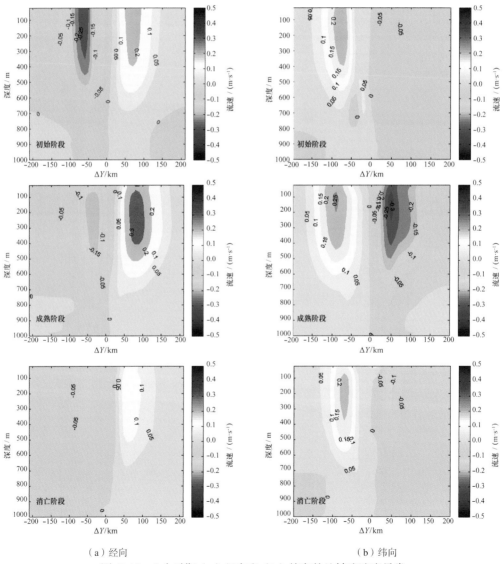

（a）经向   （b）纬向

图 12.18　3 个时期（a）经向和（b）纬向的地转流速度异常

涡旋动力高度异常 D' 的水平剖面如图 12.19 所示。温度和盐度通过其密度反映在动力高度中，因此 D' 可以更直观地反映涡旋的形状和强度。水平速度 V 大小与 D' 的斜率相同，并且具有良好的涡旋特性。在初始阶段，速度场与消亡阶段完全不同，西侧的速度明显大于东侧。涡旋核心携带的水团向西平移。在成熟阶段，涡旋的速度场呈一个相对规则的圆形。在消亡阶段，速度反映出涡旋遇到了伊豆海脊，传播速度变慢。涡旋西侧的低速度值反映了这一点，而涡旋东侧则有强烈的南向地转流。

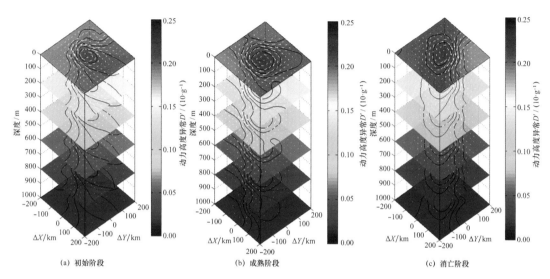

(a) 初始阶段 (b) 成熟阶段 (c) 消亡阶段

图 12.19　（a）初始阶段、（b）成熟阶段和（c）消亡阶段的涡旋动力高度异常 D'

黑线代表 D' 等值线，白色箭头代表水平速度 V

图 12.20 显示了 200×10^4 pa 时流速 V 的水平分布。黑线表示具有最高平均旋转速度的 D' 等值线。该线包含的区域是涡旋核心（Chaigneau et al., 2011）。白线表示最外侧的 D' 等值线，其平均旋转速度高于涡旋的平均移动速度，这被称为"受限区域"（Ni, 2014）。涡旋核心处的涡旋速度远小于平均传播速度，但是当外围水移动时，外围水将携带涡旋中心的海水移动。

通常是通过最大速度的半径，然后是罗斯贝数和伯格数，来量化涡旋结构（Mc Williams, 2009）。罗斯贝数 $\left(Ro = \dfrac{U}{fL}\right)$ 是无量纲数，代表水平加速度与科里奥利加速度的比率，U、L 分别代表方位角速度和水平尺度。科里奥利频率定义为 $f = 2\Omega \sin \varphi$。伯格数 $\left(B = \dfrac{Nh}{\Omega L}2\right)$ 是垂直方向的密度分层与水平方向的地球旋转之间的比率，其中 N 是 Brunt–Väisälä 频率，Ω 是地球的角旋转速率。从图 12.20 中可以看出，最大速度为 0.25 m / s，半径约为 50 km，因此本书可以得到涡旋的罗斯贝数为 0.07 和伯格数为 0.12。

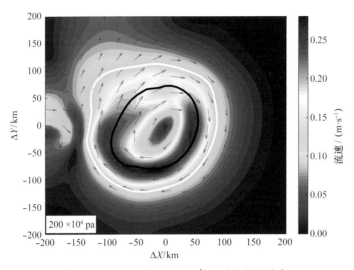

图 12.20　流速在 200×10^4 pa 时的水平分布

颜色阴影表示流速异常的大小，黑线表示涡旋核区的边缘，白线表示"受限区域"的边缘

　　图 12.21 显示了不同阶段的罗斯贝数到涡旋中心的距离之间的关系。研究发现，在这 3 个阶段中，罗斯贝数均从涡旋中心到边缘逐渐减小（Zhang et al., 2015a）。3 个阶段的斜率是 –0.000 29、–0.000 24、–0.000 23，并且该斜率随时间逐渐增加。与 McWilliams（2009）和 Zhang 等（2015a）的研究中获得的罗斯贝数相比，由于涡旋半径较大，因此获得的数值要小得多。此外，这意味着科里奥利在中尺度涡旋中起着主导作用。尽管在较小的罗斯贝数（<1）时比科里奥利加速度小，但有意思的是，它似乎在涡旋中的颗粒分布中起关键作用（Zhang et al., 2015a；Song et al., 2019）。

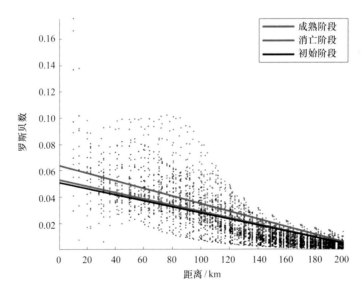

图 12.21　初始阶段、成熟阶段和消亡阶段的罗斯贝数与到涡旋中心的距离的关系分布

罗斯贝数值点是格点速度场平均后的结果。黑色、红色、蓝色分别代表初始阶段、成熟阶段、消亡阶段

12.2.7　热量、盐度和溶解氧输运异常

在计算中尺度涡旋的热量、盐度和溶解氧的输运异常时，有必要引入两个概念：非线性参数和受限深度（Chaigneau et al., 2011）。非线性参数是旋涡速度与传播速度之比。当参数值超过 1 时，会呈现非线性。也就是说，涡旋可以携带水团运动。受限深度是指每层的最大涡旋速度超过涡旋平均传播速度的深度。中尺度涡旋的传播速度经计算为 0.11 m/s。在该研究区域中，观测到的涡旋传播速度大于第一斜压罗斯贝波的理论相速度 4.93 cm/s，结果与 Chen 等（2011）的结论是一致的。中尺度涡旋的纬向平均传播速度大于北半球和南半球在 20°—50° 之间的自由传播的非弥散性的第一斜压罗斯贝波的理论值。图 12.22 显示了非线性参数随着深度的增加逐渐减小到 0。3 个阶段的受限深度分别为 500×10^4 pa、500×10^4 pa 和 600×10^4 pa。在 3 个阶段中，非线性参数在消亡阶段时最大，约为 2.6。

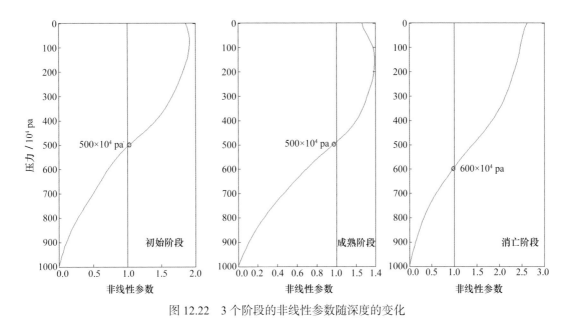

图 12.22　3 个阶段的非线性参数随深度的变化

为了估算反气旋中尺度涡旋输运能力，本章计算了热量输运异常（AHA）、盐度输运异常（ASA）、溶解氧异常（AOA）。每一层的 AHA 和 ASA 定义为（Chaigneau et al., 2011）：

$$\text{AHA} = \int \rho C_p \theta' \mathrm{d}A \tag{12.9}$$

$$\text{ASA} = 0.001 \int \rho S' \mathrm{d}A \tag{12.10}$$

AOA 通过参照 ASA 公式来计算。溶解氧异常场 O' 的单位为 mg/L，因此每一层的 AOA 定义为

$$\text{AOA} = \int \rho \times O' \times \frac{10^{-6}}{10^{-3}} \times \frac{1}{\rho} \mathrm{d}A = 0.001 \int O' \mathrm{d}A \tag{12.11}$$

式中，ρ 是密度（kg / m^3），C_p 是比热容［4000 J/（kg·K）］，θ'、S' 和 O' 是温度异常场、盐度异常场和溶解氧异常场，A 是涡旋的受限面积。在这项研究中，使用"受限面积"而非"核区"来估算热量、盐度和溶解氧的输运。由核区的面积估算的结果将小于实际值，因为涡旋携带的水还包括旋转速度超过移动速度的部分（Ni，2014）。

图 12.23 中显示了 3 个阶段中尺度涡旋每层的热量输运异常。最高的异常值位于 400～600 m 深度。随着涡旋的发展，每一层的 AHA 逐渐增加，并且在消亡阶段的最大值大于 1×10^{17} J/m。再从表层积分到受限深度，3 个阶段中尺度涡旋的总 AHA 为 4.391×10^{17} J、1.262×10^{18} J、1.619×10^{18} J。因此，涡旋引起的热传递在每个阶段中分别为 2.54×10^{11} W、7.30×10^{11} W、9.37×10^{11} W，略大于 Ni（2014）的结果。在消亡阶段热量输运异常最高，而在初始阶段最小。涡旋在生命周期内传递的总热量估计约为 5.89×10^{18} J。

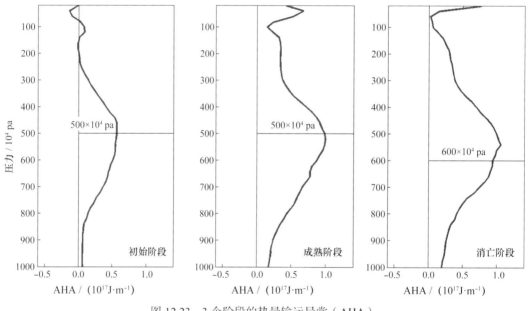

图 12.23　3 个阶段的热量输运异常（AHA）

水平线表示受限深度

3 个阶段中，中尺度涡旋每一层中的盐度输运异常如图 12.24 所示。在 500～600 m 的深度处，ASA 具有最大值，并且该值会随着涡旋的发展而逐渐增加。在消亡阶段，它大于 1.2×10^9 kg/m。再从表层积分到受限深度，中尺度涡旋的总 ASA 分别为 -5.136×10^9 kg、8.081×10^8 kg、5.317×10^9 kg。因此，涡旋在各阶段中引起的盐度输运为 -2.97×10^3 kg/s、0.47×10^3 kg/s、3.08×10^3 kg/s。在整个生命周期中，涡旋输运的总盐度约为 -1.36×10^{10} kg，这表明涡旋的作用是降低该区域的盐度。盐度异常输运在消亡阶段最高，其次是成熟阶段，在初始阶段最低。结果的大小与 Ni（2014）和 Chaigneau 等（2011）的研究一致。本章侧重于在较小的时间尺度内计算盐度的异常输运，在初始阶段为负值，在其他两个阶段为正值，而以往的研究仅提供了较长时间的统计数据。

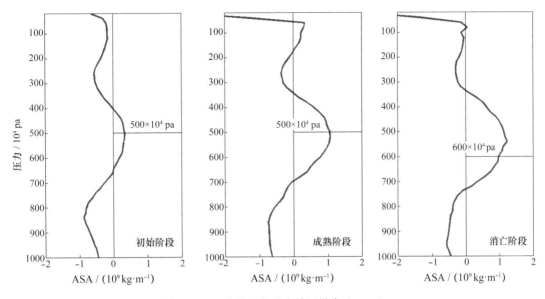

图 12.24　3 个阶段的盐度输运异常（ASA）

水平线表示受限深度

图 12.25 显示了 3 个阶段的溶解氧输运异常。随着深度的增加，AOA 逐渐减小，在消亡阶段，最大值 2.8×10^7 kg/m 在 100~200 m 处。再从表层积分到受限深度，中尺度涡旋的总 AOA 为 3.728×10^8 kg、4.007×10^8 kg、4.674×10^8 kg。此外，各阶段中的溶解氧输运为 2.16×10^2 kg/s、2.32×10^2 kg/s、2.70×10^2 kg/s。在整个生命周期中，涡旋输运的总溶解氧估计约为 2.76×10^9 kg。涡旋的溶解氧输运在消亡阶段最高，其次是成熟阶段，而在初始阶段最低。计算结果可能在涡旋对营养物质和生物量分布的影响方面有所贡献。

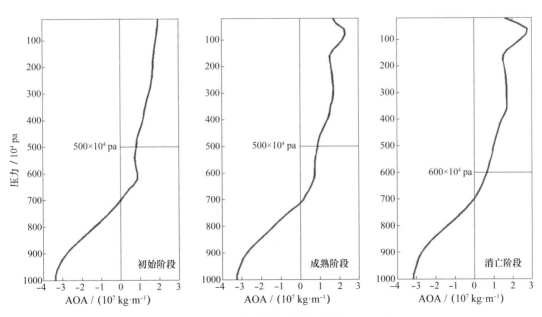

图 12.25　3 个阶段的溶解氧输运异常（AOA）

水平线表示受限深度

12.2.8 涡动能的变化

涡动能是定量描述涡旋存在的重要物理参数。它被认为与涡旋的活动密切相关，并在其运动中起重要作用。涡动能可以计算为 $\text{EKE} = \frac{1}{2}(u^2 + v^2)$，其中 u 和 v 分别是纬向和经向速度分量。7 个周期中的涡动能分布如图 12.26 所示。涡旋中心区域的动能最低。在其整个生命周期中，平均涡动能为 232 cm^2/s^2，这与 Yang 等（2013）在西北亚热带太平洋获得的 300 cm^2/s^2 的统计结果相近。在涡旋中心周围的区域，动能很高，最大值达到 1630 cm^2/s^2。在消亡阶段，涡动能高的区域主要分布在东北部区域。

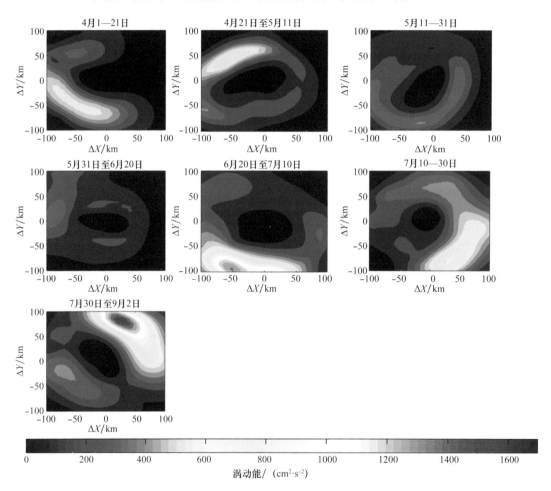

图 12.26　涡旋生命周期中的涡动能变化

12.3　本章小结

反气旋涡的平均半径为 91.6 km，略小于 Yang 等（2013）在西北亚热带太平洋的 121 km 的统计结果。涡旋与伊豆海脊之间的相互作用导致涡半径的极大增强和快速下降。

McWilliams 等（2009）得出结论，当涡旋到达海脊时，处于"深度补偿"状态。涡旋下层与上层是不同相位的运动，将导致涡旋垂直结构的重组，从而使上层穿过脊而没有其他进一步的影响（Beismann et al.，1999）。涡旋在生命周期中保持相对稳定的垂直结构，并且涡核具有明显的连贯性。因此判断当涡旋到达伊豆海脊时，它并没有进入到"深度补偿"状态。从异常的地转流场中，可以看到消亡阶段的速度场大小有所下降。但是从温度、盐度、溶解氧的切片和剖面来看，下降并不明显。因此，本章中的涡旋深处结构的损失并不明显，涡旋的传播速度和方向受到伊豆海脊的强烈影响，最终被阻塞并消散在海脊上。

中尺度涡旋的温度和盐度异常核心在 400～600 m。其平均温度异常值和盐度异常值 $\Delta\theta$ 和 ΔS 分别为 +2.5℃ 和 0.15。与 Sun 等（2017）研究的黑潮延伸区的涡旋相比，它显示出更强的涡旋结构，黑潮延伸区的 AE 的最大温度变化在 410 m 处达到 1.78℃，在 260 m 处最大盐度变化为 0.12。本研究中，中尺度涡旋在整个生命周期内都保持在 25.5～26 kg / m^3 的位势密度层，这表明在涡旋的西移过程中，捕获在涡旋核心中的水团保持相对稳定的状态。根据合成的三维结构所揭示的特征，可得出结论：核心区域的水团温度为 11～16℃，盐度为 34.3～34.6。因此，根据水团的性质，我们推测携带的水团可能源自 L–CMW 或具有类似性质的水团。

海洋中尺度涡旋在全球范围内贡献了重要的水平热量和盐度输运（Dong et al.，2012）。Dong 等（2017）根据 CH17 数据展示了西北太平洋涡旋热输运的分布。Zhang 等（2014）使用一种新方法结合现有的涡旋轨迹，通过涡旋运动估算热量和盐度的运输。本章展示了西北太平洋中一个由 17 个 Argo 浮标检测的涡旋的精细热、盐和溶解氧输运的时空变化。此外，许多研究将某区域中的一系列不同涡旋相融合，以反映平均的三维结构。本章将单个涡旋与现场观测数据结合起来，并在涡旋的生命周期内反映单个涡旋及其精细的三维结构。在某种程度上，本章的结果可以补充前人的发现，并进一步显示出涡旋生命周期中热量和盐度输运的详细时间变化。总之，涡旋在热量和其他异常方面的作用以及涡旋的动力学机制还需要深入讨论。将来通过更多实测数据，可以进行更多分析并将某些结论扩展到整个西北太平洋。

通过重构反气旋中尺度涡旋的三维结构，并分析其在温度、盐度和溶解氧场结构上观察到的时空变化，计算出异常的地转流速、热量、盐度和溶解氧的输运异常以及涡旋动能，以便更好地了解涡旋的特征及其与周围环境的相互作用。得到结论如下：

（1）反气旋中尺度涡旋的生命周期为 269 d，平均半径为 91.6 km。涡旋半径在成熟阶段经历了快速的变大，并且在进入消亡阶段后迅速下降。在成熟阶段，最大半径达到 170 km。其影响的深度达到了 1000 m。

（2）中尺度涡旋的温度和盐度异常核心在 400～600 m。其平均温度和盐度异常值 $\Delta\theta$，ΔS 分别为 +2.5℃ 和 0.15。800～900 m，涡旋中心有一个明显的低盐度区域。最高的溶解氧浓度异常位于 200～300 m。

（3）地转速度异常 V 在表层最大。在成熟阶段，V 达到 0.3 m / s。AHA、ASA 和 AOA

的最大值均在消亡阶段发生，分别约为 $1 \times 10^{17} \, \text{J}/\text{m}$，$1.2 \times 10^{9} \, \text{kg}/\text{m}$ 和 $2.8 \times 10^{7} \, \text{kg}/\text{m}$。涡旋在生命周期内输运的总热量、盐度和溶解氧量估计约为 $5.89 \times 10^{18} \, \text{J}$、$-1.36 \times 10^{10} \, \text{kg}$ 和 $2.76 \times 10^{9} \, \text{kg}$。

第 13 章　东海黑潮与琉球海流相互作用

13.1　概述

东海周边的海洋环境相当复杂，北太平洋西边界流系之一的黑潮从南到北与南海、东海和黄海相互作用、相互影响，其环流变化和水文特征一直是海洋界关注的重点。北太平洋副热带环流系统中两支西边界流被琉球群岛岛链阻隔分开，为较强的东海黑潮和较弱的琉球海流（图 13.1）。黑潮是由太平洋北赤道流在菲律宾以东向北流动的一个分支延续而来，其源地位于菲律宾吕宋岛以东海域，它沿台湾东岸北上，通过苏澳和与那国岛之间的水道流入东海，主轴指向东北，在陆架外缘和陆坡之间流动。当它在日本九州西南分出分

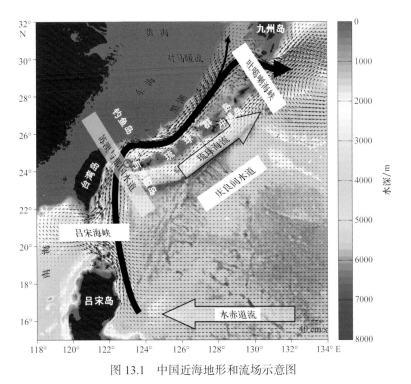

图 13.1　中国近海地形和流场示意图

地形色标单位为 m，流场矢量为地球模拟器全球海洋环流模式输出的 150 m 深多年平均流场结果。图中流系由南至北依次包括：北赤道流、黑潮、琉球海流、对马暖流。黑潮途经的主要岛屿由南至北依次包括：吕宋岛、台湾岛、钓鱼岛、琉球群岛（包括与那国岛、冲绳岛等岛屿）、九州岛。黑潮途经的主要水道由南至北依次包括：吕宋岛和台湾岛之间的吕宋海峡、台湾岛和琉球群岛之间的苏澳 – 与那国水道、琉球群岛岛链中部的庆良间水道、琉球群岛和九州岛之间的吐噶喇海峡

支后，转向东通过吐噶喇海峡北部流出东海，进入日本以南的太平洋海域。黑潮通常是一个相对稳定的海流系统（Qiu，2001），但是在台湾以东到庆良间水道之间黑潮的流轴经常摆动（Li，1993；Su and Yuan，2005；Ma et al.，2009）。

琉球群岛位于苏澳 – 与那国水道和吐噶喇海峡之间，是西北太平洋与东海之间的天然屏障，对深层水交换起阻挡作用。琉球群岛以东存在着一支东北向的海流，即琉球海流，目前有关琉球海流形成和维系的动力学机制尚未定论。琉球海流是北太平洋另外一支重要的西边界流，与黑潮组成北太平洋西边界流系。琉球海流在平均状态下向东北方向流动，其时空变化较大（Yuan et al.，1998；Liu et al.，2000）。

东海周边海洋环境之所以复杂，除黑潮自身的流轴、流量等多变外，太平洋西传而来的中尺度涡在到达黑潮附近时还对其产生强烈的影响。琉球海流的流速和流量受太平洋东部向西传播而来的中尺度涡影响强烈（Nakano et al.，1998；Zhu et al.，2003，2004）。

此外，东海周边复杂的地形也对海洋环境产生影响。庆良间水道位于冲绳岛和宫古岛之间，其最大深度约为 1800 m（图 13.2）。作为主要的深水通道，它在琉球群岛两侧的水交换中起着非常重要的作用。

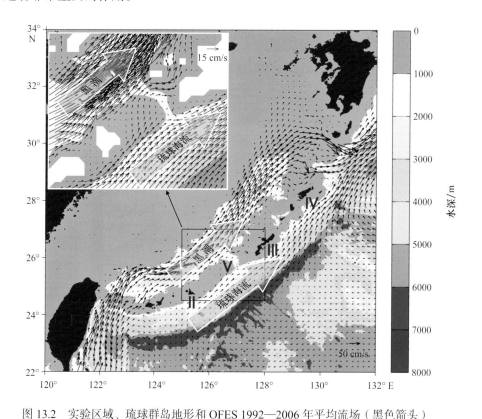

图 13.2　实验区域、琉球群岛地形和 OFES 1992—2006 年平均流场（黑色箭头）

琉球群岛为台湾以东到奄美大岛之间的岛链。Ⅰ：台湾岛，Ⅱ：宫古岛，Ⅲ：冲绳岛，Ⅳ：奄美大岛，Ⅴ：庆良间水道。插入图显示了 SOM 分类区域和庆良间水道

黑潮和琉球海流之间的水交换研究开始于 20 世纪 70 年代，Nitani（1972）指出太

平洋的水可能从庆良间水道流入东海。Yu 等（1993）发现，冲绳岛西北方的黑潮 PN（Pollution Nagasaki）断面上黑潮的低盐水核心与琉球海流的入侵有关。流速计数据也显示有净流量通过庆良间水道到达东海（Morinaga et al.，1998）。Zheng 等（2008b）发现，琉球海流系统从庆良间水道进入东海的入流使得东海黑潮下游的流量增大。一些研究还表明，西北太平洋的中尺度涡可以通过庆良间水道传播进入东海（Ichikawa，2001；Andres et al.，2008）。

然而，目前鲜有学者提到黑潮的变化也可以通过庆良间水道对琉球海流产生影响。为此，本章利用 SOM 方法分析 OFES/NCEP 数据，研究庆良间水道附近的流场变化模态，进一步揭示东海黑潮与琉球海流之间的相互作用机制，同时利用卫星高度计 SSH 数据和 Drifter 观测数据来验证模式模拟结果和 SOM 模态结果（Jin et al.，2010；金宝刚，2011，2019）。

13.2　东海黑潮－琉球海流耦合模态的时空特征

13.2.1　实验方案

神经网络训练过程之前，需要对一些可调节的 SOM 参数进行指定。Liu 等（2006）给出了 SOM 参数选择的一种实际方法。研究中某些网络参数（网格形状、网络形状、权值初始化方式、训练方法和邻域函数）参考了 Liu 等（2006）的建议进行选择。

实验区域如图 13.2 所示。网络大小定义了 SOM 模态的数量，按照黑潮流轴的摆动和琉球海流强度的变化对网络大小进行主观指定。黑潮流轴的摆动可以分为两种基本情况：黑潮流轴靠近琉球群岛和黑潮流轴远离琉球群岛。琉球海流的强度也可以分为两种基本情况：琉球海流增强和琉球海流减弱。因此，网络大小选择 2×2。

需要指出的是，研究所得出的主要结论对网络大小参数不敏感。我们利用不同的网络大小做了一系列测试，如取网络大小：3×3、4×4、5×5 等。在这些较大网络中得出的流场变化模态与 2×2 网络得出的模态很相似，尽管较大的网络得出的模态可以提供更多流场变化的细节信息。

用 SOM 方法对不同深度的 OFES 流场数据进行分析。为了支持模式的分析结果，还将 SOM 方法应用于卫星高度计数据。需要说明的是，在上述两种数据集中，多年平均场已经从每一个数据格点中过滤掉，滤除平均场之后的数值即为异常值。

13.2.2　OFES 的流场模态

首先分析了 150 m 层的流场数据，因为 150 m 能够很好地代表黑潮和琉球海流的温跃层深度（Su and Yuan，2005）。在 SOM 训练之前，每一个格点的数据都去掉了 15 a 的平均值。从 1992—2006 年的流异常场中提取出了 4 个耦合流场模态。

模态 1（P1）：黑潮流轴靠近庆良间水道，琉球海流增强，水从庆良间水道流入太平洋［图 13.3（a）］。庆良间水道西北部可以看到气旋性环流异常，在靠近庆良间水道一侧为东北方向流，在东海一侧为西南方向流。将流异常场与图 13.2 中的平均场进行比较可以看出，在该模态中黑潮流轴比平均场更加靠近庆良间水道。在庆良间水道的东南方，有一个显著东北方向流场异常，表明东北方向的琉球海流处于增强状态。在该模态中，黑潮水通过庆良间水道从东海流入太平洋，在庆良间水道内形成一个反气旋性的流场。

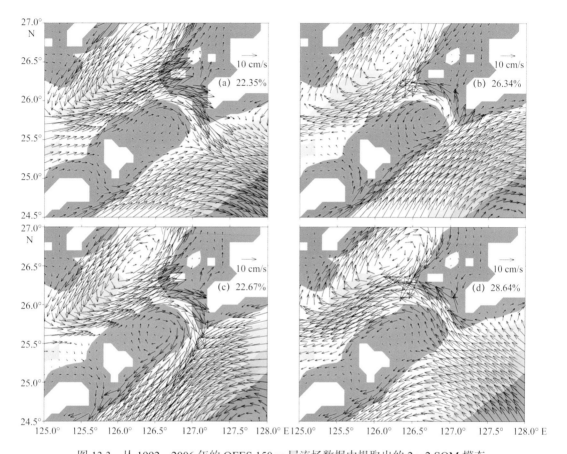

图 13.3　从 1992—2006 年的 OFES 150 m 层流场数据中提取出的 2×2 SOM 模态

箭头代表 150 m SOM 流场模态：（a）P1、（b）P2、（c）P3、（d）P4。在每一个子图的右上角给出了模态发生概率

模态 2（P2）：黑潮流轴远离庆良间水道，琉球海流增强［图 13.3（b）］。庆良间水道西北部可以看到反气旋性环流异常，在靠近庆良间水道一侧为西南方向流，在东海一侧为东北方向流。将流异常场与图 13.2 中的平均场进行比较可以看出，在该模态中黑潮流轴比平均场更加远离庆良间水道。更为有趣的是，在庆良间水道内部形成了一个强气旋涡。水通过庆良间水道从太平洋流入东海。

模态 3（P3）：与 P2 镜像，黑潮流轴靠近庆良间水道，琉球海流减弱［图 13.3（c）］。庆良间水道西北部可以看到气旋性环流异常，在庆良间水道的东南方有一个显著西南方向流场异常。大体上，水通过庆良间水道从东海流入太平洋，在庆良间水道内部形成了一个显著的反气旋涡。

模态 4（P4）：大体上与 P1 镜像，黑潮流轴远离庆良间水道，琉球海流减弱［图 13.3（d）］。

水通过庆良间水道从太平洋流入东海，在庆良间水道内形成一个气旋性流场。

多个模态结果也局限于上述 4 种情况，3×4 SOM 模态结果如图 13.4 所示。可以看出，M1、M2 与 P1 情况类似，M3、M5、M6、M9 与 P2 情况类似，M4、M7、M10 与 P3 情况类似，M8、M11、M12 与 P4 情况类似。故仅讨论 2×2 SOM 模态。

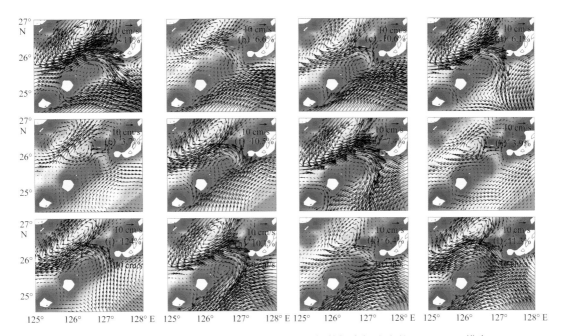

图 13.4　从 1992—2006 年的 OFES 150 m 层流场数据中提取出的 3×4 SOM 模态

箭头代表 150 m SOM 流场模态。在每一个子图的右上角给出了模态发生概率

（a）M1，（b）M2，（c）M3，（d）M4，（e）M5，（f）M6，（g）M7，（h）M8，（i）M9，（j）M10，（k）M11，（l）M12

利用 SOM 方法提取了其他深度层的流场模态。从表层到 250 m 深度层均可以看到上文描述的 4 个模态的存在。250 ~ 600 m 深度层的流场模态与 250 m 层以浅的流场模态相似，但如图 13.5 所示，在这些层中黑潮的流异常值变得很弱，庆良间水道内部的涡旋已经消失，因为庆良间水道已经变得很窄（从南部到北部的距离大约 30 km）。在 600 m 层以深上述 4 个模态很不明显。

13.2.3　卫星高度计流场模态

由于卫星高度计数据起始时间为 1992 年 10 月，直到 1993 年才有整年数据，故采用 1993—2006 年数据进行模态分析。需要说明的是 SSHA 数据与模式数据时间（1992—2006 年）不同，但这种微小差异对研究结果影响很小，因为主要关注庆良间水道附近流场模态的季节内变化。可根据高度计 SSHA 数据计算深海区（水深大于等于 200 m 以滤除出潮汐的影响）的地转流异常场，用以佐证庆良间水道的流场模态。

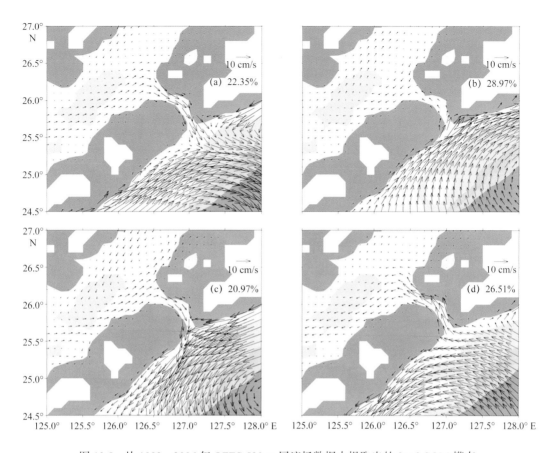

图 13.5 从 1992—2006 年 OFES 530 m 层流场数据中提取出的 2×2 SOM 模态

箭头代表 530 m SOM 流场模态：（a）P1，（b）P2，（c）P3，（d）P4。在每一个子图的右上角给出了模态发生概率

卫星高度计观测得到的流场模态与 OFES 模式输出数据得到的流场模态在很大程度上相似，尽管前者无法显示出庆良间水道内部的涡旋（图 13.6）。这些涡旋的直径经常小于50 km，因此卫星高度计无法分辨出这些特征。

13.2.4 Drifter 轨迹流场信息

首先，分析穿越庆良间水道的 Drifter 浮标，以证实通过庆良间水道两个方向的水交换都存在。其次，结合同期的卫星高度计数据，分析庆良间水道及其附近区域内的 Drifter 浮标运动轨迹，以找出 4 个模态存在的证据。

与其他区域相比，运动轨迹经过庆良间水道的浮标数量比较少。在所有可用的数据记录中，有 11 个 Drifter 穿越了庆良间水道。这些 Drifter 的运动轨迹被用来支持 SOM 结果（图 13.7）。在这 11 个穿越了庆良间水道的 Drifter 中，约有一半（6 个 Drifter，55%）是从东海漂流进入太平洋，这与流场模态 P1 和模态 P3 及其发生概率相一致。其他 5 个Drifter 以相反的方向运动（从太平洋到东海），这与模态 P2 和模态 P4 的情况相一致。

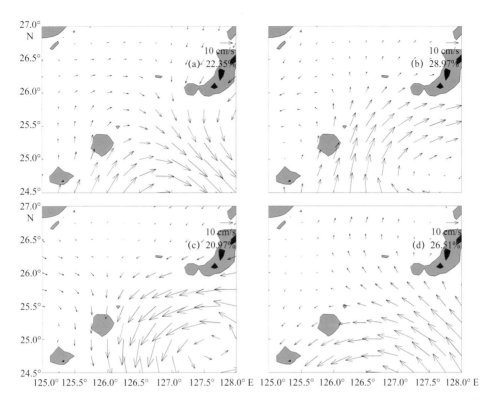

图 13.6　从 1993—2006 年的卫星高度计 200 m 以深地转流异常场数据中提取出的 2×2 SOM 模态

（a）P1，（b）P2，（c）P3，（d）P4。在每一个子图的右上角给出了模态发生概率

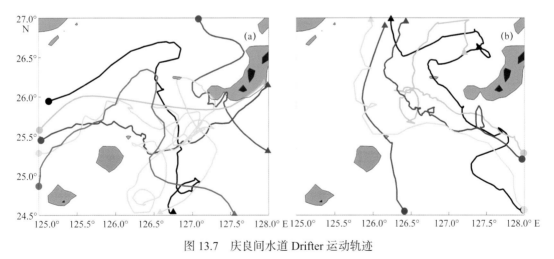

图 13.7　庆良间水道 Drifter 运动轨迹

（a）从东海进入太平洋的 6 个 Drifter，（b）从太平洋进入东海的 5 个 Drifter。
实心圆点（箭头）代表 Drifter 进入（离开）研究区域

13.2.5　模态持续时间和季节性变化

基于 1992—2006 年的 BMU 时间序列（图 13.8），得到每一个模态持续时间的柱状图如图 13.9 所示。P1、P2、P3 和 P4 的平均持续时间分别为 24 d、25 d、26 d 和 28 d。
4 个模态的持续时间范围均比较广泛，从 15 d 到 75 d 以上。但是对于所有模态而言，都有
一个显著的高频信号（图 13.9），这与黑潮流轴的高频摆动一致（Qiu et al., 1990；James
and Wimbush, 1999；Takahashi et al., 2009）。

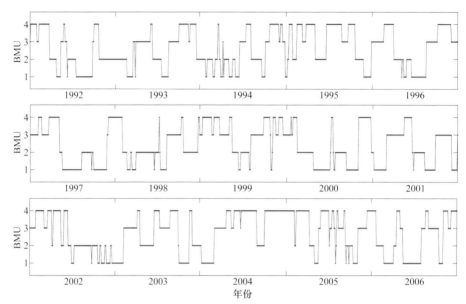

图 13.8　与图 13.3 中 4 个模态对应的 BMU（Best–Matching Unit）时间序列

红线代表模态以 P2—P1—P3—P4—P2 的循环顺序演变且演变长于一个周期

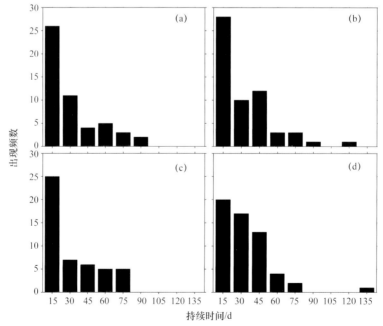

图 13.9　（a）、（b）、（c）、（d）分别为图 13.3 中 P1、P2、P3、P4 持续时间的出现频数柱状图

该图基于图 13.8 中的 BMU 时间序列

基于图 13.8 的 BMU 时间序列，可以计算出每一个模态的季节性变化（图 13.10）。可以看出，每个模态都存在一定的季节性变化。模态 1 和模态 4 在流场模态上相反，它们的季节性变化也呈现出相反的趋势，模态 1 夏天发生概率大、冬天发生概率小，模态 4 反之；模态 2 和模态 3 在流场模态上相反，它们的季节性变化也呈现出相反的趋势，模态 2 在 4 月、5 月和 6 月发生概率较大，模态 3 在 9 月发生概率较大。黑潮和琉球海流耦合模态的上述季节性变化可能与黑潮流轴位置的季节性变化（Su and Yuan，2005）和琉球海流流量的季节性变化有关。关于这些季节性变化的原因，有待进一步研究。

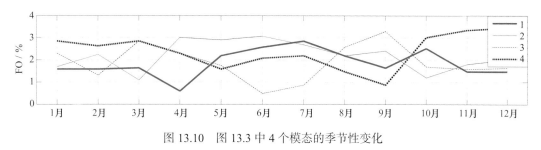

图 13.10　图 13.3 中 4 个模态的季节性变化

纵坐标为模态在每一个月的出现频率。1、2、3、4 分别为 P1、P2、P3、P4 的季节性变化曲线，所有模态在所有月份的出现频率之和为 100%

13.2.6　模态循环演变机制和成因分析

从 BMU 时间序列（图 13.8）中，可以看出，这 4 个模态的时间演变。非常值得一提的是，在 SOM 空间中存在一个具有逆时针方向运动特征的周期运动。下面以 P2—P1—P3—P4—P2 为例，首先，黑潮流轴远离庆良间水道，琉球海流增强（P2）；其次，黑潮流轴靠近庆良间水道（P1）；然后，琉球海流减弱（P3）；最后，黑潮流轴再次远离庆良间水道（P4）。在上述序列中，以 P2 为初始模态是武断的。我们定义上述周期运动的判断准则为，逆时针方向运动轨迹连续经历了上述循环顺序中的 4 个模态至少一次。上述特定顺序的周期运动（红线）总时间占整个时间序列总时间的 61.5%（图 13.8）。该周期运动的周期从 21 d 到 192 d 不等，平均周期约为 120 d[①]。这种 120 d 的周期与观测得到的黑潮和琉球海流的变化相一致（Zhu et al.，2004）。

这 4 个模态的上述演变过程可以解释如下：

（1）当黑潮流轴靠近庆良间水道时，会产生一个负的压力梯度异常，进而驱动水通过庆良间水道北侧深海区从东海流入太平洋。当气旋涡（反气旋涡）从太平洋接近庆良间水道时，在庆良间水道东南方的西南向（东北向）流场异常会在庆良间水道内部激发出一个强（弱）的反气旋涡，如 P3（P1），其原因是西南向（东北向）流场异常激发了一个强（弱）的负涡度（Liu and Su，1992）。

---

① 平均周期为 120 d 的算法如下，设平均周期为 T，根据图 13.8 中满足上述特定周期运动即图中红线的信息有：$1.5T+1.75T+1.75T+T+T+2T+2T+T+T+1.5T+1.5T+T+T+T+1.75T+1.25T+T+1.25T+1.5T+T+1.5T = 28.25T = 3306$ d。所以 $T = 117.0265$ d，约为 120 d。

（2）相反，黑潮流轴远离庆良间水道时，会产生一个正的压力梯度异常，进而驱动水通过庆良间水道北侧深海区从太平洋流入东海。当反气旋涡（气旋涡）从太平洋接近庆良间水道时，在庆良间水道东南方的东北向（西南向）流场异常会在庆良间水道内部激发出一个强（弱）的气旋涡，如P2（P4），其原因是东北向（西南向）流场异常激发了一个强（弱）的正涡度（Liu and Su，1992）。

13.2.7　个例分析

为了验证上述模态在实际模式数据中的匹配程度，选取2005年11月5日到2006年4月4日期间内的一个P3—P4—P2—P1模态运动个例（图13.8）进行分析。将上述P3—P4—P2—P1运动过程中每一个模态对应的时间范围内的模式150 m流场数据进行平均，得到4个模态如图13.11所示。

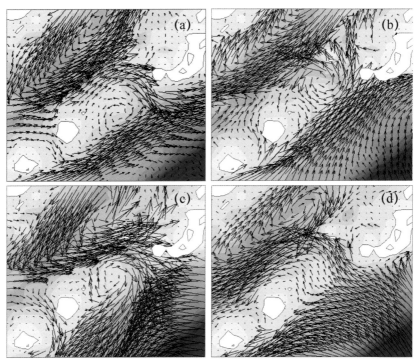

图13.11　2005年11月5日到2006年4月4日期间内的一个P3—P4—P2—P1模态运动个例

4个模态的平均时段如下：（a）2006年2月24日至4月4日，（b）2006年1月22日至2月21日，（c）2005年11月5日至12月11日，（d）2005年12月14日至2006年1月19日

可以看出，这4个模态与图13.3中的4个模态总体上是吻合的。模态1和模态3黑潮流轴靠近琉球群岛，水从东海流入太平洋；模态2和模态4黑潮流轴远离琉球群岛，水从太平洋流入东海。在模态2中，受琉球海流一侧反气旋涡影响，在庆良间水道内部形成一个强的气旋涡；在模态3中，受琉球海流一侧气旋涡影响，在庆良间水道内部形成一个强的反气旋涡。但由于是短期的运动个例，流场模态受当时环境的影响，图13.11中的模态比图13.3中的SOM模态有更多的噪声。

13.3　东海黑潮 – 琉球海流系统的动力参数统计特征

13.3.1　统计方案

由于 SOM 方法提取的是黑潮和琉球海流相互作用最主要的流场特征，因此需要给出上述现象在实际中的发生概率。选取黑潮流轴位置、庆良间水道流量、庆良间区域涡度、琉球海流区域涡度 4 个变量，进行动力参数特征统计分析（金宝刚，2019）。选取这些变量主要基于以下考虑：黑潮通常是一个相对稳定的海流系统，但台湾以东到庆良间水道之间黑潮的流轴经常摆动；庆良间水道流量能够刻画出太平洋和东海的水交换特征；庆良间区域有涡旋存在；琉球海流的变化受太平洋中尺度涡的强烈影响。

动力参数计算区域如图 13.12 所示，以庆良间水道为中心，将研究区域扩展至 24.5°—27°N，125°—128°E AB 区域范围。考虑到黑潮上下游关系，选取庆良间水道西北方向线计算黑潮流轴位置，AB 线垂直于黑潮气候态流场（即图 13.12 中的流场矢量），以便更好地反映出黑潮流轴位置的变化。黑潮流轴定义为 150 m 深度 OFES 流速最大值对应的纬度，纬度小于平均值时定义为靠近，反之为远离。选取 150 m 层的流场数据进行分析，主要是考虑到 150 m 能够很好地代表黑潮和琉球海流的温跃层深度。在宫古岛和冲绳岛之间，选取 MN 线对应的垂向断面计算庆良间水道的流量。庆良间区域涡度计算范围为 $CDEF$ 内部，琉球海流区域涡度计算范围为 GHI 内部。涡度的计算采用 OFES 海面动力高度异常数据，涡度正值为气旋涡度，负值为反气旋涡度。

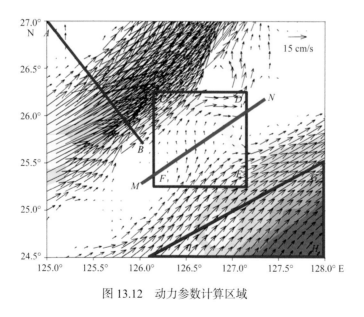

图 13.12　动力参数计算区域

13.3.2　东海黑潮 – 琉球海流相互作用下庆良间流量的变化特征

黑潮流轴位置和庆良间水道流量时间序列如图 13.13 所示，受 OFES 模式 0.1° 水平分辨率的限制，黑潮流轴位置计算结果采用了模式网格中心的纬度，黑潮流轴摆动和庆良间水道流量时间序列都经过了归一化处理。黑潮流轴负值代表靠近庆良间水道，正值代表远离庆良间水道；庆良间水道流量负值代表水从东海进入太平洋，正值代表水从太平洋进入东海。

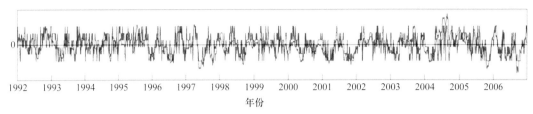

图 13.13　黑潮流轴摆动（蓝色）与庆良间水道流量（红色）时间序列

当黑潮流轴靠近庆良间水道时，水从东海进入太平洋的概率是 76%；当黑潮流轴远离庆良间水道时，水从太平洋进入东海的概率是 67%。这说明当黑潮流轴靠近庆良间水道时，水交换倾向于从东海进入太平洋；当黑潮流轴远离庆良间水道时，水交换倾向于从太平洋进入东海。黑潮流轴的摆动对庆良间水道流量的变化具有一定影响。

琉球海流区域涡度与庆良间水道流量不具备明显的相关性：当琉球海流区域为气旋涡度时，水从太平洋进入东海的概率是 45%；当琉球海流区域为反气旋涡度时，水从东海进入太平洋的概率是 54%。这说明黑潮流轴的摆动对庆良间水道流量的影响明显强于琉球海流区域涡度的影响。

13.3.3　东海黑潮－琉球海流相互作用下庆良间涡度的变化特征

通过对黑潮流轴位置和庆良间区域涡度时间序列的计算分析表明，当黑潮流轴靠近庆良间水道时，庆良间区域为反气旋涡度的概率为 65%；当黑潮流轴远离庆良间水道时，庆良间区域为气旋涡度的概率为 77%。这说明当黑潮流轴靠近庆良间水道时，庆良间区域倾向于产生反气旋涡度；当黑潮流轴远离庆良间水道时，庆良间区域倾向于产生气旋涡度。由此可见，黑潮流轴的摆动对于庆良间区域涡度的变化具有一定的影响。

通过对琉球海流区域涡度和庆良间区域涡度时间序列的计算分析表明，当琉球海流区域为气旋涡度时，庆良间区域为反气旋涡度的概率为 59%；当琉球海流区域为反气旋涡度时，庆良间区域为气旋涡度的概率为 69%。这说明当琉球海流区域为气旋涡度时，庆良间区域倾向于产生反气旋涡度；当琉球海流区域为反气旋涡度时，庆良间区域倾向于产生气旋涡度。琉球海流区域涡度对于庆良间区域涡度的变化具有一定的影响。

根据上述统计分析结果，黑潮流轴摆动和琉球海流区域涡度均会对庆良间区域涡度产生一定影响。为进一步分析黑潮－琉球海流系统对庆良间区域涡度的影响，在动力参数的时间序列（图 13.14）中做如下标注（表 13.1）：当黑潮流轴靠近庆良间水道、庆良间为反气旋涡度、琉球海流为反气旋涡度时，将时间序列中对应的时刻标记为模态 1（紫色）；当黑潮流轴远离庆良间水道、庆良间为气旋涡度、琉球海流为反气旋涡度时，标记为模态 2（红色）；当黑潮流轴靠近庆良间水道、庆良间为反气旋涡度、琉球海流为气旋涡度时，标记为模态 3（绿色）；当黑潮流轴远离庆良间水道、庆良间为气旋涡度、琉球海流为气旋涡度时，标记为模态 4（蓝色）；其他样本标记为黑色。

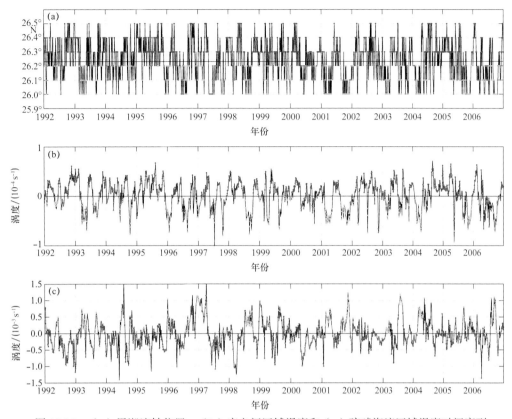

图 13.14　（a）黑潮流轴位置、（b）庆良间区域涡度和（c）琉球海流区域涡度时间序列

表 13.1　时间序列颜色标注原则

	黑潮流轴靠近庆良间水道		黑潮流轴远离庆良间水道	
气旋	庆良间 气旋涡度	P3– 庆良间 反气旋涡度	P4– 庆良间 气旋涡度	庆良间 反气旋涡度
反气旋	庆良间 气旋涡度	P1– 庆良间 反气旋涡度	P2– 庆良间 气旋涡度	庆良间 反气旋涡度

将图 13.14 中的所有的标注点放置到图 13.15 所示的 4 个象限中，进一步统计 4 个典型模态的发生概率，统计结果表明：① P1 占该象限样本的 50%，即当黑潮流轴靠近庆良间水道，琉球海流为反气旋涡度时，庆良间水道无明显的涡度倾向；② P2 占该象限样本的 84%，即当黑潮流轴位置远离庆良间水道，琉球海流为反气旋涡度时，庆良间水道明显倾向于气旋涡度；③ P3 占该象限样本的 78%，即当黑潮流轴位置靠近庆良间水道，琉球海流为气旋涡度时，庆良间水道明显倾向于反气旋涡度；④ P4 占该象限样本的 66%，即当黑潮流轴远离庆良间水道，琉球海流为气旋涡度时，庆良间水道略倾向于气旋涡度。P2

和 P3 对应的强涡度现象可以利用涡度守恒原理进行解释。

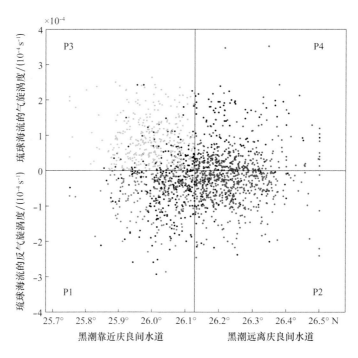

图 13.15　黑潮流轴位置和琉球海流涡度散点图

　　对庆良间区域涡度进行统计发现：庆良间气旋涡度的发生概率大于反气旋涡度，气旋平均涡度弱于反气旋平均涡度。对 P2 和 P3 统计分析表明，P2 庆良间气旋涡度的发生概率（占总样本 25%）大于 P3 庆良间反气旋涡度的发生概率（占总样本 21%），P2 庆良间气旋平均涡度（$4.8 \times 10^{-6}\,\mathrm{s}^{-1}$）弱于 P3 庆良间反气旋平均涡度（$-6.7 \times 10^{-6}\,\mathrm{s}^{-1}$）。对所有样本统计分析表明，庆良间气旋涡度的发生概率（56%）大于反气旋涡度的发生概率（44%），气旋平均涡度（$4.1 \times 10^{-6}\,\mathrm{s}^{-1}$）弱于反气旋平均涡度（$-5.1 \times 10^{-6}\,\mathrm{s}^{-1}$）。

　　基于涡度守恒原理推测认为，这种现象可能与琉球海流区域涡度的变化有关，因为琉球海流区域涡度特征与庆良间区域涡度特征相反：琉球海流气旋涡度的发生概率（47%）小于反气旋涡度的发生概率（53%），气旋平均涡度（$7.2 \times 10^{-5}\,\mathrm{s}^{-1}$）强于反气旋平均涡度（$-6.4 \times 10^{-5}\,\mathrm{s}^{-1}$）。此外，黑潮流轴靠近和远离庆良间水道的概率基本一致，但靠近和远离的平均摆动幅度有差别。庆良间区域涡度的变化与黑潮和琉球海流的关系有待深入研究。

13.4　中尺度涡对台湾以东黑潮的影响过程

　　台湾以东中尺度涡主要来源于太平洋，中尺度涡到达台湾以东后，会与黑潮发生相互作用。水文调查、表面漂流浮标、卫星高度计和验潮站等资料表明，中尺度涡对台湾以东黑潮产生强烈影响，导致黑潮流量和流轴的变化（Yang et al.，1999；Zhang et al.，2001）。多数反气旋涡会增大台湾以东黑潮流量，多数气旋涡会减小台湾以东黑潮流量；反气旋涡对黑潮流轴影响不大，多数气旋涡会使黑潮产生向岸弯曲，个别强气旋涡西北向传播到台湾，整个卷入黑潮，使黑潮产生强烈的离岸弯曲。由于中尺度涡与黑潮相互作用，在台湾以东黑潮经常分成主流和分支，如在 1996 年初夏，从 ADCP 观测流和数值计算发现，在台湾以东海域存在黑潮的一个东分支流向琉球群岛以东海域（Yuan et al.，1998）。

13.4.1 实验方案

前期研究初步揭示了中尺度涡对台湾以东黑潮的影响，但并未详细分析两者的相互作用过程。本章采用自组织神经网络方法结合卫星高度计数据对中尺度涡与台湾以东黑潮的相互作用过程进行了研究（金宝刚等，2010a，2010b；金宝刚，2011）。

选择研究区域为 21°—25°N、121°—125°E，图 13.16 是该区域的海面高度平均场，可以看出，在黑潮东侧海面高度较高，黑潮西侧海面高度较低，并且黑潮东侧有一个反气旋性环流，等值线密集区反映了黑潮平均流轴的位置。

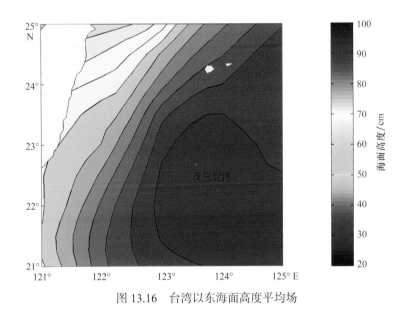

图 13.16　台湾以东海面高度平均场

对研究区域的 SSHA 空间场时间序列进行 SOM 分类，分别得到 1×2 模态和 1×6 模态，前者用以反映中尺度涡对台湾以东黑潮的基本影响，后者用以描述两者更为详细的相互作用过程。

13.4.2 影响效应

图 13.17 是台湾以东 SSHA 的 1×2 模态及其时间序列。P1（以下将"模态 N"简写为"PN"，$N = 1$，2，3，……）台湾以东被气旋涡占据，P2 台湾以东被反气旋涡占据。P1 和 P2 的出现概率分别为 49% 和 51%。有所不同的是，气旋涡西侧等值线密集，说明其西侧强度较强，反气旋涡西侧等值线稀疏，说明其西侧强度较弱。从时间序列可以看出，反气旋涡和气旋涡交替出现，两者在台湾以东的最长持续时间均不超过 1 a。

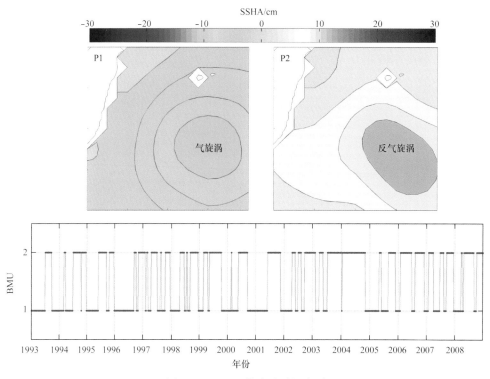

图 13.17 1×2 模态及时间序列

　　将平均场叠加到两个模态中，得到图 13.18。相关研究表明（Yang et al.，1999），黑潮两侧海面高度差值与黑潮流量有很好的对应关系，海面高度差异越大黑潮流量也越大，海面高度差异越小黑潮流量也越小。从图 13.18 中可以看出，中尺度涡影响下的台湾以东黑潮的变化情况，P2 中，受反气旋涡影响，黑潮两侧海面高度差异增大，黑潮流量增大；P1 中，受气旋涡影响，黑潮两侧海面高度差异减小，黑潮流量减小。P2 中黑潮区海面高度等值线较密集，密度约是 P1 中等值线数量的两倍，说明平均而言反气旋涡影响下的黑潮流量是气旋涡影响下的黑潮流量的两倍。［黑潮流量经验公式具有如下形式（Yang et al.，1999）：黑潮流量 ＝ 两侧海面高度差 × 待定系数 ＋ 偏移量，反气旋涡影响下的黑潮流量与气旋涡影响下的黑潮流量之差可以消去偏移量，因此估算出前者约为后者的两倍。］

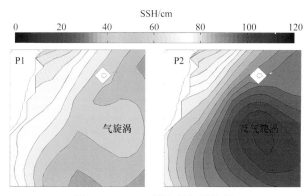

图 13.18 1×2 模态叠加平均场

13.4.3　影响过程

为了得到更为详细的相互作用过程，本研究给出了更多模态的分类结果。1×6 模态和相应的时间序列如图 13.19 所示。可以看出，P6 中，反气旋涡刚到达台湾以东，然后不断向台湾以东靠近（P5），最后减弱（P4），直至消亡（P3），在反气旋涡减弱和消亡的同时，气旋涡到达台湾以东（P3），并逐渐向台湾岛靠近（P2），最后减弱（P1），直至消亡（P6），在气旋涡消亡的同时，另一个反气旋涡到达台湾以东（P6），并重复上述过程，如此循环。从时间序列中可以看出，存在很多 P6 逐渐过渡到 P1 的个例。

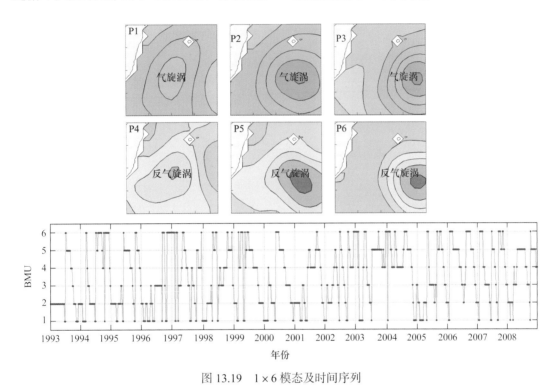

图 13.19　1×6 模态及时间序列

为了分析上述中尺度涡运动过程对台湾以东黑潮的影响，将平均场叠加到上述 6 个模态中，如图 13.20 所示。从图中可以看出：当反气旋涡运动到来时，首先增大黑潮东侧流量（P6），此时黑潮流轴偏东；随着反气旋涡向台湾岛逐渐靠近（P5），黑潮流量继续增大，并且流轴向西偏移；P4 时，反气旋涡继续向西移动并已经开始减弱，此时黑潮流量开始减小，流轴继续向西偏移；P3 时，反气旋涡几乎消亡，气旋涡到达台湾以东且黑潮东侧流量减小，流轴继续向西偏移；P2 时，黑潮流量减小最为强烈，流轴向东偏移；P1 时，气旋涡强度减弱，黑潮流量开始增大，流轴向东偏移；最后该气旋涡消亡，另一个反气旋涡移动至台湾以东并重复上述过程（P6）。

中尺度涡影响台湾以东黑潮的基本循环过程：反气旋涡到达台湾以东（P6）→靠近（P5）→减弱（P4）→消亡同时气旋涡到达（P3）→靠近（P2）→减弱（P1）→消亡同时另一反气旋涡到达（P6）。与上述涡旋运动过程相对应的是黑潮流量和流轴的变化：流轴

偏东、流量增大（P6）→流轴西移、流量继续增大（P5）→流轴继续西移、流量减小（P4）→
流轴继续西移、流量继续减小（P3）→流轴东移、流量继续减小（P2）→流轴继续东移、
流量增大（P1）→流轴继续东移、流量继续增大（P6）。

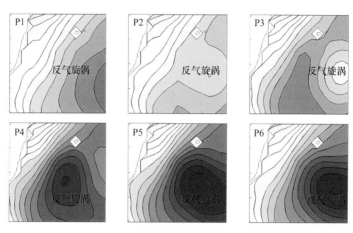

图 13.20　1×6 模态叠加平均场

上述基本运动过程可以看作是所有个例的平均状态。实际过程中，中尺度涡影响台湾
以东黑潮的具体个例可能差别很大，需结合具体情况进行分析。由于卫星高度计无法提供
平均高度场，所采用的夏威夷大学提供的平均场可能存在一定误差。

13.5　本章小结

利用 SOM 方法和动力参数统计方法分析了 1992—2006 年的 OFES/NCEP 数据，提取
出了庆良间水道附近东海黑潮和琉球海流的流场变化模态，分析了东海黑潮－琉球海流系
统的动力参数统计特征。

利用 4 个耦合模态总结了黑潮流轴的摆动和琉球海流系统一侧中尺度涡的变化。这 4
个模态的时间演变在 SOM 空间中存在一个明显的逆时针方向周期运动，平均运动周期为
120 d。黑潮流轴的摆动在庆良间水道交换中起决定性作用。当黑潮流轴靠近（远离）庆
良间水道时，水从东海（太平洋）流入太平洋（东海）。琉球海流系统一侧的中尺度涡对
庆良间水道内部的涡旋强度产生影响。当水从东海（太平洋）流入太平洋（东海）时，琉
球海流一侧的气旋涡（反气旋涡）能够增强庆良间水道内部的反气旋涡（气旋涡），这种
现象可以利用涡度守恒理论进行解释。

统计分析了黑潮流轴位置、庆良间水道流量、庆良间区域涡度、琉球海流区域涡度 4
个动力参数，统计结果表明，黑潮流轴摆动与庆良间水道流量有一定的相关性，黑潮流轴
的摆动对庆良间水道流量的影响明显强于琉球海流区域涡度的影响；当黑潮流轴靠近（远
离）庆良间水道时，水倾向于从东海（太平洋）流入太平洋（东海）；黑潮流轴位置和琉
球海流区域涡度对庆良间区域涡度有重要影响，当黑潮流轴位置靠近（远离）庆良间水道，

且琉球海流为气旋（反气旋）涡度时，庆良间水道会产生强的反气旋（气旋）涡度；庆良间区域气旋涡度的发生概率大于反气旋涡度、强度弱于反气旋涡度，这可能与琉球海流区域涡度的特征有关。

用 SOM 方法和动力参数统计方法揭示出的东海黑潮 – 琉球海流相互作用的特征和机制，为研究黑潮和琉球海流的变化以及庆良间水道两侧的水交换提供了新的视角，今后应利用数值模拟和现场观测等手段进行详细的动力和热力学机制研究。

利用自组织神经网络方法对 1993—2008 年的卫星高度计数据进行了分析，揭示了中尺度涡影响台湾以东黑潮的基本机制。中尺度涡对台湾以东黑潮有一个循环影响过程：反气旋涡到达台湾以东后会继续靠近台湾岛直至消亡，反气旋涡消亡时气旋涡到达台湾以东并继续靠近台湾岛直至消亡，气旋涡消亡后另一反气旋涡到达台湾以东并重复上述运动；该中尺度涡运动过程影响着台湾以东黑潮流轴和流量的变化，伴随着流轴的循环摆动过程和流量的循环变化过程。上述循环过程揭示了中尺度涡影响台湾以东黑潮流轴和流量变化的基本规律。

第 14 章　台湾以东海区中尺度涡与西边界流相互作用

中尺度涡与西边界流的作用问题是一个亟待开展的科学问题，它不仅具有动力学意义上的研究价值，而且对于了解北太平洋环流、中国近海环流和海洋环境的变化也具有重要的意义，是目前公认的国际前沿课题（王东晓等，2013）。台湾以东海区是黑潮与中国近海进行热盐交换的三大关键区域之一，也是中尺度涡十分活跃的区域。台湾以东中尺度涡主要来源于太平洋，中尺度涡到达台湾以东后，会与台湾以东黑潮发生作用，对黑潮的流量和路径产生影响。

以前关于黑潮和涡旋变化的研究往往将台湾以东的黑潮和涡旋视为一个整体，而且很少关注它们在不同纬度的特征异同。同时，在一定程度上，由于观察的时间分辨率有限，通常大于 7 d，时间序列的长度通常小于 10 a。大多数研究都是基于模型的，目前尚不清楚它们的结果是否完全适用于真实的涡旋 – 黑潮相互作用（Geng et al.，2016）。

虽然已有学者开展了对台湾东部中尺度涡旋或黑潮的变化研究，但鲜有讨论涡旋场与黑潮之间在不同时间尺度上的相互作用，尤其是黑潮对附近涡旋场的影响。此外，研究黑潮和涡旋的变化需要更长时间序列数据。不同时间和纬度的黑潮 – 涡旋相互作用机理仍有待量化和进一步研究。

本章旨在研究台湾东部黑潮和涡旋场（海平面异常）的变化特征，以了解海平面异常场（向西传播的中尺度涡旋）与黑潮之间的相互关系，并揭示它们之间的因果关系（Wang et al.，2019a）。

14.1　表面黑潮强度

数据区域为台湾以东海域（22.4°—25°N，121°—125°E）。AVISO 还提供表面流量数据，以此识别黑潮轴并计算表面黑潮强度（Surface Kuroshio Intensity，SKI）。

作为一个强大的西边界潮流，黑潮的最大特点是流速相当快。黑潮轴被定义为沿着黑潮路径的最大表面速度线。

使用表面地转速度，SKI 可以通过以下公式计算：

$$INT_{V_g} = \int_{X_W}^{X_E} V_g(x, y, t)\, \mathrm{d}x \qquad (14.1)$$

式中，X_W 和 X_E 是西部和东部的积分极限，V_g 是来自 AVISO（MADT_UV）的表面流量。X_W 是台湾的东部积分起点；东部积分终点 X_E 被设定为黑潮轴 +1（加上一个经度）的位置

（Hsin et al.，2011；Wang et al.，2008）。

王辉赞等（2018b）确定了台湾东部黑潮的流轴，并根据 23 a（1993—2015 年）卫星遥感的逐日表面流量数据，研究了不同纬度的轴位置和 SKI 的变化。本研究中 SKI 数据集的获取主要参考王辉赞等（2018b）的方法。

14.2　相关的涡流场选择

为了获得接近台湾东部黑潮的中尺度涡旋的连续时间序列，使用区域海平面异常场（22.5°—25°N，123°—124°E）来表征中尺度涡旋（图 14.1）。用于涡旋场研究的区域是在接近黑潮海区和与黑潮混合的区域之间。卫星观测的海平面异常（Sea Level Anomaly，SLA）的优势在于它与中尺度涡旋相比是连续的。本章将 123°—124°E 的平均 SLA 时间序列用于每个纬度涡旋的时间序列，黑潮路径的识别则基于表面流量来判别（Ambe et al.，2004）。

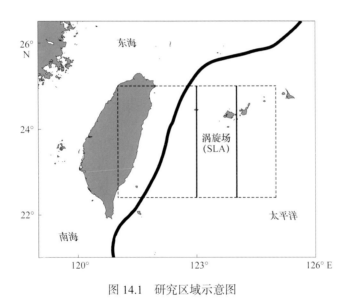

图 14.1　研究区域示意图

外部虚线框表示黑潮的研究区域，内部实心框表示涡旋的研究区域

14.3　表面黑潮强度和涡流场的变化

14.3.1　表面黑潮强度的变化

小波分析方法是一种灵活、高效、应用广泛的时频分析方法，用于分析时间序列局部时频特征变化。本章用小波分析方法计算不同纬度的 SKI 和平均海平面异常（SLA）的时间序列小波功率谱，分析 1993 年 1 月至 2015 年 12 月的表面黑潮强度的时间序列，得到不同纬度的小波功率谱。以 23°N 和 25°N 的黑潮为例，相应的小波功率谱如图 14.2 和

图 14.3 所示。其中，图（a）是 SKI 异常时间序列，图（b）是局部小波功率谱，图（c）是图（b）在所有时间的平均值。颜色表示周期的显著性，颜色接近红色表示具有更明显的周期性。细黑线是影响锥曲线（COI），由于边界效应，不考虑曲线外的功率谱。从这些数据可以看出，SKI 有明显的季节性和年际变化。当用小波分析方法识别时间序列中的周期波时，除了通过显著性检验之外，周期波时间序列必须在影响锥曲线（COI）内。

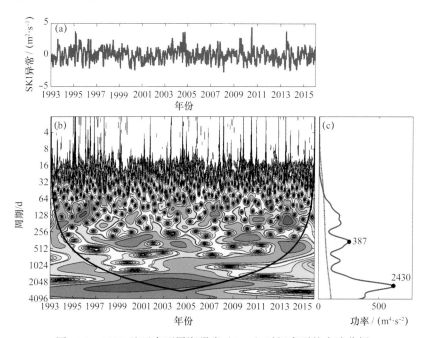

图 14.2　23°N 地区表面黑潮强度（SKI）时间序列的小波分析

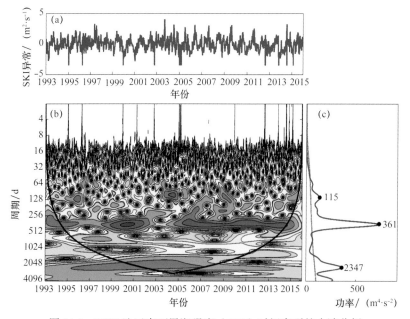

图 14.3　25°N 地区表面黑潮强度（SKI）时间序列的小波分析

基于 22.5°—25°N 不同纬度的平均功率谱，如图 14.2（c）和图 14.3（c），获得了所有纬度的 SKI 时间序列的功率谱；图 14.4 中，182 d（0.5 a，半年）、365 d（1 a，年）和 860 d（2.35 a，第一个年际周期）以及 2472 d（6.8 a，第二个年际周期）的周期是显而易见的。此外，在 SKI 时间序列中，不同纬度有着不同的显著周期，半年周期和 2.35 a 的周期在低纬度（22.5°—24°N）比台湾以东的高纬度（24°—25°N）更为明显。每个纬度的年周期和 6.8 a 周期都有良好的显著性，低纬度（22.7°—23.9°N）的 6.8 a 周期最为显著。值得注意的是，许多先前的研究（Zhang et al.，2001）已经显示了基于 PCM1 数据在大约 24.5°N 时黑潮有 100 d 周期变化，这也在图 14.3 中观察到（周期为 115 d），但是，100 d 的周期并不像其他周期（例如，半年或年周期）那么显著。

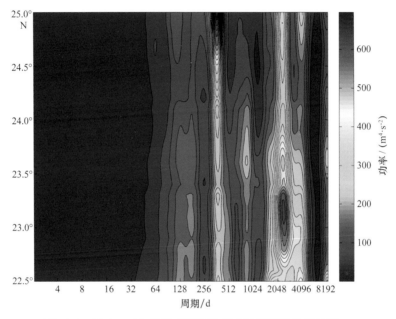

图 14.4　22.5°—25°N 所有纬度的 SKI 时间序列的功率谱

14.3.2　涡旋场的变化

基于小波分析，得到了不同纬度黑潮东部涡旋场时间序列的功率谱（海平面异常）。以 23°N 和 25°N 涡旋场的小波功率谱为例，揭示台湾以东的涡旋场存在季节性、年和年际变化周期，如图 14.5 和图 14.6 所示。

在图 14.5 和图 14.6 中，图（a）是涡旋场时间序列（海平面异常），图（b）是局部小波功率谱，图（c）是图（b）在整个时间序列上的平均值。基于 22.5°—25°N 的不同纬度的平均功率谱，例如图 14.5（c）和图 14.6（c），获得了台湾以东所有纬度海区的涡旋场的时间序列功率谱［图 14.7（b）］。此外，使用相同的方法对涡旋场的小波功率谱进行了显著性检验。最后，图 14.7 显示了 SKI 和涡旋场之间的小波功率谱的比较，其中空白区域是未通过显著性检验的，其结果不符合显著性阈值；其余区域通过了显著性检验，被认为是显著的。

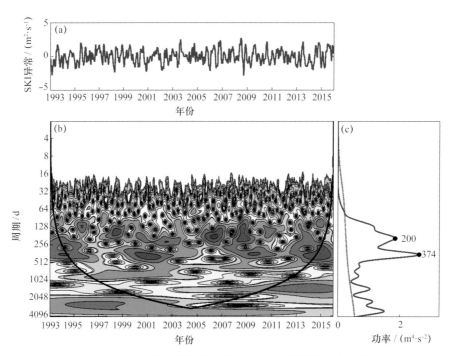

图 14.5　23°N 地区表面涡旋强度（SEI）时间序列的小波分析

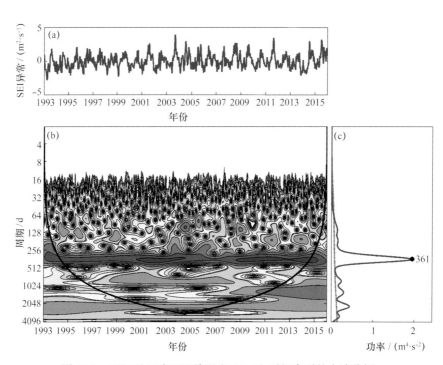

图 14.6　25°N 地区表面涡旋强度（SEI）时间序列的小波分析

如图 14.7（b）所示，台湾以东的涡旋场有 4 个明显的周期：200 d（0.55 a，半年），

374 d（1 a，年），889 d（2.43 a，第一个年际周期）和 2374 d（6.5 a，第二个年际周期），

大体对应于 SKI 的 4 个周期［图 14.7（a）］。在同一周期的不同纬度也有变化。此外，在第一周期里，黑潮周期从 122 d 到 192 d 不等，涡旋周期从 160 d 到 240 d 不等。两者的周期显示出近似的对应关系。

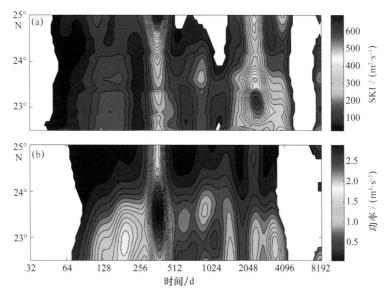

图 14.7　显著性检验后所有纬度（22.5°—25°N）的（a）SKI 和（b）SEI 时间序列功率谱比较

14.4　相关分析和因果分析

14.4.1　相关分析

以往的研究表明，台湾东部黑潮流量输运与海面高度之间存在良好的相关性（Yang，2013），发现在 23.9°N，123.2°E，PCM–1 黑潮输运与海面高度异常之间的最大相关系数为 0.83。

为了理解海平面异常场（向西传播的中尺度涡旋）与 SKI 之间的相关性，我们首先计算了两个变量之间的相关系数。除了表面黑潮强度与涡旋强度之间的相关性外，还计算了不同滞后时间表面黑潮强度与涡旋场之间的时滞相关关系。通过这些计算，我们获得了不同滞后时间和周期的表面黑潮强度和涡旋在不同纬度上的相关系数。

在计算相关系数之后，应检验相关系数的显著性。统计量服从 t 分布，自由度为 $n-2$。相关系数临界值由以下公式计算：

$$r_\alpha = \frac{t_\alpha}{\sqrt{t_\alpha^2 + (n-2)}} \tag{14.2}$$

在显著性水平为 $\alpha = 0.05$，自由度 $n = 8400$ 的情况下，通过查阅 t 分布阈值表得出 $t_\alpha = 1.96$，通过公式（14.2）获得相关系数临界值，如果 $r_\alpha > 0.0214$ 即为通过检验。

　　本章计算了 SKI 的时间序列与不同纬度的涡旋时间序列之间的相关系数。运用时滞相关分析方法，计算不同滞后时间的 SKI 和涡旋场之间的相关系数。负时滞（$\tau < 0$）表示涡旋场的时间早于 SKI 的时间，即涡旋场领先于 SKI。相反，正时滞后（$\tau > 0$）表示涡旋场的时间晚于表面黑潮强度的时间，即涡旋场的时间 $t + \tau$ 对应于 SKI 时间 t；最后，零时间滞后表明黑潮和涡旋处于同一时期。两个时间序列之间的半年周期的相关系数如图 14.8 所示，图 14.9（a）展示了经显著性检验后的相关系数图。

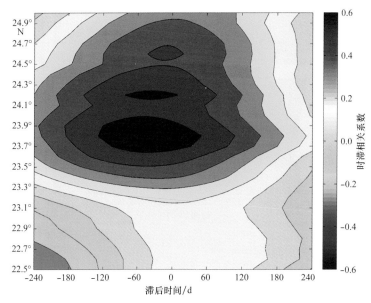

图 14.8　半年周期 SEI 和 SKI 之间的时滞相关系数

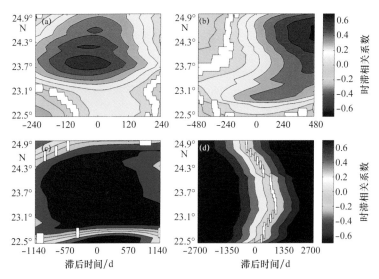

图 14.9　SEI 和 SKI 之间不同周期的显著性检验后的时滞相关系数

（a）半年周期，（b）年周期，（c）第一个年际周期，（d）第二个年际周期

图 14.9 显示了显著性检验后所有周期的相关系数。应注意的是，图 14.7（a）中黑潮的第一个年际周期在 24.5°—25°N 没有通过显著性检验。也就是说，第一个年际周期仅在中间区域是显著的，因此，在图 14.9（c）中仅显示 22.5°—24.5°N 的结果。由于相同的原因，图 14.11（c）和 14.12（c）也只显示了 22.5°—24.5°N 的区域。空白区域是未通过显著性检验的区域。如图所示，不同纬度的相关系数存在差异。例如，半年和年周期的相关系数在 23.3°—25°N 相对较高，表明该区域黑潮与涡旋之间的相关性也很高。在 22.7°—24.1°N 地区，第一个年际周期（2.43 a 周期）的相关系数相对较大且为负，表明该区域黑潮与涡旋之间的负相关性较高。第二个年际周期（6.5 a 周期）在所有纬度（22.5°—25°N）都具有较高的相关性。显然，不同的滞后时间具有不同的相关系数。对于半年周期和第一个年际周期（2.43 a 周期），相关性看似关于滞后时间为 0 的线是对称的。对于第二个年际周期，当时滞为负（$\tau < 0$）时，意味着涡旋的时间早于黑潮的时间，相关性主要为正；而正时滞（$\tau > 0$）主要对应于负相关。

14.4.2　因果分析

引用 Liang（2000）方法来评估海平面异常场（向西传播的中尺度涡旋）的时间序列与 SKI 之间的因果关系以及不同时期不同纬度的表面黑潮强度和涡旋场之间的因果关联；通过因果分析方法研究了黑潮和黑潮附近的涡旋场，得出 4 个周期里黑潮对涡旋的影响以及涡旋对黑潮的影响；采用类似相关分析的时滞分析方法，以第一周期黑潮对涡旋的影响为例得到分析结果（图 14.10）。

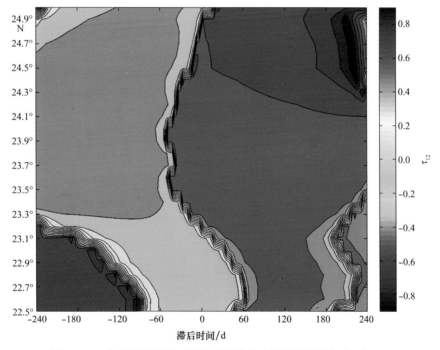

图 14.10　在半年周期里，黑潮表面强度对涡旋场的影响（τ_{12}）

为了检验两者之间的相互作用关系，比较了 4 个周期里黑潮对涡旋的影响 τ_{12} 和涡旋对黑潮的影响 τ_{21} 的绝对值。

在半年周期里，在检验黑潮对涡旋的影响时，$\left|\dfrac{\tau_{12}}{\tau_{21}}\right| \geq 1$ 意味着结果通过了检验，同时 $\left|\dfrac{\tau_{12}}{\tau_{21}}\right| < 1$ 表示明未通过检验。对于涡旋对黑潮的影响，$\left|\dfrac{\tau_{21}}{\tau_{12}}\right| \geq 1$ 意味着结果通过了检验，同时 $\left|\dfrac{\tau_{21}}{\tau_{12}}\right| < 1$ 表示未通过检验。图 14.11 显示了 4 个周期里黑潮对涡旋场的影响，图 14.12 显示了 4 个周期里涡旋场对黑潮的影响。图 14.11 和图 14.12 中的空白区域表示未通过检验。

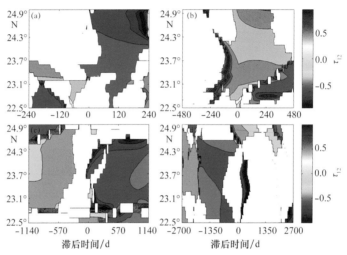

图 14.11　不同周期进行显著性检验后，黑潮对涡旋场的影响（τ_{12}）

（a）半年周期，（b）年周期，（c）第一个年际周期，（d）第二个年际周期

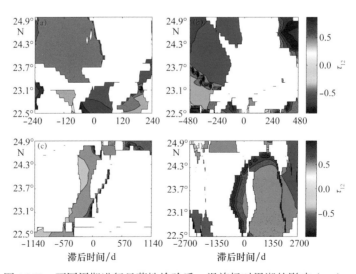

图 14.12　不同周期进行显著性检验后，涡旋场对黑潮的影响（τ_{12}）

（a）半年周期，（b）年周期，（c）第一个年际周期，（d）第二个年际周期

如图 14.11 和图 14.12 所示，黑潮和涡旋场之间的相互作用关系随时间和纬度的变化而变化。例如，在半年周期里，在台湾以东的高纬度地区（23.9°—25°N），涡旋场对黑潮的影响最为显著。在年周期里，黑潮对高纬度海区（23.9°—25°N）的涡旋场影响更大。在第一个年际周期里，涡旋场对黑潮有一定影响。在第二个年际周期里，涡旋场对黑潮的影响大于黑潮对涡旋场的影响。

14.5　本章小结

根据 AVISO 提供的 1993 年 1 月至 2015 年 12 月卫星遥感数据，共 8400 d 来自 22.5°—25°N，123°—124°E 海区的 SKI 和涡旋场（海平面异常）数据，利用小波分析方法对台湾东部地区的 SKI 和涡旋场进行分析。结果表明台湾以东的 SKI 和涡旋场有 4 个主要周期，同时研究了 SKI 与其附近的涡旋场在 4 个相应周期间的相关性和因果关系。得到结论如下：

（1）基于小波分析，可得出台湾东部的黑潮有显著的季节、年和年际变化周期。除了最明显的 182 d（0.5 a）和 365 d（1 a）变化周期外，还有约 860 d（2.35 a，第一个年际周期）和 2472 d（6.8 a，第二个年际周期）等其他显著周期。不同纬度有不同的显著周期。半年周期和 2.35 a 周期在低纬度（22.5°—24°N）的周期性比台湾以东的高纬度地区（24°—25°N）更为明显。年周期和 6.8 a 周期在所有纬度（22.5°—25°N）都具有较明显的周期性，年周期在高纬度（24.5°—25°N）有最明显的周期性。6.8 a 的周期在低纬度地区（22.7°—23.9°N）最为显著。

（2）黑潮以东的涡旋场有 200 d（近半年）、374 d（准 1 a）和 889 d（2.43 a，第一个年际周期）以及 2374 d（6.5 a，第二个年际周期）4 个显著周期，大体对应于黑潮的 4 个周期。同样，在同一周期的不同纬度也存在差异。4 个周期在研究海区的整个纬度范围（22.5°—25°N）内都有明显的周期性。其中，半年周期在低纬度地区（22.5°—23.5°N）最明显。中纬度地区（22.5°—24.5°N）的年周期最明显，而中纬度地区（23°—24°N）最显著的周期为 2.43 a。6.5 a 的周期在中低纬度地区（22.5°—23.7°N）具有最明显的周期性。

（3）黑潮与涡旋场之间的相关性在不同周期的不同纬度上是不同的。半年周期和年周期的相关性在中纬度（23.3°—25°N）最明显；第一个年际周期（大约 2.4 a 的周期）在 22.7°—24.1°N 具有相对较高的相关性，且相关系数为负，第二个年际周期（约 6.5 a 周期）在所有纬度（22.5°—25°N）都具有较高相关性。最后，随着滞后时间不同，相关系数也有所不同。

（4）黑潮和涡旋场之间的因果关系也随纬度和周期的变化而变化。在半年周期里，涡旋场对黑潮的影响较为显著，在年周期里，黑潮对涡旋场的影响更大。在第一个年际周期（大约 2.4 a）里，涡旋场对黑潮有一定影响，在第二个年际周期（大约 6.5 a）里，涡旋场对黑潮的影响大于黑潮对涡旋场的影响。

第15章 海洋内波特征诊断与模糊推理判别

当前内波研究主要有 4 种方法：现场观测、卫星遥感、实验室仿真和数值模拟。对于内波发生发展的诊断和预测研究，现场观测方法和卫星遥感方法显然不适合，基于时效性和海洋环境真实性考虑，由于难以设置真实的海洋环境状况，实验室仿真方法也无法预测和仿真真实海洋环境下的内波发生发展。对数值模拟方法而言，由于内波生成机制的非线性和耦合性的复杂特征使当前的内波模式还很粗糙，且为了求解而引入很多假设，比如，模式忽略了海底摩擦及海水黏度等，因此一般难以精确提取内波的发生机理参数，从而建立一个完善可靠的内波动力学模型。

由于海洋内波的机理揭示需要一套包含完备动力、热力过程的流体力学方程组来描述，所涉及的海洋水文要素和激发机制存在复杂的非线性耦合关系。同时，海洋水文环境千变万化，很难得到海洋内波发生的概率分布，也不易构建精确的内波物理模型和用数学理论来解析分析内波。然而，对于内波的激发机制和孕育环境，却积累了大量的定性认识和经验知识，这些模糊、定性的内波机理信息难以用传统的数学手段来处理，但适合于用模糊集合理论和模糊推理方法来予以描述。

模糊系统理论是一种将人类自然语言转换为客观、定量数学语言和算法模型并加以处理和计算的有效途径。模糊系统的非线性、容错性、自适应性等特点是对传统集合和线性分析方法的有效补充和完善，在自然科学和工程技术领域中得到了成功实践和广泛应用。鉴于上述内波复杂的非线性机理、样本个例稀缺和解析模型难以构建等现实困难，本章将模糊集合理论和模糊推理方法引入内波的特征诊断与背景场判别，构建了海洋内波发生发展机理刻画和影响条件量化表达的内波发生概率的模糊推理模型和诊断判别技术（Li et al.，2011b）。

15.1 海洋内波的时空特征

海洋学家针对海洋内波的时空特征进行了大量的研究，发现海洋内波十分活跃，分布范围极其广泛。利用 MODIS 卫星图像，Jackson（2007）统计发现，2002—2004 年在全球海洋范围内共有 3581 个内孤立波，如图 15.1 所示，内孤立波多发于河口、海湾、边缘海等地形变化较大的海域。内孤立波高发海域集中在直布罗陀海峡附近的地中海海域、印度洋的安达曼海、大西洋东部的比斯开湾及西部的马萨诸塞湾、澳大利亚的西北海域、太平

洋西部的苏禄海，以及与我国大陆毗邻的南海、东海和黄海等。这些海域的内孤立波由于
发生频繁并对当地海洋环境具有重要的动力作用而受到海洋学家的极大关注。

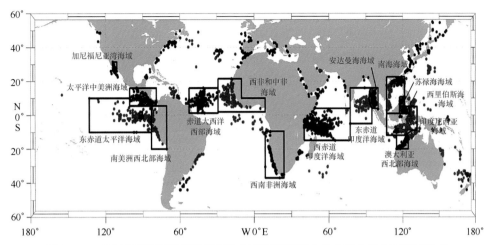

图 15.1　MODIS 卫星图像统计得到的全球海洋范围内的内孤立波分布海域热点

图中所示为 2002—2004 年共有 3581 个内孤立波（Jackson，2007）

　　在直布罗陀海峡附近，基于卫星图像观测，Ziegenbein（1969）发现这里的内孤立波
由西向东传播进入地中海，周期在 6 ~ 20 min，振幅为几十米（Ziegenbein，1970）。在马
萨诸塞湾，基于温盐链数据，Halpern（1971）观测到了一系列第一模态内孤立波；随后
的分析认为这些内孤立波的生成源是退潮后生成的山后波，其在潮流转向后向海湾内部传
播，随后非线性变陡分裂为一群内孤立波（Haury et al.，1979）。Scotti（2004）指出此处
内孤立波会在浅水 25 m 水深处发生极性转换现象而变成上凸型内孤立波，还通过数值模
拟分析了这些内孤立波的生成、传播和演变的全过程（Scotti et al.，2007）。在安达曼海，
Osborne 和 Burch（1980）观测到了内孤立波，进一步分析指出其生成源地是安达曼岛和
尼科巴链之间的海峡，这些内孤立波会向苏门答腊岛沿岸传播数百千米。在苏禄海，Apel
等（1985）进行了共计 14 d 的综合观测（卫星、船载、潜标联合观测），共有 17 个内孤
立波被观测到，这些内孤立波的周期约为 1 h，振幅最大可达 90 m，波长约为 16 km。在
澳大利亚西北海域，Holloway（1987）指出这里的内孤立波的周期约为 20 min、振幅能够
达到 60 m，并且之后又对其对地转效应的响应情况作了进一步研究，发现地转效应能加
快内孤立波的传播速度并抑制内孤立波的分裂（Holloway et al.，1999）。在大西洋西部
的华盛顿浅水陆架区，Zhang 等（2015a）统计了这里的内孤立波的长期特征、生成机制
和水体输运情况，指出这里的内孤立波是由内潮非线性变陡演化而来，其对华盛顿陆架
区的水体输运效果甚至要超过近岸埃克曼输运。在太平洋西部俄勒冈陆坡区，Klymak 和
Moum（2003）年通过现场观测发现了上凸型内孤立波的传播，并指出上凸型内孤立波的
强耗散出现在浅海底层。

　　在我国大陆毗邻海域，海洋内孤立波活跃于黄海、东海和南海海域。根据星载 SAR
图像，Liu 等（1998）给出了台湾岛东北部东海海域向岸传播的海洋内孤立波的特征，认

为其生成源地是在陆架边缘处。基于卫星 SAR 图像观测结果，Hsu 等（2000）在黄海观测到了向我国近岸传播的海洋内孤立波，发现其生成源地为韩国西部沿岸附近海域。Li 等（2015）在我国山东崂山湾海域观测到了一系列海洋内孤立波，捕获到了罕见的上凸型内孤立波转化为下凹型内孤立波的极性转换现象，并指出这是由于强潮对层结和背景流的显著影响所引起的。南海是全球海洋中内孤立波最强和最为活跃的海域，其生成机制、传播演化过程极其复杂（Huang et al.，2016b，2017；Alford and Coauthors，2015），自 20 世纪末以来，有众多海洋学工作者对此海域的内孤立波时空特征进行了大量的研究。

在国内外一系列观测实验的支持下，南海内孤立波的时间特征进一步清晰。观测研究显示南海内孤立波的发生集中在天文大潮时期，而其在小潮时期很少发生，表明南海内孤立波的激发源为天文潮。在天文大潮时期，每天在固定位置发生两次内孤立波，其中较强的 a 型波每天达到的时间基本相同，而较弱的 b 型波每天到达时间晚约 1 h（Huang et al.，2014；Ramp et al.，2010；Ramp et al.，2004）。a 型波和 b 型波的发生可能分别与吕宋海峡的 K_1 和 O_1 天文潮有关。在季节尺度，一些研究结果显示南海东北部内孤立波在一年内都有发生，但呈现出夏强冬弱的变化，具体为春季开始渐渐增加，夏季最多，秋季开始减少，冬季则很少发生。在南海北部陆架陆坡区，内孤立波的极性呈现显著的季节变化特征、季节内变化特征和天气尺度的变化特征（Zhang et al.，2018）。季节变化特征具体指上凸型内孤立波集中发生在冬季，其他季节基本为下凹型；季节内变化特征具体是指某些时候受中尺度涡等过程的影响内孤立波能在 7～8 d 的时间里由下凹型过渡到上凸型；天气尺度的变化特征具体指在某一地点会在一天内观测到不同极性的两个内孤立波，一个为下凹型内孤立波，一个处于极性转换过程中。

15.2　海洋内孤立波的生消机理

15.2.1　内孤立波的生成

前人提出了多种不同条件下海洋内波的生成机制，总结起来至少有 3 种基本生成机制。第一种机制是正压潮流经变化地形时与海底地形相互作用产生了与天文潮相同频率的内潮。内潮在向外传播的过程中由于非线性变陡作用和频散效应，在非线性和非静力作用达到平衡时，逐渐演变为内孤立波（Lee and Beardsley，1974；Gerkema and Zimmerman，1995）。前人亦建立和总结了传统的内潮生成理论，称这种内孤立波生成机制为内潮生成机制（Baines，1973；Bell，1975；Wunsch，1975；Baines，1982；Garrett and Kunze，2007）。Zhao 和 Alford（2006）发现南海北部陆架上观测到的内孤立波与相应的吕宋海峡处西向潮流峰值相关性很好，与东向潮流无相关性，这说明内孤立波列是由内潮的非线性变陡作用演变而来的。第二种生成机制是"山后波机制"，又被称为"lee wave 机制"（Maxworthy，1979；Nakamura et al.，2000；Vlasenko et al.，2005），即当正压潮处于退潮阶段时，在地形背风面形成下凹波动，即山后波，在这个阶段，山后波从背景流中获得能量，振幅逐渐增大；当正压潮减弱并逐渐转变为涨潮的过程中，山后波被释放并逆流传播出来形成内孤立波。Maxwothy（1979）通过水槽实验观测到当背景流速非常强时会引起底部地形上的混合，水体的混合塌陷会产生向外传播的内波并通过非线性变陡作用进一步发展为孤立波（Maxwothy，1980）。第三种生成机制是潮周期的波束产生后与温跃层发生强的相互作用，引起内孤立波的生成并伴随着温跃层的能量向下传播。Gerkema（2001）基于理论研究，描述了这种内孤立波生成方式，并指出温跃层的强度对于内孤立波的生成起关键作用。总之，在不同的海洋条件和研究方法下，针对内孤立波的生成机制的研究会得到不同的结论。各种不同生成机制可能同时存在，哪种生成机制占主要作用取决于当地的海洋状况，如潮驱动的强度、海脊的形状以及海水分层等。

15.2.2　内孤立波的传播、演变过程

前人研究发现，科特韦格 – 德弗里斯方程（KdV 方程）能够较好地模拟内孤立波的传播演变过程（Grimshaw，2001；Helfrich and Melville，2006）。KdV 方程表述如下：

$$\frac{\partial \eta}{\partial t} + (c_0 + \alpha_1 \eta)\frac{\partial \eta}{\partial x} + \beta \frac{\partial^3 \eta}{\partial x^3} = 0 \tag{15.1}$$

式中，η 为孤立波波型。线性相速度 c_0、二次非线性系数 α_1 和频散系数 β 在内孤立波的传播演变过程中控制着波形的变化，在内孤立波传播过程中，地形、层结和背景流对其演变具有非常重要的影响。地形、层结与背景流对内孤立波的影响可以通过 KdV 方程系数的变化反映出来。当二次非线性系数 α_1 变得非常小并且发生符号变化时，内孤立波会发生极性转换现象。在这种情况下，由于二次非线性系数基本等于 0，几乎起不到作用，因此人们拓展了 KdV 方程，加入了三次非线性项，三次非线性项的系数为 α_2。这类方程被称为扩展 KdV（eKdV）方程：$\frac{\partial \eta}{\partial t} + (c_0 + \alpha_1 \eta + \alpha_2 \eta^2)\frac{\partial \eta}{\partial x} + \beta \frac{\partial^3 \eta}{\partial x^3} = 0$。eKdV 方程能够较为准确地描述内孤立波在临界深度处的极性转换过程（Holloway et al.，1997；Michallet et al.，1998；Helfrich and Melville，2006；Grimshaw，2001，2015；Grimshaw et al.，2004）。

KdV 方程及其扩展方程的理论模型在模拟内孤立波传播演变过程时取得了一些成功的案例。Osborne 和 Burch（1980）利用两层 KdV 模型模拟了内孤立波在安达曼海的传播以及与表面波的相互作用等特征，发现模型预测结果与观测结果总体上比较符合。Helfrich 和 Melville（1986）对比了无黏条件下的 eKdV 模型与水槽实验的结果，发现底边界层的黏性效应和非线性及非静力作用在内孤立波传播演变过程中同样重要。Holloway 等（1997）利用一个包含水平变化和耗散的一般化的 KdV 模型成功模拟了在澳大利亚西北陆架海域内潮波向陆架海域的传播和演变过程，模拟结果与观测结果较为吻合。Zhao（2003）发现 KdV 理论模型能够很好地模拟出内孤立波向陆架浅水区传播时的波形变化特征。当内孤立波传播至接近临界深度时，内孤立波会逐渐发生波形的变形，波前变宽，波后变陡；而当经过临界深度处后，其发生了极性转换，演变为上凸型波动。目前，已有部分现场观测发现和证实了在浅海陆架陆坡区广泛存在着内孤立波的极性转换现象和上凸型

内孤立波（Klymak and Moum，2003；Zhao et al.，2003；Shroyer et al.，2009）。

前人研究指出，内孤立波的传播和演变过程亦受地转效应的调制，当罗斯贝数大于 1 时，地转效应的作用不应被忽略（Ostrovsky，1978；Gerkema，1996；Helfrich and Grimshaw，2008）。Ostrovsky（1978）发展了一个满足频散项、非线性项和地转效应项相平衡的地转修正 KdV 方程。Leonov（1981）指出地转 KdV 方程中不会存在稳定传播的孤立波解。Gerkema 和 Zimmerman（1995）、Gerkema（1996）发现地转频散效应会抑制内潮裂变为内孤立波的过程。Li 和 Farmer（2011）基于数值模式敏感性试验发现，在不考虑旋转效应时，南海北部的内孤立波能够得到充足发展，振幅变大，数量变多，传播距离变远。这也说明内潮在裂变为内孤立波的过程中会受到地转频散效应的抑制。其结果与 Holloway 等（1999）、Gerkema 和 Zimmerman（1995）的研究结果基本一致。

15.2.3 内孤立波的耗散与消亡

内孤立波的流速具有极强的垂直剪切。当理查森数 Ri < 1/4 时，剪切不稳定发生，从而导致强烈的能量耗散。Bogucki 和 Garrett（1993）指出，密度界面处在内孤立波发生时会由于剪切作用而膨胀，从而消耗内孤立波的势能。基于现场观测，Moum 等（2003）描述了内孤立波的 Kelvin–Helmholtz 不稳定现象，发现这些剪切不稳定从波谷处开始出现并伴随翻转的出现，直到波的尾缘结束，其水平尺度约为 50 m，垂向尺度约为 10 m（图 15.2）。St. Laurent（2008）发现，在南海东沙岛附近的大陆架海域近底耗散可以达到整个水体耗散的约 30%，这极有可能是由于内波的能量在底边界层耗散所致。

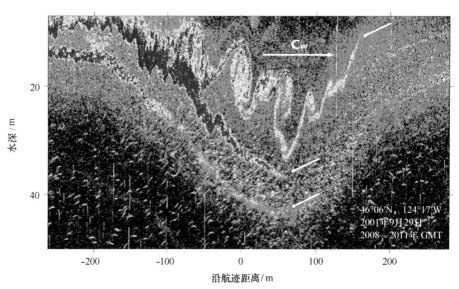

图 15.2　内孤立波发生时的后向散射系数剖面图（Moum et al.，2003）

内孤立波进入浅水后可能发生破碎，大陆坡折带及浅水陆架处内波的破碎可能是湍流混合的主要能源。Lamb（2002）指出当内孤立波在陆架陆坡区传播时，其传播速度会逐渐减小，而水质点的流速相对保持不变，导致部分水体的水平流速超过内孤立波的传播速度，内孤立波会携带这些水体一起传播，形成约束流核，满足内孤立波破碎的条件。Grue 等（2000）也发现了这种特征的内孤立波。其还发现在内孤立波后缘出现的破碎会导致翻转产生，Smyth 和 Holloway（1988）发现内孤立波的出现深受背景流剪切的影响。Vlasenko 和 Hutter（2002）追踪了下凹型内孤立波的爬坡过程，指出非线性作用的增强会使内孤立波波谷后方变陡、反转，进而导致内孤立波破碎（图 15.3）。

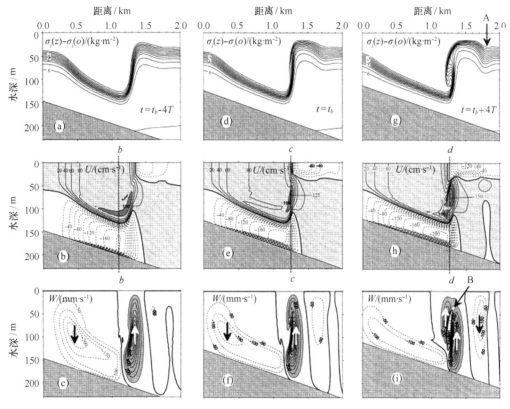

图 15.3　内孤立波破碎前、破碎中和反转后（从左到右）的密度 ρ、水平流速 u 和垂向流速 w（从上到下）的变化（Vlasenko and Hutter，2002）

Lamb（2014）通过观测和数值模拟结果总结出了内孤立波能量耗散导致湍流混合的4 种基本方式：①由内孤立波极强的水平流速引起的垂向强剪切不稳定，②约束型流核的对流不稳定，③地形底部的底边界层失稳，④变浅地形上内孤立波的破碎。基于对华盛顿陆架区的内孤立波 6 个月的长期连续潜标观测，Zhang 等（2015b）指出内孤立波主要通过前面两种方式混合（图 15.4），基于统计结果其还发现在理查森数 $Ri < 0.25$ 的区域内孤立波会发生剪切不稳定，而在约束性流核内弗雷德数 $Fr > 1$。Zhang 等（2015b）指出，内孤立波的剪切不稳定主要发生在水体的剪切界面处，而对流不稳定则主要出现在约束型流核内。上述研究均表明内孤立波的能量耗散会引起强烈的湍流混合。

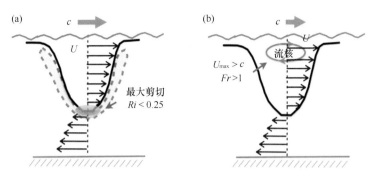

图 15.4　内孤立波的（a）剪切不稳定与（b）对流不稳定（Zhang et al.，2015b）

15.3　海洋内波的监测识别

海洋内波对海洋内部能量收支、海洋生态环境变化、海上石油平台安全以及国防和军事活动均有十分重要的影响，因此，对海洋内波进行监测识别具有重大意义。目前，能有效监测识别海洋内波的方法主要有现场观测和卫星遥感观测两种。现场观测由于能够监测出海洋内波的全水深三维结构而成为海洋内波监测识别的主流方法。下文我们将以南海内波为例，简述海洋内波的监测识别方法。

15.3.1　现场观测

南海北部的内孤立波现场观测始于约 20 年前（Ebbesmeyer et al.，1991；Bole et al.，1994），但是直到近年来由于大量锚系和船载观测的进行，观测研究才有了较大进步。观测地点基本位于吕宋海峡，南海北部深水区以及大陆坡和大陆架处。

南海北部最早的内波观测大致是于 1990 年 9 月在大陆坡处的陆丰海域进行的 ADCP 观测（Ebbesmeyer et al.，1991）。流速记录了内孤立波列的通过，Ebbesmeyer 等（1991）将陆丰海域观测到的孤立波与巴坦岛（Batan Island）和萨布唐岛（Sabtang Island）之间水道的潮驱动联系起来，并且潮驱动产生和孤立波被观测到之间的时间滞后与第一模态孤立波的传播时间一致。

2000—2001 年，多个研究机构在南海展开了系统的大型现场观测——亚洲海国际声学实验（ASIAEX），目的是理解多变环境下水体与声音的相互作用（Lynch et al.，2004）。实验在南海北部的陆架上进行了若干锚系观测并且记录了周期性的内孤立波通过。尽管观测范围小、时间短，但 ASIAEX 是在南海第一次进行的针对内孤立波的大型现场观测实验，随后的一系列分析和结论都是基于此次实验展开的（Ramp et al.，2004；Zhao and Alford，2006）。研究发现此海域观测到的内孤立波分为两种类型：a 型波和 b 型波（图 1.16）。a 型波振幅较大并且在每一天同一时间有规律地出现；b 型波振幅相对较小且每天出现时刻比前一天延后 1 h；潮汐的日不等现象是导致 a 型波和 b 型波产生的主要原因（Ramp et al.，2004）。Zhao 和 Alford（2006）通过分析内孤立波的到达时间与吕宋海峡中部正压潮驱动之间的关系认为，东沙群岛附近的内孤立波列是由于内潮的非线性变陡效应产生而不是山后波机制产生。ASIAEX 实验期间，锚系测量以及船载观测发现了由于大陆坡浅水效应引起的内波的极性转换过程，从而证实了 Zhao 等（2003）卫星图像的发现。

中国海洋大学田纪伟团队自 2010 年以来，突破深海内波观测潜标系列关键技术，针对南海北部内孤立波的激发生成、传播演变和破碎消亡过程，在吕宋海峡、南海北部深水区和陆架陆坡区构建了"南海内波潜标观测网"，实现了对南海北部内波生成—演变—耗散全过程的长期监测（图 15.5）。"南海内波潜标观测网"布放回收深海内波观测潜标 123 套次，目前同时在位 13 套全水深内波观测潜标，已实现对南海北部内孤立波长达 8 a 的连续监测，捕捉识别到近 3000 个海洋内波，是国际上组网规模最大、运行时间最长、观测过程最完整的内波潜标观测网，获取了目前国际上规模最大的海洋内波数据集。

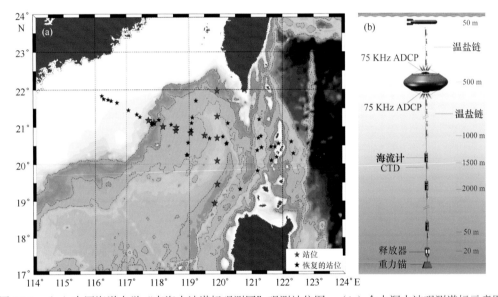

图 15.5　（a）中国海洋大学"南海内波潜标观测网"观测站位图，（b）全水深内波观测潜标示意图

15.3.2　卫星遥感

卫星遥感是监测识别海洋内波特征的重要途径。目前有很多星载传感器可以获得海表面高分辨的图像，并可用以研究内波现象，例如，ERS–2 搭载的合成孔径雷达（SAR），ENVISAT 搭载的高级合成孔径雷达（Advanced SAR，ASAR），以及美国 Terra 卫星搭载的中等分辨率成像光谱仪（the Moderate Resolution Imaging Spectroradiometer，MODIS）等。海洋内部的内波运动会导致海表面的辐聚、辐散，进而和风致波动流场相互作用引起海表粗糙度的变化，在 SAR 图像上的表现则是明暗条带的变化。对于第一模态下凹型内波明条带排列在暗条带的前面，而上凸型内波则相反。

Fett 和 Rabe（1977）第一次用卫星图像研究了南海北部的内波。近年来，越来越多的卫星图像尤其是 SAR 图像被用来研究该海域内波的特征。Zheng 等（2007）根据 SAR 图像对 1995—2001 年南海北部发生的内波进行了统计分析，表明 22% 的内波分布在 118°E 以东，剩下的 78% 分布在 118°E 以西；内波的发生有年际和月际特性，一年中多发生于 4—7 月。Huang 等（2014）基于 1995—2007 年 344 张 SAR 图像展开的南海北部内波的时空特征分析也得到相似的结论。Zhao 等（2004）利用 1995—2001 年大量遥感卫星图像绘制了南海东北部内波分布（图 15.6），发现此区域内波可分为两类：一类是单一内波的形式，另一类是含多个内波并次序排列的波列形式。

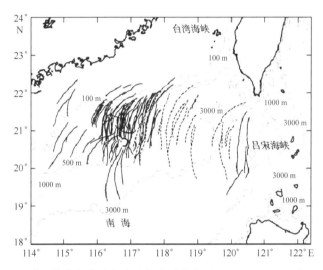

图 15.6　基于多年卫星遥感图像获得的南海东北部内波分布（Zhao et al., 2004）显示南海东北部内波由吕宋海峡产生

此外，卫星图像也用于研究南海北部内波的演变过程。Liu 等（1998）在 SAR 图像上发现上混合层相对较厚的浅水区域存在上凸型内波，并通过一个两层的 KdV 模型定性地研究了极性转化的过程。Zhao 等（2003）利用 ERS–2 SAR 图像幸运地记录到了一次内潮向单个内波演变的过程。图像中值得注意的是亮条带宽从北向南急剧的减小，这说明内潮正逐渐向内波转变。另外，Zhao 等（2003）通过 SPOT–3 高分辨率可见光多光谱图像（HRV–XS）记录到浅水中第一模态下凹型内波向上凸型内波转变的过程，认为其中含有极性转换过程的两个阶段：较平坦的初始下凹形波动及新的上凸型波动。

卫星图像结果还显示，东沙岛会引起南海内波的反射和衍射（Zhao et al., 2004）。东沙岛附近地形变化剧烈，东侧为深海，西侧为较浅的大陆架。当大振幅的第一模态或第二模态内波遇到东沙岛时，会被一分为二，并在绕过东沙岛后重新合二为一。这一过程中会激发第二模态内波及反射波，令东沙岛附近的内波场异常复杂。

15.4　内波发生的影响因子筛选和特征诊断

海洋内波的生成至少需要两个条件：一是海水应是稳定层化的；二是要有扰动源存在，以提供扰动能量（方欣华和杜涛，2004）。

目前海洋学界较为认同的海洋内波的生成机制主要包括：

（1）海洋上大气压力场、风应力场的振荡。一是共振相互作用机制，如外强迫场与内波场的共振耦合作用；另一个机制是通过引发海水的垂直运动产生内波。

（2）当正（斜）压潮流流过剧烈变化的地形，如陆架坡折处、海峡、海山、海岭和海沟等时，由于流动与地形相互作用在稳定层化海水中产生扰动，最终形成内潮波。

（3）锋面地区的波流相互作用。

（4）上升流穿越跃层界面引起跃层波动。

（5）海底地形或海面对内潮的反射。

（6）涡旋导致的海洋混合。

（7）流体的剪切失稳。

（8）海洋内部其他局部动力或运动扰动源。

由此可见，引发海洋内波的扰动源有许多，正是由于海洋内波具有如此之众的扰动源，才使其研究十分复杂和困难。鉴于目前海洋内波机理在很多方面尚不清楚，内波预测主要还限于理论探索和实验模拟阶段。

海洋内波的机理揭示需要一套包含完备动力、热力过程的流体力学方程组来描述，它所涉及的海洋水文要素和激发机制存在复杂的非线性耦合关系。同时，海洋水文环境千变万化，很难得到海洋内波发生的概率分布，也不易构建精确的内波物理模型和用数学理论来解析分析内波。然而，对于内波的激发机制和孕育环境，却积累了大量的定性认识和经验知识，这些模糊、定性的内波机理信息难以用传统的数学手段来处理，但适合于用模糊集合理论和模糊推理方法来予以描述。

针对上述问题，本章提出基于海洋内波发生发展的机理刻画和环境条件定性描述的海洋内波发生概率的模糊推理途径和诊断判别方法，即引入模糊集合理论和模糊逻辑推理方法构建内波发生的概率诊断模型（Li et al.，2011b）。

15.4.1　内波发生的影响因子与动力参数

利用 GODAS、NCEP、Argo 和海底地形资料，提取和计算内波影响因子和动力参数。包括海洋层化稳定度、海流（水平流、垂向流、剪切流）、地形梯度、地形与流相互作用和海面变压；海洋内波前提条件"层结稳定度"利用浮力频率 N^2 表示；剪切流则利用度量流动稳定性的理查森数来表示；地形陡度用地形梯度来表征；海面气压变率用海面气压 6 h 的变化来表示。此外还定义了表征地形与海流相互作用程度的量 GV：$GV = |G||V|\sin\theta$，其中 θ 为 G、V 向量的夹角，上式表示，海流方向与地形梯度的夹角越大，其相互作用的程度就越大。其他扰动源如涡旋、台风、海洋锋面等，以［0，1］表示其存在的概率。参

数定义和计算式如表 15.1 所示。

表 15.1　海洋内波影响与动力参数定义

激发因子名称	定义	描述
层化稳定度	$N^2 = -\dfrac{g}{\bar{\rho}}\dfrac{\mathrm{d}\bar{\rho}}{\mathrm{d}z}$	内波存在前提条件
水平流	$\bar{V}_h = ui + vj$	—
上升流	w	—
剪切不稳定（理查森）	$Ri = N^2 \left/ \left(\dfrac{\partial V_h}{\partial z}\right)^2 \right.$	度量流动稳定性
地形与海流的相互作用	$GV = \lvert G \rvert \lvert V \rvert \sin\theta$，$\theta$ 为 G、V 向量的夹角	一种主要生成机制
地形梯度	$G = \dfrac{\partial H}{\partial x} + \dfrac{\partial H}{\partial y} j$	—
海面气压变率	$P' = \dfrac{\Delta P}{\Delta t}$	海面 6 h 变压
其他扰动源	是否存在 $[0, 1]$	如涡旋、台风、海洋锋面等

15.4.2　内波发生的影响因子的特征诊断

对上述提取的海洋环境特征参数进行插值处理，可计算得到 4 个季节的内波发生发展的海洋环境特征参数（图 15.7）。研究过程：内波发生机理分析→Argo 资料客观分析及与 GODAS 资料融合→层化判别和跃层结构诊断（包括跃层类型、深度、强度、厚度的判别）→内波影响因子的筛选和特征参数计算→为内波发生概率推理判别提供影响因子和特征参数。

15.5　内波发生背景场的概率推理模型

内波是具有内随机性的非线性复杂现象，激发机制多样，影响因子众多，内波生消和维持机理一般难以得到精确的数学模型和解析结果。此外，有关内波结构和规律的认识大多见诸各种零散的研究论文和技术报告。因此，如何将有关内波机理和规律的研究成果和经验知识（包括定性的内波动力学特征描述和物理意义表达）有效提取出来，转化为客观、定量的数量关系和数学模型，是内波背景场诊断判别的关键技术和重要途径。拟采用和解决的关键技术问题为内波背景场诊断判别的模糊推理建模与应用。

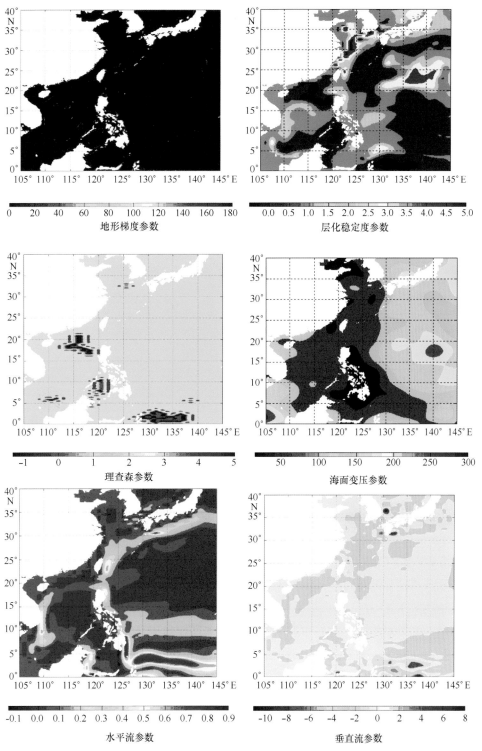

图 15.7 内波发生的影响因子与特征参数（续图）

15.5.1　内波发生概率的模糊推理诊断思想

自 20 世纪 60 年代 Zadeh 创立模糊集合理论以来，模糊推理与模糊控制已在许多自然科学学科和工程实践中得到广泛应用（Gourley et al., 2007）。此外，模糊推理在大气海洋领域也有成功的应用，张韧等（2002）将模糊推理思想引入到 ENSO 发生、发展的诊断分析和卫星云图的云类判别之中（张韧等，2004）。相比于需要数学的微分方程来描述的传统精确理论而言，模糊逻辑在处理无法解析表达和量化的多因素耦合的非线性问题时具有其独特优势。模糊逻辑的核心是对复杂系统建立一种语言分析的数学模式，将经验知识从定性描述转化为用模糊规则和模糊集合表示的定量算法模型。

15.5.1.1　隶属度和隶属函数

模糊集合有别于经典集合的 0 和 1 界限，模糊集合中，任一元素可同时部分地属于多个模糊子集，隶属关系用隶属度表示。隶属度是描述论域 U 中元素符合"属性"的程度，通常用隶属度函数刻画模糊集合，用模糊集合描述模糊系统。

定义：论域 U 中模糊子集 A 是以隶属度函数 μ_A 为表征的集合，即由映射 μ_A: $U[0, 1]$ 确定论域 U 中的一个模糊子集 A，μ_A 称为模糊子集的隶属度函数，$\mu_A(\mu)$ 称为 U 对 A 的隶属度，表示论域 U 中元素 μ 属于其模糊子集 A 的程度。

15.5.1.2　模糊推理和模糊映射

模糊系统由模糊规则、模糊推理和非模糊化 3 部分组成。模糊规则是定义在模糊集合上的规则，它是模糊系统的基本单元，模糊规则的基本形式为

（a）if A is a then B is b

（b）if A is a then B is b else B is c

（c）if A is a and B is b then C is c

其中，A、B、C 是语言变量，而 a、b、c 是隶属函数映射到的语言值。这些模糊规则均可表示成模糊伴随记忆。模糊推理是以模糊判断为前提，运用模糊语言规则外推出一个近似结论的方法。

模糊集合和模糊推理能够对研究对象的特征模糊性和知识非精确性进行有效刻画和合理描述，通过正确引入和合理调制隶属度函数，可把研究目标的模糊属性和隶属程度恰当表示出来，转化为定量的知识库和推理模型。

基于人们研究积累的内波基础理论和经验知识，利用 GODAS、NCEP、Argo 和海底地形等资料，计算和提取海洋层化稳定度、海流（水平流、垂向流、剪切流）、地形梯度、地形与流相互作用和海面变压等背景场参数，作为模糊推理模型输入，对应此背景场的内波发生概率作为输出，进行推理建模。

改进和发展模糊推理技术，尤其是合理确定模型输入模糊化形式，优选隶属度函数和合理调制隶属函数曲线，通过广泛收集、整理零散、定性的内波物理机理和经验判别知

识及统计诊断规律，构建科学的推理规则和逻辑映射关系；提取客观合理的内波诊断因子
和特征判据（温盐结构、跃层参数、海底地形、剪切流、层化稳定度等），建立内波发生
的模糊推理概率诊断模型。具体内容包括：推理模型的隶属度构建与调制、规则获取与编
辑、知识演绎与归纳、机理挖掘与模拟仿真以及概率推理模型的动态优化等（图 15.8）。

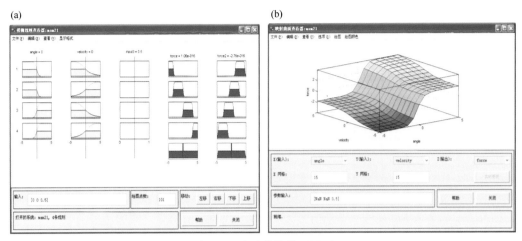

图 15.8　内波模糊推理模型

（a）动态仿真平台，（b）推理映射平台

上述海洋背景场的诊断判别和推理结果以概率形式表现内波发生的可能性；通过输入
实际海洋环境背景场资料（逐日或旬、候），诊断检测背景场是否有利 / 不利于内波发生
及其概率大小。

研究过程：内波发生的动力机理与经验知识→内波因子的隶属函数调制→内波发生的
知识与规则提取与编辑→内波推理模型映射分析→内波发生概率动态仿真→内波发生的背
景场诊断与概率推理区划（Li et al.，2011b）。基本流程如图 15.9 所示。

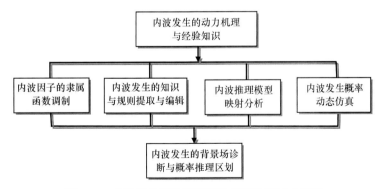

图 15.9　内波背景场诊断判别的模糊推理技术流程

基于内波海区的地形特征和温、盐层结，潮流状况季、月、旬变化特性，对目标海域
的浮力频率、层结稳定度和跃层类型、强度和结构等内波敏感要素进行分类研究，揭示其
地域分布特性和季节变化规律，提取它们与内波的发生概率之间的统计关联。

分析特定（关键）经度、纬度地区和不同季节的温、盐等海洋要素的剖面结构；开展不同深度（特定经度、纬度剖面）温度、盐度、密度等要素的 EOF 分析、CCA 或 SVD 分析，描绘刻画内波发生的气候背景场空间结构特征、时间演变规律以及显著相关区域。

研究过程：研究区域格点资料处理→内波发生背景场推理诊断→季节与月平均的内波推理判别→推理结果统计聚类分析→内波地域分布特征→内波发生的概率区划（Li et al.，2011b）。

15.5.2 影响因子的模糊化表达

模糊推理本质上是将一个给定输入空间通过模糊逻辑的方法映射到另一个特定的输出空间的计算过程。这种映射过程涉及隶属函数拟合、模糊逻辑运算、if–then 规则编辑等一些模糊推理操作。

模糊推理是以模糊判断为前提，运用模糊语言规则外推出一个逼近结论的方法，进行模糊映射推理的模糊逻辑控制器基本结构包括"if…then…"形式的模糊规则、定义隶属函数的形式与范围、执行模糊规则的推理单元、输入变量模糊化和推理结果非模糊 5 个部分。模糊规则是定义在模糊集合上的规则，它是模糊系统的基本单元，模糊规则的基本形式为

if A is a and（or）B is b then C is c

其中，A、B、C 是语言变量，a、b、c 是隶属函数映射到的语言值。

对实际问题的模糊化是建立模糊推理系统的第一步，也就是选择模型的输入变量并根据相应的隶属度函数来确定这些输入分属于恰当的模糊集合。利用 GODAS、NCEP、Argo 和海底地形资料，提取海洋环境水文要素，包括海洋层化稳定度、海流（水平流、垂向流、剪切流）、地形梯度、地形与流相互作用和海面变压，作为模糊推理模型的输入。海洋内波发生概率推理模型的推理是将海洋水文要素（模糊变量）看作不同模糊意义上的集合，如层化稳定度强、层化稳定度弱、剪切流很小、剪切流适中、剪切流很大等。变量模糊化的关键是确定每个模糊集合上的隶属度函数。

变量的模糊化是依据海洋内波发生机制及环境要素不同值域区间范围对海洋内波生成概率的贡献，引入相应的隶属函数，将各海洋环境要素划分为合理的模糊集合。根据经验拟合和反复测试，选定效果相对较好的两种隶属度函数：联合高斯函数和高斯函数，对模型输入做去模糊化处理（图 15.10）。所有输入都根据既定模糊规则所需的模糊集合经过相应的模糊化过程处理。

15.5.3 模糊集合表达

人们为了研究这类具有模糊概念的对象，引入了模糊集合思想。对于模糊集合来说，它与经典集合的根本区别在于，一个元素可以同时属于多个属性的集合，属于的"程度"则用"隶属度"来衡量。

给定论域 U，U 到 $[0, 1]$ 闭区间的任一映射 $\mu_{\tilde{A}}$ 为

$$\mu_{\tilde{A}}: \quad U \to [0, 1]$$
$$u \to \mu_{\tilde{A}}(u)$$

对于 U 的一个模糊子集，映射 $\mu_{\tilde{A}}(u)$ 称为模糊子集 $\tilde{A}$ 的隶属度函数，$\mu_{\tilde{A}}(u)$ 称为 u 对于模糊集合 $\tilde{A}$ 的隶属度，在不引起混淆的情况下，模糊子集也称为模糊集合。

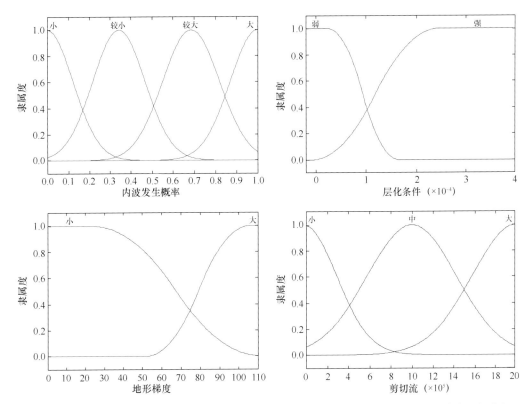

图 15.10　模糊变量上模糊集合的隶属度函数（地形梯度、层化条件、剪切流和内波发生概率）

上述定义表明，论域 U 上的模糊子集 $\tilde{A}$ 由隶属度函数 $\mu_{\tilde{A}}(u)$ 来表征，$\mu_{\tilde{A}}(u)$ 的取值范围为闭区间 $[0, 1]$，$\mu_{\tilde{A}}(u)$ 的大小反映了 u 对于模糊子集 $\tilde{A}$ 的隶属程度。若 $\mu_{\tilde{A}}(u)$ 接近 1，表示 u 属于 $\tilde{A}$ 的程度高，若 $\mu_{\tilde{A}}(u)$ 接近 0，表示 u 属于 $\tilde{A}$ 的程度低。

常用的隶属度函数类型包括：分段线性函数、高斯分布函数、S 型曲线、抛物线型曲线等。

15.5.4　模糊集合运算

模糊关系是一种定义在直积空间上的模糊集合，所以它也必定遵从一般模糊集合的运算规则，例如，

$$交运算：R \cap S \leftrightarrow \mu_{R \cap S}(x, y) = \mu_R(x, y) \wedge \mu_S(x, y)$$
$$并运算：R \cup S \leftrightarrow \mu_{R \cup S}(x, y) = \mu_R(x, y) \vee \mu_S(x, y)$$
$$补运算：\bar{R} \leftrightarrow \mu_{\bar{R}}(x, y) = 1 - \mu_R(x, y)$$

模糊关系本质上是模糊集合之间的一种映射，除了一般模糊集合所具有的运算规律外，模糊关系还具有映射所特有的运算关系。对于经典集合，不同映射关系之间是可以合

成（或传递）的，同样，模糊关系也存在这种合成运算。模糊关系的合成运算存在多种不同的定义和运算方法，最为常用的合成运算法，最大－星合成（max–star composition），在模糊推理系统中是非常重要的。

设 X、Y、Z 是论域，R 是 X 到 Y 的一个模糊关系，S 是 Y 到 Z 的一个模糊关系，R 到 S 的合成 T 也是一个模糊关系，记为 $T = R \circ S$，它的隶属度如下：

$$\mu_{R \circ S}(x, z) = \bigcup_{y \in V} \left[\mu_R(x, y) * \mu_S(x, z) \right]$$

显然 $x, y \in [0, 1]$，其中，"$\cup$"是并的符号，它表示对所有 y 取极大值或上界值；"$*$"是二项积算子，可以有多种定义方式。例如，

交　　　　$x \wedge y = \min\{x, y\}$

代数积：$x \cdot y = xy$

有界积：$x \otimes y = \max\{0, x + y - 1\}$

交运算是模糊推理系统应用中最常用和最合适的合成运算方法，被称为最大－最小合成，其详细计算公式为 $R \circ S \leftrightarrow \mu_{R \circ S}(x, z) = \bigcup_{y \in Y} \left[\mu_R(x, y) \cap \mu_S(x, z) \right]$

15.5.5　输入变量与隶属函数

海洋内波的产生有其"海水密度层结稳定"的前提条件和"海洋边界扰动""海洋内部扰动"等激发条件。本章从大量的观测事实和研究成果出发，选取相关海洋环境水文要素，定义了一组环境因子向量以表征海洋内波发生的前提条件与激发条件。然后从海洋内波的激发机制中提炼模糊推理系统中 if–then 形式的推理规则，选取适合的模糊推理机以及"if–then"规则连接词和模糊蕴涵算法，构建了海洋内波发生概率的模糊推理模型，模型结构如图 15.11 所示（Li et al., 2011b）。该模型为 Mamdani 型，由 8 个输入因子、1 个输出因子和 15 条推理规则构成。

对实际问题的模糊化是建立模糊推理系统的第一步，也就是选择模型的输入变量并根据相应的隶属度函数来确定这些输入分属于恰当的模糊集合。利用 GODAS、NCEP、Argo 和海底地形资料，提取海洋环境水文要素，包括海洋层化稳定度、海流（水平流、垂向流、剪切流）、地形梯度、地形与流相互作用和海面变压等因子，作为模糊推理模型的输入。海洋内波发生概率的推理模型是将海洋水文要素（模糊变量）看作不同物理属性上的集合，如层化稳定度强、层化稳定度弱、剪切流很小、剪切流适中、剪切流很大等。变量模糊化的关键是确定每个模糊集合上的隶属度函数。

15.5.6　推理规则编辑

推理规则是根据内波发生机制提取的海洋环境要素条件模糊集与内波发生概率模糊集的逻辑关系。模型的 if–then 形式推理规则，包含了模糊逻辑的前提部分和结论部分，每条规则还有一个相对权重值（规则最后括号内的数值即为相对权重）。内波推理模型的

15 条 "if–then" 规则如下：

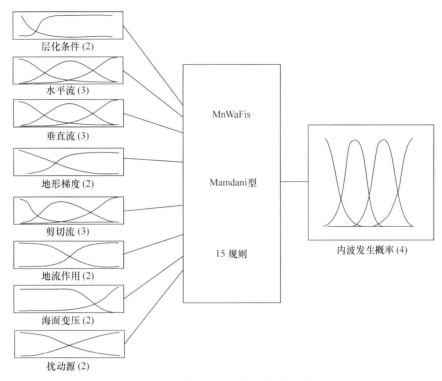

图 15.11　内波发生概率的模糊推理模型

（1）If（层化条件 is 弱）then（内波发生概率 is 小）（0.5）

（2）If（层化条件 is 强）and（水平流 is 小）and（地形梯度 is 小）then（内波发生概率 is 小）（0.5）

（3）If（层化条件 is 强）and（水平流 is 大）and（地形梯度 is 大）then（内波发生概率 is 较大）（0.6）

（4）If（层化条件 is 强）and（地形梯度 is 大）and（地流作用 is 大）then（内波发生概率 is 大）（0.8）

（5）If（层化条件 is 强）and（地形梯度 is 小）and（地流作用 is 小）then（内波发生概率 is 小）（0.5）

（6）If（层化条件 is 强）and（垂向流 is 大）then（内波发生概率 is 较大）（1）

（7）If（层化条件 is 强）and（剪切流 is 大）then（内波发生概率 is 大）（0.5）

（8）If（层化条件 is 强）and（海面变压 is 小）then（内波发生概率 is 小）（0.5）

（9）If（层化条件 is 强）and（扰动源 is 存在）then（内波发生概率 is 较大）（1）

（10）If（层化条件 is 强）and（水平流 is 中）and（地流作用 is 大）then（内波发生概率 is 较大）（1）

（11）If（层化条件 is 强）and（剪切流 is 中）then（内波发生概率 is 较小）（0.5）

（12）If（层化条件 is 强）and（水平流 is 中）and（垂向流 is 中）and（地形梯度 is 大）

then（内波发生概率 is 大）（0.8）

（13）If（层化条件 is 强）and（海面变压 is 大）then（内波发生概率 is 较大）（0.5）

（14）If（层化条件 is 强）and（扰动源 is 不存在）then（内波发生概率 is 小）（1）

（15）If（层化条件 is 强）and（垂向流 is 小）then（内波发生概率 is 较小）（0.5）

输入模糊化后，即可知这些海洋环境要素满足相应的模糊推理规则的程度。当模糊规则的条件部分不是单一输入而是多输入时，则需运用模糊合成运算对这些多输入进行综合考虑和分析，得到一个表示多条件输入规则的综合满足程度。模糊合成运算的输入对象是两个或多个经过模糊化的输入变量的隶属度值。海洋内波发生概率推理模型的"if–then"规则的条件部分，都是利用"与操作"（and）来连接的。

15.5.7 模糊推理运算

模糊推理运算的"if–then"规则具有如下形式：if x is A then y is B。其中 A 和 B 是分别定义在论域 X 和 Y 上的模糊语言变量，规则"if 部分（x is A）"被称作前提条件，规则的"then 部分（y is B）"被称作结论部分。规则"if x is A then y is B"表示了 A 与 B 间的一种关系，A 和 B 都是模糊语言变量，它们之间是一种模糊关系，这里称为模糊蕴含关系，记为 $A \rightarrow B$。

A 和 B 分别是定义在 X 和 Y 上的模糊集合，由 $A \rightarrow B$ 所表示的模糊蕴含是定义在 $X \times Y$ 上的一个特殊的模糊关系，计算公式如下。

模糊蕴含最小运算：$R_c = A \rightarrow B = \displaystyle\int_{X \times Y} \mu_A(x) \wedge \mu_B(x) / (x, y)$

模糊蕴含积运算：$R_p = A \rightarrow B = \displaystyle\int_{X \times Y} \mu_A(x) \mu_B(x) / (x, y)$

模糊蕴含算术运算：$R_a = A \rightarrow B = \displaystyle\int_{X \times Y} 1 \wedge \left[1 - \mu_A(x) + \mu_B(x) \right] / (x, y)$

模糊蕴含布尔运算：$R_b = A \rightarrow B = \displaystyle\int_{X \times Y} \left[1 - \mu_A(x) \right] \vee \mu_B(x) / (x, y)$

以上公式中，最常用的是最小运算 R_c 和积运算 R_p。

根据各条规则的权重，进行蕴含计算。模糊蕴含计算过程的输入是由前面输入模糊集合的合成运算得到的单一数值即模糊集合，输出为根据"if–then"模糊规则推导的结论模糊集合。本模型采用模糊蕴含最小运算。

模糊推理结果取决于所定的模糊规则，模糊计算输出必须用某种方式组合起来，以得到一个模糊输出集合，即各规则推理结果组合成输出变量的一个模糊集合。本模型采用最大值（max）合成法，该合成方法与顺序无关，各条规则结果的合成顺序并不影响最终结果。

15.5.8 模型映射关系

采用 min（Rc）模糊蕴含肯定式推理方法和最大 – 最小合成算法，基于上述隶属度函数调制、模糊推理规则构造和模糊推理运算，建立了海洋内波的发生概率模糊推理模型。

模糊推理本质上就是将一个给定输入空间通过模糊逻辑的方法映射到一个特定的输出空间的计算过程。这种映射过程可以利用输入和输出之间的映射曲面直观表示。海洋内波发生概率模糊推理模型的映射关系，即提取的海洋环境要素与内波发生概率的对应关系。该模型的映射曲面如图 15.12 所示，当海洋环境要素值均满足海洋环境的内波激发条件时，海洋内波发生的概率就越大，反之亦然。

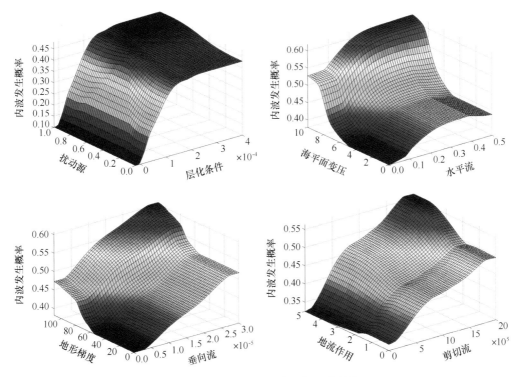

图 15.12 内波模糊推理模型特征映射曲面

使用 NOAA 分辨率为 0.333°×1° 的 GODAS 资料，资料时段为 1980—2010 年。地形资料采用空间分辨率为 5′×5′ 的 tBase 资料。该资料是由美国国家地球物理数据中心和世界资料中心提供的。

15.5.9 模型试验检验

基于内波影响因子筛选和特征提取、内波背景场诊断判别，建立了内波发生概率的海洋环境地域分布与季节变化的气候区划模型以及内波背景场的季、月、旬气候特征统计、地域特征分布等区划信息的快速查询和诊断计算模型。区划模型的合理性和准确率可通过与统计平均的内波频发海区的内波频数图（根据卫星遥感探测图像统计出来的海洋内波发生的热点海区）的对比分析来判别（分布图与区划结果作网格划分后，对内波点邻近格点进行比较）。

选取 0°—40°N，105°—145°E 西北太平洋为内波发生概率推理模型的试验仿真区域（图 15.13）。该海域地形复杂，包括大陆架、大陆坡、深海盆地，且海峡众多，如吕宋海峡、台湾海峡等。太平洋潮波就是通过吕宋海峡传到南海的。此外，该海域中尺度涡、海洋锋及热带气旋活动频繁，这些因素均有利于内波的发生。

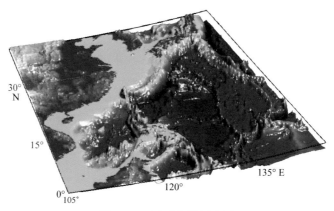

图 15.13　试验海域深度图

经纬度为 0°—40°N，105°—145°E。绿色代表陆地和岛屿，浅蓝色代表浅海，深蓝色代表深海

基本步骤：计算离散浮标站点或单个网格点的内波发生影响因子和动力判别参数，然后通过建立的内波发生概率的模糊推理模型进行诊断判别；为与地形资料网格点匹配，采用克里金插值方法将 GODAS 资料和离散的内波发生概率的计算结果插值到标准化网格点上；分别按春季、夏季、秋季、冬季 4 个季节平均，计算该区域的海洋环境特征要素场，并逐点提供给海洋内波推理模型进行仿真推算，得到 4 个季节海洋内波发生概率分布和气候区划（图 15.14）。

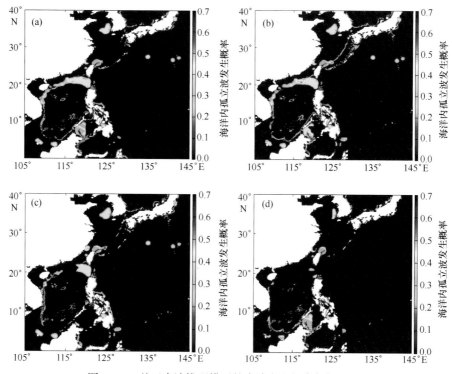

图 15.14　基于内波推理模型的内波发生概率气候区划

（a）春季；（b）夏季；（c）秋季；（d）冬季

西北太平洋海区（包括我国近海）有着非常复杂海洋环境特征，该区域有强西边界流黑潮、复杂海底地形和众多的岛屿等，是海洋内波的多发区域。从模型仿真试验的结果来看：海洋内波概率值越高的区域表明该区域环境特征越满足内波生成条件，越适宜海洋内波的生成。从图 15.15 中可以看出，内波发生概率的高值区主要有东海（台湾东北）、南海北部、黄海东部、南海海盆西边界和南边界以及苏禄海，并且有一定的季节变化规律。图 15.15 为根据多年卫星遥感探测图像统计出来的内波发生的热点海区，其与模型推理所得内波发生概率区划分布（图 15.14）的对比分析表明：模糊推理模型仿真试验与内波观测结果在发生季节和多发区域方面基本吻合，内波的平均分布图与内波诊断判别年均分布图迭加的结果表明，诊断拟合率约为 65% ~ 70%。

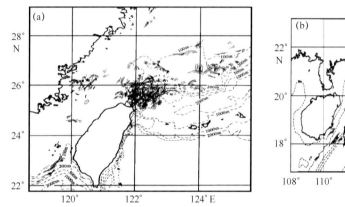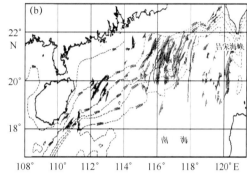

图 15.15　中国周边海域内波发生的热点海区

（a）东海内波分布，（b）吕宋海峡和海南岛间内波分布

15.6　本章小结

提出了一种基于模糊逻辑推理预测内波发生概率的技术途径，建立了内波发生概率的模糊推理模型。选择西北太平洋作为试验区域进行了模型应用试验，试验结果与卫星遥感图像进行的对比验证表明，该模型诊断判别效果良好。表明运用模糊逻辑推理进行内波发生概率预测的方法是有效和可信的。

与卫星资料反演和数值模拟等传统方法相比，采用模糊逻辑推理来诊断预测海洋内波发生概率有如下优点：第一，影响内波发生的海洋环境因子可用模糊化变量表示，对数据的精确性要求不高，更利于内波生成机理知识的充分利用。第二，模糊逻辑推理方法充分融合了专家经验知识，适合描述海洋内波这种多影响因子、多要素相互作用的复杂非线性系统，可作为传统的动力学方法的补充。第三，该方法简单便捷、易于理解和应用，适用于快速诊断预测内波发生的概率，对海洋工程和潜艇航行中规避和防范内波的影响有一定的指导意义和参考价值。

中篇总结

本篇开展的主要工作和取得的重要成果如下。

（1）揭示了吕宋海峡次级中尺度涡的区域特征和活动规律，为进一步深入研究太平洋和南海之间的动量和热盐交换奠定了基础。

利用30年的卫星跟踪表面漂流浮标观测数据和空间分辨率10 km、时间分辨率3 d的2000—2006年OFES模式输出产品对吕宋海峡的次级中尺度涡的研究表明：①次级中尺度涡是吕宋海峡的一种常见海洋现象，反气旋涡活跃在台湾岛西南、伊特巴亚特岛西北和巴布延岛以西，而气旋涡活跃在台湾岛东南和吕宋岛西北。②根据涡旋可能的产生机制可将半径在10~60 km的涡旋分成3个区域：巴坦群岛以西区域、吕宋岛西北区域、巴坦群岛和巴布延群岛以东区域。这3个区域的涡旋产生的可能机制分别为黑潮流套水平切变不稳定、摩擦力矩产生的涡度、黑潮-岛屿相互作用。③这些涡旋的生命历程的统计参数（包括初始位置、生命周期、强度、半径、移动距离）在3个区域有不同的统计特征。

（2）揭示了吕宋海峡以东中尺度涡的区域结构特征和活动规律，为研究黑潮与中尺度涡的关系提供了形态特征和事实依据。

利用1993—2007年多源卫星高度计海面动力高度异常资料对吕宋海峡以东海区的中尺度涡进行的统计分析表明：①中尺度涡移动速度和强度之间有很好的相关性，呈负相关，即纬度越高、中尺度涡的强度越强，移动速度越慢。②反气旋涡与黑潮的相撞角度比气旋涡小，黑潮附近南、中、北3个区域中尺度涡统计特征有所不同，即北侧中尺度涡持续时间最长，南侧中尺度涡持续时间最短，3个区域反气旋涡持续时间普遍长于气旋涡。③中尺度涡的数量、半径、强度和移动速度有不同程度的季节性变化规律。

（3）探索了台湾以东偶极子环流的结构特征和维系机制，为台湾以东黑潮研究和太平洋与东海之间水交换的研究提供了新的视角。

利用自组织神经网络方法对台湾以东海区1993—2008年的多源卫星高度计的海面动力高度异常数据进行的时空特征分析表明：①台湾以东和台湾东北存在一个偶极子模态：台湾以东气旋涡（反气旋涡）会在台湾东北形成一个反气旋涡（气旋涡）。②这种现象可以利用涡度守恒原理进行解释，当台湾以东反气旋涡靠近黑潮时，黑潮得到加强，进而台湾东北黑潮西侧的正涡度加强，由于台湾东北黑潮失去岛屿的支撑，有西向运动的趋势，因此，加强的正涡度会在台湾东北角聚集形成一个气旋涡；反之亦如此，当台湾以东气旋涡靠近黑潮时，黑潮减弱，进而台湾东北黑潮西侧的正涡度减弱，西向运动导致台湾东北角形成一个负涡度异常，进而在台湾东北形成一个反气旋涡。

（4）阐述了东海黑潮 – 琉球海流相互作用的事实特征和可能机理，为研究东海和太平洋之间的水交换机制提供了新思路。

基于自组织神经网络方法和 1993—2006 年卫星高度计和高分辨率模式产品资料的统计诊断研究，揭示了东海黑潮与琉球海流在庆良间水道附近的相关特征事实，给出了相应的机理解释：①黑潮和琉球海流相互作用有显著的 4 个模态，即黑潮可以分为远离和靠近琉球群岛两类，琉球海流可以分为加强和减弱两类，这样整个系统可以分为 4 类。②这 4 个模态的时间演变存在一个明显的周期运动，平均周期为 120 d。③黑潮流轴的摆动在庆良间水道水交换中起决定性作用，当黑潮流轴靠近（远离）庆良间水道时，会产生一个负（正）的压力梯度异常，进而驱动水通过庆良间水道北侧深海区从东海（太平洋）流入太平洋（东海）。④受涡度守恒理论制约，琉球海流系统一侧的中尺度涡对庆良间水道内部的涡旋强度有重要影响，即当黑潮流轴靠近庆良间水道时，琉球海流一侧气旋涡（反气旋涡）的西南向（东北向）流场异常，会在庆良间水道内部激发一个强（弱）的负涡度，进而出现强（弱）的反气旋涡；当黑潮流轴远离庆良间水道时，琉球海流一侧反气旋涡（气旋涡）的东北向（西南向）流场异常，会在庆良间水道内部激发一个强（弱）的正涡度，进而出现强（弱）的气旋涡。

（5）提出了一种基于模糊逻辑推理方法的内波发生概率诊断分析技术，建立了内波发生概率诊断预测模糊推理模型。该诊断判别方法的优势特色：①影响内波发生的海洋环境因子可用模糊化变量表示，对数据的精确性要求不高，更利于内波生成机理知识的充分利用。②模糊推理预测方法充分融合了专家经验知识，适合描述海洋内波这种多影响因子、多要素相互作用的复杂非线性系统，可作为传统的动力学方法的补充。③该方法简单便捷、易于理解和应用，适用于快速诊断预测内波发生概率，对海洋工程和潜艇航行中规避和防范内波风险有一定指导意义和参考价值。

（6）北太平洋西边界流 – 中尺度涡相互作用的物理内涵十分丰富，仍有大量的工作有待进一步深入研究和拓展：①吕宋海峡次级中尺度涡生成的数值模拟和机理研究；不同深度层次级中尺度涡的活动规律、斜压特征，次级中尺度涡在吕宋海峡水交换中所起的作用。②吕宋海峡以东中尺度涡活动规律及相应的动力机理研究。③台湾以东偶极子环流与黑潮流轴、流量、流幅、"东分支"等现象特征的关联以及对黑潮入侵东海陆坡的影响和对太平洋与东海之间水交换的影响研究。④中尺度涡影响庆良间水道两侧深层水交换机制、庆良间水道两侧的东海黑潮和琉球海流的季节、年际变化特征与庆良间水道流量的时空变化特征研究。

下 篇

海洋涡旋的智能识别、数值模拟与物理实验

第 16 章　海洋涡旋的智能识别

海洋涡旋是一种普遍存在的海洋特征，在全球能源和物质运输方面发挥着至关重要的作用，对海洋中营养物和浮游植物的分布也有着非常重要的影响（McGillicuddy，2016；Chelton et al.，2007；Brannigan，2016）。海洋涡旋在运动时通常携带着极大的动能，其海水运动速度是海洋平均流速的几倍甚至高出一个数量级。涡旋在垂直方向上还会影响到几十米到几百米，甚至上千米，将海洋深层的冷水和营养盐带到表面，或者将海表暖水下沉到较深的海洋中，从而影响海洋中的上混合层，以及密度跃层甚至更深的海洋。涡旋的高旋转速度和伴随的强剪切流，使涡旋具有很强的非线性，从而让其具有了记忆性和保守性以保持自身的特征，以及在全球海洋物质、能量、热量和淡水等的输运和分配中，涡旋也发挥着不可忽略的作用。因而，这些海洋中无处不在的海洋涡旋，它们所带有的高能量、强穿透性的特性对海洋环流、全球气候变化、海洋生物化学过程和海洋环境变迁均有着重要的影响。因此，海洋涡旋研究通常具有非常重要的科学意义和应用价值（董昌明，2015）。

针对不同类型的海洋数据，一系列不同的海洋涡旋探测方法依次被研发出来，包括欧拉方法（Nencioli et al.，2010；Dong et al.，2011b）、拉格朗日方法（Dong et al.，2011a）和混合方法（Pessini et al.，2018；Halo et al.，2014）。但在大面积海域涡旋识别中计算速率慢成为传统海洋涡旋识别方法的一大弊端。为了解决这一问题，研究者开始将深度学习算法应用于海洋涡旋的探测，Lguensat 等（2017）和 Franz 等（2018）基于编解码器网络 U–Net 从海面高度数据中识别出海洋涡旋。Xu 等（2019）基于语义分割框架下的金字塔场景解析网络（PSPNet）应用于海洋涡旋的识别，该网络架构引入了空洞卷积和金字塔池化模型，充分利用全局和局部信息，捕获更多的上下文关系，在海洋涡旋检测中有着优异的表现。张盟等（2020）提出一种新的多涡旋检测模型，将稠密块结构引入解码 – 编码模型中去，并且在海面高度（SSH）数据的基础上进行涡旋检测。芦旭熠等（2020）基于深度学习 YOLOv3 算法在海平面异常（SLA）数据的基础上进行涡旋识别，并搭建了涡旋时空特征及海洋信息协同可视化系统。Santana 等（2020）综合以上各种卷积神经网络研究 SSH 和 SLA 数据在涡旋智能探测中的表现，发现基于 SLA 数据的涡旋智能探测技术的精度更高。Xu 等（2021）通过使用深度学习语义分割的 3 种智能算法（PSPNet、DeepLabV3+ 和 BiSeNet）进行海洋涡旋的智能识别，比较和分析 3 种不同算法的涡旋识别的结果。

本章将从图像识别、智能识别方法和海洋涡旋智能识别应用等方面展开。

16.1　图像识别

首先需要了解图像识别的几个层次。一般来说，图像识别包括 5 个层次：图像分类、目标检测、语义分割、实例分割和全景分割。接下来将通过 5 张图片，分别讲解这 5 个层次。

16.1.1　图像分类

简单来说，图像分类（image classification）是一种根据图像信息中所反映出的不同特征，把不同类别的目标区分开来的一种图像处理方法。图像分类主要区分图像中存在的内容，如图 16.1 所示，图片中包括了墙、画布、多面体，它所展示的是在墙 Y 上有一块画布 X，画布上画着 4 个多面体图形分别是 a、b、c、d，图像分类任务就是通过对输入图像进行分析，以识别出这些主要元素并将它们归类到相应的预定义类别中。为了实现图像分类，通常采用深度学习方法，尤其是卷积神经网络（CNN）。CNN 可以自动学习图像的特征表示，使对图像中的内容进行分类变得更加高效。在训练过程中，模型通过大量的标注样本数据逐渐学会提取与分类任务相关的特征，并将这些特征映射到对应的类别。在图 16.1 的例子中，经过训练的模型可以有效地识别出墙壁、画布和多面体等元素，并将它们归类到正确的类别。

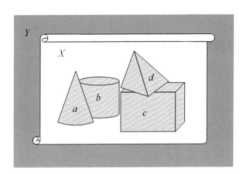

图 16.1　图像分类示意图

16.1.2　目标检测

目标检测（object detection）任务的目的是在图像中找出所有感兴趣的目标，并确定它们的类别和位置。由于各类物体具有不同的外观、形状和姿态，再加上光照、遮挡等因素的影响，目标检测一直以来都是计算机视觉领域中最具挑战性的问题之一。

在目标检测中，需要解决的核心问题主要包括以下 4 个方面。

（1）分类问题：需要判断图片（或某个区域）中的图像属于哪个类别。为了解决这个问题，通常采用 CNN 等深度学习方法进行特征提取和分类。

（2）定位问题：目标可能出现在图像的任何位置。为了定位目标，研究者们提出了各种区域建议和滑动窗口方法，如 R–CNN、YOLO 和 SSD 等。

（3）大小问题：目标在图像中可能有各种不同的大小。为了适应不同尺度的目标，可以采用多尺度特征图和金字塔结构来进行检测。

（4）形状问题：目标可能具有各种不同的形状。这需要模型具备足够的表达能力来捕捉目标的形状变化。为此，研究者们引入了空间变换、形状先验等技术。

以识别和检测多面体为例（图 16.2），一个有效的目标检测模型需要在图像中识别出多面体的类别、位置、大小和形状，从而实现对多面体的准确检测。

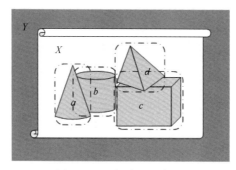

图 16.2   目标检测示意图

16.1.3   语义分割

语义分割（semantic segmentation）即能够将整张图的每个部分分割开，使每个部分都有一定类别的意义。与目标检测不同的是，目标检测主要关注识别图像中的目标对象并给予边界框，而语义分割则是通过对每个像素进行分类，将整个图像划分为具有特定语义类别的区域。这使语义分割能够提供更精确的目标轮廓信息，同时也使计算机能更好地理解图像中的语义内容。

在语义分割任务中，每个像素都被赋予一个预定义的类别标签。这包括图像中的各种对象，如多面体、画布、墙和背景等。图像中的每个区域都用特定的标注方式进行区分，例如，用不同的线条或网格来表示不同的类别。由于图像中的对象可能存在不同的尺寸和形状，因此需要在模型中引入多尺度信息以提高分割性能。这可以通过金字塔池化、空洞卷积等方法实现，使模型能够适应各种尺度的目标。

总之，语义分割是将图像中的每个像素分配给预定义的语义类别之一。与传统的对象检测任务不同，语义分割不仅需要标识图像中存在的对象，还需要为每个像素赋予一个语义标签。可以帮助计算机实现对图像中对象的更精细和准确的理解，以及对视觉信息进行更好的利用，为各个领域提供更多智能化的应用。

在区分图像时，分别用类别标签标记每个像素。如图 16.3 所示，分别用不同的标注方式区分多面体（左斜线）、画布（竖线）、墙（网格）。

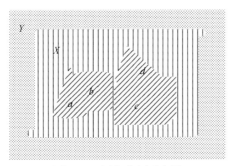

图 16.3　语义分割示意图

16.1.4　实例分割

实例分割（instance segmentation）与语义分割之间的主要区别在于它们处理图像分割任务的粒度和目标不同。语义分割的主要目标是为图像中的每个像素分配一个类别标签，例如，车辆、行人或建筑等。而实例分割的目标不仅需要为每个像素分配类别标签，还需要区分同一类别中的不同对象实例，识别出每个对象实例并对它们进行单独的标记。

实例分割的典型方法包括 Mask R–CNN、YOLACT 和 SOLO 等。这些实例分割方法通常需要在检测和分割步骤之间进行有效信息融合，以提高分割性能。

如图 16.4 所示，实例分割同时结合了目标检测与语义分割，首先通过目标检测把所给图像中的目标检测出来，之后通过语义分割对检测出的每个像素分别打上各自的标签。对比图 16.3 与图 16.4，若将多面体视为目标，语义分割仅将相同属性的类别统一标记，不会再对同一类别进行细化区分，即语义分割会把识别出的多面体以同种方式标记；实例分割则会对同一类别再进行细化分类，即实例分割会根据多面体的不同特征以不同标记方式进行区分。

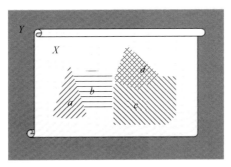

图 16.4　实例分割示意图

16.1.5　全景分割

全景分割（panoptic segmentation）是计算机视觉领域的一项技术，它融合了语义分割和实例分割的优点，旨在为图像中的每个像素分配一个类别标签并区分对象实例。全景分割通常在一个统一的框架下融合语义分割和实例分割的信息。一些典型的全景分割方法包括 Panoptic FPN、UPSNet 和 AUNet 等。这些方法可以更准确地预测像素级别的类别和实例，以实现对图像的全面分析。

全景分割的性能通常通过 Panoptic Quality（PQ）指标进行评估。PQ 指标综合考虑了实例分割的交并比（IoU）和语义分割的像素精度，以衡量模型在全景分割任务中的表现。全景分割需要处理不同尺度和形状的对象。为了提高模型性能，研究者们尝试融合多尺度信息，例如，通过金字塔池化、空洞卷积等技术，使模型能够适应各种尺度的目标。对于一些实时应用场景（如自动驾驶和机器人视觉导航），全景分割模型的推理速度至关重要。研究者们提出了多种实时性能优化方法，如网络压缩、模型剪枝和知识蒸馏等，以降低模型复杂度和计算开销，提高实时性能。

如图 16.5 所示，全景分割在实例分割的基础上进一步发展，不仅能对图片中的所有实物进行分别标记，还可对图片背景进行检测和分割。

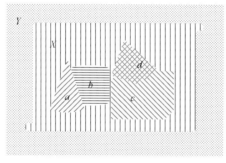

图 16.5　全景分割示意图

16.2　智能识别方法

16.2.1　金字塔场景解析网络

基于全卷积网络（FCN）模型存在的主要问题是在语义分割方面缺乏合适的策略来利用全局场景中的类别线索，这可能造成如下几类错误。

关系错误匹配：FCN 基于外观因素，将停在河边的船预测为"汽车"。但根据生活中的常识，汽车不太可能出现在河面上。若考虑到水边这个因素，就不会出现判别错误。

类别混淆：FCN 存在将物体的一部分预测为"摩天大楼"，将其另一部分预测为"建筑物"的可能性。事实上，这只能是其中之一，而不能同时涵盖两者。许多标签之间存在关联，可以通过标签之间的关系来弥补。

细小对象的类别：比如枕头与床单的外观非常相似。由于忽略了全局场景类别也许会导致预测"枕头"一类失败。

2017 年，Zhao 等（2017）提出了金字塔场景解析网络（pyramid scene parsing network,

PSPNet），一种用于语义分割的神经网络架构。该架构利用不同区域的上下文信息来提高利用全局上下文信息的能力。PSPNet 的基本架构被展示在图 16.6 中。使用 PSPNet 进行语义分割的基本过程是使用基础层（如 ResNet101）的预训练模型和空洞卷积策略提取特征图，其大小为输入大小的 1/8。特征图经过金字塔池化模块后，得到具有整体信息的融合特征，然后上采样与池化前的特征图拼接，最后通过卷积层得到最终输出。

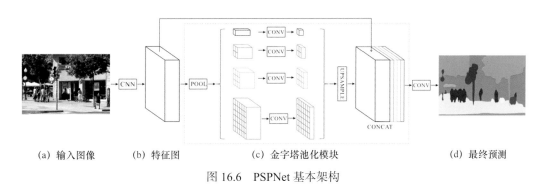

(a) 输入图像　　　(b) 特征图　　　　(c) 金字塔池化模块　　　　　(d) 最终预测

图 16.6　PSPNet 基本架构

上下文信息的大小可以被简单地认为是一般 FCN 中的感受野，PSPNet 提出了具有层次的全局优先级，容纳了不同子区域之间的不同尺度的信息，称之为金字塔池化模块（Pyramid pooling module）。结合图 16.6（c），我们详细介绍金字塔池化模块的操作过程。

首先，在图 16.6（c）中，对每个特征图进行子区域平均池化。

第一层卷积：用于生成单个 bin 输出，为每个特征图上执行全局平均池的最粗略层次。

第二层卷积：首先将特征图划分成 2×2 个子区域，之后对每个子区域执行平均池化。

第三层卷积：首先将特征图划分成 3×3 个子区域，之后对每个子区域执行平均池化。

第四层卷积：首先将特征图划分成 6×6 个子区域，也是最细的层次，之后对每个子区域进行池化。

其次，1×1 卷积用于降维。

紧接着，对已获取的每个特征图像进行 1×1 卷积，若金字塔的层次大小为 N，则将上下文信息的大小减少到原始的 1/N。

在本例中，共有 4 个级别，故 $N = 4$。假设输入特征图的数量为 2048，则输出数据的大小为（1/4）× 2048 = 512。

接下来对每个低维特征图采用双线性插值法进行上采样，使其大小与原始特征图相同。

最后，通过上下文的聚合特性将其连接起来。所有不同层次的上采样特征图都与原始特征图衔接。这些特征图融合成一个全局先验。这是金字塔池化模块的结束。

PSPNet 的另一个贡献是提出了一个基于 ResNet 的深度监督网络，该网络架构是在 ResNet101 的基础上改进的。除了使用 Softmax 函数分类导致损失之外，在第四阶段还增加了一个额外的损失。通过传播两个损失，并且使用不一样的权重共同优化。后续的实验证明这样做有利于快速收敛。

16.2.2 DeepLab

CNN 网络在分割问题中存在的困难除了全连接层结构之外，还有池化层的存在。在语义分割任务中，保留空间信息对于生成精确的像素级别预测非常重要。然而，池化层在提取特征的过程中可能丢失部分像素点的位置信息，导致分割结果不够精细。空洞卷积通过在卷积核中引入一个空洞率（dilation rate）参数来扩大感受野，同时保留原始图像的空间分辨率。这样，在提取特征的过程中，空洞卷积可以捕捉到更多的空间信息，而不会像池化层那样导致位置信息丢失，从而可以有效地解决分割结果不够精细的问题。下面分别介绍 Chen 等（2014，2016，2017b）提出的 DeepLab 的 3 个类型。

16.2.2.1 DeepLabV1

Chen 等（2014）提出的 DeepLabV1 主要内容是利用空洞卷积的卷积方法替代最大池化，同时感受野不会丢失。空洞卷积的优点是保存池化损失的信息，同时放大目标的感受野，从而使每个卷积拥有更大范围的输出信息。

图 16.7（a）对应 3×3 的 1– 空洞卷积（1 孔卷积），图 16.7（b）对应 3×3 的 2 孔卷积，但实际卷积核大小依旧是 3×3，孔为 1。即对于一个 7×7 的图像区域，只有 9 个黑点以及一个 3×3 的核进行了卷积运算，其余的点都被省略。也可以理解为卷积核的大小是 7×7，但是只有图中 9 个点的权重有数值，其余都是 0。经此可以看出，虽然核大小只有 3×3，但是这个卷积的感受野扩增到了 7×7（如果考虑到这个 2 孔卷积的前一层是 1 孔卷积，那么每个黑点都是 1 孔卷积输出，所以感受野是 3×3，因此将 1 孔和 2 孔结合起来可以实现 7×7 的卷积）。图 16.7（c）对应 4 孔的卷积操作，同理，经过两个 1 孔卷积和 2 孔卷积后，可以实现一个 15×15 的感受野。与传统的卷积操作相比，如果 3×3 卷积的 3 层步长为 1，则只能达到（kernel–1）$\times$ layer $+ 1 = 7$ 的感受野，感受野与层数线性相关，其大小呈指数增长。

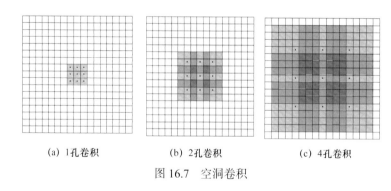

| (a) 1孔卷积 | (b) 2孔卷积 | (c) 4孔卷积 |

图 16.7　空洞卷积

DeepLabV1 还提出了全连接条件随机场（Fully–Connected Conditional Random Fields，FCRF）对语义分割的边界执行更细致的抓取。在像素级标签预测中有着优良的表现。常常将像素标签作为随机变量，将像素之间的关系定为边缘，最终形成条件随机场实现模型搭建。通常将输入图像作为模型的全局视图。

已知像素 i 的标签 X_i 为随机变量，$X_i \in L = l_1, l_2, \cdots\cdots, l_L$，$L$ 为标签类别个数。变量 X 则是由 $X_1, X_2, \cdots\cdots, X_N$ 组成的随机向量，N 为图像中的像素个数。

假设 $G = (V, E)$，其中 $V = X_1, X_2, \cdots\cdots, X_N$，$I$ 为全局观测。条件随机符合吉布斯分布，(I, X) 可以简称为 CRF 模型，公式如下：

$$P(X = x|I) = 1/Z(I)\ \mathrm{e}^{-E(x|I)} \tag{16.1}$$

$$E(x) = \sum_i \theta_i(x_i) + \sum_{ij} \theta_{i,j}(x_i, x_j) \tag{16.2}$$

式中，$\theta_i(x_i)$ 是一元能量项，它代表将像素 i 分成 label x_i 能量；$\theta_{i,j}(x_i, x_j)$ 是二元能量项，对像素点 i，j 同时分割成 (x_i, x_j) 的能量。二元能量项刻画了像素点之间的关系，使相似的像素能够被给予相同的标签，像素点的颜色值和实际相对距离与其相似程度的关联度很大。通过寻找最小能量表述，找到最优的分割方法。全连接条件随机场更关注于单个像素和其他所有像素之间的关系，因此称之为"全连接"。

细致来说，DeepLab 中的一元能量项是直接来自前端 FCN 的输出，计算方式如下：

$$\theta_i(x_i) = -\log P(x_i) \tag{16.3}$$

通过介绍一个简单的例子可以更好地理解 CRF。"大海"和"鱼"等像素在物理空间中相邻的概率应该高于"大海"和"仙人掌"等像素的概率，所以从概率角度来看，"鱼"作为"大海"的边缘可能性更大。

16.2.2.2　DeepLabV2

通过完善该能量函数的解，剔除显著的不符合事实，代之以正确的解释，从而得到 FCN 图像语义预测结果的优化，生成最终的语义分割结果。Chen 等（2016）对 DeepLabV1 进行改善并提出了 DeepLabV2：使用多尺度获得更优良的分割效果，使用带孔空间金字塔池化（Atrous Spatial Pyramid Pooling，ASPP）；基础层由 VGG16 转换为 ResNet；使用与以往不同的学习策略。

前面浅析了空间金字塔池化中的空洞概念，下面将重点放在 SPP–Net。2015 年 He 提出了 SPP–Net 的概念（He et al.，2015），其主要原理如图 16.8 所示。底层图为输入图片经过卷积后学习得到的特征图结果，再通过不同大小的卷积核对其进行特征提取，分别获取到大小为 4×4、2×2 和 1×1 的特征块。将它们叠加在初始特征图上便能获取到 16 + 4 + 1 = 21 个不同的特征块。从中进行特征提取，最后便是我们所要提取的 21 维特征向量。通过整合大小不一的网格进行池化的过程是空间金字塔池化。比如，空间金字塔的最大池化，实际上就是从 21 个图像块中分别得到其最大值作为输出结果。通过这种堆叠方式，淡化了卷积层对于输入大小的限制。

16.2.2.3　DeepLabV3

Chen 等（2017b）设计了一个可用性更广的框架 DeepLabV3，任何网络均可使用该框架；ResNet 的最后一个 Block 通过级联复制连接；ASPP 使用 Batch Normalization（BN）层，

BN 的本质原理是在网络的每一层输入中穿插一个归一化层，即先执行归一化处理，再将输入信息输入至下一层；不存在随机向量场。DeepLabV2 中的 ASPP 在特征顶部图像中使用了 4 个不同采样率的孔卷积，由此可见，不同尺度下的采样是有效的。

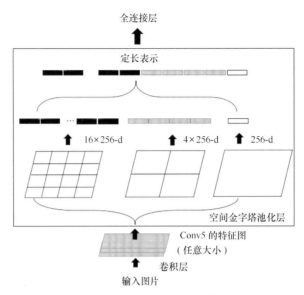

图 16.8　SPP–Net 原理示意图

不同采样率的空洞卷积可以提高捕获多尺度信息的效率，但是伴随着采样率的提高，可以发现滤波器的有效权重（权重有效地应用于特征区域而不是填充 0）逐渐减小。图 16.9 展现了不依赖和依赖空洞卷积的级联模块的比较图。上面一行是使用标准卷积的结果。可以看出，随着网格的深入，特征图逐渐变小，不利于恢复物体的位置信息。图 16.9（b）中 Block4 到 Block7 拥有一致的网络结构，均含有 3 个 3×3 的卷积核，DeepLabV3 为这 3 个卷积提出一个新的定义：单元率（$r1$，$r2$，$r3$），实际的采样率是采样率 × 单元率。以 Block4 为例，假定它的单元率为（1，2，4），而图中 Block4 的采样率为 2，则实际 Block4 的采样率为（2，4，8）。

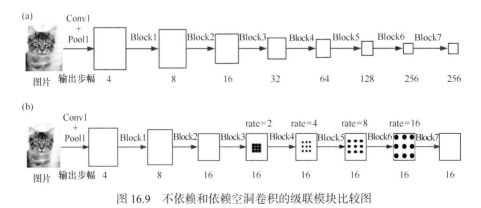

图 16.9　不依赖和依赖空洞卷积的级联模块比较图

（a）不依赖空洞卷积的网络加深；（b）依赖空洞卷积的网络加深。当模块三的输出步幅等于 16 时，空洞卷积速度大于 1 开始作用

当我们将不同采样率的 3×3 卷积核应用于 65×65 特征图时，当采样率接近特征图大小时，3×3 过滤器并没有捕获到完整的图像上下文信息，而是退化为一个只有过滤中心发挥作用的简单 1×1 过滤器。为了解决这个问题，DeepLabV3 考虑到使用图像级特征。具体来说，就是对模型的最终特征图进行全局平均，接着对全局平均后的结果进行 1×1 卷积，然后执行双线性上采样，得到所需的空间维度。

从实际的角度来看，DeepLab 系统的 3 个主要优势是：①速度：通过 Atrous 卷积层，系统密集的 DCNN 在 Nvida Titan X GPU 上以 8 FPS 的速度运行，而全连接条件随机场（CRF）的平均场推断在 CPU 上需要 0.5 s。②准确性：在几个具有挑战性的数据集上获得了最先进的结果。③简单性：系统仅由两个非常完善的模块级联组成，即 DCNNs 和 CRFs（Chen et al.，2017a）。

16.2.3　BiSeNet

语义分割既需要丰富的空间信息，又需要相当大的感受野。然而，现如今的方法通常会牺牲空间分辨率来实现实时推理速度，从而导致性能不佳。如图 16.10 所示（Yu et al.，2018），图 16.10（a）左侧所示，通过裁剪图片降低尺寸和计算量，但是会丢失大量边界信息和可视化精度；图 16.10（a）右侧所示，通过修建或减少卷积过程中的通道数目，提高推理速度，不过模型的接受域不足以覆盖较大的对象导致其识别能力较差；图 16.10（b）所示为 U 型的编码，解码结构，通过融合骨干网的细节，U 型结构能提高空间分辨率，并填补一些缺失的细节，但是在这个结构中，一些丢失的空间信息无法轻易恢复，解决不了根本问题。

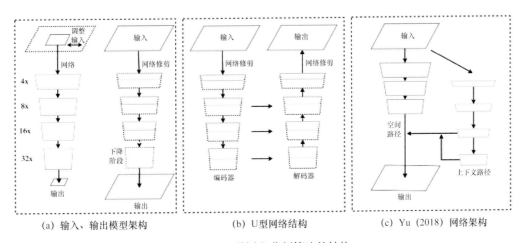

（a）输入、输出模型架构　　（b）U 型网络结构　　（c）Yu（2018）网络架构

图 16.10　3 种语义分割算法的结构

为此，Yu 等（2018）提出一种新的网络架构：双边分割网络 BiSeNet ［图 16.10（c）］。该网络由空间路径（Spatial Path，SP）和上下文路径（Context Path，CP）组成，顾名思义，设计这两种成分，是为了应对空间信息的丢失以及感受野的萎缩。为了在不降低速度的前提下提高准确率，设计者还研究了两条路径的融合和最终预测的细化，并分别提出特征融合

模块（Feature fusion Module，FFM）和注意力细化模块（Attention refinement Module，ARM）。

图 16.11（a）展示了 BiSeNet 的具体结构，其中 SP 包含 3 层，每一层都由步幅为 2 的卷积、BN 层、Relu 层组成。CP 利用轻量级模型和全局平均池化来提供更大的接受域，轻量级模型可以快速下采样特征映射，从而获取更大的接受场，编码高层次的语义上下文信息。不仅如此，在轻量级模型（16、32）尾部添加一个注意力细化模块 ARM ［图 16.11（b）］，里面的全局平均池化可以提供具有全局上下文信息的最大接受场。最后，将经注意力细化模块处理后的轻量级模型（16、32）两个阶段的特征融合至一起得到 CP 输出的特征映射，与此同时也得到了 SP 的输出特征。

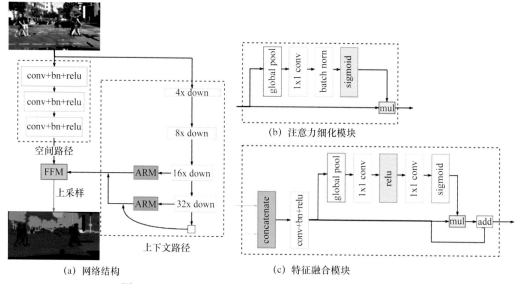

图 16.11　（a）BiSeNet、（b）ARM、（c）FFM 结构

由于两条路径在表示层次上是不一致的，因此，不能简单地表达这些特征。SP 捕获的空间信息大多编码了丰富的细节信息，而 CP 的输出特征主要是对上下文信息进行编码。也就是说，SP 的输出特征是低层次的，而 CP 的输出特征是高层次的，因此需要一个特定的特征融合模块来融合这些特征。

考虑到不同层次的特征，FFM 首先将 SP 和 CP 的输出特征连接起来，然后利用批处理归一化来平衡特征的尺度，接下来将连接的特征汇集到一个特征向量中，并计算一个权重向量。该权重向量还可以对特征进行重新加权，相当于特征的选择和组合。

除此之外，设计者还利用辅助损失函数对方法进行监督训练，使用主损失函数来监督整个 BiSeNet 的输出，并添加两个特定的辅助损失函数来监督上下文路径的输出，所有的损失函数均为 Softmax，如下式所示：

$$loss = \frac{1}{N}\sum_i L_i = \frac{1}{N}\sum_i -\log\frac{e^{P_i}}{\sum_j e^{P_j}}$$

（16.4）

最后借助参数 α 平衡主损失函数与辅助损失函数的权重。

$$L(X;W) = l_p(X;W) + \alpha \sum_{i=2}^{K} l_i(X_i;W)$$
（16.5）

16.3　基于 PSPNet 算法的海洋涡旋智能识别

本章应用中将具有海洋涡旋信息标识的海面高度异常（SSHA）数据作为训练数据，输入到带有空间卷积的 101 层 ResNet（ResNet101）模型中，以获取不同层次的特征图，接着通过金字塔池化模块获取不同层次之间的融合信息。一个 4 层金字塔能够将不同层次的图像融合起来并与原始特征和卷积层连接，得到最终的结果。

基于流场速度矢量几何的自动算法（Nencioli et al.，2010；Dong et al.，2009）是一种根据海洋表面地转流场数据来识别和跟踪涡旋的方法，其中可以根据 SSHA 来计算地转流。涡旋中心由以下 4 个准则（Nencioli et al.，2010）确定：①沿着东西向截面，经向速度 v 必须在涡旋中心方向上反转，其大小必须随着距离涡旋中心越远变得越大；②沿南北向截面，纬向速度 u 在涡旋中心方向上必须反向，且其大小必须在远离涡旋中心的方向上增大，旋转方向必须与 v 保持一致；③涡旋的速度大小在涡旋中心有局部最小值；④在涡旋中心附近，速度矢量的方向必须保持不断地旋转，两个相邻的速度矢量的方向必须位于相同或两个相邻的象限内。通过涡旋中心附近的最大闭合流函数确定涡旋的大小。可以比较涡旋中心在连续时间步长上的分布情况，进一步实现对涡旋的追踪。

本应用中所使用的 SSHA 数据来源于法国哥白尼海洋环境监测服务（Copernicus Marine Environment Monitoring Service，CMEMS，http：//marine. copernicus.eu）中心，该数据是多源卫星高度计观测数据融合的全球产品，其空间分辨率为（1/4）°×（1/4）°，时间分辨率为 1 d。为了能够进一步提高涡旋探测算法的精准度，将 SSHA 数据的空间分辨率线性插值到（1/8）°×（1/8）°，使涡旋可以覆盖更多的网格点（Liu et al.，2012）。本应用使用了 2011—2015 年的 SSHA 数据：其中 2011—2014 年带有涡旋信息标识的 SSHA 数据作为训练数据集，2015 年的 SSHA 数据作为验证数据集。重点关注区域是北太平洋赤道副热带逆流区（STCC，15°—30°N，115°—150°W），可将吕宋海峡以东至夏威夷群岛的区域全部覆盖，如图 16.12 所示。作为示例，图 16.12 展示了使用 VG 算法探测的 2014 年 6 月 19 日该区域的涡旋分布图。

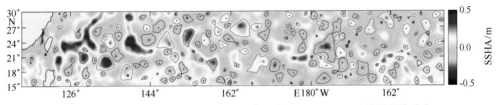

图 16.12　利用 VG 算法探测的 2014 年 6 月 19 日 STCC 区域的涡旋分布

蓝色和红色曲线分别表示气旋涡和反气旋涡，阴影部分表示 SSHA（Xu et al.，2019）

利用 VG 算法对 2011—2014 年训练的 SSHA 数据对 STCC 区域内气旋涡和反气旋涡的

边界进行标注；为确保数据的一致性应首先和有效性对数据进行清洗；接着使用 PSPNet 算法对训练数据集进行学习，进一步对 2015 年的验证数据集进行探测并提取涡旋的信息。

图 16.13 分别展示了使用 VG 算法和 PSPNet 算法在 2015 年 2 月 15 日 STCC 区域探测到的海洋涡旋。统计结果显示，采用 PSPNet 算法总共探测到 392 个海洋涡旋，其中气旋涡 136 个，反气旋涡 256 个；而采用 VG 算法总共探测到 348 个海洋涡旋，其中 117 个气旋涡，231 个反气旋涡。由此可见，PSPNet 算法相较于 VG 算法能够检测到更多的海洋涡旋，并且由图 16.13 也不难发现，PSPNet 算法比 VG 算法能识别出更多尺度更细小的涡旋。

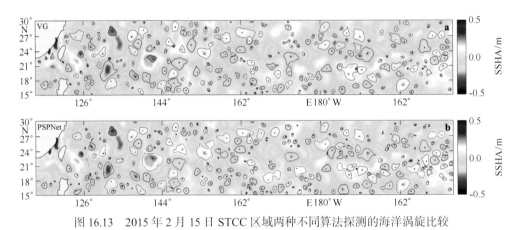

图 16.13　2015 年 2 月 15 日 STCC 区域两种不同算法探测的海洋涡旋比较

（a）VG 算法探测到的海洋涡旋；（b）PSPNet 算法探测到的海洋涡旋。蓝色和红色线圈分别代表气旋涡和反气旋涡，阴影部分表示 SSHA（Xu et al.，2019）

将两种算法 2015 年在 STCC 区域探测的海洋涡旋数量进行比较（图 16.14），统计发现在一年时间内，PSPNet 算法探测到的海洋涡旋总数为 77 462 个，而 VG 算法探测到的海洋涡旋总数为 68 010 个。前者探测的涡旋无论是何种极性，其数量都比后者多。除此之外，由图 16.15 可以发现，PSPNet 算法每日探测的涡旋数量基本上都多于 VG 算法，除了 10 月和 11 月的某些日期之外。将两种算法的结果进行比较，分析得出 PSPNet 算法比 VG 算法平均每天可以多探测到 25.90 个涡旋，其中两者每日探测到的涡旋数量最大相差 64 个，相对误差约为 13.83%。两种算法探测到的涡旋数量日变化呈现较好的相关性，相关系数为 0.93。此外，VG 算法和 PSPNet 算法结果的差异也带有季节变化的特征，11 月和 12 月的差异有所减小。

图 16.15 比较了两种算法所探测到的涡旋半径，发现探测到的涡旋半径直方图分布十分相似。VG 算法和 PSPNet 算法的结果都显示探测到的涡旋半径的峰值位于 25 ~ 50 km 处。然而，PSPNet 算法识别出半径小于 25 km 的涡旋数量是 VG 算法的 3 倍以上，这说明 PSPNet 算法在小尺度涡旋（半径小于 25 km）识别方面具有一定优势；当涡旋半径大于 75 km 时，PSPNet 算法同样有着优异的表现。

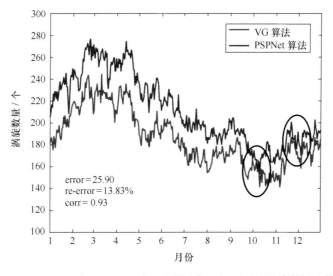

图 16.14　2015 年 STCC 区域两种算法每天探测到的涡旋数量比较

红色曲线和蓝色曲线分别代表 VG 算法和 PSPNet 算法的结果。"error"是 PSPNet 和 VG 算法结果之间的差值，"re–error"是相对误差，"corr"是 PSPNet 和 VG 算法结果之间的相关系数。所圈出的区域是 PSPNet 算法探测的涡旋数量小于 VG 算法的区域（Xu et al.，2019）

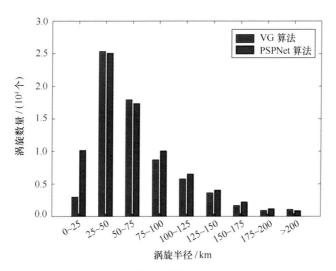

图 16.15　2015 年 STCC 区域内两种算法探测到的海洋涡旋的半径分布

红条和蓝条分别代表 VG 算法和 PSPNet 算法的结果（Xu et al.，2019）

　　由于两种算法的探测结果最大的差异是针对小尺度涡旋的探测，因此，去除半径小于 20 km 的涡旋探测结果，进一步对两种算法的结果进行比较（图 16.16）。VG 算法和 PSPNet 算法分别识别出 66 956 个涡旋和 69 318 个涡旋。两种算法每天探测到的涡旋数量差异不大，这说明 PSPNet 算法对小尺度涡旋的探测更加敏锐。去除半径小于 20 km 的涡旋之后，PSPNet 算法识别到的涡旋数量略多于 VG 算法识别的结果，平均每天多识别

6.47 个涡旋，相对误差为 3.49%。除此之外，两种算法结果之间的差异也具有季节变化特征，8 月以后两者的差异逐渐减小。

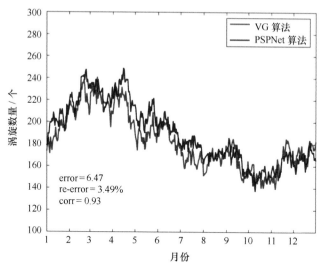

图 16.16　2015 年 STCC 区域两种算法每天探测到的半径大于 20 km 的涡旋数量比较

红色曲线和蓝色曲线分别代表 VG 算法和 PSPNet 算法的结果（Xu et al.，2019）

涡旋的生命周期也是一个不容忽视的特征参数。图 16.17 显示了两种不同算法探测到的涡旋的生命周期分布。PSPNet 算法探测的结果中，生命周期大于 4 周的涡旋有 875 个，其中气旋涡和反气旋涡的数量分别为 475 个和 400 个；而 VG 算法探测到生命周期大于 4 周的涡旋有 844 个（其中气旋涡和反气旋涡的数量分别为 387 个和 457 个）。这两个结果都表明，气旋涡的生命周期往往比反气旋涡短。此外，PSPNet 算法检测到的涡旋生命周期更长，因为基于人工智能的方法可以检测到较小的涡旋（涡旋在增长期和衰减期往往尺度较小）。另外，PSPNet 算法探测到涡旋最长生命周期超过了 30 周，可以更好地表征海洋涡旋的整个生消演变过程。

比较两种算法的结果，不难发现，PSPNet 算法比 VG 算法能探测到更多的海洋涡旋，出现这种情况的原因主要有如下 3 个。

16.3.1　遗漏的涡旋

图 16.18 展示了 PSPNet 算法成功识别出了 VG 算法未识别出的海洋涡旋。2015 年 7 月 18 日，存在一个 SSHA 局部较低的区域，VG 算法并未将该区域识别为涡旋［图 16.18（a）］。然而，该区域却被 PSPNet 算法识别为气旋涡［图 16.18（b）］，同时从地转流数据中也验证了该区域存在该气旋涡［图 16.18（c）］。图 16.18（d）~（f）显示，2015 年 5 月 5 日发现相似地存在局部低 SSHA 的区域，PSPNet 算法也能识别出对应区域的气旋涡。造成遗漏涡旋的主要原因是 VG 算法中是由速度场空间特征的 4 个标准来决定涡旋的中心，在图 16.18（c）和图 16.18（f）的涡旋中 VG 算法无法识

别速度场的最小值。因此，图 16.18（a）和图 16.18（d）中的这两个气旋涡就容易被
VG 算法遗漏。

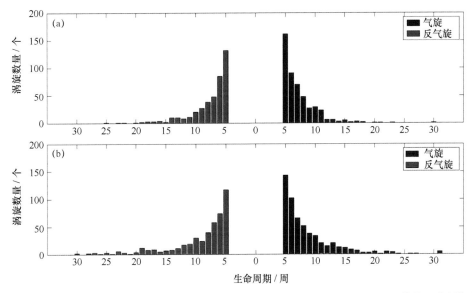

图 16.17 2015 年期间（a）VG 算法和（b）PSPNet 算法在 STCC 区域探测到的涡旋的生命周期分布

红条和蓝条分别代表气旋和反气旋（Xu et al., 2019）

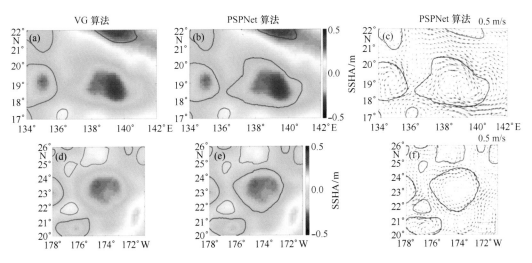

图 16.18 （a）~（c）2015 年 7 月 18 日和（d）~（f）2015 年 5 月 5 日两种方法探测到的涡旋比较

左列为带 VG 算法的结果，中间列为 PSPNet 算法的结果，右列为地转流。蓝色线圈和红色线圈分别代表气旋涡和反气旋涡
（Xu et al., 2019）

16.3.2 过大的涡旋

在 VG 算法中，涡旋的边界是由最大闭合流函数曲线来定义的，因此可能会高估涡

旋的大小，也可能包含数个涡旋中心。根据 VG 算法分别在 2015 年 2 月 23 日和 2015 年 6 月 7 日识别的涡旋，如图 16.19（a）和（d）所示，发现有两个 SSHA 最大值存在于涡旋边界内。然而利用 PSPNet 算法，可以将被高估的涡旋边界划分为几个较小的涡旋 [图 16.19（b）和（e）]，这些涡旋更符合地转流的分布 [图 16.19（c）和（d）]。

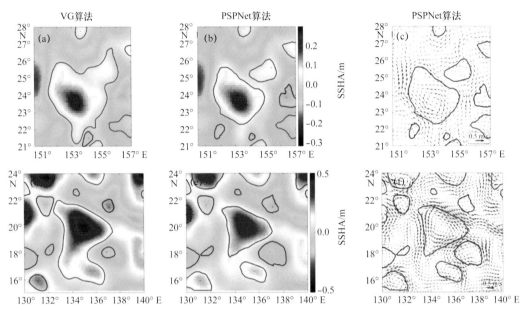

图 16.19　（a）~（c）2015 年 2 月 23 日和（d）~（f）2015 年 6 月 7 日两种方法探测到的涡旋比较
左列为 VG 算法的结果，中间列为 PSPNet 算法的结果，右列为地转流。蓝色线圈和红色线圈分别代表气旋涡和反气旋涡
（Xu et al., 2019）

16.3.3　边界上的涡旋

由于研究数据的分割，有时研究区边缘会出现半个涡旋，VG 算法无法在这个涡旋中找到封闭的流函数曲线，进而无法识别出该涡旋 [图 16.20（a）和（d）]。然而，PSPNet 算法通过结合全局特征和细节特征信息进行海洋涡旋识别，利用基于人工智能的方法可以探测出不完整的涡旋 [图 16.20（b）和（e）]，这些涡旋同样可以在地转流中得到验证 [图 16.20（c）和（f）]。

VG 算法严格筛选了海洋涡旋的结构和模式，使部分没有明显特征的海洋涡旋无法被探测到。与此不同的是，在应用中没有为 PSPNet 算法设置太多的约束条件。因此，PSPNet 算法可以识别生命周期较短或没有显著特征信息的海洋涡旋。

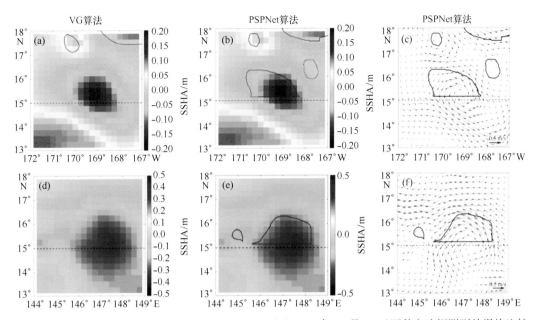

图 16.20　（a）~（c）2015 年 6 月 5 日和（d）~（f）2015 年 11 月 24 日两种方法探测到的涡旋比较

左列为 VG 算法的结果，中间列为 PSPNet 算法的结果，右列为地转流的分布。蓝色线圈和红色线圈分别代表气旋涡和反气旋涡。黑色虚线表示选取数据范围的边界（Xu et al.，2019）

16.4　不同人工智能方法在海洋涡旋识别中的应用

本节将介绍其他两种深度学习算法在海洋涡旋识别中的应用，所用数据和训练集建立方法与上节一致。

DeepLabV3+（Chen et al.，2017a）将空洞空间金字塔池化模块（ASPP）和编码解码结构以及用于语义分割的深度网络结构进行有机结合，如图 16.21 所示。ASPP 使用多个具有不同采样率的并行 Atrous 卷积层探测原始图像，从而在多个尺度上捕获对象和有用图像的上下文信息；编码器的高层次特征容易捕获更多的空间信息，在解码器阶段使用编码器阶段的信息帮助恢复目标的细节和空间维度，并经过逐步重构目标的空间信息来更好的捕捉物体边界。

BiSeNet（Yu et al.，2018）将整个结构分为 4 个部分：空间路径、上下文路径、特征融合模块和注意力细化模块，如图 16.22 所示。空间路径可以将从图像捕获的丰富细节信息编码成空间信息，上下文路径主要用于对语境信息进行编码，注意力细化模块可以利用全局平均池化提高具有全局上下文信息的最大接受场，进一步利用特征融合模块将两路网络获得的空间信息和语境信息进行融合。针对不同层次的特征，首先将空间路径和上下文路径的输出空间信息和语境信息进行串联，采用批处理归一化的方法来平衡特征信息的尺度，将连接的特征集合到一个特征向量并计算一个权重向量，根据权重对特征信息进行选择和组合，得到最终的结果。

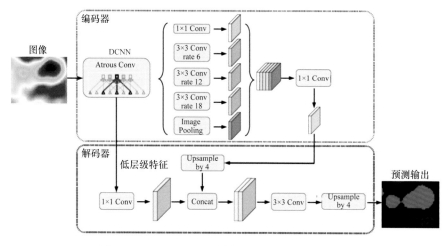

图 16.21　DeepLabV3+ 结构图（Xu et al.，2021）

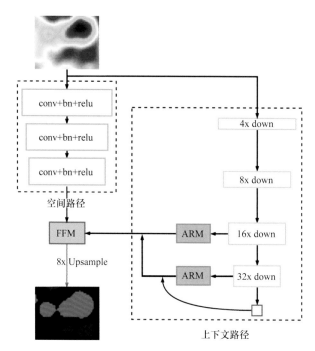

图 16.22　BiSeNet 结构图（Xu et al.，2021）

　　在传统 VG 算法的基础上，对 STCC 区域 2011—2014 年的 SSHA 训练数据进行气旋涡和反气旋涡的标记处理。为了保证涡流信息的有效性和一致性，需要对涡流信息进行清理。最后，使用 3 种不同的人工智能算法（PSPNet、DeepLabV3+ 和 BiSeNet）对 2011—2014 年的训练数据集进行训练，并对 2015 年的验证数据集进行涡旋智能识别。

　　图 16.23 对比了 2015 年 8 月 19 日 STCC 区域不同算法识别出的海洋涡旋。利用传统

VG 算法，共识别出 172 个海洋涡旋，其中气旋涡 84 个，反气旋涡 88 个。然而，基于深度学习的其他 3 个算法都能够识别更多的漩涡：PSPNet 算法识别出了 185 涡旋（87 个气旋涡和 98 个反气旋涡），DeepLabV3+ 算法识别出了 184 个涡旋（87 个气旋涡和 97 个反气旋涡），BiSeNet 算法识别出了 188 个涡旋（89 个气旋涡和 99 个反气旋涡）。

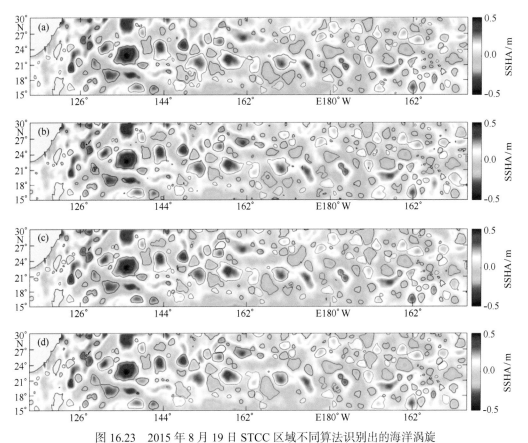

图 16.23　2015 年 8 月 19 日 STCC 区域不同算法识别出的海洋涡旋

（a）VG 算法，（b）PSPNet 算法，（c）DeepLabV3+ 算法，（d）BiSeNet 算法（Xu et al., 2021）

从涡旋数量、涡旋半径和生命周期几个特征参数出发，对人工智能算法识别出的海洋涡旋进行了比较。图 16.24 显示了 2015 年 STCC 区域 VG、PSPNet、DeepLabV3+ 和 BiSeNet 算法每天识别出的涡旋数量的对比。传统 VG 算法共识别出海洋涡旋 68 010 个，其中气旋涡 32 783 个，反气旋涡 35 227 个，比 3 种人工智能算法识别出的涡旋要少。在 3 种人工智能方法中，PSPNet 算法检测到的海洋涡旋最多，共 77 462 个，DeepLabV3+ 算法和 BiSeNet 算法分别检测到 72 264 个和 75 579 个涡旋。

与传统 VG 算法的结果相比，PSPNet 算法平均每天多识别出 25.90 个涡旋，Deep-LabV3+ 算法平均每天多识别出 11.65 个涡旋，BiSeNet 算法平均每天多识别出 20.74 个涡旋。PSPNet 算法和 DeepLabV3+ 算法识别出的涡旋数量日变化与 VG 算法的结果具有较好的相关性，相关系数分别为 0.93 和 0.94。BiSeNet 算法与 VG 算法识别出的涡旋数量日变化结果相关性小于其他两种智能方法，相关系数为 0.86。在图 16.24 中，DeepLabV3+ 算法识别出的涡旋数量日变化曲线与 VG 算法识别出的结果最为一致。此外，PSPNet 算法和 BiSeNet 算法的结果与 VG 算法结果的差异均具有季节性变化的特征。PSPNet 算法在春季和夏季检测出的涡旋较多，而 BiSeNet 算法在冬季检测出的涡旋较多。

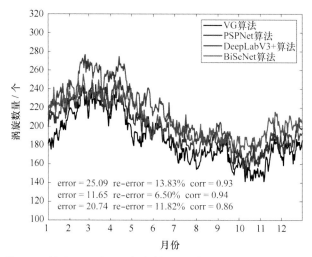

图 16.24　基于 VG 算法和 3 种人工智能算法识别出的 STCC 区域涡旋数量日变化

黑色、红色、蓝色和紫色曲线分别代表 VG、PSPNet、DeepLabV3+ 和 BiSeNet 算法的结果。"error"是 3 种人工智能算法的结果分别与 VG 算法结果的绝对误差，"re-error"是其相对误差，"corr"是其相关系数（Xu et al., 2021）

对几种不同方法识别的海洋涡旋半径进行比较（图 16.25），除 DeepLabV3+ 算法识别的涡旋半径在 50～75 km 区间有峰值外，其余算法识别的涡旋半径的峰值都在 25～50 km 区间。其中，PSPNet 算法在识别半径小于 25 km 的小尺度涡旋方面具有明显优势；DeepLabV3+ 算法在 50～100 km 半径范围内识别出的涡旋数量最多；BiSeNet 算法与其他 3 种算法相比能够识别出更多的大涡流（半径大于 100 km）。

卫星高度计数据的空间分辨率制约了对小尺度涡旋的检测，算法识别出的小尺度涡旋的真实性有待进一步确认，因此将探测到的半径小于 25 km 的涡旋剔除，再次对识别出的涡旋数量进行对比（图 16.26）。VG 算法识别出了 64 586 个涡旋，PSPNet 算法识别出了 65 034 个涡旋，DeepLabV3+ 算法识别出了 66 023 个涡旋，BiSeNet 算法识别出了 69 153 个涡旋。在 3 种人工智能算法中，BiSeNet 算法识别的海洋涡旋数量最多，相较于传统 VG 算法平均每天多识别 12.51 个涡旋，相对误差为 7.74%，由此可见，BiSeNet 算法在识别大尺度涡旋方面具有绝对优势（图 16.25）。而 PSPNet 算法识别出的涡旋大多是小尺度的。

4 种不同算法识别出涡旋的生命周期分布如图 16.27 所示。传统 VG 算法共识别出 844 个生命周期大于 4 周的涡旋，包括 387 个反气旋涡和 457 个气旋涡。基于人工智能的 PSPNet 算法、DeepLabV3+ 算法和 BiSeNet 算法分别识别出 875 个（400 个反气旋涡和 475 个气旋涡）、805 个（370 个反气旋涡和 435 个气旋涡）和 819 个（383 个反气旋涡和 436 个气旋涡）生命周期大于 4 周的涡旋。这 3 种人工智能算法识别出的涡旋比 VG 算法识别出的涡旋存活的时间更长，这是因为人工智能算法更善于识别处于生成阶段和衰减阶段的小尺度涡旋。在 3 种基于人工智能检测方法中，DeepLabV3+ 算法识别的涡旋生命周期小于其他两种算法的结果。

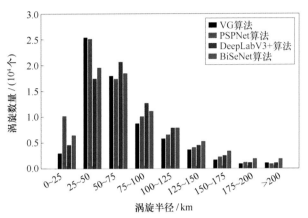

图 16.25　4 种不同算法识别出的 STCC 区域涡旋的半径分布

黑色、红色、蓝色和紫色柱状条分别代表 VG、PSPNet、DeepLabV3+ 和 BiSeNet 算法的结果（Xu et al.，2021）

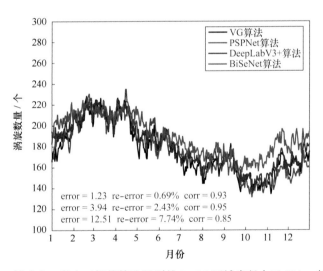

图 16.26　基于 VG 算法和 3 种人工智能算法识别的 STCC 区域半径大于 25 km 的涡旋数量日变化

黑色、红色、蓝色和紫色曲线分别代表 VG、PSPNet、DeepLabV3+ 和 BiSeNet 算法的结果。"error"是 3 种人工智能算法的结果分别与 VG 算法结果的绝对误差，"re-error"是其相对误差，"corr"是其相关系数（Xu et al.，2021）

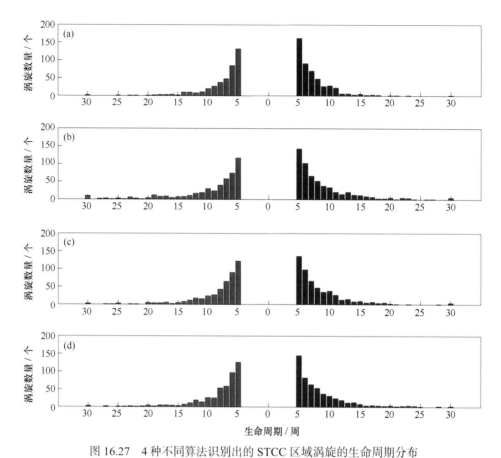

图 16.27　4 种不同算法识别出的 STCC 区域涡旋的生命周期分布

（a）VG 算法、（b）PSPNet 算法、（c）DeepLabV3+ 算法、（d）BiSeNet 算法的检测结果；红色和蓝色柱状条分别代表
反气旋涡和气旋涡（Xu et al.，2021）

第17章 海洋涡旋的数值模拟

阿拉伯海位于印度洋西北部，在亚洲南部的阿拉伯半岛和印度半岛之间，东靠印度，北临巴基斯坦和伊朗，西边是阿拉伯半岛和非洲之角，南面即印度洋（图17.1），是世界性交通要道。阿拉伯海面积为 $386.2 \times 10^4 \text{ km}^2$，平均深度为2734 m，最深处可达5203 m。向北由阿曼湾经过霍尔木兹海峡连接波斯湾，向西由亚丁湾通过曼德海峡进入红海。从索科特拉岛向东南有一条与印度洋地震带恰好重叠的卡尔斯伯格海岭，把阿拉伯海分隔成阿拉伯海盆和索马里海盆。阿拉伯海的气候主要受到季风天气系统的影响，全年高温干燥，夏季受西南季风影响，冬季受东北季风影响。

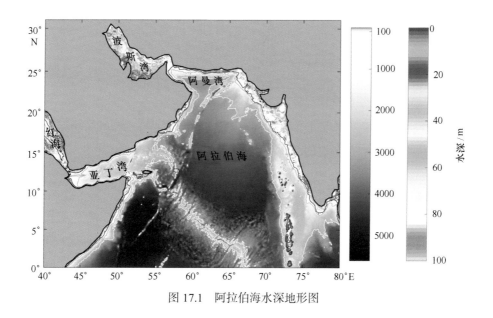

图 17.1　阿拉伯海水深地形图

大涡（Great Whirl，GW）是一个位于北印度洋阿拉伯海区域的反气旋式涡旋，是阿拉伯海最为明显的中尺度过程，并且在西南季风盛行的3个月期间，其位置基本保持不变。19世纪70年代末期，由英国和美国科学家合作完成的印度洋实验（Indian Ocean Experiment，INDEX）获取了索马里海域大量的实测水文数据，Bruce（1979）以及Bruce等（1981）对观测资料进行分析发现，西南季风期间，索马里海盆北部每年都存在一个巨大的涡旋，在东北季风期间，这个涡旋也会存在，这里所说的巨大的涡旋就是GW（图17.2）。

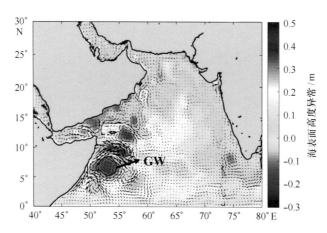

图 17.2　2015 年 8 月 7 日阿拉伯海海表面高度异常（背景色，单位：m）以及海表面流场（矢量，单位：m/s）

17.1　GW 简介

本节主要介绍 GW 的基本特征，包括 GW 的产生和消亡过程、GW 的统计学特征、GW 中心位置的年际变化机制、GW 的产生机制和 GW 的消亡机制。

17.1.1　GW 的产生和消亡过程

5 月初，一支较弱的沿岸流（东非沿岸流）开始形成，并跨越赤道由南向北流动。5 月下旬，沿岸的西南季风开始形成，东非沿岸流向北流动，抵达 3°N 时，开始向赤道回流，形成一个顺时针旋转的反气旋，即南方涡旋，并且在南方涡旋的北部形成一个冷楔。同时，在沿岸风的驱动下，一支连续的西边界流（索马里流）开始形成，并继续北上。6 月，西南季风逐渐增强，最大风速可达 14 m/s，最北端可抵达 9°N。当索马里海流向北流动，到达 5°—10°N 之间时，将产生一个巨大的中尺度顺时针旋转的大涡旋，即 GW（Schott and Mccreary，2001；Bruce，1979）。

与此同时在 GW 北部产生第二个冷楔。此时 GW 与南方涡旋的双涡旋系统形成，并且大约能稳定维持至 8 月。南方涡旋中直接越赤道回流的比例似乎每年都有所不同（Schott et al.，1990），造成这种分裂的机制，以及赤道北部向东流出的原因还需要进一步研究。此外，两个水团的特征表明此时 GW 和南方涡旋之间的交换非常少。因此，穿过赤道与南方涡旋向岸部分的水不会继续向索马里海岸流动，而是向东弯曲，部分向南流经赤道，部分流过赤道附近的阿拉伯海。一些观测结果表明，当南部的冷楔向北快速传播（速度约 1 m/s）时，GW 与南方涡旋的双涡旋系统会崩溃。在一些情况下，南部冷楔与北部冷楔会合并，在西边界存在一条从 4°S—10°N 连续的沿岸流，这表明南方涡旋和 GW 已经合并。但须注意的是，有时只有 GW 一个涡旋存在，在 1995—1996 年的世界洋流实验（World Ocean Circulation Experiment，WOCE）观测中并没有记录这种现象，这是一种罕见的事件。

8—9 月期间，西南季风继续增强，GW 进入成熟期，此时 GW 已成为一个几乎封闭的环流单元，其近海分支与阿拉伯海内部之间的交换非常少，这一点可以从 GW 与其东部区域之间的海表面盐度差异看出。在之前的观测以及 1993 年夏季末的船舶调查中（Fischer et al.，1996），在索马里流系以东发现了一条向北运动的流，从 4°N 延伸至 12°N。它将低盐度的水向北带到了索科特拉岛附近，并与位于 GW 东北侧的索科特拉涡旋融为一体，从而有效地切断了 GW 与阿拉伯内海之间的联系。索科特拉涡旋位于索科特拉岛的东侧，大约在 10°—14°N，54°—58°E。10—11 月期间，西南季风开始减弱，此时 GW 也随之慢慢消亡（图 17.3）。在西南季风初期，GW 尚未成熟，其西侧向北流量约为（3.5 + 1.5）× 10^6m³/s，西南季风后期，GW 已相当成熟，其西侧向北的流量超过 $70 × 10^6$m³/s（Leetmaa et al.，1982；Fischer et al.，1996；Schott et al.，1997；Beal and Chereskin，2003）。

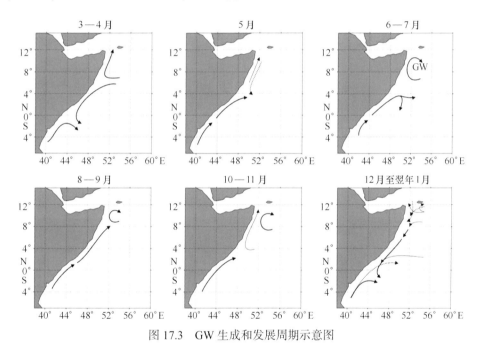

图 17.3　GW 生成和发展周期示意图

17.1.2　GW 的统计学特征

随着海洋遥感技术的发展，Beal 和 Donohue（2013）、Beal 等（2013）利用 1993—2010 年共 18 a 的 AVISO 卫星高度计资料对 GW 进行统计分析，发现 GW 中心的平均位置约为 8°N，53°E，平均生命周期约为 166 d。Düing 等（1980）和 Lee 等（2000）也同样指出，GW 是一个大型的准静止的反气旋涡，每年 5 月前后在索马里沿岸形成，并且贯穿西南季风的整个生命周期，在每年的 11 月初消亡（Swallow and Fieux，1982），平均消亡时间约为每年的 11 月 3 日。

Wang 等（2019b）对 GW 特征变量的年际变化进行了补充，发现 GW 的平均半径为 116.86 km，平均归一化涡度为 –0.53，平均涡动能和平均变形率分别为 0.08 m²/s² 和 0.58。Cao 和 Hu（2015）对 GW 中心位置的年际变化进行了分析，他们发现在 1993 年、1999 年和 2003 年，GW 的中心位置偏西，1995 年和 2005 年，GW 中心位置偏东；而在 1999 年、2003 年和 2007 年，GW 的中心位置南移，1995 年、1997 年和 2005 年，GW 的中心位置北移，Wang 等（2019b）同样得到了类似的结论（图 17.4）。GW 在 2001 年持续时间最长，一共持续了 238 d，而 GW 在 1998 年持续的时间最短，仅仅存在了 98 d。2015 年 GW 产生时间最早，在当年的 3 月 20 日就可以发现 GW 的信号。1995 年 GW 产生的时间最晚，一直到当年的 6 月 21 日 GW 才产生。2006 年 GW 的消亡时间最早，为 9 月 20 日，2011 年 GW 的消亡时间最晚，一直持续到 12 月 14 日才消亡。GW 的生命周期同样也表现出了较为显著的年际变化特征，1993—1998 年 GW 的生命周期相对于平均值而言较短，而 1999—2005 年相对于平均值则较长（图 17.5）。

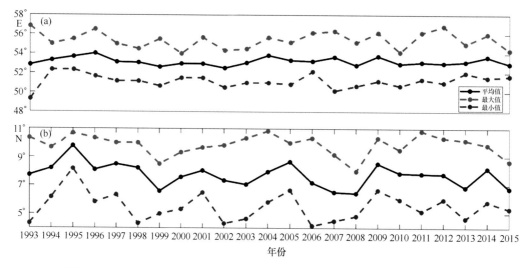

图 17.4　1993—2015 年 GW 中心位置在（a）经度和（b）纬度方向的时间序列

红色虚线表示最大值，黑色实线表示平均值，蓝色虚线表示最小值（Wang et al., 2019b）

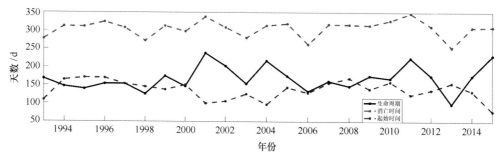

图 17.5　1993—2015 年期间 GW 的起始时间（蓝色虚线）、消亡时间（红色虚线）和生命周期（黑色实线，单位：d）的时间序列（Wang et al., 2019b）

17.1.3　GW 中心位置的年际变化机制

GW 中心位置的变化被认为是由风或海洋过程引起的（Luther and O'Brien，1989；Luther，1999；Wirth et al.，2002）。Luther 和 O'Brien（1989）使用非线性约化重力模式来模拟索科特拉岛对 GW 向北传播的影响。他们发现由于索科特拉岛的存在，GW 被限制在岛的南部，如果索科特拉岛不存在，GW 可以继续向北推进。Luther 和 O'Brien（1989）认为，GW 的年际变化特征几乎完全独立于海洋内部的特征，并且仅由风应力的年际变化决定。随后，Luther（1999）利用 23 a（1954—1976 年）观测的风场数据作为强迫场，研究了 GW 的年际变化特征，发现 GW 沿着风应力旋度为 0 的线，即索马里急流（或称 Findlater 急流）核心向北移动。Wirth 等（2002）基于（1/3）°×（1/3）°基本方程模型和（1/9）°×（1/9）°约化重力模式研究了 GW 中心经向位置的年际变化特征。结果表明，引起 GW 中心经向位置年际变化的主要原因是海洋的不稳定性，而不是海面风场的变化。因此，引起 GW 中心位置年际变化的原因目前还没有定论。Seo 等（2008）发现，索马里急流的气候态最大值位置与 GW 的位置基本一致，并且通过使用斯克利普斯区域海 – 气耦合模式研究了 GW 对低空风的结构产生潜在反馈。Seo（2017）使用相同的模式来证明中尺度海表温度（SST）– 风相互作用可以影响 GW 上方的风和埃克曼输运。当 SST– 风相互作用受到抑制时，增强的风和弱化的埃克曼输运偶极子导致 GW 向东北方向延伸。

17.1.4　GW 的产生机制

关于 GW 产生机制的研究已有多年，西传的罗斯贝波、索马里 45° 倾斜的岸线、西边界流的不稳定性和索马里急流引起的风应力旋度被众多海洋学者认为是 GW 的几种产生机制（Beal and Donohue，2013；Beal et al.，2013；Cao and Hu，2015；Findlater，1969；McCreary and Kundu，1988；Luther et al.，1985；Schott，1983；Jensen，1991；Vic et al.，2014；Dai et al.，2022）。

Beal 和 Donohue（2013）通过分析卫星高度计数据发现：在 4 月，GW 开始形成，而 6—7 月，索马里沿岸才开始爆发西南季风，每年 10—11 月，在印度西南角 80°E 附近将辐射出罗斯贝波，罗斯贝波产生后向西传播穿越阿拉伯海，约在第二年的 4 月抵达索马里沿岸，因此他们推断罗斯贝波在 GW 产生的初期起着重要作用。Cao 和 Hu（2015）通过分析 7.75°N 处的罗斯贝波信号发现 GW 产生时间与罗斯贝波到达索马里沿岸的时间很接近，同样认为罗斯贝波对 GW 的产生有着重要影响。McCreary 和 Kundu（1988）利用 2 层半模式研究了 GW 的产生机制，发现索马里 45° 倾斜的岸线在 GW 产生初期有重要作用，并且发现风场结构的不同对 GW 也有不同的影响。Luther 等（1985）以及 Schott（1983）的研究指出，在索马里急流的东侧存在着非常强的风应力旋度负值区，他们认为 GW 可能是海洋对该负风应力旋度的直接响应。Vic 等（2014）用（1/16）°×（1/16）°高精度的海洋模式 ROMS（Regional Ocean Model System）模拟了 GW 的整个生命周期，并通过大量敏感性试验探讨了 GW 的动力机制，证实了西传的罗斯贝波在 GW 产生初期的重要影响，阐明了罗斯贝波的存在与 GW 晚期的破碎也有密切联系，并论证了强烈的西南季风和索马里急流所引起的反气旋风应力旋度对 GW 形态的维持起着至关重要的作用，岸线的 45° 倾斜对 GW 位置移动的影响几乎可以忽略（图 17.6）。

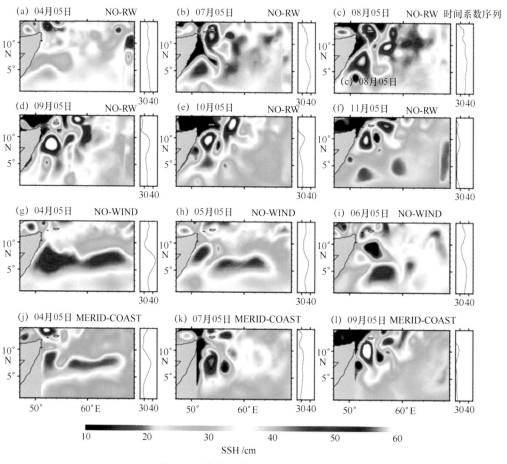

图 17.6　模拟区域海表高度空间分布

NO–RW 为没有罗斯贝波试验，NO–WIND 为没有加入季风试验，MERID–COAST 为没有倾斜岸线试验（Vic et al.，2014）

17.1.5　GW 的消亡机制

关于 GW 的消亡机制，一直存在争议，海洋内部的斜压不稳定、GW 与周边涡旋的相互作用，以及罗斯贝波的影响都可能成为 GW 最终消亡的原因。9 月底，GW 开始慢慢消亡，索马里急流的平流效应将带动 GW 向北移动，在此过程中，涡旋与西边界相互作用也会引起涡旋自身的平流效应以及涡旋与周边涡旋的相互作用，这些都将引起涡旋的大小和强度不断减小。进入西南季风向东北季风转换期之后，索马里急流不再活跃，GW 中心位置也不再限制在风应力旋度为 0 的轴线上。由阿拉伯海传播而来的罗斯贝波可以抵达 58°E，进入 GW 所在区域，罗斯贝波引起的海平面降低将加速 GW 的进一步消亡（Vic et al.，2014）。

17.2　GW 的数值模拟研究

通过上述研究可以发现，前人虽然提出了 GW 的多种产生机制和消亡机制，但是仍然没有达成统一的认识。此外，虽然有许多关于中尺度涡旋三维结构的研究，但是由于缺乏足够的观测资料，直接针对 GW 三维结构的研究并不多，GW 在垂直方向上的特性并没有得到充分的认知。因此针对上述 3 个问题，本节利用 ROMS 数值模式来进行研究，利用模式数据解决垂向数据不足的问题，并通过敏感性试验探索 GW 的产生机制和消亡机制。

17.2.1　海洋数值模式介绍

本次研究采用的海洋数值模式是 ROMS，它主要是由罗格斯大学（Rutgers University）、法国发展研究机构（IRD）以及加利福尼亚大学洛杉矶分校（UCLA）共同开发完成。ROMS 从开发出来到现在，经过了多次修改和优化，一直以来被广泛应用于区域海洋模拟以及动力学研究中。目前，ROMS 主要有 3 个版本，罗格斯大学的 Rutgers 版本、法国的 Agrif 版本以及加利福尼亚大学洛杉矶分校的 UCLA 版本，本次研究使用的是 Rutgers 版本。

ROMS 包含精确有效的物理和数值算法，同时也包含生物地球化学（Powell et al.，2006；Fennel et al.，2006）、生物光学（Bissett et al.，1999a，1999b）、沉积物（Warner et al.，2008）和海冰（Budgell，2005）几个耦合模块，并能够与大气、海浪模式耦合，具体参见 ROMS 组织结构（图 17.7）。此外，ROMS 还包含了多个独立的运行模块，如非线性模块（NLM）、切线性模块（TLM）和伴随模块（ADM）等。这些模块既可独立运行，又可以同时运行，这对研究海洋环流动力结构以及相关敏感性和稳定性分析有非常重要的作用（Moore et al.，2004，2011a，2011b）。特别地，ROMS 中切线性模块和伴随模块（Moore et al.，2004）为本研究中计算条件非线性最优初始扰动（CNOP）提供了极大的便利。当前，ROMS 模式已经被广泛应用于海洋研究领域多尺度海洋环流模拟，此外，ROMS 还包括了生态模块、沉积物模块等，所以 ROMS 被各个研究机构广泛应用于多尺度的海洋运动研究及海冰、海洋生态环境等研究，成为目前最为流行的海洋数值模式。

ROMS 是一个自由海表面、地形跟踪、原始方程海洋模型，目前已经被广泛应用于各种研究中（Haidvogel et al.，2000；Marchesiello et al.，2003；Peliz et al.，2003；Di Lorenzo，2003；Dinniman et al.，2003；Budgell，2005；Warner et al.，2005a，2005b；Wilkin et al.，2005）。该模式采用先进的差分算法，能有效减小计算误差，并且允许使用较大积分时间步长以提高模式运行效率（Ezer et al.，2002）。其使用的坐标系为 S 坐标系（stretched terrain–following coordinates），这种坐标系能够较好地描述地形对流场的影响，在温跃层和底边界层等地方的分辨率也可随需求增高。其控制方程为：

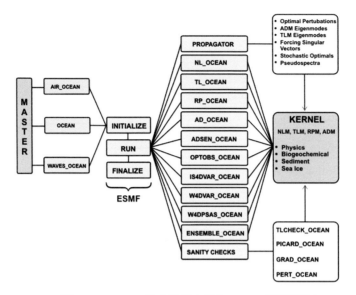

图 17.7　ROMS 模式框架（引自 ROMS 使用手册）

$$\frac{\partial u}{\partial t} + \cdot \nabla u - fv = -\frac{\partial}{\partial x} - \frac{\partial}{\partial z}\left(\overline{u'w'} - \frac{\partial u}{\partial z}\right) + F_u + D_u \tag{17.1}$$

$$\frac{\partial v}{\partial t} + \boldsymbol{v} \cdot \nabla v + fu = \frac{\partial \phi}{\partial x} - \frac{\partial}{\partial z}\left(\overline{v'w'} - \upsilon\frac{\partial v}{\partial z}\right) + F_v + D_v \tag{17.2}$$

$$\frac{\partial \phi}{\partial z} = -\frac{pg}{p_0} \tag{17.3}$$

$$\frac{\partial u}{\partial x} + \frac{\partial v}{\partial y} + \frac{\partial w}{\partial z} = 0 \tag{17.4}$$

$$\rho = \rho（T,\ S,\ P） \tag{17.5}$$

$$\frac{\partial C}{\partial t} + \boldsymbol{v} \cdot \nabla C = -\frac{\partial}{\partial z}\left(\overline{C'w'} - v_\theta\frac{\partial C}{\partial z}\right) + F_C + D_C \tag{17.6}$$

式（17.1）与式（17.2）为水平方向的动量方程，式（17.3）为垂向的静力平衡方程，式（17.4）为不可压缩流体的连续方程，式（17.5）为海水状态方程，式（17.6）为对流 – 扩散方程。式中，F 为强迫项，D 为水平耗散项，而 3 个湍流项则分别用以下 3 个方程代替：

$$\begin{cases} \overline{u'w'} = -K_M \dfrac{\partial u}{\partial z} \\[2mm] \overline{v'w'} = -K_M \dfrac{\partial v}{\partial z} \\[2mm] \overline{C'w'} = -K_C \dfrac{\partial C}{\partial z} \end{cases} \tag{17.7}$$

式中，K_M 为垂向涡动黏性系数，K_C 为扩散系数。

17.2.2　模式设置

本次研究选取了 2011—2015 年 5 a 的 GW 进行模拟研究，模拟的区域为 5°S—31°N，38°—78°E，其中北部为陆地，其余 3 个边界均有海洋，垂向一共分为 33 层（垂向分层选用的设置为，Vtransform = 1，Vstretching = 4），空间分辨率为（1/12）°×（1/12）°。本次模拟使用 ETOPO2（Earth's surface that integrates land topography and the ocean bathymetry dataset）数据制作地形文件，并且设置坡度参数 $r = \dfrac{\nabla h}{h} = 0.25$ 用于地形平滑。其中 S 坐标系的表面和底部控制参数 $\theta_S = 0.6$，$\theta_b = 0$。用参数 $h_c = 100$ m 定义海洋上层较高分辨率的最小深度，最大深度设置为 5000 m。模式的内模步长设置为 90 s，内外模步长比值设置为 60。模式设置的数据输出间隔为 1 d，这样的分辨率足以分辨 GW。边界条件使用的是 HYCOM 数据，时间分辨率为 1 d，空间分辨率为（1/12）°×（1/12）°，垂向分层为 33 层，所用变量为海表面高度、速度场、温度和盐度。由于模拟区域的北边界为陆地，因此只开启了东、西、南 3 条边界。初始条件同样使用的是 HYCOM 数据，时间分辨率和空间分辨率与边界条件相同，垂向也为 33 层，所用变量也与边界条件一致。强迫场使用的是 CFSR 的数据，选用的变量为 10 m 风场、降水率、海平面气压、绝对湿度、距离地面 2 m 的温度以及向上向下的长波和短波辐射，使用模式内部的块体方案（Bulk_formula）计算出风应力和热量通量。这 6 个变量的时间分辨率均为 6 h，空间分辨率除了海平面气压的为 0.5°×0.5°，其他变量的均为 0.2°×0.2°。

17.2.3　敏感性试验设置介绍

根据前人研究可以发现，讨论最多的 GW 产生机制主要有两种，一种是西南季风的爆发，另一种则是西传罗斯贝波。为了了解究竟是何种机制对 GW 的生成起到决定性的作用，本次研究设置了 3 组敏感性试验：第一组敏感性试验为无风试验，将整个模拟区域的风速都设置为 0；第二组敏感性试验为隔断试验，在 55°E 处设置了一个长度为 10°（2.5°—12.5°N）、宽度为 0.06°（55.47°—55.53°E）的地形隔断；第三组敏感性试验则是将前两者相结合，将风速设置为 0，并且在相同位置加入同样的地形隔断。敏感性试验模拟的具体时间如表 17.1 所示。

表 17.1　敏感性试验模拟时间

敏感性试验名称	开始时间	结束时间
无风试验	①2011 年 3 月 1 日 ②2014 年 5 月 1 日	①2011 年 6 月 30 日 ②2014 年 7 月 31 日
地形隔断试验	2011 年 3 月 1 日	2011 年 6 月 30 日
无风+地形隔断试验	2011 年 3 月 1 日	2011 年 5 月 31 日
消亡试验	2011 年 12 月 1 日	2011 年 12 月 31 日

对于 GW 的消亡机制，本次研究认为是西南季风结束后，没有能量持续输送给 GW，从而导致 GW 的消亡。因此，本次敏感性试验将原始风场替换为西南季风，具体试验设计如下：根据控制试验的结果，在 GW 消亡的月份（2011 年 12 月）将风场改为西南季风（2011 年 8 月），其他条件不变。

17.2.4　GW 产生机制研究

这一部分内容主要针对 GW 的产生机制进行讨论与分析。通过观察 2011—2015 年每一天的海表面流场与 SSHA 的结果，可以发现在这 5 年中除了 2014 年，其余 4 年的结果在 5°—8°N 的范围内均存在着一个向西传播的正 SSHA 信号。为了验证这个结果，本次研究选取 5°—8°N 的平均 SSHA 进行分析，得到如图 17.8 所示的结果。图 17.8 为 2011—2015 年每一年的 SSHA 的时间 – 经度图，从图中可以发现，2011 年、2012 年和 2013 年这 3 年 SSHA 信号较相似。前 3 年中，不仅在 4 月之前已经存在西传的正 SSHA 信号，在6—9 月依然可以看到西传信号，并且在西边界区域存在相对较强的正异常信号。从 2015 年的结果中可以发现，6—9 月 SSHA 信号相对前 3 年较弱，但是依然在向西传播，而2014 年 6—9 月，在 60°—70°E，并没有正 SSHA 信号，可以认为这个信号中断了。该结果与之前通过观察海表面流场、SSHA 的结论一致。

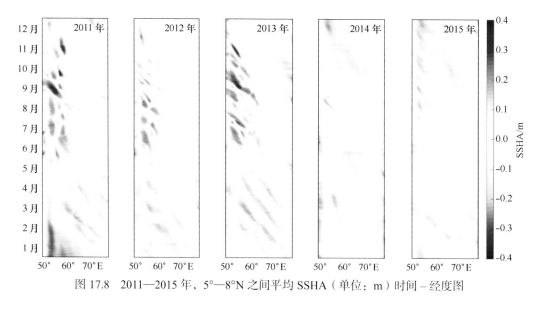

图 17.8　2011—2015 年，5°—8°N 之间平均 SSHA（单位：m）时间 – 经度图

前人的研究认为，这里的西传信号是西传罗斯贝波，但是通过对海表面流场的观察可以发现，这个正 SSHA 信号是以反气旋涡的形态向西传播。下面以 2011 年为例进行具体分析。图 17.9 为从 2011 年 1—4 月中选出的 12 d 的海表面流场与海表面高度场的结果。可以发现 1 月 15 日，在 73°E 附近产生了一个反气旋涡，1 月 20 日时涡旋中心已经向西移动到 70°E 附近。结合 1 月 26 日的结果可以看出，这段时间涡旋位置并没有发生明显的变化，但是涡旋的大小得到了发展。2 月 4 日时，涡旋中心已经移动至 67°E 附近。2 月

11 日时，涡旋向西移动了 2° 左右并且半径得到增加。2 月 16 日时，涡旋在这段时间内位置和大小都没有明显变化。2 月 22 日时，涡旋继续向西移动，其最西侧已经到达 63°E 附近，2 月 28 日，涡旋覆盖范围继续增大，其西侧延伸至 59°E 附近。在接下来的十几天内，涡旋的移动速度明显变慢，3 月 17 日时涡旋中心移动至 59°E 附近。但是这之后涡旋的位置并没有继续向西移动，而是一直维持在 59°E 附近。4 月 22 日，此时 GW 已经生成，该涡旋的位置向东移动了 3° 左右。通过分析这一段时间涡旋的移动特征，可以发现 1—4 月内，确实有涡旋向西传播，但是当涡旋中心到达 59°E 附近时便不再向西运动。

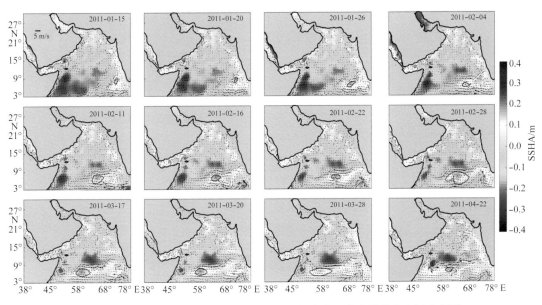

图 17.9　从 2011 年 1—4 月中选取的 12 d 的海表面高度异常和流场示意图

背景色为 SSHA，单位：m；矢量为流场，单位：m/s；蓝色圈为向西运动涡旋的位置

从图 17.9 可以发现确实存在西传的涡旋，并将正 SSHA 信号一直带到索马里沿岸，但是否有可能是罗斯贝波以涡旋的形态在向西传播？为了验证这一猜想，本次研究利用二维傅里叶快速转化方法，对 2011 年 4—12 月的 SSHA 进行了分析，得到了频谱关系，（图 17.10）。图 17.10（a）为 2011 年 SSHA 的时间－经度图，不同于图 17.9，图 17.10 选择从 GW 产生的月份（4 月）开始分析。图 17.10（b）中有两个最大值，但其中一个点横坐标为 0，不做考虑，因此在 0 点右侧的点可以认为是 SSHA 对应的最为显著的信号频率与波长。通过简单的计算可以求得该点对应的周期、波长与相速度分别为 183 d、3260 km和 0.21 m/s。Subrahmanyam 等（2001）对于印度洋罗斯贝波给出了更为详细的分析，他们利用观测资料分别给出了南北纬 15° 之间一些特定纬度处罗斯贝波的波长、周期和相速度。其中 5°N 处罗斯贝波的波长约为 3600 km，周期为 160 d 左右，相速度为 0.25 m/s，8°N 处罗斯贝波的波长约为 3600 km，周期为 330 d 左右，相速度为 0.22 m/s。本次研究刚好选择了这两个维度之间的区域计算平均，得到的结果与 Subrahmanyam 等（2001）的结果十分接近，因此可以认为在 GW 的产生过程中，本次研究中看到的西传信号就是西传罗

斯贝波，并且其以反气旋涡的形态向西运动。

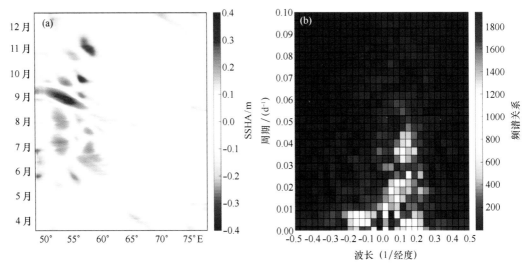

图 17.10　（a）2011 年 4 月至 12 月 SSHA 的时间 – 经度图；（b）利用二维傅里叶快速变化得到的频谱关系图

上述内容从 SSHA 角度出发对西传信号进行了分析，可以认为，从海表面的信号来看，2014 年的确与其他年份情况不同，但是海表面以下的情况并不清楚。因此，本次研究分别计算了 100 m、125 m 和 150 m 深度处 5°—8°N 平均海水温度的异常（由于西传涡旋是反气旋涡，其内部的海水温度相对周围海水温度较高，通过海水温度异常可以验证是否有涡旋向西运动），通过观察海水温度异常随时间的变化（图 17.11），来验证 2014 年是否在海表面以下存在西传信号。

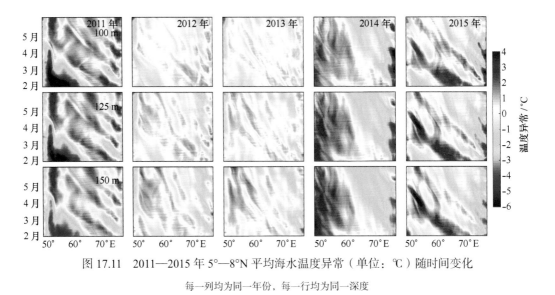

图 17.11　2011—2015 年 5°—8°N 平均海水温度异常（单位：℃）随时间变化

每一列均为同一年份，每一行均为同一深度

首先可以发现，同一年中 3 个深度的情况基本保持一致，强度也基本相同。其中 2011 年、2014 年与 2015 年正异常信号较强，2012 年与 2013 年的相对较弱。由于每年 3 个深度的情况基本一致，所以这里以 100 m 深度的情况为例具体说明。首先分析 2011 年，2 月，西部为负异常而东部为正异常，随着时间的推移，东部的正异常信号一直向西传播。4 月中旬时，可以发现索马里沿岸出现正异常的信号，而这个信号到达索马里沿岸的时间刚好与 GW 产生的时间一致。此后的一段时间内依然可以看到正异常信号向西传播。此外还可以发现在最东侧，正异常信号与负异常信号交替出现，这些信号传到中间区域时都呈现为正异常信号，这是因为负异常信号不强，传至中间区域时无法影响较强的正异常信号。

2012 年与 2013 年的情况相似，2 月西部的负异常与东部的正异常信号相对于 2011 年都偏弱。2012 年与 2013 年不同的是，正异常信号到达索马里沿岸的时间为 4 月初，而 2013 年在 2 月中旬便可以看到很弱的正异常信号，此时索马里沿岸的正异常信号从图中并不能看出是从东部传过来的，因此可以认为是在局地产生的，而西传的信号到达索马里沿岸的时间大约是 3 月底。

2015 年在最东侧并没有出现间隔分明的信号特征，而是在 73°E 附近有较为明显的间隔，并且此信号于 3 月中旬前后传到索马里沿岸，与当年 GW 产生的时间同样吻合。可见上述 4 年都有西传信号，并且西传信号到达索马里沿岸的时间与 GW 的产生时间有着很好的一致性。

2014 年明显与其他年份不同，从 2 月开始便呈现出西正东负的信号特征，并且也没有明显的西传特征。可见 2014 年无论是海表面还是海表面以下均不存在西传的信号，该年 GW 的产生机制确实与其他年份不同。通过分析 2014 年 5—7 月索马里沿岸流场、SSHA 以及风场的日变化情况，可以发现在西南季风爆发后，GW 才开始生成。因此本次研究认为，局地风场在 GW 产生的过程中可能扮演着重要的角色。

通过上述分析，本次研究认为，西传信号对 GW 的产生有一定的影响，但是从 2014 年的结果来看，西传信号并不是 GW 产生的必要因素。为了验证这个猜想，我们设计了 3 组敏感性试验来探讨这一问题。敏感性试验的具体设置已经在本章模式设置部分进行了具体的介绍。

17.2.4.1　敏感性试验 1：无风试验

第一组试验是从 3 月 1 日一直到 6 月 30 日，在这期间将模拟区域的风速设置为 0，其他设置不变。图 17.12 给出了控制试验（第一列）与无风试验（第二列）的结果，可以发现在控制试验中，4 月 20 日时 GW 已经出现在索马里沿岸，5 月 10 日受到沿岸流的影响，GW 开始逐渐增强。到了 5 月 30 日，此时索马里沿岸流增强，GW 进入成熟期。而在无风试验中，4 月 20 日时同样在索马里沿岸出现了 GW 的踪迹，其内部的 SSHA 也与控制试验很接近。到了 5 月 10 日，由于没有风场的作用，索马里沿岸流速很小，GW 并没有得到加强。对比控制试验与敏感性试验中 5 月 30 日的结果可以发现，无风试验中 GW 区域的 SSHA 很小，并且该区域的流速很小，从图中并不能看出明显的涡旋特征，因此可以认为 GW 已经消亡。但值得注意的是，GW 区域东侧的一系列反气旋涡一直在向西运动，在没有风场的情况下，这一系列反气旋涡携带着能量不断向西运动，最终将能量传送到索马里沿岸，从而在 4 月 20 日激发了 GW 的产生。但是由于缺少持续的能量输入，GW 很快就消亡了。从这一结果可以推断，风场能够给 GW 提供其发展过程中所需要的能量。

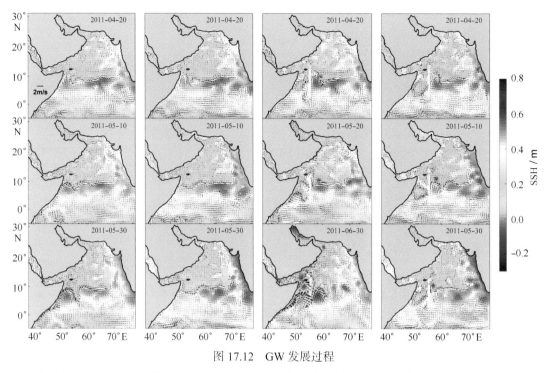

图 17.12　GW 发展过程

第一列：控制试验；第二列：敏感性试验 1（无风试验）；第三列：敏感性试验 2（地形隔断实验）；第四列：敏感性试验 3（无风＋地形隔断试验）。背景色：海表面高度（SSH），单位：m；矢量：流场，单位：m/s。其中，图中白色线条为隔断所在位置

由于 2014 年的特殊性，我们对 2014 年同样也做了无风试验。该试验从 5 月 1 日开始一直到 7 月 31 日结束，结果如图 17.13 所示。从控制试验的结果可以发现，一直到 6 月底，随着索马里沿岸流的产生，GW 出现了产生的迹象。等到 7 月底时，GW 已经发展成为一个强度很大的反气旋涡。而在敏感性试验中，一直到 7 月 25 日 GW 都没有产生。但是 5 月31 日时，敏感性试验中在模拟区域的最东侧产生了一个反气旋涡，并且可以从后面两个时刻的图中看出，这个涡旋正在向西移动。与此同时，在最东侧印度半岛处一直有反气旋涡产生并且向西移动，但是最远移动到 66°E 附近，而控制试验中则没有这一系列的涡旋产生。2014 年的这组试验与 2011 年试验的设置完全一致，但是在 2011 年 GW 却能够产生，可见2014 年 GW 的产生机制确实与其他年份不同。在同时没有风场与西传信号的作用时，GW是不会产生的，这一结论与第三组敏感性试验的结果是一致的，具体描述如下。

17.2.4.2　敏感性试验 2：地形隔断试验

这一组试验从 3 月 1 日开始一直计算到 6 月 30 日，本次研究在 55.5°E 设置了一个宽度为 0.06°（55.47°—55.53°E）、长度为 10°（2.5°—12.5°N）的隔断。选择在这个位置加一个隔断，主要原因有两点：①西传的涡旋中心一直在 54.5°E 以东，在这个位置加上地形隔断，可阻止西传的涡旋向索马里沿岸移动，进而判断该信号对 GW 的产生是否有影响；②GW 的最东侧最远能够达 55°E 左右，在这个位置放置隔断对 GW 不会有太大的影响。

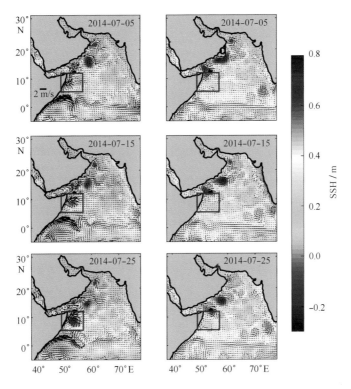

图 17.13　2014 年控制试验（左列）与敏感性试验（无风试验，右列）中 GW 发展情况

背景色：海表面高度 SSH，单位：m；矢量：流场，单位：m/s

　　首先需要验证该地形隔断能否将西传信号阻隔。根据 3 月的结果可以确定西传信号被成功阻隔（图 17.14）。从图 17.14 中可以发现，2011 年 3 月 10 日，西传信号已经达到隔断处，由于受到隔断的影响，西传的正异常信号向北移动，3 月 15 日继续向北移动，3 月 20 日时向北移动的正异常信号开始向东北方向移动，逐渐远离隔断的位置，3 月 25 日时更为明显。可见敏感性试验中的隔断能够很好地阻止西传信号传播至索马里沿岸。

　　从图 17.12（第三列）中可以看出，4 月 20 日时 GW 并没有生成也没有快要产生的迹象。相反，在地形隔断的西侧也就是 GW 所在区域出现了一个十分明显的气旋涡，并且该气旋涡的北侧同时存在一个反气旋涡。5 月开始，索马里沿岸流开始发展并且逐渐增强，5 月 20 日时便可以发现索马里沿岸流在 5°N 附近出现了向东的分支，并且在 53°E 附近又向南翻折，这对 GW 的生成起到了促进作用。与此同时，8°N 附近产生了一个反气旋涡。随着时间的推移，索马里沿岸流逐渐增强，向南翻折的部分继续向南运动。进入 6 月后，随着西南季风的逐渐增强，索马里沿岸流继续发展并且向北延伸，在 6 月 30 日 GW 已经完全成型。与控制试验相比，GW 最明显的不同是其位置偏南。根据观察可以发现，6 月 30 日时，在 GW 北侧存在一个反气旋涡，限制了 GW 向北的移动。从这个试验中可以发现，将西传的信号进行隔断，GW 依然会产生，但是相对正常情况，GW 的产生会推迟一段时间，因此可以认为西传的信号能够在西南季风爆发前激发 GW 的产生。

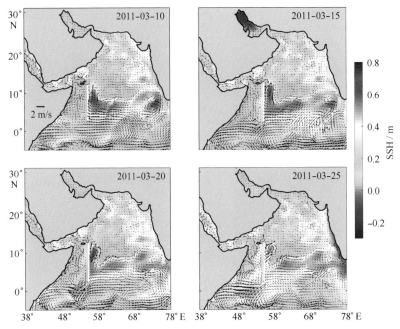

图 17.14　2011 年 3 月 10 日、15 日、20 日和 25 日敏感性试验 2 中海表面流场（单位：m/s）和海表面高度（SSH，单位：m）情况

图中白色线条为隔断所在位置

17.2.4.3　敏感性试验 3：无风＋地形隔断试验

这一组敏感性试验从 3 月 1 日开始一直到 5 月 31 日。这组试验结合了之前两个试验的特点，不仅加上了地形隔断而且风速也设置为 0，这样可以排除风场和西传信号的影响，从而判断是否是其他因素引起了 GW 的产生。从图 17.12（第四列）中可以发现 4 月 20 日时，在 GW 区域存在一个气旋涡，并且一直到 5 月 30 日该气旋涡依然存在。通过比较 4 月 20 日、5 月 10 日和 5 月 30 日的结果可以发现，该气旋涡的范围随着时间逐渐减小。由于没有风场的作用，索马里沿岸流也不会产生，因此该气旋涡不会受到北向沿岸流的影响而衰弱。从该试验可以发现，在同时没有风场与西传信号的情况下，GW 是不能产生的，这与 2014 年无风试验得到的结论一致。

总结 3 组敏感性试验结果，本次研究认为西南季风的爆发对 GW 的产生有着更为重要的作用。在没有风场的情况下，GW 会在西传信号的激发下产生，但是由于缺少风场的能量输入，GW 并不能一直维持下去。将西传信号隔断后，GW 会在西南季风爆发后产生。伴随着西南季风的爆发，索马里沿岸流产生，在沿岸流与局地风场的共同作用下 GW 产生，并且由于风场持续输入的能量，GW 能够一直维持下去。在同时没有风场与西传信号的情况下，GW 是不会产生的，可见 GW 最主要的产生原因就是这两点。因此我们认为在有西传信号的年份，西传信号能够激发 GW 产生，当西南季风爆发后 GW 开始逐渐增强；而在没有西传信号的年份，GW 主要是受到局地风场与索马里沿岸流的作用产生，出现的时间大约晚 1 个月。可见，在西传信号与西南季风各自单独的作用下，都能激发 GW 的产生，而西南季风持续向海洋输入能量则是 GW 能够维持和发展的最重要原因，因此本研究认为，西南季风对 GW 的产生更为重要。

17.2.5 GW 消亡机制研究

根据以上对 GW 产生机制的分析，可以发现风场对 GW 的维持起到了至关重要的作用，如果西南季风能够一直持续下去，那么 GW 是否就不会消亡？为了解决这一疑问，本次研究设计以下敏感性试验，将 GW 消亡月份（2011 年为 12 月）的风场替换为西南季风，观察 GW 能否维持。

图 17.15 给出的是控制试验（左）和敏感性试验（右）2011 年 12 月 1 日、5 日、

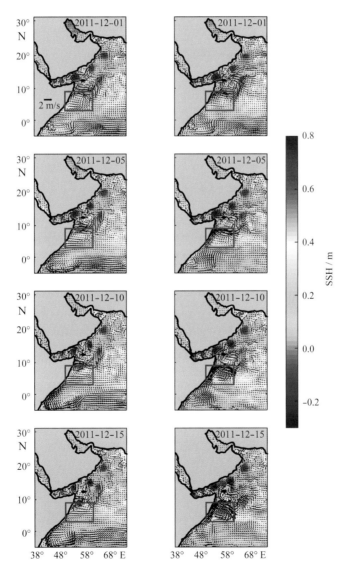

图 17.15　消亡机制控制试验（左列）和敏感性试验（右列）2011 年 12 月 1 日、5 日、10 日和 15 日海表面流场（矢量，单位：m/s）和海表面高度（SSH，背景色，单位：m）

10 日和 15 日海表面流场和海表面高度。本次研究将 12 月的风场替换为 8 月的风场,其他数据和设置都没有改变,从 12 月 1 日起一直到 12 月 31 日。可以发现,在控制试验中,12 月 1 日时 GW 已经处于一个很弱的状态,即将消亡。12 月 10 日从海表面流场与海表面高度场的特征已经看不到 GW 存在的迹象。

在敏感性试验中,12 月 5 日 GW 的海表面高度场明显高于 12 月 1 日的情况,并且其周围的流场都有所增强。随着时间的推移,GW 的范围和强度都在增强,12 月 10 日时 GW 中心的海表面高度能够达到 0.6 m 左右,相对于 12 月 1 日的情况高出了 0.2 m,12 月 15 日时,GW 周围的流场速度明显加快。尤其是 GW 中心东南侧的流场,相对于 12 月 10 日的结果明显增强。此外,针对 2012 年和 2014 年,本次研究做了同样的试验(这里没有展示结果),得到的结果与 2011 年的情况一致,在将风场改变后 GW 不仅能继续存在,而且强度还得到了增强。

为了更直接地了解风场对 GW 输送的能量,本次研究利用如下公式计算风场输入到海洋的能量:

$$\text{wind energy} = c_d \rho_a u_w \cdot |u_w| \cdot u_s \qquad (17.8)$$

式中,c_d 为拖曳系数,ρ_a 为空气密度,u_w 为 10 m 风速,u_s 为海表面流速。具体结果如图 17.16 所示,其中正值表示风场对海洋做正功,负值则相反。可以发现在控制试验中,负值主要出现在 GW 中心的西北部分,正值主要出现在 GW 中心的东南部分。正负值的大小很接近,但是正值在研究区域里占比更大。因此,可以认为此时风场对该区域还是在输入能量。虽然风场在向海洋输入能量,但是这些能量并不足以维持 GW。

反观敏感性试验的结果,正值主要出现在 GW 中心的西北部分,负值主要出现在 GW 中心的东南部分,并且正值要远远大于负值。可见,此时输入的能量是占据绝对的主导地位。对比控制试验与敏感性试验中正负能量的量级可以发现,敏感性试验中的正值比其他值都高出一个量级。此时风场输入的能量足以维持 GW,从而使 GW 重新发展起来。

从上述结果可见,西南季风对 GW 的维持时间起着重要作用,可以认为只要西南季风能够持续向 GW 输送能量,GW 便会一直持续下去。因此本研究认为,没有持续的风场能量的输入是导致 GW 消亡的一个重要原因。

17.2.6　GW 三维结构研究

由于数据的限制,GW 的三维结构并没有得到充分的揭示。本次研究利用 ROMS 模式的输出数据,对 GW 的温盐剖面以及不同深度的流场和海水温度进行了分析研究,并给出了 GW 三维结构的示意图。

首先对 GW 的温盐剖面进行分析,利用涡旋自动探测方法得到 GW 最表层的范围,然后计算该范围内 1000 m 深度以上的平均温盐值以及温盐异常值。该异常值是通过 GW 内部温盐的平均值减去 GW 周围区域的平均值得到的。GW 周围区域:以 GW 中心点为中心,向东南西北 4 个方向各扩展 2.5°,得到一个 5°×5° 的正方形区域,结果如图 17.17 所示。可以发现,在最上层,GW 的平均温度为 27.85℃,平均盐度为 35.92;在 1000 m 处,

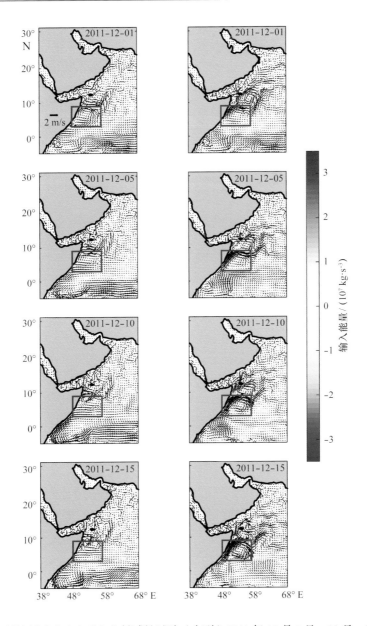

图 17.16　消亡机制控制试验（左列）和敏感性试验（右列）2011 年 12 月 1 日、10 日、20 日和 30 日海
表面流场（矢量，单位：m/s）和风场输入的能量（背景色，单位：kg/s³）

GW 内部的平均温度为 8.11℃，平均盐度为 35.16。其次可以看出，200 ~ 300 m 处平均温
度、盐度的衰减速度是最快的，分别为每 10 m 降低 0.55℃和每 10 m 减小 0.02。温度的异
常值在最表层温度为负异常，这是由于 GW 西侧的沿岸上升流造成的，上升流将冷水带
至表层，在 GW 自身的旋转作用下将冷水携带进入 GW 的内部，从而导致海水温度降低。
盐度异常在 130 m 以上的深度均为负值，这可能是上升流将盐度较低的深层水带至上层，
从而使得该区域海水的盐度稀释。温度异常的最大值为 3.70℃，出现在 200 m 上下的深
度，而盐度异常的最大值为 0.20，出现在 320 m 上下。无论是温度还是盐度，其异常值在
400 m 以下的深度变化都很小，可以认为 GW 在垂向上的影响能够达到 400 m 上下的深度。

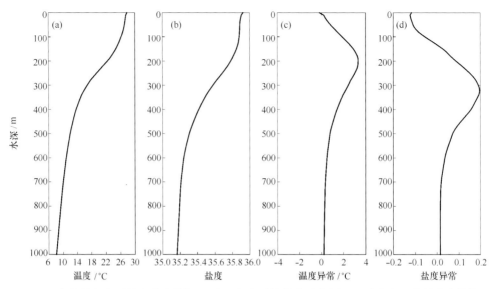

图 17.17　GW 内部的（a）平均温度（单位：℃）、（b）平均盐度垂直剖面以及（c）温度异常（单位：℃）、（d）盐度异常的垂直剖面

　　本次研究选取了 GW 生命周期中的 3 个时间，分别为 4 月 24 日、7 月 24 日和 11 月 11 日，这 3 天分别对应了 GW 刚产生、GW 发展至成熟阶段以及 GW 即将消亡的日期。通过分析这 3 天 GW 中心垂直剖面的海水温度和密度结果（图 17.18 和图 17.19），研究 GW 内部垂向结构随时间的变化情况。

　　首先对温度的情况进行分析。GW 在 4 月 24 日时 [图 17.18（a）和（d）]，其内部在垂向的影响并不明显，GW 中心处的等温线没有明显地向下弯折。从纬向截面 [图 17.18（a）] 来看，在 200 m 深度以上距离 GW 中心东西侧 2° 处，等温线会有一个小小的抬升。从经向截面 [图 17.18（d）] 来看，可以发现在 GW 中心北侧 2° 左右等温线有明显的抬升，并且该抬升也出现在 200 m 深度以上，而 GW 中心南侧的等温线则没有明显抬升。可见在 GW 刚产生时，对其内部垂向的海水温度影响很弱。当 GW 发展至成熟阶段时，可以从 7 月 24 日的结果 [图 17.18（b）和（e）] 中看到，等温线在 GW 中心处有明显的下凹。从纬向截面 [图 17.18（b）] 来看，GW 中心东西两侧 3° 的范围内都可以看到等温线向下凹陷，GW 中心在 150 m 深度以上的部分，温度的变化很小，海水温度均在 24 ~ 28℃ 范围内，而 150 ~ 300 m 范围内，GW 中心的温度变化跨度较大，从 24℃ 减小到 16℃ 左右，变化幅度为 150 m 之上的两倍，并且通过等温线的分布可以看出，GW 在东西方向结构较为对称。从经向截面 [图 17.18（e）] 来看，等温线在垂向的变化情况与纬向截面很相似，但是等温线的分布并不对称，在 GW 中心北侧温度要低于南侧。11 月 11 日时 GW 即将消亡，从纬向截面 [图 17.18（b）] 来看，GW 中心西侧的等温线已经趋于平缓，而东侧由于受到地形的作用，等温线还相对陡峭。从经向截面 [图 17.18（f）] 来看，等温线同样相对平缓。

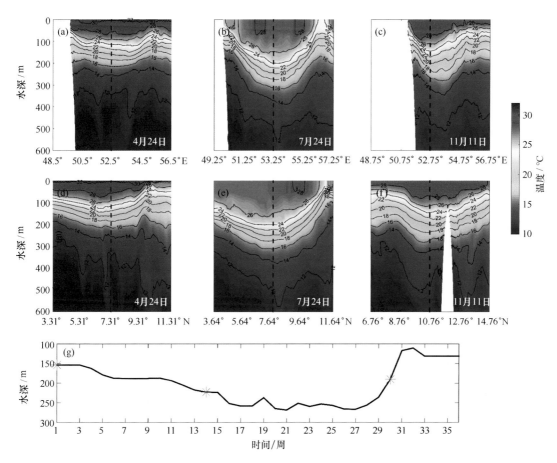

图 17.18　2011 年 4 月 24 日［（a）和（d）］、7 月 24 日［（b）和（e）］、11 月 11 日［（c）和（f）］GW 中心处海水温度（单位：℃）纬向（上行）、经向（下行）剖面（虚线为 GW 中心位置）以及（g）20℃等温线深度情况

　　以上内容着重讨论了 3 个具体时间 GW 中心所处截面海水温度的情况，图 17.18（g）则更为直观地展现了 GW 在垂向上的变化情况。以 4 月 24 日为 GW 生命周期的第一天，然后统计每一周的 20℃等温线所处的平均深度，用来表征 GW 在垂向上对海水温度的影响，其中 3 个红星分别表示上述 3 天所处的那一周 20℃等温线的深度。前 3 周该等温线处于 150 m 深度上下，可见在这个阶段 GW 在垂向上发展并不明显，此后深度逐渐增加，一直到 16 周之后趋于稳定，深度保持在 250 m 上下。27 周（10 月 24 日前后）开始，20℃等温线逐渐抬升，此时可以认为 GW 逐渐衰弱直至消亡。20℃等温线从 GW 产生到下沉至 250 m 深度大致经历了 16 周的时间，而在 GW 消亡阶段只经过了 3 周的时间就恢复至 GW 产生前的深度。

　　本次研究对 GW 内部密度的垂向情况也作了相似的分析，选取了与温度相同的日期进行具体的分析。模式中 $\rho_0 = 1025 \text{ kg/m}^3$，这里分析的是密度异常。首先分析 4 月 24 日的情况，从纬向截面［图 17.19（a）］来看，在 200 m 深度以上距离 GW 中心东西侧 2°处，密度异常等值线会有一个微弱的抬升。从经向截面［图 17.19（d）］来看，可以发现在

200 m 深度以上 GW 中心北侧 2° 左右等密线有轻微的抬升，而 GW 中心南侧的密度异常等值线则没有明显抬升，这与该时等温线的分布情况很相似。7 月 24 日时 [图 17.19（b）和（e），可以发现在 GW 中心密度异常等值线明显向下凹陷，上层较轻的海水在向下运动，11 月 11 日时 [图 17.19（c）和（f）]，由于受到地形的作用 GW 中心西侧的等密线相对于东侧的密度异常等值线要更加倾斜，GW 中心南侧的等密线相对于北侧的密度异常等值线要更加倾斜一些。总体来看，密度异常等值线的分布与等温线的分布很相似。

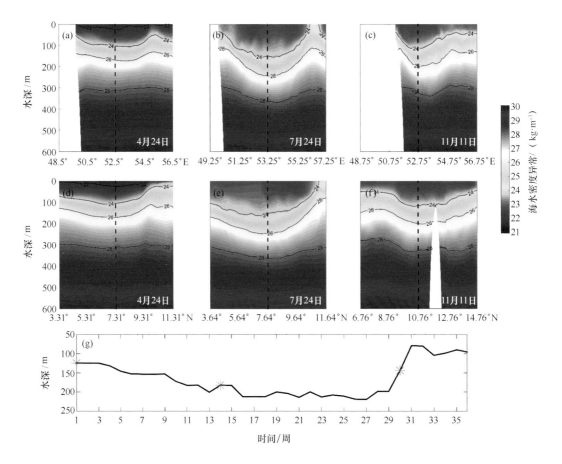

图 17.19　2011 年 4 月 24 日 [（a）和（d）]、7 月 24 日 [（b）和（e）]、11 月 11 日 [（c）和（f）] GW 中心处海水密度异常（单位：kg / m³）纬向（上行）、经向（下行）剖面（虚线为 GW 中心位置）以及（g）25 kg / m³ 密度异常等值线深度情况

此外还可以发现，4 月 24 日表层海水密度异常为 22 kg/m³ 左右，而 7 月 24 日和 11 月 11 日表层海水密度异常都大于 22 kg/m³，这是因为索马里沿岸上升流将下层较重的海水带到表层，从而增加了表层海水的密度，而在 4 月 24 日时上升流还没有形成，所以此时表层海水密度还相对较小。同样地，我们也选取了 25 kg/m³ 这条密度异常等值线用来表征 GW 在垂向上对海水密度的影响 [图 17.19（g）]。前 3 周深度基本保持不变，此后这条密度异常等值线的深度逐渐增加，一直到 16 周开始，深度区域稳定。27 周之后深度开始逐渐减小。这条密度异常等值线的变化情况与等温线的变化情况十分相似。

Lin 等（2015）针对 2000—2008 年共 9 a 的模式输出结果，利用涡旋自动探测方法，提取了各垂向分层的涡旋信息，探讨了南海涡旋的三维结构。南海涡旋主要有 3 种垂向结构：碗状、透镜状和倒锥状。不同的涡旋产生机制导致了涡旋的不同三维结构。碗状涡旋一般由表层流的不稳定、风场作用产生。透镜状涡旋一般是流与斜坡地形相互作用产生。倒锥形涡旋一般是底层边界流的不稳定导致。本次研究也同样利用该方法，提取出 GW 各垂向分层的信息，研究 GW 的三维结构，结果如图 17.20 所示。根据之前对 GW 中心温盐异常的垂直剖线以及温度密度的垂直截面分析的结果，可以发现在 400 m 以上的深度，GW 的涡旋特征十分明显，400 m 以下并不明显，因此在分析其三维结构时本次研究选取了 400 m 以上的部分进行分析。从图中可以看到 GW 半径在 100 m 深度处最大，达到 194.7 km，海表面的半径次之，为 173.6 km。从 200 m 往下，GW 的半径分别为 172.2 km、134.3 km 和 125.8 km，逐渐减小。

总结以上分析，可以发现 GW 对温度和盐度在垂向上的影响能够达到 400 m 上下的深度，对温度的影响在 200 m 深度处最强，对盐度的影响在 320 m 深度处最强。通过分析 20℃等温线以及 25 kg / m³ 等密线所处深度随时间的变化情况，可以发现 GW 在垂直方向上的影响在 16 周之前一直在增强，在 16 周至 27 周期间，GW 一直较稳定地维持在较强的状态，27 周后逐渐减弱。通过对 GW 不同深度半径的分析，可以发现 GW 半径的最大值出现在 100 m 深度处。

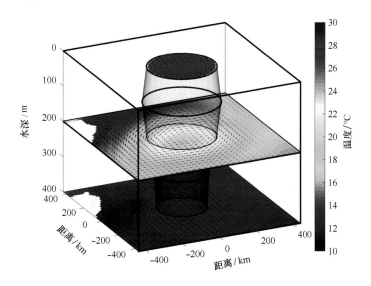

图 17.20　GW 三维结构示意图

背景色：海水温度，单位：℃；矢量：流场，单位：m/s

17.3　总结与讨论

本章通过一系列敏感性试验给出了 GW 产生机制与消亡的机制，指出 GW 的消亡是因为没有足够的风能输入。但是并没有讨论 GW 消亡时,其自身的能量是如何耗散的,在耗散过程中,哪些过程起到了重要的作用。搞清楚这些问题有助于进一步弄清 GW 消亡的具体过程,并且能够知道在 GW 消亡后,其能量的去向。

从图 17.15 和图 17.16 的结果中可以发现,GW 边界处的等温线和等密线在受到地形作用时,梯度明显增加,这是否可以认为地形对 GW 的三维结构有一定的影响?此外由于位于 GW 内部的 Argo 浮标数量极少,没有足够的观测资料对本章中得出的 GW 三维结构进行佐证。

索马里沿岸上升流在每一年的西南季风期间都会出现,它是索马里流系中不可忽视的一部分,并且与 GW 西侧紧密相连,有着很强的相互作用。而本次研究中并未考虑这一点,因此未来可以围绕该点进行分析。由于上升流是上下层海水交换的重要渠道,可以把下层海水中的营养物质带至真光层,因此也会对海表叶绿素浓度产生影响。而 GW 与索马里沿岸上升流联系紧密,GW 是否能够影响该区域叶绿素浓度的分布也有待研究。

第 18 章　海洋中尺度涡的旋转水池物理实验

18.1　旋转水池在海洋学研究中的应用

　　地球流体力学是研究在旋转动力框架下密度层化流体的物理过程，是研究海洋动力学、大气动力学、全球和区域气候变化、环境流体力学等研究方向的基础。实验室物理模型实验、现场和遥感观测、数值模拟和理论分析是地球流体力学常用的几种研究方法。其中，海上现场观测真实记录发生在自然界中的物理过程，但是它存在着成本高、风险大（尤其是在海上）、重复性低等问题；遥感观测需要的算法带来的误差需要现场数据的校准；数值模拟研究虽然已经成为地球流体力学研究中不可或缺的手段，但是数值模型设计中的参数化方案以及数值格式所带来的不可避免的计算不确定性需要实验数据的检验和加以改进；而理论研究强烈依赖于观测数据的积累。相比之下，针对真实流体进行的实验室物理模型实验，既避免了数值模型的人为假设，同时又具有实验成本低、实验变量可控、实验过程可重复性等优点，而且是针对真实流体的直接观测，因此物理模型实验是地球流体力学研究不可或缺的研究手段，在地球流体力学的发展进程中起到非常重要的作用（曹勇等，2019）。

　　地球流体力学的实验平台主要是旋转水池，其可以再现旋转情况下层化流体的运动过程。Yang 等（2000）通过旋转平台实验与数值模式相结合，研究了环状流的水流特性。Wake 等（2004，2005）利用实验室实验分析了受旋转效应影响下内波场的能量耗散，实验结果表明在忽略地形的情况下，内波场的能量耗散是由埃克曼层底的黏性耗散控制的。Wang 和 Huang（2005）在实验室内对水平温差驱动的环流进行了精确的测量，发现非贯穿型环流是水平热强迫下一种最稳定的环流，并且是一种能量最小的状态。Whitehead 和 Wang（2008）在长的矩形实验室水箱中制造了由湍流混合驱动的深海循环模型，实验结果表明，混合和羽流位势能通量比率在量级上是相当的。张晓爽和吕红民（2010）采用旋转浅水系统对地形罗斯贝波进行了实验室模拟，在实验中模拟出了地形激发罗斯贝波的现象，并在此基础上对已有的相关理论进行验证，给出了 β 参数值与罗斯贝波的关系。Contini 等（2011）在旋转水池中进行了 60 组小尺度热液羽流实验，分析不同情况下羽流的夹卷系数。刘非和喻国良（2012）结合旋转水池实验和数值模拟方法，研究了固体颗粒在旋转水流中脱离水体的运动特性。Carazzo 等（2013）在一个直径 1 m 的水箱中进行了多组热液羽流对比实验，并在实验的基础上提出了一个新的羽流模型。Ulloa 等（2014）利用一个旋转水池研究了分线性两层大尺度重力内波受背景旋转影响的时间演化过程。孙宇辰等（2014）利用中国海洋大学地球旋转实验台，得到在实验室中模拟罗斯贝波和验证海上涡旋一些性质的实验方法，并给出一些如何得到更好模拟结果的经验。Ferrero 等（2014）在意大利都灵旋转平台（直径 5 m）模拟了大气中的微爆气流现象，并且测算了速度场、涡度场和湍动能场。Campagne 等（2015）利用一个直径 2 m 的小型旋转水池，进行了一系列旋转流体的湍流实验，并得到了惯性波的相关特征。Camassa 等（2016）利用一个直径 72.4 cm 的水箱，研究了分层流体对羽流的影响，并与理论分析结果相对比。Zhang 等（2016b）用旋转水池研究了海洋中经向翻转流机制，讨论了在不同水平热源诱导的水平对流过程。邓检良等（2017）使用旋转水槽制作稳定循环流动的水下泥石流和陆上泥石流，通过实测泥石流的流动形态、阻力坡降和流动速度，对比研究了水下泥石流与陆上泥石流的运动特性。Ottolenghi 等（2017）利用一个直径 0.6 m 的旋转平台，探究了不同的粗糙度对于下层高密流沿斜坡流动的影响，揭示了大洋深水团的形成机制。王坚红等（2018）通过旋转水池平台定性定量分析了表征地转偏向力的物理量的变化，研究了地转偏向力对海洋系统运动的影响效应。这些研究对地球流体力学，特别是海洋学的理论研究起到了极为重要的推动作用。

18.2　旋转水池物理实验原理

18.2.1　相似性原理

在研究海洋中尺度涡过程时，必须要考虑地球旋转和海洋层化的影响。因此，在进行实验室实验模拟海洋涡旋时，必须要借助于地球流体旋转实验平台。在现实的海洋中，水体流动的空间尺度以及真实地形等条件的尺寸过大，在实验室中无法 1 : 1 地真实还原，因此需要把研究对象进行一定比例的缩放制作成模型。为了在实验中能够表现真实流动的现象和特征，必须使实验流动和真实流动之间保持力学相似关系，即实验流动与真实流动在对应点上对应物理量都应该有一定的比例关系。旋转水池的核心理论依据就是物理学中的相似性原理，主要包括几何相似、运动相似、力学相似和边界条件相似。

18.2.1.1　几何相似

几何相似是指实验流动与真实流动有相似的边界形状，一切对应的线性尺寸成同一比例。线性尺寸包括物体的长度 L、直径 d、表面粗糙高度 Δ 以及任意空间对应点间的线段。因此，

$$\frac{L_{\mathrm{m}}}{L_{\mathrm{p}}} = \frac{d_{\mathrm{m}}}{d_{\mathrm{p}}} = \frac{\Delta_{\mathrm{m}}}{\Delta_{\mathrm{p}}} = \cdots = C_{\mathrm{L}} \tag{18.1}$$

式中，下标 p 表示实物，m 表示模型，C_L 称为线性比例系数。对于面积 A 和体积 V，有如下关系

$$\frac{A_m}{A_p} = \left(\frac{L_m}{dL_p}\right)^2 = C_L^2 \tag{18.2}$$

$$\frac{V_m}{V_p} = \left(\frac{L_m}{dL_p}\right)^3 = C_L^3 \tag{18.3}$$

在海洋环流的理论研究和数值模拟中，罗斯贝变形半径（Rossby radius of deformation）是一个极其重要的水平尺度，它描述了地球旋转对流体运动的影响。罗斯贝变形半径可以写为

$$R_n = \frac{C_n}{|f|} \quad (n = 0, 1, 2\cdots) \tag{18.4}$$

式中，$f = 2\,\Omega \sin(\theta)$，为科氏参数；$\Omega$ 为地球自转角速度；θ 为地理纬度。当 $n = 0$ 时，c_0 为海洋中正压波的相速度，对应的 R_0 为正压罗斯贝变形半径；当 $n = 1$ 时，c_1 为第一斜压重力波相速度，对应的 R_1 为第一斜压罗斯贝变形半径。第一斜压罗斯贝变形半径在海洋环流理论方面具有重要意义，是中尺度涡、沿岸射流和赤道流等系统的水平尺度。

由此可知，如果已知一个流动的几何尺寸，就可以按线性比例系数求得另一个相似流动的几何尺寸。对于两个几何相似的物体，若知道了它们之间的线性比例系数，只要用一个线性尺寸就可以表示出另一个相似物体的对应尺寸。

18.2.1.2　运动相似

运动相似是指实验流动与真实流动的速度场之间的相似。满足几何相似的两个流动中，流场的对应瞬时和对应空间点处流体质点的速度方向相同而大小成同一比例。若对应点的流速分别为 V_p 和 V_m，则

$$\frac{V_m}{V_p} = C_v \tag{18.5}$$

式中，C_v 称为速度比例系数。其他的运动学比例系数可以由物理量的定义或量纲 C_L 和 C_v 确定出来，如

$$C_t = \frac{t_m}{t_p} = \frac{L_m/V_m}{L_p/V_m} = \frac{C_L}{C_v} \tag{18.6}$$

C_t 称为时间比例系数。由此可知，运动相似意味着对应流体质点通过对应空间距离的时间间隔相似。类似地可得出，

$$C_a = \frac{a_m}{a_p} = \frac{V_m/t_m}{V_p/t_p} = \frac{C_v^2}{C_L} \tag{18.7}$$

C_a 称为加速度比例系数。运动相似则表示实验流动与真实流动的流线几何相似。

18.2.1.3　动力相似

在两个几何相似的流动中，如果对应质点所受力的方向相同，大小成比例，如重力、黏性力、压力、惯性力、表面张力和弹性力等，则称为动力相似。若对应外力分别为 F_1 和 F_2，则

$$\frac{F_{1v}}{F_{2v}} = \frac{F_{1p}}{F_{2P}} = \frac{F_{1G}}{F_{2G}} = \frac{F_{1i}}{F_{2i}} = \frac{F_{1e}}{F_{2e}} = C_F \tag{18.8}$$

式中，v、P、G、i、e 表示黏性力、压力、重力、惯性力、弹性力，C_F 称为作用力比例系数。

18.2.1.4　边界条件相似

初始条件相似适用于非恒定流，边界条件相似是指两个流动相应边界的性质相同，如原流场中的固体壁面，模型中相应部分也是固体壁面；原流场中的自由液面，模型中相应部分也是自由液面。

以上几种相似条件存在着一定的联系，几何相似是运动相似和动力相似的前提和依据，动力相似是决定两种流动运动相似的主导因素，运动相似则是几何相似和动力相似的表象。3 种相似是密切相关的一个整体，满足几何相似、运动相似、动力相似、边界条件相似，则认为两个流场相似。

18.2.2　无量纲数

在满足上述几个相似条件的前提下，判断实验流体是否与真实流体相似，还取决于以下几个无量纲数，即以下几个无量纲数也是流场特征是否相似的判断依据。

18.2.2.1　Re 数（雷诺数）

雷诺（O. Reynolds）在研究流体不稳定和湍流问题时，最早引进了 Re 数。Re 数在流体力学中具有重要意义，是判断两黏性流体运动是否相似的重要判据之一，它表示流体黏性在流动中的相对重要性。特征 Re 数定义为

$$Re \equiv \frac{UL}{\upsilon} = \frac{特征惯性力}{特征黏性力} \tag{18.9}$$

式中，U 为特征速度，L 为特征长度，υ 为黏性系数。

Re 数较小时，黏滞力对流场的影响大于惯性力，流场中流速的扰动会因黏滞力而衰减，流体流动稳定，称之为层流；相反，当 Re 数较大时，惯性力对流场的影响大于黏滞力，流体流动较不稳定，流速的微小变化容易发展、增强，形成紊乱和不规则的紊流流场。

18.2.2.2　Ro 数（罗斯贝数）

考虑地球的旋转效应，Ro 数定义为

$$Ro = \frac{U^2/L}{fv} = \frac{U}{fL} = \frac{特征惯性力}{特征偏向力} \tag{18.10}$$

式中，U 为特征速度，L 为特征长度，f 为科里奥利参数。

当 $Ro \ll 1$ 时，偏向力（科氏力）重要，平流项可以忽略；

当 $Ro = 1$ 时，地转偏向力和平流项同样重要；

当 $Ro \gg 1$ 时，平流项重要，科氏力可忽略（不考虑地转影响）。

18.2.2.3　Fr 数（弗劳德数）

Fr 数是流体力学中表征流体惯性力和重力相对大小的一个无量纲参数，反映重力项在流体运动中相对于惯性力项的重要性，尤其是在自由表面流的情况下，重力和惯性力同等重要；而且 Fr 数是此类问题的重要相似判据。

$$Fr = \frac{U^2}{gL} = \frac{特征惯性力}{特征重力} \tag{18.11}$$

式中，U 为物体运动速度，g 为重力加速度，L 为特征长度。

$Fr \gg 1$，重力作用小（可以不考虑），属轻流体；

$Fr \ll 1$，重力作用对流体运动的影响大。

18.2.2.4　St 数（斯特劳哈尔数）

St 数以德国物理学家斯特劳哈尔（V. Strouhal）命名，他在研究风吹过金属丝发出鸣叫声时创立此数。在研究不定常流动或脉动流时，St 数成为重要的量纲为 1 的参数。St 数为当地惯性力与迁移惯性力之比，

$$St = \frac{fL}{U} = \frac{当地惯性力}{迁移惯性力} \tag{18.12}$$

式中，L 为特征长度，U 为特征速度，f 为涡旋的分离频率。

18.3　海洋岛屿尾涡旋转水池实验设置

本研究使用法国 CORIOLIS 旋转实验平台对岛屿尾涡现象进行了实验室实验。法国 CORIOLIS 旋转实验平台位于法国东南部城市格勒诺布尔市（Grenoble），隶属于法国国家科学研究中心。实验室配备一个直径 13 m、注水水深可达 1 m 的水池，是目前世界上最大的旋转水池，大尺寸的水池可以使得实验过程中受到侧边界摩擦和离心力的影响减小。该实验室于 1960 年建成并投入使用，当时主要用于模拟英吉利海峡的潮汐过程；1985 年拆除了之前的钢筋混凝土结构，新建了钢铁结构的水池；2002 年实验室有一个重大的更新，新增了驱动设备和计算机、配备了先进的激光设备和速度场测速仪器；2011 年，对整个实验室进行了重建，于 2014 年投入使用，实验室按照之前的尺寸复制了水池，保留实验特性，并且尽可能利用原有的设备，最大限度地降低了成本。水池可用于研究旋转和

密度分层影响下的海洋湍流，旋转周期可设置在 30 ~ 1000 s 范围内，水池内的水可以是均质的，也可以是密度分层的，密度分层的水由计算机控制地下 3 个设置了特定盐度和温度的水箱，将水混合之后注入水池。水池可用于研究旋转和密度分层影响下的海洋湍流，借助该旋转水池平台，可以开展研究岛屿尾涡的各种实验。

实验中，在水池水面上层 5 cm 以浅，设置了一个线性的盐度跃层。通过拖动一个圆柱形物体，在柱体后方形成了一系列的气旋和反气旋涡，即卡曼涡街。由于研究的重点是涡旋的稳定性，所以我们重点关注远尾区，该处的涡旋具有较弱的相互作用（图 18.1）。

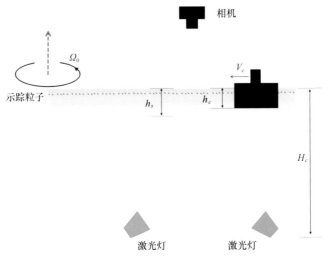

图 18.1　法国 CORIOLIS 旋转实验平台模拟岛屿尾流实验设置

旋转平台逆时针转动，转动周期 T_0 为 90 s，对应的科氏力参数为 $f = 4 \times \pi / T_0 = 2\omega = 0.139\ \text{s}^{-1}$。使用的圆柱体直径 D 为 25 cm。表层的密度层厚度 h_s 约为 5 ~ 7 cm。圆柱体高度 h_c 比密度层厚度 h_s 略小。假设圆柱（即岛屿）主要将能量在上层水体中传输，因此动力状况主要是第一斜压模态（可以忽略正压情况）。这在 $h_c \sim h_s \ll H$ 的情况下是成立的（H 为注水总深度）。前人的研究也证明了该假设（Perret et al.，2006；Teinturier et al.，2010）。

为了模拟海洋密度分层，我们使用了盐度分层。首先，在旋转平台内灌满盐水（水深 H 约 50 cm）。在旋转平台底部的密度 ρ_{bottom} =1040 kg/m³（图 18.2）。需要 1 d 的时间整个水体才会达到钢化旋转。然后利用双桶技术在流体上层创建了一个线性分层（约 5 cm）。为了避免实验开始之前流体的扰动，必须在各个实验之间等待 1 ~ 2 h。

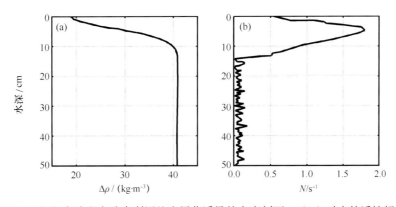

图 18.2　（a）实验室实验中利用盐度层化诱导的密度剖面；（b）对应的浮性频率 N

本章实验的物理参数设置详见表 18.1。

表 18.1　实验的主要物理参数

参数名称	数值
岛屿半径	12.5 cm
旋转周期	90 s
层化深度	4 cm
科氏力参数	0.1396 s^{-1}
岛屿拖曳速度	4 cm/s
雷诺数	10 000

18.4　旋转水池实验分析岛屿尾涡的稳定性

18.4.1　岛屿尾涡的统计特征

流体流经圆柱体后生成的尾流涡旋区域可以分成 3 个不同的部分（Boyer and Kmetz 1983；Stegner et al.，2005；Teinturier et al.，2010），它们受到不同类型的不稳定性的影响：第一，紧邻圆柱的下游，在边界层内可能发生强烈的剪切流动；第二，近尾流区域，其中分离的边界层剪切卷成椭圆形涡旋，在这个区域拉伸率 $D = 1/2（\partial_x v + \partial_y u）$ 可能是显著的；第三，远尾流区域，该处的漩涡是圆形的。在近尾流中，如果 $2D -（2f - \xi）> 0$（f 为科氏力参数，ξ 为相对涡度），则椭圆涡旋可能产生"椭圆"不稳定（elliptical instability）（Cambon et al.，1994）。然而，这种瞬态椭圆结构会在几个旋转周期后演变成准圆形涡旋。考虑在远尾流区的涡旋，即距离理想岛屿 8 个岛屿半径距离。由此排除了检测到涡旋之间强烈相互作用的情况，并将我们的分析限制为圆形涡旋。

PIV 测量的主要目的是准确地量化本实验研究的各种涡旋的速度分布和涡度分布。我们在图 18.3 中绘制了 3 组不同大小的理想圆柱体诱导的气旋涡和反气旋涡的标准化速度（$V/V_{\max}$）和标准化涡度（ξ/f）的切向平均剖面。这些测量是在涡旋形成的初始阶段，即在尾涡与圆柱分离后，在 $T = 0.4 - 1.5T_0$（T_0 为旋转平台转动周期，$T_0 = 90$ s）附近进行的。实验生成的气旋涡和反气旋涡是由具有单调涡度分布的非孤立涡组成的。反气旋（气旋）涡的中心涡度是负的（正的），在涡的边缘趋于 0，这种结构对应于非孤立涡旋。如果使用涡旋罗斯贝数作为涡强度参数，涡旋中心的标准化涡度与涡旋罗斯贝数之比：

$$\Gamma = \left(\frac{\xi_0}{f}\right)\frac{1}{Ro} \tag{18.13}$$

对涡廓线非常敏感 [式中，$\xi_0 = \xi(r = 0)$ 是涡旋中心的涡度]。我们发现，理想 Rankine、抛物线涡旋，Lamb–Oseen 涡旋和圆锥形式涡旋的涡度分布 Γ 分别为 2、3、3.4、4（Lazar et al.，2013b）。

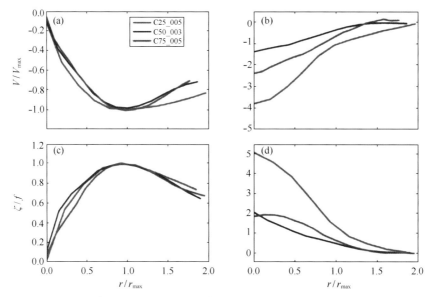

图 18.3　不同实验生成的涡旋初始时刻切向平均的标准化速度（V/V_{max}）[（a）和（b）]和标准化涡度（ξ/f）[（c）和（d）]。

（a）和（b）为反气旋涡剖面，（c）和（d）为气旋涡剖面。时间均为初始时间（$T = 0.4 - 1.5\,T_0$）。C25_005 表示直径为 25 cm 障碍物的第 5 组实验，以此类推

　　如果将实验室实验中生成的涡旋初始时刻、涡旋中心的标准化涡度（ξ/f）作为涡旋罗斯贝数的函数，我们得到一条斜率 $\Gamma_0 = 3.2$ 的线（图 18.4）（其中，下标 0 表示涡旋生成的初始时间）。因此，这些实验中生成的岛屿尾流涡旋应该与抛物线涡旋或 Lamb–Oseen 涡旋的涡度轮廓类似。

18.4.2　岛屿尾涡的时间演化

　　在岛屿尾流实验室实验中，我们观测到一个反气旋涡完整的生命演化过程（该实验详细物理参数见表 18.1）。当理想岛屿（圆柱）以 4 cm/s 的拖曳速度（V_{tow}）经过水面时，在圆柱的下游处，气旋涡和反气旋涡交替出现。图 18.5 给出了我们研究的反气旋涡 A0 的

完整生命演化过程。当岛屿经过 $Y=0$ 时的时间记为初始时刻，实验旋转平台的转动周期
为 T_0。在反气旋 A0 的生成初期［图 18.5（a）、（b）］，它的形态并不稳定，呈现椭圆形。
随着时间的推移，该反气旋涡形态逐渐发展成规则的圆形，并向 Y 正方向移动。随后［图
18.5（c）~（g）］，涡旋的大小并没有明显的变化，但是其涡度逐渐减小。但是在反气旋
涡 A0 生命后期［图 18.5（h）］，受气旋涡 C0 的影响，它的大小迅速衰减，并发生了明
显的变形，向 Y 正方向移动速度加快，与 C0 之间的距离减小。之后，反气旋涡 A0 消亡
［图 18.5（i）~（k）］，虽然仍有负涡度存在，但是已经没有闭合流线。A0 与反气旋涡
A2 合并成一个大的反气旋涡。蓝色实线［图 18.5（i）~（k）］表示的是 A0 消亡后对应
的最大负涡度移动路径，黑色圆圈［图 18.5（h）~（k）］表示 A2 的边界。可以看出，
A0 消亡后迅速与 A2 合并，A2 的面积明显增大。受 C0 的影响，合并后的涡旋 A2 形状不
规则，向着 C0 的方向有明显的拉伸。随着时间的推移，该 A0 对应的负涡度的区域迅速
向 A2 的位置靠近，在这个过程中，在 C0 周围甩出了涡丝，发生了次中尺度过程。

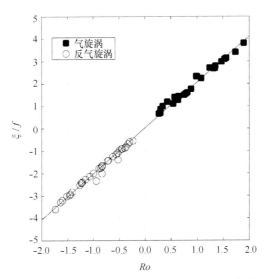

图 18.4　实验中，各个实验初始时刻探测到的气旋涡（实心方框）和反气旋涡（空心圆）的标准化涡度
（ξ/f）和涡旋罗斯贝数（Ro）的关系

　　为了更好地研究反气旋涡 A0 的生命演化过程，图 18.6 展示了在 4 个不同时刻
（T 为 0.31 T_0、1.15 T_0、1.89 T_0、2.78 T_0）反气旋涡 A0 的标准化旋转速度（$Vr_n=Vr/V_{tow}$）和标准化涡度（$\xi_n=\xi/f$）切向平均剖面（$Rn=r/R_{island}$，R_{island} 表示岛屿的半径）。
图 18.6（a）显示，在涡旋的初始时刻，Vr_n 最大可达到 0.89。最大速度对应的半径约为
1.25。可以明显看出，反气旋涡 A0 的切向速度随着时间的推移，逐渐减小，其最大速度
对应的半径也在逐渐减小。反气旋涡 A0 的涡旋中心处标准化涡度在初始时刻可以达到
-5.3［图 18.6（b）］。该反气旋的涡度并没有迅速衰减，这是因为本组实验的层化很强
（$N=1.4$ s^{-1}），强的层化抑制了涡旋涡度的衰减（Lazar et al.，2013a）。在 A0 的初期，
受湍流运动的影响，并没有很规则的涡度剖面，尤其是在边缘处，随着时间的推移，

A0 的涡度剖面逐渐平滑，并缓慢衰减。

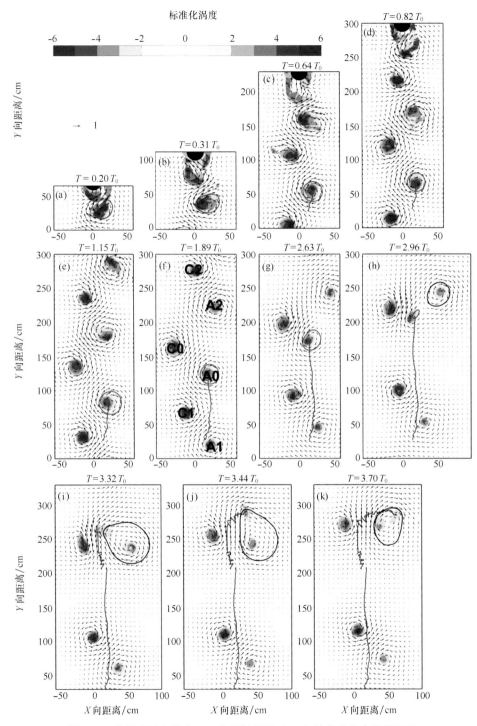

图 18.5　旋转水池实验中，一个反气旋涡（A0）的完整生命演化过程

颜色表示标准化涡度（$\xi_n = \xi/f$），矢量表示标准化流速（$V_n = V/V_{\text{tow}}$）。（a）～（h）中的红色圆圈表示 A0 的边界。红色实线为涡旋的移动路径。（h）～（k）中的黑色圆圈表示在 A0 之前生成的一个反气旋涡的边界。（f）中，A1、C1 表示早于 A0、C0 生成的一对涡旋，A2、C2 表示在 A0、C0 之后生成的一对涡旋

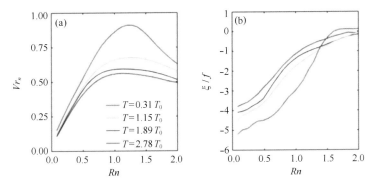

图 18.6　不同时刻反气旋涡 A0 切向平均的（a）标准化旋转速度（$Vr_n = Vr/V_{tow}$）和（b）标准化涡度

（$\xi_n = \xi/f$）剖面

图中 $Rn = r/R_{island}$，R_{island} 表示岛屿的半径

为了更直观地表现该反气旋涡的生命演化过程，我们使用角动量涡旋检测与追踪算法（AMEDA），得到了 A0 的 4 个关键物理量参数：最大标准化旋转速度（Vn_{max}，$Vn_{max} = V_{max}/V_{tow}$），最大旋转速度对应半径（$Rn_{max}$，$Rn_{max} = R_{max}/R_{island}$），标准化涡动能（$KEn = \dfrac{1}{n}\sum_{i=1}^{n}\dfrac{1}{2}Vn_i^2$，$i$ 表示 A0 内的数据点，n 为数据点的个数）和椭圆率（$Elli$，$Elli = \dfrac{a-b}{a+b}$，a 为该反气旋涡的长轴，b 为该反气旋涡的短轴）的时间演化（图 18.7）。图 18.7（a）显示，A0 的生成初期，主要是湍流过程，大约在 $T = 0.3 T_0$ 时，涡旋达到稳定，Vn_{max} 约为 0.89。随后，Vn_{max} 缓慢减小，但是大约在 $T = 2.67 T_0$ 时，Vn_{max} 开始迅速减小，在 $T = 2.93 T_0$ 时，A0 消亡。可以看出，A0 的消亡存在两个不同的动力过程。从其他 3 个物理参数中，也可以得出类似规律，即导致反气旋涡 A0 的消亡存在两个物理过程。我们用红色星号（$T = 0.3 T_0$）和蓝色星号（$T = 2.6 T_0$）表示涡旋缓慢消亡和快速消亡期的起点。从图 18.7（b）给出的 Rn_{max} 的时间演化可以看出，从湍流过程达到稳定后，在缓慢消亡期，A0 的最大半径在 1.2 附近波动，最大可达到 1.4，最小的时候与实验使用的理想岛屿的半径大致相等。在快速消亡期，涡旋的最大旋转速度对应半径迅速衰减。通过 KEn 的时间演化可以看到［图 18.7（c）］，KEn 的演变趋势与 Vn_{max} 的演变趋势基本相同。图 18.7（d）给出的是涡旋的椭圆率随时间的演化。可以看出，在涡旋的缓慢衰减期，当涡旋的形变较大时，涡旋最大流速对应半径较大；当涡旋趋近于圆形时，涡旋最大流速对应半径较小，在涡旋的快速衰减期，椭圆率迅速增强。

以上的分析表明，反气旋涡 A0 的强度衰减可以明显划分成两个不同的时期，这两个时期主导 A0 衰减的动力机制可能存在差异，下面我们针对不同的时期具体分析。

18.4.3　岛屿尾涡的稳定性分析

涡旋离心力、压强梯度力和科里奥利力之间的平衡失稳时，涡旋会发生不稳定情况。而离心不稳定是涡旋不稳定的一种，反气旋涡的离心不稳定可以在涡旋边缘诱导出三维扰动（Kloosterziel et al., 2007），并使得涡旋的强度迅速衰减（Dong et al., 2007）。对于无黏的圆形涡旋，通常来说，瑞利判据（Rayleigh Criterion）是离心不稳定发生的充分条件，即如果在反气旋涡中出现离心不稳定扰动，那该区域流动满足：

$$\chi(r) = (\xi + f)\left[2\frac{V(r)}{r} + f\right] < 0 \qquad (18.14)$$

式中，$V(r)$ 是涡旋的切向速度，ξ 是相对涡度。根据瑞利判据，反气旋涡的稳定性判据取决于它的速度或者涡度剖面。

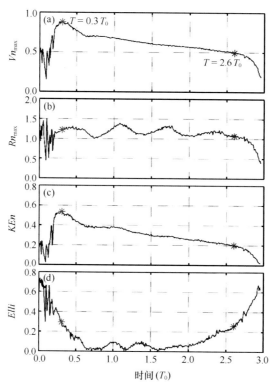

图 18.7 A0 物理参数的时间演化：（a）最大标准化旋转速度，$Vn_{max} = V_{max}/V_{tow}$；（b）标准化最大旋转速度对应半径，$Rn_{max} = R_{max}/R_{island}$；（c）区域平均标准化涡动能，$KEn = \frac{1}{n}\sum_{i=1}^{n}\frac{1}{2}Vn^2$；（d）局地平均的椭圆率，$Elli = \frac{a-b}{a+b}$。AMEDA 方法获取。红色星和蓝色星表示 A0 开始缓慢衰减和快速衰减的起始时间

图 18.8 给出了切向平均的标准化速度［图 18.8（a）］、标准化涡度［图 18.8（b）］以及标准化瑞利判据 $\chi_n(r) = \chi_n(r)/f^2$［图 18.8（c）］的时间演化剖面图。图 18.8（a）、图 18.8（b）结果与前面的结论相同，反气旋涡的速度随着时间推移逐渐减小，最大速度出现在 $Rn = 1.2$ 左右。涡度随着时间也逐渐减小，最大的标准化涡度可以达到 -5 以上。通过图 18.8（c）并结合前面的分析我们可以发现，在反气旋涡的边缘处存在离心不稳定现象，这是涡旋强度缓慢衰减的主要原因。但是在 $T > 2.6\ T_0$ 后，标准化瑞利判据 $\chi_n(r) \approx 0.1$，此时反气旋涡的离心不稳定不再起作用，涡旋进入了快速衰减期，因此我们猜测该反气旋涡

的快速衰减存在着其他的动力机制。

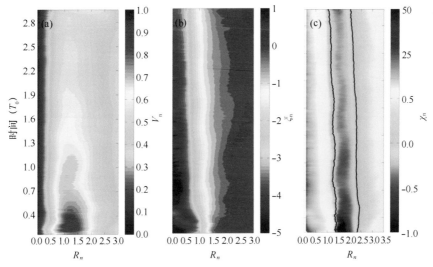

图 18.8　θ 方向平均的（a）标准化速度剖面，$V_n = V/V_{tow}$；（b）标准化涡度剖面，$\xi_n = \xi/f$；
（c）标准化瑞利判据剖面，$\chi_n = \chi/f^2$ 的时间演化

18.4.4　岛屿尾涡的相互作用

在 A0 的生命演化后期（$T = 2.6\ T_0$ 之后），受气旋涡 C0 的影响，A0 的形态发生了明显的变化［图 18.5（g）~（h）］。此外，A0 在 Y 方向的速度逐渐加快，向 C0 接近。$T = 2.96\ T_0$ 之后，A0 已经没有闭合流线，只可以从涡度场看到 A0 的存在。涡旋的形变可以通过变形率（Sr）来分析。变形率的计算公式如下：

$$Sr = \sqrt{\left(\frac{\partial u}{\partial x} - \frac{\partial v}{\partial y}\right)^2 + \left(\frac{\partial v}{\partial x} + \frac{\partial u}{\partial y}\right)^2}$$（18.15）

式中，第一部分 $\left(\dfrac{\partial u}{\partial x} - \dfrac{\partial v}{\partial y}\right)$ 称作拉伸率，第二部分 $\left(\dfrac{\partial v}{\partial x} + \dfrac{\partial u}{\partial y}\right)$ 称作剪切率。利用二者，可以计算出涡旋形变的拉伸方向，计算公式如下：

$$\theta = \frac{1}{2}\arctan\left(\frac{\partial u/\partial y + \partial v/\partial x}{\partial u/\partial x - \partial v/\partial y}\right)$$（18.16）

图 18.9 给出了反气旋涡 A0 标准化变形率的空间分布以及形变方向。可以看出，在 $T < 2.6\ T_0$ 前［图 18.9（a）~（e）］，A0 的涡旋中心附近的变形率为 0，且没有统一的方向。在 $T > 2.6\ T_0$ 之后［图 18.9（f）~（i）］，反气旋中心的变形率明显增强，且拉伸方向也变得统一。受变形率的影响，反气旋涡 A0 产生形变，涡旋的长轴方向与拉伸方向趋于一致。之后，反气旋涡 A0 的变形率越来越大。图 18.10 给出了反气旋涡 A0 的变形率与椭圆率的时间演化图。可以看出，二者存在明显的相关性，涡旋衰减期的相关系数为 0.84。也就是说，反气旋涡 A0 的形态变化是由变形率造成的。

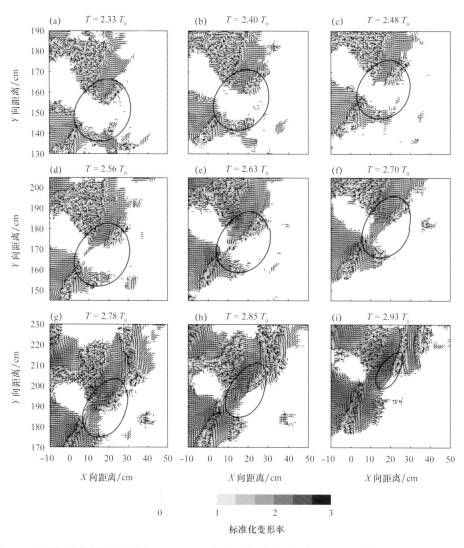

图 18.9　不同时刻标准化变形率（$Sr_n = Sr / f$）的时间演化图（标准化变形率小于 1 的不显示）

颜色表示值的大小，矢量表示拉伸方向

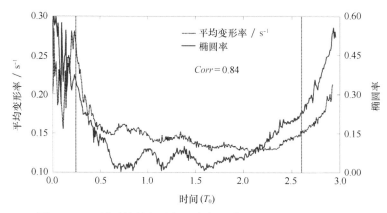

图 18.10　区域平均的变形率（单位：s^{-1}）和椭圆率时间演化图

图 18.11 给出了不同时刻气旋涡 C0 和反气旋涡 A0 涡旋中心的速度连线。从图中可以看出，反气旋涡 A0 明显受气旋涡 C0 的拉伸，二者之间存在强的速度剪切。受 C0 的吸引，反气旋涡 A0 向 C0 靠近，受 C0 流场的影响，反气旋涡 A0 自身的流动结构受到破坏。

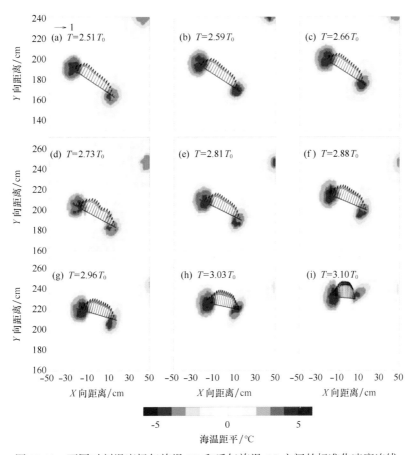

图 18.11　不同时刻涡度场气旋涡 C0 和反气旋涡 A0 之间的标准化速度连线

18.5　本章小结

本章利用在法国 CORIOLIS 旋转平台上进行的一组岛屿尾涡实验，研究了一个反气旋涡的生命演化。实验结果表明，在涡旋形成的早期，涡旋主要呈现湍流运动，结构并不稳定。该反气旋涡达到稳定后，即进入了衰减期。该反气旋涡的衰减期可以分为两个阶段：缓慢衰减阶段和快速衰减阶段。该反气旋涡的缓慢衰减是由自身的离心不稳定过程导致的，快速衰减过程则是由涡 – 涡相互作用过程使涡旋结构遭到了破坏导致的。

反气旋涡的离心不稳定发生在涡旋边缘，由于科氏力、压强梯度力和离心力不平衡，诱导出垂向扰动，加强了反气旋涡的耗散。然而由于实验室实验数据限制，无法得到三维的岛屿尾流流场，所以对于反气旋涡不稳定诱导的垂向扰动过程的研究，需要借助于高分辨率数值模式。

下篇总结

本篇开展的主要工作和取得的重要成果如下：

（1）系统介绍了图像分类、目标检测、语义分割、全景分割的基本原理和方法；深入阐述了基于深度学习的图像识别与特征提取理论和技术路线；开展了基于 PSPNet 算法的海洋涡旋智能识别研究和应用实验，将具有海洋涡旋信息标识的海面高度异常（SSHA）数据作为训练数据，输入到带有空间卷积的 101 层 ResNet (ResNet101) 模型，获取了不同层次的特征图，通过金字塔池化模块获取不同层次之间的融合信息，用一个四层金字塔结构将不同层次的图像融合起来，实现了与原始特征和卷积层的连接，得到最终目标检测结果；开展了 PSPNet、DeepLabV3+ 和 BiSeNet 等不同人工智能深度学习算法在海洋涡旋识别中的对比研究和应用实验，总结、归纳出了其适用条件和相对优势。

（2）开展了目标海区的海洋涡旋数值模拟实验。阿拉伯海位于印度季风活跃海区，夏季受西南季风影响、冬季受东北季风影响。针对北印度洋、阿拉伯海的典型反气旋式涡旋（大涡）现象，引入了 ROMS 海洋数值模式，对大涡的产生机制、消亡机制、三维空间结构和年季统计特征进行了数值模拟和敏感性实验，提出了一些研究见解，如大涡的消亡可能是由于无足够的风能输入；地形对大涡的三维结构会有一定的影响等。

（3）开展了海洋中尺度涡的旋转水池物理实验。实验室物理模型实验、现场和遥感观测、数值模拟研究和理论分析，是海洋动力学和地球流体力学主要研究途径。相比而言，实验室物理模型实验，既避免了数值模式的人为假设，同时又具有实验成本低、实验变量可控、实验过程可重复性等优点，且是针对真实流体的直接观测。因此，物理模型实验是海洋动力学研究不可或缺的技术手段。本篇系统阐述了旋转水池物理模型的实验原理，包括几何相似、运动相似、动力相似、边界条件相似等相似性原理和雷诺数、罗斯贝数、弗劳德数、斯特劳哈尔数等无量纲动力参数计算；开展了海洋岛屿尾涡旋转水池实验设置以及岛屿尾涡的统计特征、岛屿尾涡的时间演化、岛屿尾涡的稳定性分析和岛屿尾涡的相互作用等旋转水池实验分析与数值模拟实验。

参考文献

安玉柱，2013. 基于 Argo 资料的上层海洋环境温盐特征研究［D］. 南京：解放军理工大学.

曹勇，孟静，陈旭，2019. 地球流体旋转平台在流体力学实验中的应用［J］. 实验室科学，22（3）：181–185.

陈春，张志强，林海，2005. 地球模拟器及其模拟研究进展［J］. 地球科学进展，20（10）：1135–1142.

陈照章，胡建宇，孙振宇，等，2009. 北部湾东部海区夏季和冬季温盐平面分布特征比较 // 李炎，胡建宇. 北部湾海洋科学研究论文集 2［M］. 北京：海洋出版社，77–84.

笪良龙，2012. 海洋水声环境效应建模与应用［M］. 北京：科学出版社.

邓检良，柳青，朱昱琛，等，2017. 基于旋转水槽试验的水下与陆上泥石流对比研究［J］. 中国海洋大学学报（自然科学版），47（10）：99–103.

董昌明，2015. 海洋涡旋探测与分析［M］. 北京：科学出版社.

方欣华，杜涛，2004. 海洋内波基础与中国海内波［M］. 青岛：中国海洋大学出版社.

冯瑞权，吴池胜，王安宇，等，2004. 南海海温异常对华南气候影响的数值研究［J］. 热带气象学报，20（1）：32–38.

管秉贤，袁耀初，2006. 中国近海及其附近海域若干涡旋研究综述 I：南海和台湾以东海域［J］. 海洋学报（中文版），28（3）：1–16.

管秉贤，袁耀初，2007. 中国近海及其附近海域若干涡旋研究综述 II：东海和琉球群岛以东海域［J］. 海洋学报（中文版），29（2）：1–17.

何有海，关翠华，1999. 南海暖池初步研究［J］. 高原气象，18（4）：595–602.

胡珀，2009. 大洋中尺度涡旋与源区黑潮的相互作用研究［D］. 北京：中国科学院研究生院.

黄安宁，张耀存，黄丹青，2008. 南海海温异常影响南海夏季风的数值模拟［J］. 大气科学，32（3），640–652.

江静，钱永甫，2002. 南海表面海温异常对南海季风影响的数值模拟［J］. 南京大学学报（自然科学版），38（4），556–564.

姜霞，刘秦玉，王启，2006. 菲律宾以西海域的高温暖水与南海夏季风爆发［J］. 中国海洋大学学报，36（3），349–354.

金宝刚，2011. 北太平洋西边界流 – 中尺度涡相互作用研究［D］. 南京：解放军理工大学.

金宝刚，2019. 基于动力参数统计的东海黑潮 – 琉球海流相互作用研究［J］. 测绘科学与工程，39

（3）：72–77.

金宝刚，2019. 吕宋海峡以东中尺度涡变化规律研究 [J]. 测绘科学与工程，39（6）：50–55.

金宝刚，刘娟，2023a. 南海多域空间耦合环境特征挖掘研究 [J]. 高性能计算技术，2：43–50.

金宝刚，张韧，王辉赞，等，2010a. 利用卫星高度计数据研究中尺度涡对台湾以东黑潮的影响 [C] // Proceedings of 2010 International Conference on Remote Sensing（ICRS 2010）Vol. 4. Institute of Electrical and Electronics Engineers，41–45.

金宝刚，张韧，王辉赞，等，2010b. 自组织神经网络模态振幅算法及其在南海海面高度异常年际变化中的应用 [J]. 海洋学研究，28（4）：76–82.

靖春生，李立，2003. 台湾岛东南准稳态兰屿冷涡的初次记录 [J]. 科学通报，48（15）：1686–1692.

李凤岐，苏育嵩，2000. 海洋水团分析 [M]. 青岛：中国海洋大学出版社.

李福林，2010. 军事海洋水文 // 中国军事百科全书（第二版）[M]. 北京：中国大百科全书出版社.

李佳讯，2013. 南海周边山脉影响冬季局地暖池和海洋锋的机理研究 [D]. 南京：解放军理工大学.

李立，郭小钢，吴日升，2000. 台湾海峡南部的海洋锋 [J]. 台湾海峡，19（2）：147–156.

林鹏飞，2005. 南海和西北太平洋中尺度涡的统计特征分析 [D]. 北京：中国科学院研究生院.

刘非，喻国良，2012. 平面旋转水流中颗粒运动分离特性的研究 [J]. 水利水电技术，43（3）：9–12.

刘金芳，毛可修，闫明，等，2006. 吕宋海峡纬向海流及质量输送 [J]. 海洋预报，23（2），39–44.

刘良明，2005. 卫星海洋遥感导论 [M]. 武汉：武汉大学出版社.

刘秦玉，王启，1999. 热带太平洋海平面高度季节内振荡的空间分布特征 [J]. 青岛海洋大学学报，29（4）：549–555.

刘伟，2005. 斜压 Rossby 波与台湾以东黑潮 [D]. 青岛：中国海洋大学.

刘玉光，2009. 卫星海洋学 [M]. 北京：高等教育出版社.

刘泽，2012. 中国近海锋面时空特征研究及现场观测分析 [D]. 青岛：中国科学院海洋研究所.

芦旭熠，单桂华，李观，2020. 基于深度学习的海洋中尺度涡识别与可视化 [J]. 计算机系统应用，29（4）：65–75.

罗绍华，金祖辉，1986. 南海海温变化与初夏西太平洋副高活动及长江中、下游汛期降水关系的分析 [J]. 大气科学，10（4）：409–418.

马超，2006. 黑潮变化及其对台湾海峡流动的影响 [D]. 青岛：中国海洋大学.

倪钦彪，2013. 吕宋海峡附近中尺度涡的统计特征和复合三维结构 [D]. 厦门：厦门大学.

苏纪兰，2005. 南海环流动力机制研究综述 [J]. 海洋学报，27（6）：1–8.

苏纪兰，袁业立，2005. 中国近海水文 [M]. 北京：海洋出版社.

孙成学，2009. 吕宋岛西北海域气旋式涡旋的结构及其形成机制 [D]. 青岛：中国海洋大学.

孙剑，侯立培，谢巨伦，2006. 吕宋海峡黑潮季节变化初步分析 [J]. 海洋预报，23（S1）：60–63.

孙文心，李凤岐，李磊，2011. 军事海洋学引论 [M]. 北京：海洋出版社.

孙湘平，2006. 中国近海区域海洋 [M]. 北京：海洋出版社.

孙宇辰，姚恒恺，孟静，等，2014. 地形 Rossby 波的实验模拟研究 [C] // 吴有生，颜开，孙宝江，第十三届全国水动力学学术会议暨第二十六届全国水动力学研讨会文集［M］.北京：海洋出版社，636–642.

王东晓，刘钦燕，谢强，等，2013.与南海西边界流有关的区域海洋学进展［J］.科学通报，2013，58（14）：1277–1288.

王东晓，谢强，杜岩，等，2002.1997–1998 南海暖事件［J］.科学通报，47（9）：711–716.

王桂华，苏纪兰，齐义泉，2005.南海中尺度涡研究进展［J］.地球科学进展，20（8）：882–886.

王辉赞，郭芃，倪钦彪，等，2018a.基于密度峰值聚类的中尺度涡轨迹自动追踪方法［J］.海洋学报，40（8）：1–9.

王辉赞，魏林进，张全礼，等，2018b.台湾以东黑潮路径识别与变化规律［J］.海洋与湖沼，49（2）：271–279.

王坚红，宋欣，刘刚，等，2018.地转偏向力的物理实验及旋转流体定量分析［J］.实验室研究与探索［J］.37（7）：22–28.

王立新，2003.模糊系统与模糊控制［M］.北京：清华大学出版社.

吴笛，2015.南海中尺度涡移动轨迹聚类分析［D］.北京：中国科学院大学.

徐锡祯，邱章，陈惠昌，1980.南海水平环流概述［C］//《海洋与湖沼》编辑部.中国海洋湖沼学会水文气象学会学术会议（1980）论文集［M］.北京：科学出版社：137–145.

许建平，苏纪兰，1997.黑潮水入侵南海的水文分析：Ⅱ.1994 年 8—9 月期间的观测结果［J］.热带海洋，16（2）：1–23.

闫运伟，2015.南海海温日变化的时空分布特征、机制及其对海温气候态的影响［D］.青岛：中国海洋大学.

杨海军，2000.南海海洋环流时空结构及其形成机制研究［D］.青岛：中国海洋大学.

杨海军，刘秦玉，1998.南海上层海温分布的季节特征［J］.海洋与湖沼，24（5）：494–502.

姚玉娟，江毓武，王佳，2012.吕宋海峡黑潮表层形态 EOF 模态分析［J］.厦门大学学报，51（4）：740–745.

于慎余，周发琇，傅刚，等，1994.南海表层水温低频振荡的基本特征［J］.海洋与湖沼，25（5）：546–551.

袁东亮，李锐祥，2008.中尺度涡旋影响吕宋海峡黑潮变异的动力机制［J］.热带海洋学报，27（4）：1–9.

曾呈奎，徐鸿儒，王春林，2003.中国海洋志［M］.郑州：大象出版社.

张盟，杨玉婷，孙鑫，等，2020.基于深度卷积网络的海洋涡旋检测模型［J］.南京航空航天大学学报，52（5）：708–713.

张韧，王海俊，孙照渤，2004.双光谱卫星云图的模糊推理云分类［J］.防灾减灾工程学报，24（3）：257–263.

张韧，王继光，蒋国荣，等，2002.非线性模糊识别及其在海温异常检测中的应用［J］.地球科学进展，17（4）：470–477.

张晓爽，吕红民，2010.利用旋转平台模拟 Rossby 波现象的实验研究［J］.中国海洋大学学报（自然科学版），40（S1）：9–15.

张治国，杨毅恒，林玎，等，2010. 基于 SOM 网络的厄尔尼诺事件预测［J］. 地球物理学进展，25（3）：836–839.

赵伟，2007. 吕宋海峡水交换季节变化的数值研究［J］. 海洋与湖沼，38（6）：495–503.

郑小童，刘秦玉，胡海波，等，2008. 琉球群岛以东的西边界流与东海黑潮流量时空特征的研究［J］. 海洋学报，30（1）：1–9.

周发琇，丁浩，于慎余，1995. 南海表层水温的季节内振荡［J］. 青岛海洋大学学报，25（1）：1–6.

周慧，郭佩芳，许建平，等，2007. 台湾岛以东涡旋及东海黑潮的变化特征［J］. 中国海洋大学学报，37（2）：181–190.

朱小华，2008. 琉球海流的研究进展［J］. 海洋学报，30（5）：1–8.

ANDRES M，PARK J H，M WIMBUSH，et al.，2008. Study of the Kuroshio/Ryukyu Current system based on satellite–altimeter and in situ measurements［J］. Journal of Oceanography，64：937–950.

AGHSAEE P，BOEGMAN L，LAMB K G，2010. Breaking of Shoaling Internal Solitary Waves［J］. Journal of Fluid Mechanics，659：289–317.

ALFORD M H，et al.，2015. The formation and fate of internal waves in the South China Sea［J］. Nature，521：65–69.

AMBE D，IMAWAKI S，UCHIDA H，et al.，2004. Estimating the Kuroshio Axis South of Japan Using Combination of Satellite Altimetry and Drifting Buoys［J］. Journal of Oceanography，60（2）：375–382.

ANDRES M，J H PARK，M WIMBUSH，et al.，2008. Study of the Kuroshio/Ryukyu Current system based on satellite–altimeter and in situ measurements［J］. Journal of Oceanography，64：937–950.

APEL J R，HOLBROOK J R，TSAI J，et al.，1985. The Sulu sea internal soliton experiment［J］. Journal of Physical Oceanography，15：1625–1651.

ARI SADARJOEN I，POST F H，2000. Detection，quantification，and tracking of vortices using streamline geometry［J］. Computers & Graphics，24（3）：333–341.

BAINES P，1973. The generation of internal tides by flat–bump topography［J］. Deep Sea Research，20：179–205.

BAINES P，1982. On internal tide generation models［J］. Deep Sea Research，29：307–338.

BARTH A，BECKERS J M，TROUPIN C，et al.，2014. Divand–1.0：n–dimensional variational data analysis for ocean observations［J］. Geoscientific Model Development Discussions，7（1）：225–241.

BEAL L M，HORMANN V，LUMPKIN R，et al.，2013. The Response of the Surface Circulation of the Arabian Sea to Monsoonal Forcing［J］. Journal of Physical Oceanography，43（9）：2008–2022.

BEAL L，CHERESKIN T，2003. The volume transport of the Somali Current during the 1995 southwest monsoon［J］. Deep Sea Research Part II：Topical Studies in Oceanography，50（12）：2077–2089.

BEAL L M，DONOHUE K A，2013. The Great Whirl：Observations of its seasonal development and interannual variability [J]. Journal of Geophysical Research: Oceans, 118: 1–13.

BEISMANN J O, KSE R H, LUTJEHARMS J R E, 1999. On the influence of submarine ridges on translation and stability of Agulhas rings [J]. Journal of Geophysical Research: Oceans, 104 (C4): 7897.

BELKIN I, P CORNILLON, 2003. SST fronts of the Pacific coastal and Marginal seas [J]. Pacific Oceanogaphy, 1: 90–100.

BELL T, 1975. Lee waves on stratified fl flows with simple harmonic time dependence [J]. Journal of Fluid Mechanics, 67: 705–722.

BISSETT W P, CARDER K L, WALSH J J, et al., 1999a. Carbon cycling in the upper waters of the Sargasso Sea: II. Numerical simulation of apparent and inherent optical properties [J]. Deep Sea Research, 46: 271–317.

BISSETT W P, WALSH J J, DIETERLE D A, et al., 1999b. Carbon cycling in the upper waters of the Sargasso Sea: I. Numerical simulation of differential carbon and nitrogen fluxes [J]. Deep Sea Research, 46: 205–269.

BOEBEL O, J LUTJEHARMS, C SCHMID, et al., 2003. The cape cauldron: a regime of turbulent inter–ocean exchange [J]. Deep Sea Research Part. II, 50: 57–86.

BOEGMAN L, G N IVEY, 2009. Flow Separation and Resuspension beneath Shoaling Nonlinear Internal Waves [J]. Journal of Geophysical Research: Oceans, 114: C02018.

BOGUCKI D, C GARRETT, 1993. A Simple Model for the Shear–Induced Decay of an Internal Solitary Wave [J]. Journal of Physical Oceanography, 23 (8): 1767–1776.

BOLE J, EBBESMEYER C, ROMEA R, 1994. Soliton currents in the South China Sea: Measurements and theoretical modeling [C]. Offshore Technology Conference, Houston, https: //doi. org/10.4043/7417–MS.

BOYER D L, KMETZ M L, 1983. Vortex shedding in rotating flows [J].Geophysical & Astrophysical Fluid Dynamics, 26 (1–2): 51–83.

BRANNIGAN L, 2016. Intense submesoscale upwelling in anticyclonic eddies [J]. Geophysical Research Letters, 43 (7): 3360–3369.

BRUCE J, 1979. Eddies off the Somali Coast during the Southwest Monsoon [J]. Journal of Geophysical Research: Oceans, 84 (C12): 7742–7748.

BRUCE J, FIEUX M, GONELLA J, 1981. A note on the continuance of the Somali eddy after the cessation of the Southwest monsoon [J]. Oceanol Acta, 4 (1): 7–9.

BUDGELL W P, 2005. Numerical simulation of ice–ocean variability in the Barents Sea region [J]. Ocean Dynamics, 55 (3–4): 370–387.

BUSIREDDY N K R, OSURI K K, SIVAREDDY S, et al., 2018. An observational analysis of the evolution of a mesoscaleanti-cyclonic eddy over the Northern Bay of Bengal during May–July 2014[J]. Ocean Dynamics, 68 (11): 1431–1441, https: //doi. org/10. 1007/s10236–018–1202–4.

CAI S Q，LONG X M，WU R H，et al.，2008. Geographical and monthly variability of the first baroclinic Rossby radius of deformation in the South China Sea［J］. Journal of Marine Systems，74：711–720.

CAMASSA R，LIN Z，MCLAUGHLIN R M，et al.，2016. Optimal mixing of buoyant jets and plumes in stratified fluids：theory and experiments［J］. Journal of Fluid Mechanics，790：71–103.

CAMBON C，BENOIT J P，SHAO L，et al.，1994. Stability analysis and large–eddy simulation of rotating turbulence with organized eddies［J］. Journal of Fluid Mechanics，278：175–200.

CAMPAGNE A，GALLET B，MOISY F，et al.，2015. Disentangling inertial waves from eddy turbulence in a forced rotating–turbulence experiment［J］. Physical Review E，91（4）：043016.

CANNY J，1986. A computational approach to edge detection［J］. IEEE Trans. Pattern Annual. Mach. Intell.，PAMI–8（6）：679–698.

CAO Z，HU R，2015. Research on the interannual variability of the Great Whirl and the related mechanisms［J］. Journal of Ocean University of China，14（1）：17–26.

CAPET X，J C MCWILLIAMS，M J MOLEMAKER，et al.，2008. Mesoscale to Submesoscale Transition in the California Current System. Part II：Frontal Processes［J］. Journal of physical Oceanography，38（1）：44–64.

CARAZZO G，JELLINEK A M，TURCHYN A V，2013. The remarkable longevity of submarine plumes：Implications for the hydrothermal input of iron to the deep–ocean［J］. Earth and Planetary Science Letters，382：66–76.

CARNES M R，2009. Description and evaluation of GDEM–V3.0［R］. Washington：Nav. Res. Lab.，NRL Rep. NRL/MR/7330–09–9165.

CENEDESE C，C ADDUCE，D M FRATANTONI，2005. Laboratory experiments on mesoscale vortices interacting with two islands［J］. Journal of Geophysical Research：Oceans，110，C09023. DOI：10.1029/2004JC002734.

CENTURIONI L R，P P NIILER，D K LEE，2004. Observations of Inflow of Philippine Sea Surface Water into the South China Sea through the Luzon Strait［J］. Journal of physical Oceanography，34：113–121.

CHAI F，XUE H，SHI M，2001. Upwelling east of Hainan Island［J］. Oceanography in China，13：129–137.

CHAIGNEAU A，ELDIN G，DEWITTE B，2009. Eddy activity in the four major upwelling systems from satellite altimetry（1992–2007）［J］. Progress in Oceanography，83（1）：117–123.

CHAIGNEAU A，GIZOLME A，GRADOS C，2008. Mesoscale eddies off Peru in altimeter records：Identification algorithms and eddy spatio–temporal patterns［J］. Progress in Oceanography，79（2–4）：106–119.

CHAIGNEAU A，TEXIER M L，ELDIN G，et al.，2011. Vertical structure of mesoscale eddies in the eastern South Pacific Ocean：A composite analysis from altimetry and Argo profiling floats［J］.

Journal of Geophysical Research: Oceans, 116 (C11): C11025.

CHAIGNEAU A, O PIZARRO, 2005. Eddy characteistics in the eastern South Pacific [J]. Journal of Geophysical Research: Oceans., 110, C06005, doi: 10.1029/2004JC002815.

CHANG Y L, T SHIMADA, M A LEE, et al., 2006. Wintertime sea surface temperature fronts in the Taiwan Strait [J]. Geophysical Research Letters, 33, L23603, doi: 10.1029/2006GL027415.

CHAO S Y, SHAW P T, WU S Y, 1996. El Ninõ modulation of the South China Sea circulation [J]. Progress in Oceanography, 38: 51–93.

CHELTON D B, SCHLAX M G, SAMELSON R M, et al., 2007. Global observations of large oceanic eddies [J]. Geophysical Research Letters, 34 (15): 87–101.

CHELTON D B, SCHLAX M G, SAMELSON R M, 2011. Global observations of nonlinear mesoscale Eddies [J]. Progress in Oceanography, 91 (2): 167–216.

CHELTON D B, XIE S P, 2010. Coupled ocean–atmosphere interaction at oceanic mesoscales [J]. Oceanography, 23 (4): 52–69.

CHELTON D B, M G SCHLAX, 1996. Global observations of oceanic Rossby waves [J]. Science, 272: 234–238.

CHELTON D B, R A DESZOEKE, M G SCHLAX, 1998. Geographical variability of the first baroclinic Rossby radius of deformation [J]. Journal of physical Oceanography, 28: 433–460.

CHEN G, HOU Y, CHU X, 2011. Mesoscale eddies in the South China Sea: Mean properties, spatiotemporal variability, and impact on thermohaline structure [J]. Journal of Geophysical Research: Oceans, 116 (C6): C06018.

CHEN D, M A CANE, S E ZEBIAK, 2000. Bias correction of an ocean–atmosphere coupled model [J]. Geophysical Research Letters, 27: 2585–2588.

CHEN G, GAN J, XIE Q, et al., 2012. Eddy heat and salt transports in the South China Sea and their seasonal modulations [J]. Journal of Geophysical Research: Oceans, 117, C05021, doi: 10.1029/2011JC007724.

CHEN G, LI Y, SUN G, et al., 2017a. Application of deep networks to oil spill detection using polarimetric synthetic aperture radar images [J]. Applied Sciences, 7 (10), 968.

CHEN J, 1983. Some explanations for the real–time distribution of sea surface temperature in the northern South China Sea in winter [J]. Acta Oceanologica Sinica, 5 (3): 391–395.

CHEN L C, PAPANDREOU G, KOKKINOS I, 2014. Semantic image segmentation with deep convolutional nets and fully connected CRFs [J]. arXiv: 1412.7062.

CHEN L C, PAPANDREOU G, KOKKINOS I, 2016. DeepLab: Semantic image segmentation with deep convolutional nets, atrous convolution, and fully connected CRFs [J]. IEEE transactions on pattern analysis and machine intelligence, 40 (4): 834–848.

CHEN L C, PAPANDREOU G, SCHROFF F, et al., 2017b. Rethinking atrous convolution for semantic image segmentation [J]. arXiv: 1706.05587.

CHONG M S，A E PERRY，B J CANTWELL，1990. A general classification of three–dimensional flow field［J］. Physics of Fluids，2：765–781.

CHOW C H，LIU Q，2012. Eddy effects on sea surface temperature and sea surface wind in the continental slope region of the northern South China Sea［J］. Geophysical Research Letters，39（2）.

CHOW C H，HU J H，L R CENTURIONI，et al.，2008. Mesoscale Dongsha cyclonic eddy in the northern South China Sea by drifter and satellite observations［J］. Journal of Geophysical Research，113，C04018，doi：10.1029/2007JC004542.

CHRISTOPHTER R J，2004. An atlas of internal solitary–like waves and their properties［R］. Global Ocean Associates，Second Edition，Alexandria，VA.

CHU P C，C P CHANG，1997. South China Sea warm pool［J］. Advances in Atmospheric Sciences，14：195–206.

CHU P C，G H WANG，2003. Seasonal variability of thermohaline front in the central South China Sea［J］. Journal of Oceanography，59：65–78.

CHU P C，S LU，CHEN Y，1997. Temporal and spatial variabilities of the South China Sea surface temperature anomaly［J］. Journal of Geophysical Research，102（C9），20：937–955.

CLS，2004. SSALTO/DUACS User Handbook［Z］. http：//www. jason. oceanobs. com/doucments/donnees/duacs/handbook duacs. pdf.

CONTINI D，DONATEO A，CESARI D，et al.，2011. Comparison of plume rise models against water tank experimental data for neutral and stable crossflows［J］. Journal of wind engineering and industrial aerodynamics，99（5）：539–553.

CRACKNELL A P，S NEWCOMBE，A BLACK，et al.，2001. The ABDMAP（Algal Bloom Detection, Monitoring and Prediction）Concerted Action［J］. International Journal of Remote Sensing，22，205–247.

CUSHMAN–ROISIN B，E P CHASSIGNET，B TANG，1990. Westward motion of mesoscale eddies［J］. Journal of physical Oceanography，20：758–768.

DAI J，WANG H，ZHANG W，et al.，2020. Observed spatiotemporal variation of three– dimensional structure and heat/salt transport of anticyclonic mesoscale eddy in Northwest Pacific［J］. Journal of Oceanology and Limnology，https：//doi.org/10.1007/s00343–019–9148–z

DAI L，JIANG X，XIA Y，et al.，2022. Impacts of strong positive Indian Ocean Dipole on the generation of the Great Whirl［J］. Deep Sea Research Part I，189，103855.

DESAUBIES Y，M C GREGG，1981. Reversible and Irreversible Finestructure［J］. Journal of physical Oceanography，11：541–556.

DI LORENZO E，2003. Seasonal dynamics of the surface circulation in the southern California Current System［J］. Deep Sea Research Part II，50：2371–2388.

DINNIMAN M S，KLINCK J M，SMITH JR W O，2003. Cross shelf exchange in a model of the Ross Sea circulation and biogeochemistry［J］. Deep Sea Research Part II，50：3103–3120.

DONG C，MCWILLIAMS J C，SHCHEPETKIN A F，2007. lslandwakes in deep water［J］. Journal of Physical Oceanography，37（4），962–981.

DONG C，LIN X，LIU Y，et al.，2012. Three‐dimensional oceanic eddy analysis in the Southern California Bight from a numerical product［J］. Journal of Geophysical Research：Oceans，117. https：//doi.org/ 10.1029/2011JC007354@10.1002/（ISSN）2169–9291.OPTVAR1.

DONG C，LIU Y，LUMPKIN R，et al.，2011a. A scheme to identify loops from trajectories of oceanic surface drifters：An application in the Kuroshio Extension Region［J］. Journal of Atmospheric & Oceanic Technology，28（9）：1167–1176.

DONG C，MAVOR T，NENCIOLI F，et al.，2009. An oceanic cyclonic eddy on the lee side of Lanai Island，Hawai'i［J］. Journal of Geophysical Research：Oceans，114，C10008.

DONG C，NENCIOLI F，LIU Y，et al.，2011b. An automated approach to detect oceanic eddies from satellite remotely sensed sea surface temperature data［J］. IEEE Geoence & Remote Sensing Letters，8：1055–1059.

DONG D，BRANDT P，CHANG P，et al.，2017. Mesoscale Eddies in the Northwestern Pacific Ocean：Three‐Dimensional Eddy Structures and Heat/Salt Transports［J］. Journal of Geophysical Research：Oceans，122（12）：9795–9813.

DONG J，ZHAO W，CHEN H，et al.，2015. Asymmetry of internal waves and its effects on the ecological environment observed in the northern South China Sea［J］. Deep Sea Research Part I：Oceanographic Research Papers，98：94–101.

DU T，FANG G H，FANG X H，2000. A layered numerical model for simulating the generation and propagation of internal tides over continental slope III. Numerical experiments and simulation［J］. Chinese Journal of Oceanology and Limnology，18（1）：18–24.

DU T，TSENG Y，YAN X，2008. Impacts of tidal currents and Kuroshio intrusion on the generation of nonlinear internal waves in Luzon Strait［J］. Journal of Geophysical Research：Oceans，113（C8）：179–185

DUCET N，P Y LE TRAON，G REVERDIN，2000. Global high–resolution mapping of the ocean circulation from TOPEX/POSEIDON and ERS–1/2［J］. Journal of Geophysical Research：Oceans，105，19：477–498，doi：10.1029/2000JC900063.

DÜING W，MOLINARI R，SWALLOW J，1980. Somali Current：Evolution of surface flow［J］. Science，209（4456）：588–590.

EBBESMEYER C C，COOMES C A，HAMILTON R C，et al.，1991. New observations on internal waves（solitons）in the South China Sea using an acoustic Doppler current profiler［C］. Marine Technology Society Journal，165–175.

EGBERT G D，R D RAY，2001. Estimates of M2 tidal energy dissipation from TOPEX/Poseidon altimeter data［J］. Journal of Geophysical Research：Oceans，106：22475–22502.

EGBERT G D，R D RAY，2000. Significant Dissipation of Tidal Energy in the Deep Ocean Inferred from

Satellite Altimeter Data［J］. Nature，405（6788）：775–778.

EZER T，ARANGO H G，SHCHEPETKIN A F，2002. Developments in terrain–following ocean models：intercomparisons of numerical aspects［J］. Ocean Model，4：249–267.

FANG G H，CHEN H Y，WEI Z X，et al.，2006. Trends and interannual variability of the South China Sea surface winds，surface height，and surface temperature in the recent decade［J］.Journal of Geophysical Research：Oceans，111（C11S16），doi：10.1029/2005JC003276.

FARRIS A，M WIMBUSH，1996. Wind induced Kuroshio intrusion into the South China Sea［J］. Journal of Oceanography，52：771–784.

FENG L，LIU C，KÖHL A，et al.，2021. Four types of baroclinic instability waves in the global oceans and the implications for the vertical structure of mesoscale eddies［J］. Journal of Geophysical Research：Oceans，126.

FENNEL K，WILKIN J，LEVIN J，et al.，2006. Nitrogen cycling in the Middle Atlantic Bight：Results from a three–dimensional model and implications for the North Atlantic nitrogen budget［R］. Global Biogeochem Cy，20，GB3007.

FERRERO E，MORTARINI L，MANFRIN M，et al.，2014. Physical simulation of atmospheric microbursts［J］. Journal of Geophysical Research：Atmospheres，119（11）：6292–6305.

FETT R，RABE K，1977. Satellite observation of internal wave refraction in the South China Sea［J］. Geophysical Research Letters，4：189–191.

FINDLATER J，1969. A major low–level air current near the Indian Ocean during the northern summer［J］. Quarterly Journal of The Royal Meteorological Society，95：362–380.

FISCHER J，SCHOTT F，STRAMMA L，1996. Currents and transports of the great whirl–socotra gyre system during the summer monsoon，august 1993［J］. Journal of Geophysical Research：Oceans，101（C2）：3573–3587.

FRANZ K，ROSCHER R，MILIOTO A，et al.，2018. Ocean eddy identification and tracking using neural networks［C］// Proceedings of the IGARSS 2018—2018 IEEE International Geoscience and Remote Sensing Symposium，Valencia，Spain，22–27.

FUREY H，BOWER A，PEREZ–BRUNIUS P，et al.，2018. Deep eddies in the Gulf of Mexico observed with floats［J］. Journal of Physical Oceanography，48（11）：2703–2719.

GARREAU P，DUMAS F，LOUAZEL S，et al.，2018. High-Resolution Observations and Tracking of a Dual-Core Anticyclonic Eddy in the Algerian Basin［J］. Journal of Geophysical Research：Oceans，123（12）：9320–9339.

GARRETT C J，MUNK W，1971. Internal Wave Spectra in the Presence of Fine–Structure［J］. Journal of Physical Oceanography，1，196–202.

GARRETT C，2003. Internal Tides and Ocean Mixing［J］. Science，301（5641）：1858–1859.

GARRETT C，KUNZE E，2007. Internal tide generation in the deep ocean［J］. Annual Review of Fluid Mechanics，39：57–87.

GENG W, XIE Q, CHEN G, et al., 2016. Numerical study on the eddy–mean flow interaction between a cyclonic eddy and Kuroshio [J] . Journal of Oceanography, 72 (5): 1–19.

GENG W, XIE Q, CHEN G, et al., 2017. A three–dimensional modeling study on eddy–mean flow interaction between a Gaussian–type anticyclonic eddy and Kuroshio [J] . Journal of Oceanography, (C10): 1–15.

GERKEMA T A, 1996. Unified Model for the Generation and Fission of Internal Tides in a Rotating Ocean [J] . Journal of Marine Research, 54 (3): 421–450.

GERKEMA T, 2001. Internal and interfacial tides: Beam scattering and local generation of solitary waves [J] .Journal of Marine Research, 59: 227–255.

GERKEMA T, J ZIMMERMAN, 1995. Generation of Nonlinear Internal Tides and Solitary Waves [J] . Journal of Physical Oceanography, 25 (6): 1081–1094.

GOURLEY J J, TABARY P, CHATHLET J D, 2007. A fuzzy logic algorithm for the separation of precipitating from nonprecipitating echoes using polarimetric radar observations [J] . Journal of Atmospheric and Oceanic Technology, 24: 1439–1451.

GREGG W W, M E CONKRIGHT, 2002. Decadal changes in global ocean chlorophyll [J] . Geophysical Research Letters, 29 (15), 1730, doi: 10.1029/2002GL014689.

GRIMSHAW R, 2001. Internal solitary wave in Environmental Stratified Flows [M] . Boston: Kluwer, 1–27.

GRIMSHAW R, 2015. Change of polarity for periodic waves in the variable–coefficient Korteweg–de Vries equation. Stud [J] . Applied Mathematics and Computation, 134: 363–371.

GRIMSHAW R, E PELINOVSKY, T TALIPOVA, et al., 2004. Simulation of the transformation of Internal solitary wave on oceanic shelves [J] . Journal of Physical Oceanography, 34: 2774–2791.

GRUE J, JENSEN A, RUS, et al., 2000. Breaking and Broadening of Internal Solitary Waves [J] . Journal of Fluid Mechanics, 413: 181–217.

HAIDVOGEL D B, ARANGO H G, HEDSTROM K, et al., 2000. Model evaluation experiments in the North Atlantic Basin: Simulations in nonlinear terrain–following coordinates [J] . Dynamics of Atmospheres and Oceans, 32: 239–281.

HALO I, BACKEBERG B, PENVEN P, et al., 2014. Eddy properties in the Mozambique Channel: A comparison between observations and two numerical ocean circulation models [J] . Deep Sea Research Part II: Topical Studies in Oceanography, 100: 38–53.

HALPERN D, 1971. Observations of Short Period Internal Waves in Massachusetts Bay [J] . Journal of Marine Research, 29: 116–132.

HAMILTON P, 2007. Eddy statistics from Lagrangian drifters and hydrography for the northern Gulf of Mexico slope [J] . Journal of Geophysical Research: Ocean, 112, C09002, doi: 10.1029/2006JC003988.

HANSEN D V, POULAIN P M, 1996. Quality control and interpolations ofWOCE–TOGA drifter data,

Journal of Atmospheric and Oceanic Technology，13（4）900–909.

HAURY L R，M G BRISCOE，M H ORR，1979. Tidally Generated Internal Wave Packets in Massachusetts Bay［J］. Nature，278（5702）：312–317.

HE K，ZHANG X，REN S，et al.，2015. Spatial pyramid pooling in deep convolutional networks for visual recognition［J］. IEEE transactions on pattern analysis and machine intelligence，37（9）：1904–1916.

HELFRICH K R，1992. Internal Solitary Wave Breaking and Run–up on a Uniform Slope［J］. Journal of Fluid Mechanics，243（1）：133–154.

HELFRICH K R，R H J GRIMSHAW，2008. Nonlinear Disintegration of the Internal Tide［J］. Journal of Physical Oceanography，38（3）：686–701.

HELFRICH K R，W K MELVILLE，1986. On long nonlinear internal waves over slope–shelf topography ［J］. Journal of Fluid Mechanics，167：285–308.

HELFRICH K R，W K MELVILLE，2006. Long nonlinear internal waves［J］. Annual Review of Fluid Mechanics，38：395–425.

HENSON S A，THOMAS A C，2008. A census of oceanic anticyclonic eddies in the Gulf of Alaska［J］. Deep Sea Research Part I：Oceanographic Research Papers，55（2）：163–176.

HICKOX R，BELKIN I，CORNILLON P，et al.，2000. Climatology and seasonal variability of ocean fronts in the east China，Yellow and Bohai Seas from satellite SST data［J］. Geophysical Research Letters，27（18）：2945–2958.

HO C R，KUO N J，ZHENG Q，et al.，2000a. Dynamically active areas in the South China Sea detected from TOPEX/POSEIDON satellite altimeter data［J］. Remote Sensing of Environment，71：320–328.

HO C R，ZHENG Q，SOONG Y S，et al.，2000b. Seasonal variability of sea surface height in the South China Sea observed with TOPEX/Poseidon altimeter data［J］. Journal of Geophysical Research：Ocean，105（C6），13：981–990.

HOFFMAN R N，LEIDNER S M，2005. An Introduction to the Near–Real–Time QuikSCAT Data［J］. Weather and Forecasting，20，476–493，https：//doi. org/10.1175/WAF841.1.

HOLLOWAY P E，1987. Internal Hydraulic Jumps and Solitons at a Shelf Break Region on the Australian North West Shelf［J］. Journal of Geophysical Research：Ocean，92（C5）：5405–5416.

HOLLOWAY P E，E PELINOVSKY，T TALIPOVA，1999. A Generalized Korteweg–De Vries Model of Internal Tide Transformation in the Coastal Zone［J］. Journal of Geophysical Research：Ocean，104（C8）：18333–18350.

HOLLOWAY P E，PELINOVSKY E，T TALIPOVA，et al.，1997. A nonlinear model of internal tide transformation on the Australian North West Shelf［J］. Journal of Physical Oceanography，27：871–896.

HOLYER R，PECKINPAUGH S，1989. Edge detection applied to satellite imagery of the oceans［J］. IEEE Transactions on Geoscience and Remote Sensing，27（1）：46–56.

HSIN Y C, CHIANG T L, WU C R, 2011. Fluctuations of the thermal fronts off northeastern Taiwan［J］. Journal of Geophysical Research: Ocean, 116: C10005.

HSU M K, LIU A K, 2000. Nonlinear internal waves in the South China Sea［J］. Canadian Journal of Remote Sensing, 26（2）: 72–81.

HSU M K, LIU A K, LEE C H, 2003. Using SAR image to study internal waves in the Sulu Sea［J］. Journal of Photogrammetry and Remote Sensing, 3: 1–14.

HSU M K, LIU A K, LIU C, 2000. A study of internal waves in the China Seas and Yellow Sea using SAR［J］. Continental Shelf Research, 20（4）: 389–410.

HU J Y, KAWAMURA H, HONG H S, et al., 2001. 3–6 Months Variation of Sea Surface Height in the South China Sea and Its Adjacent Ocean［J］. Journal of Oceanography, 57（1）: 69–78.

HU J Y, KAWAMURA H, TANG D L, 2003. Tidal front around the Hainan Island, northwest of the South China Sea［J］. Journal of Geophysical Research: Ocean, 108（C11）, 3342, doi: 10.1029/2003JC001883.

HU J Y, GAN J P, SUN Z Y, et al., 2011. Observed three–dimensional structure of a cold eddy in the southwestern South China Sea［J］. Journal of Geophysical Research: Ocean, 116, C05016, doi: 10.1029/2010JC006810.

HUANG E, PAN D, LI S, et al., 2016a. Comparing methods for identifying the outliers in the in–water profile spectral data［J］. Journal of Marine Science, 1（24）: 92–96.

HUANG RUI XIN, 2010. Ocean Circulation, Wind–driven and Thermohaline Processes［M］. Cambridge: Cambridge Press, 806.

HUANG X, ZHAO W, TIAN J, et al., 2014. Mooring observations of internal solitary waves in the deep basin west of Luzon Strait［J］. Acta Oceanologica Sinica, 33（3）: 82–89.

HUANG X, CHEN Z, ZHAO W, et al., 2016b. An extreme internal solitary wave event observed in the northern south china sea［J］. Scientific Reports, 6（1）, 30041.

HUANG X, WANG Z, ZHANG Z, et al., 2018. Role of Mesoscale Eddies in Modulating the Semidiurnal Internal Tide: Observation Results in the Northern South China Sea［J］. Journal of Physical Oceanography, 48: 1749–1770.

HUANG X, ZHANG Z, ZHANG X, et al., 2017. Impacts of a Mesoscale Eddy Pair on Internal Solitary Waves in the Northern South China Sea revealed by Mooring Array Observations［J］. Journal of Physical Oceanography, 47: 1539–1554.

HUNT J C R, WRAY A A, P MOIN, 1988. Eddies, steam and convergence zones in turbulent flows［C］. Center for turbulence research report CTR–S88, 193.

HWANG C, CHEN S A, 2000. Circulation and eddies over the South China Sea derived from TOPEX/ Poseidon altimetry［J］. Journal of Geophysical Research: Ocean, 105（C10）, 23: 943–965.

HWANG C, WU C R, KAO R, 2004. TOPEX/Poseidon observations of mesoscale eddies over the Subtropical Countercurrent: Kinematic characteristics of an anticyclonic eddy and a cyclonic eddy［J］.

Journal of Geophysical Research：Oceans，109（C8）.

ICHIKAWA K，TOKESHI R，KASHIMA M，et al.，2008. Kuroshio variations in the upstream region as seen by HF radar and satellite altimetry data ［J］. International Journal of Remote Sensing，29（21）：6417–6426.

ICHIKAWA H，NAKAMURA H，NISHINA A，et al.，2004. Variability of northeastward current southeast of northern Ryukyu Islands ［J］. Journal of Oceanography，60：351–363.

ICHIKAWA K，2001. Variation of the Kurohsio in the Tokara Strait induced by meso–scale eddies ［J］. Journal of Oceanography，57：55–68.

ISERN–FONTANET J，GARCÍA–LADONA E，FONT J，2003. Identification of marine eddies from altimetric maps ［J］. Journal of Atmospheric and Oceanic Technology，20（5）：772–778.

JACKSON C，2007. Internal wave detection using the Moderate Resolution Imaging Spectroradiometer （MODIS）［J］. Journal of Geophysical Research：Oceans，112（C11）：60–64.

JAMES C，WIMBUSH M，1999. Kuroshio meanders in the East China Sea ［J］. Journal of Physical Oceanography，29：259–272.

JENSEN T G，1991. Modeling the seasonal undercurrents in the Somali Current system ［J］. Journal of Geophysical Research：Oceans，96（C12）：22151–22167.

JEONG J，F HUSSAIN，1995. On the identification of a vortex ［J］. Journal of Fluid Mechanics，285：69–94.

JI J，DONG C，ZHANG B，et al.，2018. Oceanic eddy characteristics and generation mechanisms in the Kuroshio Extension region ［J］. Journal of Geophysical Research：Oceans，123.

Jia Y L，Liu Q Y，2004. Eddy shedding from the Kuroshio bend at Luzon Strait ［J］. Journal of Oceanography，60：1063–1069.

JIA Y L，LIU Q Y，2005. Primary study of the mechanism of eddy shedding from the Kuroshio bend in Luzon Strait ［J］. Journal of Oceanography，61：1017–1027.

JIN B，WANG G，ZHANG R，et al.，2010. Interaction between the East China Sea Kuroshio and the Ryukyu Current as revealed by the self–organizing map ［J］. Journal of Geophysical Research：Oceans，115（C12），C12047，doi：10.1029/2010JC006437.

JOHNS W E，LEE T N，ZHANG D，et al.，2001. The Kuroshio East of Taiwan：Moored Transport Observations from the WOCE PCM–1 Array ［J］. Journal of Physical Oceanography，31（4）：1031–1053.

JOHNSON D R，GARCIA H E，BOYER T P，2009. World Ocean Database 2009 Tutorial ［R］//Sydney Levitus. NODC Internal Report 21. NOAA Printing Office，Silver Spring，MD，18.

JOHNSON E R，MCDONALD N R，2004. The motion of avortex near a gap in a wall ［J］.Physics of Fluids，16（2）：462–469.

KAMENKOVICH V M，LEONOV Y P，NECHAEV D A，et al.，1996. On the Influence of Bottom Topography on the Agulhas Eddy ［J］. Journal of Physical Oceanography，26（6）：892–912.

KEPPLER L, CRAVATTE S, CHAIGNEAU A, et al., 2018. Observed characteristics and vertical structure of mesoscale eddies in the Southwest Tropical Pacific [J]. Journal of Geophysical Research: Oceans, 123 (4): 2731–2756.

KLEIN S A, B J SODEN, N C LAU, 1999. Remote sea surface variations during ENSO: Evidence for a tropical atmospheric bridge [J]. Journal of Climate, 12 (4): 917–932.

KLOOSTERZIEL R C, CARNEVALE G F, ORLANDI P, 2007. Inertialinstability in rotating andstratified fluids: barotropicvortices [J]. Journal of Fluid Mechanics, 583, 379–412.

KLYMAK J M, J N MOUM, 2003. Internal Solitary Waves of Elevation Advancing on a Shoaling Shelf [J]. Geophysical Research Letters, 30 (20): https://doi.org/10.1029/2003GL017706.

KOHONEN T, 1982. Self–organized formation of topologically correct features maps [J]. Biol. Cybern., 43: 59–69.

KOHONEN T, 2001. Self–Organizing Maps: Third Edition [M]. Berlin: Springer.

KONDA M, ICHIKAWA H, HAN IN–SEONG, 2005. Variability of current structure due to the meso–scale eddies on the bottom slope southeast of Okinawa Island [J]. Journal of Oceanography, 61: 1089–1099.

KOUKETSU S, I YASUDA, Y HIROE, 2005. Observation of frontal waves and associated salinity minimum formation along the Kuroshio Extension [J]. Journal of Geophysical Research: Oceans, 110, C08011, doi: 10.1029/2004JC002862.

KUBOTA M, IWASAKA N, KIZU S, et al., 2002. Japanese Ocean Flux Data Sets with Use of Remote Sensing Observations (J-OFURO). Journal of Oceanography, 58, 213–225, https://doi.org/10.1023/A:1015845321836.

KUO Y C, CHERN C S, ZHENG Z W, 2017. Numerical study on the interactions between the Kuroshio current in the Luzon Strait and a mesoscale eddy [J]. Ocean Dynamics, 67 (3–4): 369–381.

KUSAKABE M, ANDREEV A, LOBANOV V, et al., 2002. Effects of the anticyclonic eddies on water masses, chemical parameters and chlorophyll distributions in the Oyashio current region [J]. Journal of Oceanography, 58 (5): 691–701.

LAMB K G, 2014. Internal wave breaking and dissipation mechanisms on the continental slope/shelf [J]. Annu. Rev. Fluid Mech., 46: 231–254.

LAMB K, 2002. A numerical investigation of solitary internal waves with trapped cores formed via shoaling [J]. Journal of Fluid Mechanics, 451: 109–144.

LAZAR A, STEGNER A, CALDEIRA R, et al., 2013a. Inertial instability of intense stratified anticyclones. Part 2. Laboratory experiments [J]. Journal of Fluid Mechanics, 732: 485–509.

LAZAR A, STEGNER A, HEIFETZ E, 2013b. Inertial instability of intense stratified anticyclones. Part 1. Generalized stability criterion [J]. Journal of Fluid Mechanics, 732: 457–484.

LE TRAON, P Y, F NADAL, DUCET N, 1998. An improved mapping method of multisatellite altimeter data [J]. Journal of Atmospheric and Oceanic Technology, 15: 522–534. DOI: 10.1175/

1520–0426–015.

LE TRAON，P Y，DIBARBOURE G，1999. Mesoscale mapping capabilities of multisatellite altmieter missions［J］. Journal of Atmospheric and Oceanic Technology，16：1208–1223.

LEE C M，JONES B H，BRINK K H，et al., 2000. Theupper–ocean response tomonsoonal forcing in the Arabian Sea：seasonal and spatial variability［J］. Deep Sea Research Part 1：Topical Studiesin Oceanography，47（7–8），1177–1226.

LEE I H，DONG S K，WANG Y H，et al., 2013. The mesoscale eddies and Kuroshio transport in the western North Pacific east of Taiwan from 8–year（2003–2010）model reanalysis［J］. Ocean Dynamics，63（9–10）：1027–1040.

LEE C Y，R C BEARDSLEY，1974. The Generation of Long Nonlinear Internal Waves in a Weakly Stratified Shear Flow［J］. Journal of Geophysical Research：Oceans，79（3）：453–462.

LEETMAA A，QUADFASEL D，WILSON D，1982. Development of the flow field during the onset of the Somali Current，1979［J］. Journal of Physical Oceanography，12（12）：1325–1342.

LEONOV A，1981. The Effect of the Earth's Rotation on the Propagation of Weak Nonlinear Surface and Internal Long Oceanic Waves［J］. Annals of the New York Academy of Sciences，373（1）：150–159.

LGUENSAT R，SUN M，FABLET R，et al., 2017. EddyNet：A deep neural network for pixel–wise classification of oceanic eddies［J］. arXiv：1711.03954v1.

LI Q，FARMER D M，2011. The generation and evolution of nonlinear internal waves in the deep basin of the South China Sea［J］. Journal of Physical Oceanography，41（7）：1345–1363.

LI L，C S JING，D ZHU，2007. Coupling and propagating of mesoscale sea level variability between the western Pacific and the South China Sea［J］.Chinese Science Bulletin，52（12）：1699–1707.

LI C，HU J，JAN S，et al., 2006. Winter–spring fronts in Taiwan Strait，［J］. Journal of Geophysical Research：Oceans，111，C11S13，doi：10.1029/2005JC003203.

LI J，WANG G，XIE S P，et al., 2012. A winter warm pool southwest of Hainan Island due to the orographic wind wake［J］. Journal of Geophysical Research：Oceans，117，C08036，doi：10.1029/2012JC008189.

LI J，ZHANG R，JIN B，2011a. Eddy characteristics in the northern South China Sea as inferred from Lagrangian drifter data［J］. Ocean Science Journal，7：661–669.

LI J，ZHANG R，JIN B G，et al., 2011b. Possibility estimation of generating internal waves in the northwest Pacific Ocean using the fuzzy logic technique［J］. Journal of Marine Science and Technology，20（2）：237–244.

LI J，ZHANG R，LING Z，et al., 2014. Effects of Cardamom Mountains on the formation of the winter warm pool in the Gulf of Thailand［J］. Continental Shelf Research，117，C08036，doi：10.1029/2012JC008189.

LI K，1993. Climate of the China Seas and Northwestern Pacific［M］. Beijing：China Ocean Press.

LI L，1996. Shelf/slope fronts in the northeastern South China Sea in March 1992［J］. Oceanic

Collection in China, 6：34–41.

LI L, WANG C, GRIMSHAW R, 2015. Observation of internal wave polarity conversion generated by a rising tide［J］. Geophysical Research Letters, 42：4007–4013.

LI L, NOWLIN W JR, SU J, 1998. Anticyclonic rings from the Kuroshio in the South China Sea［J］. Deep Sea Research Part I, 45：1469–1482.

LIANG W D, JAN J C, TANG T Y, 2000. Climatological wind and upper ocean heat content in the South China Sea［J］. Acta Oceanogr. Taiwan, 38：91–114.

LIEN R C, MA B, CHENG Y H, et al., 2014. Modulation of Kuroshio transport by mesoscale eddies at the Luzon Strait entrance［J］. Journal of Geophysical Research：Oceans, 119（4）：2129–2142.

LIN X Y, GUAN Y P, LIU Y, 2013. Three–dimensional structure and evolution process of Dongsha cold Eddy during autumn 2000［J］. Journal of Tropical Oceanography, 32（2）：55–65.（in Chinese with English abstract）

LIN X, DONG C, CHEN D, et al., 2015. Three–dimensional properties of mesoscale eddies in the South China Sea based on eddy–resolving model output［J］. Deep Sea Research Part I：Oceanographic Research Papers, 99：46–64.

LIU YONGGANG, WEISBERG ROBERT H, YUAN YAOCHU, 2008. Pattern of upper layer circulation variability in the South China Sea from satellite altimetry using the self–organizing map［J］. Acta Oceanologica Sinic, 27：129–144.

LIU W, LIU Q, JIA Y, 2004a. The Kuroshio Transport East of Taiwan and the Sea Surface Height Anomaly from the Interior Ocean［J］. Journal of Ocean University of China, 3：135–140.

LIU Y, ZHENG Q, LI X, 2021. Characteristics of global ocean abnormal mesoscale eddies derived from the fusion of sea surface height and temperature data by deep learning［J］. Geophysical Research Letters, 48, e2021GL094772. https：//doi.org/10.1029/202.

LIU Z Y, YANG H J, LIU Q Y, 2001. Regional dynamics of seasonal variability in the South China Sea［J］. Journal of physical Oceanography, 31：272–284.

LIU A K, CHANG Y S, HSU M K, et al., 1998. Evolution of Nonlinear Internal Waves in the East and South China Seas［J］. Journal of Geophysical Research：Oceans, 103（C4）：7995–8008.

LIU Q, XIE S P, LI L, et al., 2005. Ocean thermal advective effect on the annual range of sea surface temperature［J］. Geophysical Research Letters, 32（24）, L24604.

LIU Q, JIANG X, XIE S P, et al., 2004b. A gap in the Indo–Pacific warm pool over the South China Sea in boreal winter：Seasonal development and interannual variability［J］. Journal of Geophysical Research：Oceans, 109, C07012. DOI：10.1029/2003JC002179.

LIU X, SU J, 1992. A reduced gravity model of the circulation in the South China Sea［J］. Oceanologia et Limnologia Sinica, 23（2）：167–174.

LIU Y, R H WEISBERG, 2005. Patterns of ocean current variability on the West Florida Shelf using the self–organizing map［J］. Journal of Geophysical Research：Oceans, 110, C06003, doi：

10.1029/2004JC002786.

LIU Y，DONG C，GUAN Y，et al.，2012. Eddy analysis in the subtropical zonal band of the North Pacific Ocean［J］. Deep–Sea Research Part I，68：54–67.

LIU Y，WEISBERG R H，Moors C N K，2006. Performance evaluation of the self–organizing map for feature extraction［J］. Journal of Geophysical Research：Oceans，111，C05018，doi：10.1029/2005JC003117.

LIU Y，YUAN Y，SHIGA T，et al.，2000. Circulation southeast of the Ryukyu Islands［C］// Proceedings of China–Japan Joint Symposium on Cooperative Study on Subtropical Circulation System. Beijing：China Ocean Press，23–37.

LÜ X，QIAO F，WANG G，et al.，2008. Upwelling off the west coast of Hainan Island in summer：Its detection and mechanisms［J］. Geophysical Research Letters，35（2）.

LUGT H，1972. Vortex flow in nature and technology［M］. Hoboken：Wiley.

LUTHER M E，1999. Interannual variability in the Somali Current 1954–1976［J］. Nonlinear Anal–Theor，35（1）：59–83.

LUTHER M E，O'Brien J J，Meng A H，1985. Morphology of the Somali Current system during the southwest monsoon［J］. Oceanography，40：405–437.

LUTHER M E，O'Brien J J，1989. Modelling the Variability in the Somali Current.［J］. Elsevier Oceanography Series，50：373–386.

LYNCH J F，RAMP S R，CHING–SANG CHIU，et al.，2004. Research highlights from the Asian Seas International Acoustics Experiment in the South China Sea［J］. IEEE Journal of Oceanic Engineering，vol. 29（4）：1067–1074，doi：10. 1109/JOE. 2005. 843162.

MA C，WU D，LIN X，2009. Variability of surface velocity in the Kuroshio Current and adjacent waters derived from Argos drifter buoys and satellite altimeter data［J］. Chinese Journal of Oceanology and Limnology，27：208–217.

MA X，JING Z，CHANG P，et al.，2016. Western boundary currents regulated by interaction between ocean eddies and the atmosphere［J］. Nature，535（7613）：533–537.

MARCHESIELLO P，MCWILLIAMS J C，SHCHEPETKIN A，2003. Equilibrium structure and dynamics of the California Current System［J］. Journal of Physical Oceanography，33：753–783.

MASUMOTO Y，H SASAKI，T KAGIMOTO，et al.，2004. A fifty–year eddy–resolving simulation of the world ocean – Preliminary outcomes of OFES（OGCM for Earth Simulator）［J］. Journal of Earth System Science，1：35–56.

MAXWORTHY T，1980. On the Formation of Nonlinear Internal Waves from the Gravitational Collapse of Mixed Regions in Two and Three Dimensions［J］. Journal of Fluid Mechanics，96（1）：47–64.

MAXWORTHY T，1979. A note on the internal solitary waves produced by tidal flow over a three–dimension ridge［J］. Journal of Geophysical Research：Oceans，84：338–346.

MCCREARY J，KUNDU P，1988. A numerical investigation of the Somali Current during the Southwest

Monsoon［J］. Journal of Marine Research，46：25–58.

MCGILLICUDDY D J，2016. Mechanisms of physical–biological–biogeochemical interaction at the oceanic mesoscale［J］. Annual Review of Marine Science，8（1）：125–159.

MCWILLIAMS J C，MOLEMAKER M J，OLAFSDOTTIR E I，2009. Linear Fluctuation Growth during Frontogenesis［J］. Journal of Physical Oceanography，39（12）：3111–3129.

METZGER E J，HURLBURT H E，2001. The nondeterministic nature of Kuroshio penetration and eddy shedding in the South China Sea［J］. Journal of Physical Oceanography，31：1712–1732.

METZGER E J，HURLBURT H E，1996. Coupled dynamics of the South China Sea，Sulu Sea，and the Pacific Ocean［J］. Journal of Geophysical Research：Oceans，101，12：331–352.

MICHALLET H，BARTH，EACUTE，et al.，1998. Experimental study of interfacial solitary waves ［J］. Journal of Fluid Mechanics，366：159–177.

MOORE A M，ARANGO H G，MILLER A J，et al.，2004. A Comprehensive Ocean Prediction and Analysis System Based on the Tangent Linear and Adjoint Components of a Regional Ocean Model［J］. Ocean Model，7：227–258.

MOORE A M，ARANGO H G，BROQUET G，et al.，2011a. The Regional Ocean Modeling System （ROMS）4–dimensional variational data assimilation systems，Part II：Performance and application to the California Current System［J］. Progress in Oceanography，91：50–73.

MOORE A M，ARANGO H G，BROQUET G，et al.，2011b. The Regional Ocean Modeling System （ROMS）4–dimensional variational data assimilation systems，Part III：Observation Impact and Observation Sensitivity in the California Current System［J］. Ocean Model，91：74–94.

MORINAGA K，NAKAGAWA N，OSAMU K，et al.，1998. Flow pattern of the Kuroshio west of the main Okinawa Island［C］// Proceedings of Japan–China Joint Symposium on Cooperative Study of Subtropical Circulation System. Nagasaki：Seikai National Fisheries Research Institute，203–210.

MOUM J N，D M FARMER，W D SMYTH，et al.，2003. Structure and Generation of Turbulence at Interfaces Strained by Internal Solitary Waves Propagating Shoreward over the Continental Shelf［J］. Journal of Physical Oceanography，33（10）：2093–2112.

NAKAMURA T，AWAJI T，HATAYAMA，T，et al.，2000. The generation of large–amplitude unsteady lee waves by subinertial K1 tidal flow：A possible vertical mixing mechanism in the Kuril Straits［J］. Journal of Geophysical Research：Oceans，30：1601–1621.

NAKANO T，KURAGANO T，LIU Y，1998. Variations of oceanic conditions east of the Ryukyu Islands［C］// Proceedings of Japan–China Joint Symposium of CSSCS. Fisheries Agency of Japan，Nagasaki，129–140.

NAN F，HE Z，ZHOU H，et al.，2011. Three long–lived anticyclonic eddies in the northern South China Sea［J］. Journal of Geophysical Research：Oceans，116，C05002，doi：10.1029/2010JC006790.

NENCIOLI F，DONG C，DICKEY T，et al.，2010. A vector geometry–based eddy detection algorithm and its application to a high–resolution numerical model product and high–frequency radar surface velocities in the Southern California Bight［J］. Journal of Atmospheric and Oceanic Technology，27（3）：564–579.

NI Q，2014. Statistical characteristics and composite three–dimensional structures of mesoscale eddies near the Luzon Strait［D］. XiaMen：Xiamen University.

NISHIMURA T，2005. The Earth Simulator has computing power similar to 200 000 PCs［R/OL］. http：//japanpeople.com.cn/2002/03/19/riben20020319_17808.html.

NITANI H，1972. Beginning of the Kuroshio［M］// Kuroshio. Seattle：Unversity of Washington Press，129–163 .

NOH Y，YIM B Y，YOU S. H，et al.，2007. Seasonal variation of eddy kinetic energy of the North Pacific Subtropical Countercurrent simulated by an eddy–resolving OGCM［J］. Geophysical Research Letters，34，L07601，doi：10.1029/2006GL029130.

OKA E，ANDO K，2004. Stability of temperature and conductivity sensors of Argo profiling floats［J］. Journal of Oceanography，60，253–258.

OKUBO A，1970. Horizontal dispersion of floatable particles in vicinity of velocity singularities such as convergences［J］. Deep Sea Research，17：445–454.

ORR M H，MIGNEREY P C，2003. Nonlinear internal waves in the South China Sea：Observation of the conversion of depression internal waves to elevation internal waves［J］. Journal of Geophysical Research：Oceans.，108（C3），3064，doi：10.1029/2001JC001163.

OSBORNE A，BURCH T，1980. Internal Solitons in the Andaman Sea［J］.Science，208（4443）：451–460.

OSTROVSKY L，1978. Nonlinear Internal Waves in the Rotating Ocean［J］.Okeanologiia，18：181–191.

OTTOLENGHI L，CENEDESE C，ADDUCE C，2017. Entrainment in a dense current flowing down a rough sloping bottom in a rotating fluid［J］. Journal of Physical Oceanography，47（3）：485–498.

PEDLOSKY J，1996. Ocean circulation theory［M］. NewYork：Springer.

PELIZ A，DUBERT J，HAIDVOGEL D B，2003. Subinertial Response of a Density–Driven Eastern Boundary Poleward Current to Wind Forcing［J］. Journal of Physical Oceanography，33：1633–1650.

PERRET G，STEGNER A，FARGE M，et al.，2006. Cyclone–anticyclone asymmetry of large–scale wakes in the laboratory［J］. Physics of Fluids，18（3）：036603.

PESSINI F，OLITA A，COTRONEO Y，et al.，2018. Mesoscale eddies in the Algerian Basin：Do they differ as a function of their formation site?［J］.Ocean Science，14：559–688.

PORTELA L M，1998. Identification and characterization of vortices in the turbulent boundary layer［D］. Standford：Stanford University.

POWELL T M，LEWIS C V W，CURCHITSER E N，et. al.，2006. Results from a three–dimensional，nested biological–physical model of the California Current System and comparisons with statistics from satellite imagery［J］. Journal of Geophysical Research：Oceans，111，C07018.

QI L，WANG Y，2012. The Effect of Mesoscale Mountain over the East Indochina Peninsula on Downstream Summer Rainfall over East Asia［J］. Journal of Climate，25. 4495–4510.

QIU C，MAO H，WANG Y，ct al.，2018. An irregularly shaped warm eddy observed by Chinese underwater gliders［J］. Journal of Oceanography，75（2）：139–148.

QIU B，CHEN S M，2005. Eddy–induced heat transport in the subtropical North Pacific from Argo，TMI，and altimetry measurements［J］. Journal of Physical Oceanography，35：458–473.

QIU B，1999. Seasonal eddy field modulation of the north pacific subtropical countercurrent：TOPEX/ Poseidon observations and theory［J］. Journal of Physical Oceanography，29：2471–2486.

QIU B，2001. Kuroshio and Oyashio Currents // John H Steele. Encyclopedia of Ocean Sciences［M］. Academic Press，1413–1425.

QIU B，TODA T，IMASATO N，1990. On Kuroshio front fluctuations in the East China Sea using satellite and in–situ observational data［J］. Journal of Geophysical Research：Oceans，95，C10，18：191–204.

QU T D，2000. Upper–layer circulation in the South China Sea［J］. Journal of Physical Oceanography，30：1450–1460.

QU T D，KIM Y Y，YAREMCHUK M，2004. Can Luzon Strait transport play a role in conveying the impact of ENSO to the South China Sea?［J］. Journal of climate，17，3644–3657.

QU T D，2001. Role of ocean dynamics in determing the mean seasonal cycle of the South China Sea surface temperature［J］. Journal of Geophysical Research：Oceans，106（C4）：6943–6955.

RAMP，YANG，BAHR，2010. Characterizing the nonlinear internal wave climate in the northeastern South China Sea［J］. Nonlinear Processes in Geophysics，17（5）：481–498.

RAMP S R，TANG T Y，et al.，2004. Internal solitons in the northeastern south China Sea. Part I：sources and deep water propagation［J］. IEEE Journal of Oceanic Engineering，29（4）：1157–1181.

RATTRAY，M，1960. On the coastal generation of internal tides［J］. Tellus，12：54–62.

REDDY B N K，OSURI K K，SANIKOMMU S，et al.，2018. An observational analysis of the evolution of a mesoscale anti–cyclonic eddy over the Northern Bay of Bengal during May–July 2014 ［J］. Ocean Dynamics，https：//doi.org/10.1007/s10236–018–1202–4.

REUSCH D B，ALLEY R B，HEWITSON B C，2005. Relative performance of self–organizing maps and principal component analysis in pattern extraction from synthetic climatological data［J］. Polar Geography，29：188–212.

RICHARDSON A J，RISIEN C，SHILLINGTON F A，2003. Using self–organizing maps to identify patterns in satellite imagery［J］. Progress in Oceanography，59：223–239，doi：10.1016/ j.pocean.2003.07.006.

RISIEN C M，REASON C J C，SHILLINGTON F A，et al.，2004. Variability in satellite winds over the Benguela upwelling system during 1999–2000［J］. Journal of Geophysical Research：Oceans，109 （C3），C03010，doi：10.1029/2003JC001880.

ROBINSON I S，2010. Discovering the ocean from space［M］. Berlin：Springer–Verlag，638.

ROBINSON A R，1982. Eddies in Marine Science［M］. New York：Spring–Verlag.

ROBINSON S K，1991. Coherent motions in the turbulent boundary layer［J］. Annual Review of Fluid Mechanics，23：601–639.

RODRIGUEZ A，LAIO A，2014. Clustering by fast search and find of density peaks［J］. Science，344（6191）：1492–1496.

ROEMMICH D，GILSON J，2009. The 2004–2008 mean and annual cycle of temperature，salinity，and steric height in the global ocean from the Argo Program［J］. Progress in Oceanography，82：81–100.

SADARJOEN I A，F H POST，2000. Detection，quantification，and tracking of vortices using streamline geometry［J］. Computers & Graphics，24：333–341.

SANTANA O J，HERNÁNDEZ–SOSA D，MARTZ J，et al.，2020. Neural network training for the detection and classification of oceanic mesoscale eddies［J］. Remote Sensing，12（16），2625.

SCHAEFFER A，MOLCARD A，FORGET P，et al.，2011. Generation mechanisms for mesoscale eddies in the Gulf of Lions：radar observation and modeling［J］. Ocean Dynamics，61（10）：1587–1609.

SCHOTT A，FISCHER J，GARTERNICHT U，et al.，1997. Summer monsoon response of the Northern Somali Current，1995［J］. Geophysical Research Letters，24：2565–2568.

SCHOTT F，J C SWALLOW，M FIEUX，1990. The Somali Current at the equator：annual cycle of currents and transports. In the upper 1000 m and connection to neighbouring latitudes［J］. Deep Sea Research，37：1825–1848.

SCHOTT F，1983. Monsoon response of the Somali Current and associated upwelling［J］. Progress in Oceanography，12（3）：357–381.

SCHOTT F，MCCREARY J P，2001. The monsoon circulation of the Indian Ocean［J］. Progress in Oceanography，51（1）：1–123.

SCOTTI A，2004. Observation of Very Large and Steep Internal Waves of Elevation near the Massachusetts Coast［J］. Geophysical Research Letters，31（22）.

SCOTTI A，BEARDSLEY R C，BUTMAN B，2007. Generation and Propagation of Nonlinear Internal Waves in Massachusetts Bay［J］. Journal of Geophysical Research：Oceans，112（C10）.

SEO H，2017. Distinct influence of air–sea interactions mediated by mesoscale sea surface temperature and surface current in the Arabian Sea［J］. Journal of Climate，30：8061–8080.

SEO H，MURTUGUDDE R，JOCHUM M，et al.，2008. Modeling of mesoscale coupled ocean–atmosphere interaction and its feedback to ocean in the western Arabian Sea［J］. Ocean Model，25：120–131.

SHAW P T，CHAO S Y，LIU K K，et al.，1996. Winter upwelling off Luzon in the northeastern South China Sea［J］. Journal of Geophysical Research：Oceans，101（C7），16：435–448，doi：10.1029/96JC01064.

SHAW P T, 1991. The seasonal variation of the intrusion of the Philippine Sea water into the South China Sea [J]. Journal of Geophysical Research: Oceans, 96: 821–827.

SHAW P T, CHAO S Y, FU L, 1999. Sea surface height variations in the South China Sea from satellite altimetry [J]. Oceanologica Acta, 22 (1): 1–17.

SHEREMET V, 2001. Hysteresis of a western boundary current leap across a gap [J]. Journal of physical Oceanography, 31: 1247–1259.

SHEREMET V, J KUEHL, 2007. Gap–leaping western boundary current in a circular tank model [J]. Journal of Physical Oceanography, 37: 1488–1495.

SHOOSMITH D R, RICHARDSON P L, BOWER A S, et al., 2005. Discrete eddies in the northern North Atlantic as observed by looping RAFOS floats [J]. Deep Sea Research Part II, 52: 637–650.

SHROYER E L, MOUM J N, NASH J D, 2009. Observations of Polarity Reversal in Shoaling Nonlinear Internal Waves [J]. Journal of Physical Oceanography, 39 (3): 691–701.

SHU Y Q, XIU P, XUE H, et al., 2016. Glider–observed anticyclonic eddy in the northern south china sea [J]. Aquatic Ecosystem Health & Management, 19 (3), 233–241.

SHU Y, CHEN J, LI S, et al., 2019. Field–observation for an anticyclonic mesoscale eddy consisted of twelve gliders and sixty–two expendable probes in the northern South China Sea during summer 2017 [J]. Science China Earth Sciences, 62 (2): 451–458.

SIEDLECKI S A, ARCHER D E, MAHADEVAN A, 2011. Nutrient exchange and ventilation of benthic gases across the continental shelf break [J]. Journal of Geophysical Research: Oceans, 116, C06023, doi: 10.1029/ 2010JC006365.

SIWAPORNANAN C, HUMPHRIES U W, 2011. Characterization of the observed sea level and sea surface temperature in the Gulf of Thailand and the South China Sea [J]. Applied Mathematical Sciences, 5 (27): 1295–1305.

SMALL R J, S P DE SZOEKE, XIE S P, et al., 2008. Air–sea interaction over ocean fronts and eddies [J]. Dynamics of Atmospheres and Oceans, 45: 274–319.

SMYTH N, P HOLLOWAY, 1988. Hydraulic Jump and Undular Bore Formation on a Shelf Break [J]. Journal of Physical Oceanography, 18 (7): 947–962.

SOJISUPORN P, MORIMOTO A, YANAGI T, 2010. Seasonal variation of sea surface current in the Gulf of Thailand [J]. Coastal Marine Science, 34 (1): 91–102.

SONG B, WANG H, CHEN C, et al., 2019. Observed subsurface eddies near the Vietnam coast of the South China Sea [J]. Acta Oceanologica Sinica, 38 (4): 39–46.

SOUZA J M A C, DE BOYERMONTÉGUT C, LE TRAON P Y, 2011. Comparison between three implementations of automatic identification algorithms for the quantification and characterization of mesoscaleeddies in the South Atlantic Ocean [J].Ocean Science, 7, 317–334, https: //doi. org/10.5194/os–7–317–2011.

SPRINTALL J, CRONIN M F, 2009. Upper ocean vertical structure [J]. Encyclopedia of Ocean

Sciences，217–224.

ST LAURENT，L，2008. Turbulent dissipation on the margins of the South China Sea［J］. Geophysical Research Letters，35，L23615.

STAMMER D，1997. Global characteristics of ocean variability estimated from regional TOPEX/ POSEIDON altimeter measurements［J］. Journal of Physical Oceanography，27：1743–1769.

STANSFIELD K，GARRETT C，1997. Inplications of the salt and heat budgets of the Gulf of Thailand ［J］. Journal of Marine Research，55：935–963.

STANTON T P，OSTROVSKY L A，1998. Observations of Highly Nonlinear Internal Solitons over the Continental Shelf［J］. Geophysical Research Letters，25（14）：2695–2698.

STASTNA M，LAMB K G，2002. Vortex Shedding and Sediment Resuspension Associated with the Interaction of an Internal Solitary Wave and the Bottom Boundary Layer. Geophys［J］. Geophysical Research Letters，29（11）：1512.

STEGNER A，PICHON T，BEUNIER M，2005. Elliptical–inertial instability of rotating Karman vortex streets［J］. Physics of Fluids，17（6）：066602.

STEINBERG J M，PELLAND N A，ERIKSEN C C，2019. Observed evolution of a California Undercurrent eddy［J］. Journal of Physical Oceanography，49（3）：649–674.

SU J L，2004. Overview of the South China Sea circulation and its influence on the coastal physical oceanography near the Pearl River Estuary［J］. Continental Shelf Research，24：1745–1760.

SU J L，2005. Overview of the South China Sea circulation and its dynamics［J］. Acta Oceanologica Sinica，27（6）：1–6.

SUBRAHMANYAM B，ROBINSON I S，BLUNDELL J R，et al.，2001. Indian Ocean Rossbywaves observed in TOPEX/POSEIDON altimeter data and inmodel simulations［J］. International Journal of Remote Sensing，22（1），141–167.

SUN B，L YU，R A Weller，2003. Comparisons of surface meteorology and turbulent heat fluxes over the Atlantic：NWP model analyses versus Moored Buoy Observations［J］. Journal of Climate，16 （4），679–695.

SUN W，DONG C，WANG R，et al.，2017. Vertical structure anomalies of oceanic eddies in the Kuroshio Extension region［J］. Journal of Geophysical Research：Oceans，（122）：1476–1496. https：//doi.org/ 10.1002/2016JC012226.

SWALLOW J C，FIEUX M，1982. Historical evidence for two gyres in the Somali Current［J］. Journal of Marine Research，40（Suppl.）：747–755.

SWART N C，ANSORGE I J，LUTJEHARMS J R E，2008. Detailed characterization of a cold Antarctic eddy［J］. Journal of Geophysical Research：Oceans，113（C1）.

SWENSON M S，NIILER P P，1996. Statistical analysis of the surface circulation of the California Current［J］. Journal of Geophysical Research：Oceans，101（C10），22631–22645.

TAKAHASHI D，GUO X，A MORIMOTO，et al.，2009. Biweekly periodic variation of the Kuroshio axis northeast of Taiwan as revealed by ocean high–frequency radar ［J］. Continental Shelf Research, 29: 1896–1907, doi: 10. 1016/j. csr. 2009. 07. 007.

TEINTURIER S, STEGNER A, DIDELLE H, et al., 2010. Small–scale instabilities of an island wake flow in a rotating shallow–water layer ［J］. Dynamics of Atmospheres and Oceans, 49（1）: 1–24.

THOMAS L N, TANDON A, MAHADEVAN A, 2008. Submesoscale processes and dynamics //M W HECHT, H HASUMI. Ocean Modeling in an Eddying Regime ［M］. Washington DC: the American Geophysical Union, 17–38.

TRENBERTH K E, CARON J M, 2001. Estimates of the meridional atmosphere and ocean heat transports ［J］. Journal of Climate, 14: 3433–3443.

TROUPIN C, BARTH A, SIRJACOBS D, et al., 2012. Generation of analysis and consistent error fields using the Data Interpolating Variational Analysis（DIVA）［J］. Ocean Modelling, 52–53（4）: 90–101.

TSAI C, ANDRES M, JAN S, et al., 2015. Eddy - Kuroshio interaction processes revealed by mooring observations off Taiwan and Luzon ［J］. Geophysical Research Letters, 42（19）: 8098–8105.

ULLOA H N, DE LA FUENTEA, NIÑO Y, 2014. An experimental study of the free evolution of rotating, nonlinear internal gravity waves in a two–layer stratified fluid ［J］. Journal of Fluid Mechanics, 742: 308–339.

VAN AKEN H M, 2002. Surface currents in the Bay of Biscay as observed with drifters between 1995 and 1999 ［J］. Deep Sea Research Part. I, 49: 1071–1086.

VIC C, ROULLET G, CARTON X, et. al., 2014. Mesoscale dynamics in the Arabian Sea and a focus on the Great Whirl life cycle: A numerical investigation using ROMS ［J］. Journal of Geophysical Research: Oceans, 119（9）: 6422–6443.

VLASENKO V, HUTTER K, 2002. Generation of Second Mode Solitary Waves by the Interaction of a First Mode Soliton with a Sill ［J］. Nonlinear Processes in Geophysics, 8（4/5）: 223–239.

VLASENKO V, STASHCHUK N, HUTTER K, 2005. Baroclinic tides: theoretical modeling and observational evidence ［M］. Cambridge: Cambridge University Press.

WAKE G W, IVEY G N, IMBERGER J, 2005. The temporal evolution of baroclinic basin–scale waves in a rotating circular basin ［J］. Journal of Fluid Mechanics, 523: 367–392.

WAKE G W, IVEY G N, IMBERGER J, et al., 2004. Baroclinic geostrophic adjustment in a rotating circular basin ［J］. Journal of Fluid Mechanics, 515: 63–86.

WANG G, CHEN D, SU J, 2008. Winter Eddy Genesis in the Eastern South China Sea due to Orographic Wind–Jets ［J］. Journal of Physical Oceanography, 38: 726–732.

WANG G, SU J, CHU P C, 2003. Mesoscale eddies in the South China Sea Observed with Altimetry ［J］. Geophysical Research Letters, 30（21）: 2121. DOI: 10.1029/ 2003GL018532.

WANG G, SU J, LI R F, 2005. Mesoscale eddies in the South China Sea and their impact on temperature profiles ［J］. Acta Oceanologic Sinica, 1: 39–45.

WANG Y H，DAI C F，CHEN Y Y，2007. Physical and Ecological Processes of Internal Waves on an Isolated Reef Ecosystem in the South China Sea ［J］. Geophysical Research Letters，34（18）.

WANG B，WU R，FU X，2000. Pacific–East Asian teleconnection：how does ENSO affect East Asian climate? ［J］. Journal of Climate，13：1517–1536.

WANG C，WANG W，WANG D，et al.，2006a. Interannual variability of the South China Sea associated with El Niño ［J］. Journal of Geophysical Research：Oceans，111，C03023，doi：10.1029/2005JC003333.

WANG D，XIE Q，DU Y，et al.，2002. The 1997–1998 warm event in the South China Sea ［J］. Chinese Science Bulletin，47（14）：1221–1227.

WANG D，LIU Y，QI Y，et al.，2001. Seasonal variability of thermal fronts in the Northern South China Sea from satellite data ［J］. Geophysical Research Letters，28（20）：3963–3966.

WANG G，CHEN D，SU J，2006b. Generation and life cycle of the dipole in the South China Sea summer circulation ［J］. Journal of Geophysical Research：Oceans，111，C06002，DOI：10.1029/2005JC003314.

WANG G，LI J，WANG C，et al.，2012. Interactions among the winter monsoon，ocean eddy and ocean thermal front in the South China Sea ［J］. Journal of Geophysical Research：Oceans，117，C08002，doi：10.1029/ 2012JC008007.

WANG H，LIU Q，YAN H，et al.，2019a. The interactions between surface Kuroshio transport and eddy east of Taiwan ［J］. Acta Oceanologica Sinica，38（4）：116–125.

WANG J，CHERN C S，1988. On the Kuroshio branch in the Taiwan Strait during winter time ［J］. Progress in Oceanography，21：469–491.

WANG S，ZHU W J，MA J，et al.，2019b. Variability of the Great Whirl and Its Impacts on Atmospheric Processes ［J］. Remote Sens，11，322.

WANG W，WANG C，2006. Formation and decay of the spring warm pool in the South China Sea ［J］. Geophysical Research Letters，33（2）.

WANG W，HUANG R X，2005. An experimental study on thermal circulation driven by horizontal differential heating ［J］. Journal of Fluid Mechanics，540：49–73.

WANG Y，FANG G，WEI Z，et al.，2006c. Interannual variation of the South China Sea circulation and its relation to El Niño，as seen from a variable grid global ocean model ［J］. Journal of Geophysical Research：Oceans，111（C11）.

WARNER J C，GEYER W R，LERCZAK J A，2005a. Numerical modeling of an estuary：a comprehensive skill assessment ［J］. Journal of Geophysical Research：Oceans，110，C05001.

WARNER J C，SHERWOOD，C R，ARANGO H G，et al.，2005b. Performance of four turbulence closure methods implemented using a generic length scale method ［J］. Ocean Model，8：81–113.

WARNER J C，SHERWOOD C R，SIGNELL R P，et al.，2008. Development of a three–dimensional，regional，coupled wave，current，and sediment–transport model ［J］. Computational Geosciences，

34：1284–1306.

WEISS J，1991. The dynamics of enstrophy transfer in 2–dimensional hydrodynamics［J］. Physica D，48（2–3）：273–294.

WHITE W B，ANNIS J L，2003. Coupling of extratropical mesoscale eddies in the ocean to westerly winds in the atmospheric boundary layer［J］. Journal of Physical Oceanography，33，1095–1107.

WHITEHEAD J A，WANG W，2008. A laboratory model of vertical ocean circulation driven by mixing ［J］. Journal of Physical Oceanography，38（5）：1091–1106.

WILKIN J L，ARANGO H G，HAIDVOGEL D B，et al.，2005. A regional Ocean Modeling System for the Long–term Ecosystem Observatory［J］. Journal of Geophysical Research：Oceans，110，C06S91.

WIRTH A，WILLEBRAND J，SCHOTT F，2002. Variability of the Great Whirl from observations and models［J］. Deep Sea Research Part II，49（7）：1279–1295.

WU C R，P T SHAW，S Y CHAO，1998. Seasonal and interannual variations in the velocity field of the South China Sea［J］. Journal of Oceanography，54：361–372.

WU D，WANG Y，LIN X，et al.，2008. On the mechanism of the cyclonic circulation in the Gulf of Tonkin in the summer［J］. Journal of Geophysical Research：Oceans，113，C09029，doi：10.1029/2007JC004208.

WUNSCH C，1975. Internal tides in the ocean［J］. Reviews of Geophysics，13：167–182.

WYRTKI K，1961. Scientific results of marine investigation of the South China Sea and Gulf of Thailand ［C］. NAGA Report 2，195.

XIE S P，2013. Advancing climate dynamics toward reliable regional climate projections［J］. Journal of Ocean University of China，（12）：191–200.

XIE S P，CHANG C H，XIE Q，et al.，2007. Intraseasonal variability in the summer South China Sea：Wind jet，cold filament，and recirculations［J］. Journal of Geophysical Research：Oceans，112（C10）.

XIE S P，HAFNER J，TANIMOTO Y，et al.，2002. Bathymetric effect on the winter sea surface temperature and climate of the Yellow and East China Seas［J］. Geophysical Research Letters，29（24），2228，doi：10.1029/2002GL015884.

XIE S P，HU K，HAFNER J，et al.，2009. Indian Ocean capacitor effect on Indo–western Pacific climate during the summer following El Nino［J］. Journal of Climate，22：730–747.

XIE S P，XIE Q，WANG D，et al.，2003. Summer upwelling in the South China Sea and its role in regional climate variations［J］. Journal of Geophysical Research：Oceans，108（C8）.

XIU P，CHAI F，SHI L，et al.，2010. A census of eddy activities in the South China Sea during 1993–2007［J］. Journal of Geophysical Research：Oceans（1978–2012），115（C3）：C03012.

XU L，LI P，XIE S P，et al.，2016. Observing mesoscale eddy effects on mode–water subduction and transport in the North Pacific［J］. Nature Communications.（7）：10505.

XU G，CHENG C，YANG W，et al.，2019. Oceanic Eddy Identification Using an AI Scheme［J］. Remote Sensing，11，1349.

XU G，XIE W，DONG C，et al.，2021. Application of Three Deep Learning Schemes into Oceanic Eddy Detection［J］. Frontiers in Marine Science，8，672334.

XUE Y，LEETMAA A，JI M，2000. ENSO predictions with Markov models：The impact of sea level ［J］. Journal of Climate，13：849–871.

XU HUA C，YI QUAN Q I，2008. Distribution and Propagation of Mesoscale Eddies in the Global Oceans Learnt From Altimetric Data［J］.Advances in Marine Science，（4）.

YANAGI T，SACHOEMAR S I，TAKAO T，et al.，2001. Seasonal variation of stratification in the Gulf of Thailand［J］. Journal of Oceanography，57：461–470.

YANG G，WANG F，LI Y，et al.，2013. Mesoscale eddies in the northwestern subtropical Pacific Ocean：Statistical characteristics and three–dimensional structures［J］. Journal of Geophysical Research：Oceans，118（4）：1906–1925.

YANG H，LIU Q，LIU Z，et al.，2002. A general circulation model study of the dynamics of the upper ocean circulation of the South China Sea［J］. Journal of Geophysical Research：Oceans，107（C7），3085.

YANG Y，LIU C T，HU J H，1999. Taiwan Current（Kuroshio）and impinging eddies［J］. Journal of Oceanography，55：609–617.

YANG Z，BAPTISTA A，DARLAND J，2000. Numerical modeling of flow characteristics in a rotating annular flume［J］. Dynamics of Atmospheres and Oceans，31（1–4）：271–294.

YAO J L，BELKIN I，CHEN J，et al.，2012. Thermal fronts of the southern South China Sea from satellite and in situ data［J］. International Journal of Remote Sensing，33（23）：7458–7468.

YI J，DU Y，HE Z，et al.，2013. Enhancing the accuracy of automatic eddy detection and the capability of recognizing the multi–core structures from maps of sea level anomaly［J］. Ocean Science Discussions，10（2）：825–851.

YIN Y，LIN X，HE R，et al.，2017. Impact of mesoscale eddies on Kuroshio intrusion variability northeast of Taiwan［J］. Journal of Geophysical Research：Oceans，122（4）：3021–3040.

YONGGANG LIU，ROBERT H，WEISBERG，2006. Performance Evaluation of the Self–Organizing Map for Feature Extraction［J］. Journal of Geophysical Research：Oceans，111，C05018.

YONGGANG LIU，ROBERT H，2005. Weisberg.Patterns of ocean current variability on the West Florida Shelf usingthe self–organizing map［J］. Journal of Geophysical Research：Oceans，110，C06003.

YU H，SU J，MIAO Y，1993. The low salinity water（LSW）core of Kuroshio in the East China Sea and intrusion of western boundary current（WBC）east of Ryukyu Islands［C］. Essays on the investigation of Kuroshio，5：225–241.

YU C，WANG J，PENG C，et al.，2018. Bisenet：Bilateral Segmentation Network for Real–Time Semantic Segmentation［C］. arXiv：1808.00897.

YUAN D, HAN W, HU D, 2006. Surface Kuroshio path in the Luzon Strait area derived from satellite remote sensing data［J］. Journal of Geophysical Research: Oceans, 111, C11007, doi: 10.1029/2005JC003412.

YUAN Y, KANEKO A, Su J, et al., 1998. The Kuroshio east of Taiwan and in the East China Sea and the currents east of Ryukyu Islands during early summer of 1996［J］. Journal of Oceanography, 54: 217–226.

YU L, R A WELLER, 2007. Objectively Analyzed Air–Sea Heat Fluxes for the Global Ice-Free Oceans（1981–2005）［J］. Bulletin of the American Meteorological Society, 88, 527–540, https://doi.org/10.1175/BAMS–88–4–527.

ZHANG W, XUE H, CHAI F, et al., 2015a. Dynamical processes within an anticyclonic eddy revealed from Argo floats［J］. Geophysical Research Letters, 42（7）: 2342–2350.

ZHANG Z, TIAN J, QIU B, et al., 2016a. Observed 3D structure, generation, and dissipation of oceanic mesoscale eddies in the South China Sea［J］. Scientific Reports, 6（1）: 24349.

ZHANG Z, ZHAO W, QIU B, et al., 2017. Anticyclonic Eddy Sheddings from Kuroshio loop and the accompanying cyclonic eddy in the northeastern South China Sea［J］. Journal of Physical Oceanography, 47（6）: 1243–1259.

ZHANG D, JOHNS W E, T N LEE, et al., 2001. The Kuroshio east of Taiwan: Modes of variability and relationship to interior mesoscale eddies［J］. Journal of Physical Oceanography, 31: 1054–1074.

ZHANG S, ALFORD M H, 2015. Instabilities in nonlinear internal waves on the washington continental shelf［J］. Journal of Geophysical Research: Oceans, 120（7）: 5272–5283.

ZHANG S, M HALFORD, J B MICKET, 2015b. Characteristics, generation and mass transport of nonlinear internal waves on the Washington continental shelf［J］. Journal of Geophysical Research: Oceans, 120: 741–758.

ZHANG X, HUANG X, ZHANG Z, et al., 2018. Polarity Variations of Internal Solitary Waves over the Continental Shelf of the Northern South China Sea: Impacts of Seasonal Stratification, Mesoscale Eddies, and Internal Tides［J］. Journal of Physical Oceanography, 48: 1349–1365.

ZHANG Y, CHEN C, ZHANG Z, et al., 2016b. Rotating horizontal convection and the potential vorticity constraint［J］. Journal of Fluid Mechanics, 803: 72–93.

ZHANG Z G, WANG W, QIU B, 2014. Oceanic mass transport by mesoscale eddies［J］. Science, 345, 322–324, doi: 10.1126/science.1252418.

ZHAO H, SHI J, QI X, 2017. Pyramid scene parsing network［J］. Proceedings of the IEEE conference on computer vision and pattern recognition, 6230–6239.

ZHAO Z, ALFORD M H, 2006. Source and Propagation of Internal Solitary Waves in the Northeastern South China Sea［J］. Journal of Geophysical Research: Oceans, 111（C11）.

ZHAO Z, V KLEMAS, ZHENG Q, et al., 2004. Estimating parameters of a two–layer stratified ocean from polarity conversion of internal solitary waves observed in satellite SAR images［J］. Remote

Sensing of Environment，92（2）：276–287.

ZHAO Z，V V KLEMAS，ZHENG Q，et al.，2003. Satellite observation of internal solitary waves converting polarity［J］. Geophysical Research Letters，30（19）.

ZHENG Q，TAI C K，HU J，et al.，2011. Satellite altimeter observations of nonlinear Rossby eddy–Kuroshio interaction at the Luzon Strait［J］. Journal of Oceanography，67（4）：365.

ZHENG Q，H LIN，MENG J，et al.，2008a. Sub–mesoscale ocean vortex trains in the Luzon Strait［J］. Journal of Geophysical Research：Oceans，113，C04032，doi：10.1029/2007JC004362.

ZHENG Q，R D SUSANTO，HO C R，et al.，2007. Statistical and dynamical analyses of generation mechanisms of solitary internal waves in the northern South China Sea［J］. Journal of Geophysical Research：Oceans，112，C03021.

ZHENG X T，LIU Q Y，HU H B，et al.，2008b. The study of temporal and spatial characteristics of western boundary current East of Ryukyu submarine ridge and the transport of Kuroshio in East China Sea［J］. Acta Oceanologica Sinica，30（1）：1–9.

ZHU X H，HAN I S，J H PARK，et al.，2003. The Northeastward current southeast of Okinawa Island observed during November 2000 to August 2001［J］. Geophysical Research Letters，30，1071，doi：10.1029/2002GL015867.

ZHU X H，ICHIKAWA H，ICHIKAWA K，et al.，2004. Volume transport variability southeast of Okinawa Island estimated from satellite altimeter data［J］. Journal of Oceanography，60：953–962.

ZIEGENBEIN J，1969. Short Internal Waves in the Strait of Gibraltar［J］. Deep Sea Research and Oceanographic Abstracts，Elsevier.

ZIEGENBEIN J，1970. Spatial Observations of Short Internal Waves in the Strait of Gibraltar［J］. Deep Sea Research and Oceanographic Abstracts，Elsevier.